贵州省理论创新课题（联合课题）"基于心理资本视角的贵州省农村留守青少年心理特点分析及心理干预研究"（项目编号：GZLCLH-2020-039）成果

贵州省教育科学规划课题"基于心理资本视角的贵州省青少年抑郁的影响机制及心理健康教育研究"（项目编号：2020B134）成果

毕节市社科理论研究课题"心理资本视角下高职高专学生抑郁的影响机制研究——以毕节市为例"（项目编号：BSKZ-2015）成果

毕节市社科理论研究课题"新冠疫情期间农村精准扶贫家庭学生心理素质的影响机制及培养路径研究"（项目编号：BSKZ-21051）成果

毕节市社科理论研究课题"累积生态风险因素与留守学生心理资本的关系研究"（项目编号：BSKZ-22014）成果

# 农村留守学生
# 心理资本研究

马文燕 ◎ 著

西南交通大学出版社
·成　都·

**图书在版编目（ＣＩＰ）数据**

农村留守学生心理资本研究／马文燕著. —成都：
西南交通大学出版社，2022.11
ISBN 978-7-5643-9000-6

Ⅰ. ①农… Ⅱ. ①马… Ⅲ. ①农村 – 少年儿童 – 心理
健康 – 健康教育 – 研究 – 中国 Ⅳ. ①B844.1

中国版本图书馆 CIP 数据核字（2022）第 207800 号

Nongcun Liushou Xuesheng Xinli Ziben Yanjiu
农村留守学生心理资本研究

马文燕 著

| | |
|---|---|
| 责 任 编 辑 | 罗爱林 |
| 封 面 设 计 | 原创动力 |

| | |
|---|---|
| 出 版 发 行 | 西南交通大学出版社<br>（四川省成都市金牛区二环路北一段 111 号<br>西南交通大学创新大厦 21 楼） |
| 发 行 部 电 话 | 028-87600564　028-87600533 |
| 邮 政 编 码 | 610031 |
| 网 址 | http://www.xnjdcbs.com |
| 印 刷 | 成都蜀通印务有限责任公司 |
| 成 品 尺 寸 | 170 mm × 230 mm |
| 印 张 | 22.25 |
| 字 数 | 342 千 |
| 版 次 | 2022 年 11 月第 1 版 |
| 印 次 | 2022 年 11 月第 1 次 |
| 书 号 | ISBN 978-7-5643-9000-6 |
| 定 价 | 88.00 元 |

# 前 言

────

　　农村留守学生是我国当前社会背景下比较特殊的一类社会群体，其生活、学习及身心健康状况一直都受到国家和社会各界的广泛关注与重视。农村留守学生正处于成长与发展的重要时期，家庭经济条件较差、亲子分离、家庭教育缺失、隔代教育、学业压力、人际关系不良、依恋关系受损、父母关心关爱减少甚至缺失等风险因素都会使农村留守学生的学习、生活和身心健康成长面临较大的挑战和威胁。

　　随着积极心理学的兴起，关注与研究人的积极心理品质成为心理学研究的重要趋势。心理资本作为积极心理学研究的重要内容，是维护农村留守学生身心健康成长不可或缺的一种积极心理品质。农村留守学生作为社会主义现代化事业的建设者和接班人，其积极心理资本和心理健康水平关系到个人的成长、社会的稳定和国家的发展，因此，关注与研究农村留守学生的积极心理资本及心理健康水平尤为重要。

　　为了解农村留守学生与非留守学生心理资本的现状及特点，以及个体、家庭、学校、社会等因素对农村留守学生和非留守学生心理资本及心理健康水平的影响，本研究基于横断面研究，于2020年4月至7月采用问卷调查、走访调研、个别访谈和查阅文献资料等方法，对贵州省的3 781名农村留守学生和非留守学生的心理资本进行研究与分析。结果表明：

　　第一，农村留守学生在自我效能感、韧性、乐观和希望4个方面的积极心理资本明显低于农村非留守学生，说明农村留守学生的积极心理资本相对匮乏。

第二，农村留守学生与非留守学生的心理资本可以分为3个潜在类别，即"低心理资本型""中等心理资本型""高心理资本型"，但"低心理资本型"农村留守学生的数量明显高于非留守学生，"中等心理资本型""高心理资本型"农村留守学生的数量明显低于非留守学生。说明在农村留守学生群体中，积极心理资本较低的人数偏多，中等积极心理资本和高积极心理资本的人数偏少。

第三，农村留守学生的心理资本受个体（性别、健康状况、学段、自尊、正负性情绪、应对方式）、家庭（父母教育期望、父母关爱缺乏、粗暴养育）、学校（学校联结、师生关系、同伴关系、学业负担）和社会（生活事件、社会支持）等因素的影响，并且与农村非留守学生相比，农村留守学生受个体、家庭、学校和社会等因素的影响较大。

第四，农村留守学生的心理资本能显著正向影响其生活满意度、感恩、学业成就和人生意义，说明心理资本是农村留守学生的积极心理资本。较多的积极心理资本不仅会提高农村留守学生的生活满意度、感恩倾向和学业成就，对农村留守学生今后的奋斗方向、人生意义、人生价值和身心健康也有较好的促进作用。

第五，农村留守学生的个体、家庭、学校和社会等因素不仅能直接影响其心理健康水平，而且也能通过心理资本的中介作用间接影响心理健康水平。这说明心理资本对维护农村留守学生心理健康有重要作用，也进一步说明通过构建或培养积极心理资本，可以有效提升农村留守学生的心理健康水平。

# 目 录

# 第一章

---

## 农村留守学生研究综述

### 第一节  农村留守学生的概念

#### 一、农村留守儿童的概念界定

关于对"留守儿童"的界定，社会各界一直以来都存在较大的争议，争议的焦点主要集中在父母外出务工的地点、父母外出务工的数量、父母外出务工的时间长度和"留守儿童"年龄阶段的划分等 4 个方面。

第一，在父母外出务工的地点方面，争议的焦点主要是父母离开户籍所在地到国外务工还是在国内户籍所在地之外的其他城市务工。1993 年，上官子木在《父母必读》期刊上发表了《隔代抚养与"留守"儿童》一文。文章指出："'出国潮'不仅产生了大量的'留守'女士与男士，同时也产生了一批'留守儿童'。所谓'留守'儿童就是那些完全由祖父母抚养而父母均在国外的儿童。"1994 年，上官子木在《"留守儿童"问题应引起重视》一文中指出：与一般儿童相比，"留守儿童"的父母外出务工导致亲子分离，子女不得不交给祖父母抚养，而这种隔代抚养会使儿童存在较多的心理卫生问题，并呼吁社会各界关注和重视"留守儿童"这一新的社会群体。1994 年，一张在《瞭望》期刊上发表了《"留守儿童"》一文。文章指出："'留守儿童'这个名词是由于有了很多'留守女士''留守男士'和'留守老人'相应产生的。这些孩子因为父母在海外，又上学，又打工，难以抚养下一代，不得不交给上一代——祖父母或外公外婆来照看。"从上官子木和一张的观点来看，"留守儿童"是由于父母离开户籍所在地到国外留学或到国外务工而自己不得不留在国内户籍所在地继续生活与学习的儿童。1998 年，曹志芳在《农村天地》期刊上发表了《莫把遗憾留明天》一文。文章指出："从 1979 年开始，越来越多的乡村农民冲破土地的束缚，走出家门，涌入城市加入打工者行列，势必会导致'留守儿童'的队伍越来越庞大。"2004年，中央教育科学研究所教育发展研究部承担的教育部基础教育司委托研究的课题"中国农村留守儿童问题研究"的第一期研究成果《农村留守儿童问题与调研报告》发表在《教育研究》期刊上。文章指出："'农村留守儿童'指由于父母双方或一方外出打工而被留在农村的家乡，并且需要其他亲人或委托人照顾的处于义务教育阶段的儿童（6~16 岁）。"2008 年，全国妇联在《中国妇运》期刊上发表了《全国农村留守儿童状况研究报告》一文。文章指出："'农村留守儿童'指父母双方或一方从农村流动到其他地区，孩子留在户籍所在地农村，并因此不能和父母双方共同生活的 17 周岁及以下的未成年人。"综上所述，早期关于留守儿童的研究指出："留守儿童"是指父母离开国内户籍所在地到国外务工或留学的未成年儿童，但在随后的研究中，"留守儿童"则是指父母离开户籍所在地在国内务工的未成年儿童。

第二，在父母外出务工的数量方面，争议的焦点主要是父母双方均外出务工还是父母其中一方外出务工。上官子木（1993）和一张（1994）在其发表的文章中指出，父母双方均外出务工或留学，而子女完全由祖父母抚养的才能看作是留守儿童。1995 年，孙顺其在《"留守儿童"实堪忧》一文中也指出，留守儿童是指父母均外出务工而自己被迫留守家乡的儿童。1998 年，张志英在《健康心理学杂志》上发表《"留守幼儿"的孤僻心理》一文。文章指出："'留守幼儿'即因父母外出打工而独自留守在家的幼儿。"可以看出，上官子木、一张、孙顺其和张志英等人均认为，留守儿童是指父母双方均外出务工，而自己则留在户籍所在地继续生活与学习的儿童。中央教育科学研究所教育发展研究部 2004 年发表的《农村留守儿童问题研究报告》指出："留守儿童是指由于父母双方或其中一方外出打工而被留在家乡，并且需要其他亲人或委托人照顾的处于义务教育阶段的 6~16 岁儿童。"（吴霓，2004）段成荣和周福林（2005）认为："留守儿童是指父母双方或一方流动到其他地区，孩子留在户籍所在地并因此不能和父母双方共同生活在一起的儿童。"全国妇联于 2008 年发表的《全国农村留守儿童状况研究报告》一文也指出："'农村留守儿童'是指父母双方或一方从农村流动到其他地区，孩子留在户籍所在地农村，并因此不能和父母双方共同生活的17周岁及以下的未成年人。"虽然在早期的研究中，各研究者认为父母双方均离开户籍所在地到外地务工的儿童才是"留守儿童"，但在随后的研究中，研究者的观点逐渐统一，即父母双方或其中一方离开户籍所在地到外地务工的儿童也是"留守儿童"。

第三，在父母外出务工的时间长度方面，争议的焦点主要是父母外出务工多长时间的儿童才属于留守儿童。关于父母外出务工时间长短的问题，早期的研究中并未详细说明。在随后的研究中，很多研究者也并未对父母外出务工的时间长短做出严格的界定，只有少部分研究者在其文章中会将父母外出务工的时间界定为3个月、4个月、6个月或12个月及以上等。从这一现象可以看出，各研究者对父母外出务工的时间长短并无统一的标准。李庆海、孙瑞博和李锐（2014）将父母外出务工的时间界定为3个月；刘红艳、常芳和岳爱等（2017）将父母外出务工的时间界定为4个月，并且父母外出务工4个月以上会对留守儿童的心理健康带来消极影响；王秋香和欧阳晨（2006）则提出了6个月以上的时间标准，认为只有父母外出务工6个月以上的儿童才可以被看作是留守儿童。周福林和段成荣（2006）也认为，留守儿童的调查研究应该以父母外出务工6个月的时间长度为宜。全国妇联课题组和国家统计局在对留守儿童的数量进行统计时，也均采用"6个月以上"的标准。邬志辉和李静美（2015）认为，父母外出务工的时间应限定在1年以上。从以往的研究可以看出，虽然各研究者对父母外出务工的时间长短都有明显的分歧，但总体来看，很多研究者都以3个月为界定标准，并认为父母双方或者其中一方连续外出务工3个月以上的儿童便可以看作是留守儿童。

第四，在"留守儿童"年龄阶段的划分方面，争议的焦点主要是留守儿童具体年龄阶段的界定。在早期的研究中，研究者主要关注10岁以下的留守儿童，随着研究的深入，虽然各研究者对留守儿童年龄阶段的界定存在分歧，但他们在年龄阶段上的争议都有一个共同特点，也就是留守儿的年龄段为18岁以下的未成年人。吴霓（2004）在《农村留守儿童问题研究报告》中指出："留守儿童是指处于义务教育阶段的6~16岁的儿童。"方烨（2005）在《我国农村 1000 万留守儿童状况堪忧》一文中指出："据国家统计局估计，目前全国有 1 000 万左右 15 岁以下的'留守儿童'。"段成荣和杨舸（2008）在《我国农村留守儿童状况研究》一文中将留守儿童的年龄阶段界定为 17 周岁及以下。全国妇联在 2008 年发表的《全国农村留守儿童状况研究报告》一文中也指出，留守儿童的年龄阶段为 17 岁及以下的未成年人。江荣华（2009）认为，留守儿童的年龄阶段为 16 岁以下的儿童。赵景欣、刘霞和申继亮（2008）将留守儿童的年龄阶段界定为 18 周岁以下的未成年人。2013 年，全国妇联课题组以我国农村留守儿童和城乡流动儿童为研究对象进行调查研究，并在《我国农村留守儿童、城乡流动儿童状况研究报告》中将留守儿童的年龄范围界定为 18 岁以下。2016 年 2 月 4 日，国务院印发《关于加强农村留守儿童关爱保护工作的意见》〔2016〕13 号文件中指出："留守儿童是指父母双方外出务工或一方外出务工另一方无监护能力、不满 16 周岁的未成年人。"可见看出，关于留守儿童年龄阶段的界定也没有一个完全统一的标准。

虽然以往的研究者在"留守儿童"的概念上一直存在较大争议，但他们都有一个共同的观点，即留守儿童是指父母双方或其中一方外出务工，而子女继续留在户籍所在地，并由父母单方或祖父母或其他亲属代为监管的未成年儿童。

## 二、农村留守学生的概念界定

"留守儿童""留守青少年""留守中学生""留守小学生""留守幼儿"等词，通常是指父母双方或其中一方外出务工而自己被迫留在户籍所在地，由父母单方或爷爷奶奶或外公外婆或其他亲属代为监管并继续生活或学习的 18 岁以下的未成年人。当一部分"留守儿童"进入高校继续学习后，如果"留守儿童"的父母仍然离开户籍所在地继续在外地务工，这类学生又被称为"留守大学生""留守高职生"（罗涤，李颖，2012；熊翔宇，2014；骆德云，2017）；如果"留守儿童"父母的务工方式发生改变并回到户籍所在地务农或外出工作，这类学生就被称为"曾留守大学生""曾留守高职生""有留守经历的大学生""有留守经历的高职生"等（杨影，蒋祥龙，2019；张娜，胡永松，王伟，2019；赖运成，2021）。无论是"留守儿童"，还是

"留守大学生""留守高职生",其实都是指父母双方或单方离开户籍所在地在外地务工而出现的一类特殊的社会群体。其区别就在于年龄段的不同,"留守儿童"一般是指年龄在 18 岁以下的未成年人,而"留守大学生"则是指年龄一般超过了 18 岁并在高校继续读书的学生。在以往研究中,也有研究者采用"留守学生"这一概念来进行研究,并认为"留守学生"是指父母双方或单方离开户籍所在地到外地务工而自己则独立生活与学习的在校学生(张睿,冯正直,陈蓉,等,2015;曾直,李可,康健,等,2020),这一概念涵盖了"留守儿童""留守大学生"。本研究主要以农村留守初中生、高中生、中职生和高职生为研究对象,因此,参照"留守学生"这一概念,将本研究的研究对象定义为"农村留守学生",即父母双方或单方离开户籍所在地到外地务工,而自己则独立生活与学习的农村留守在校学生。

## 第二节　农村留守学生数据的变迁趋势

1978 年,我国实行改革开放以后,随着社会转型和城市化进程加快,第二、三产业的飞速发展对劳动力的需求越来越大,再加上城乡之间人口流动的限制被打破,便出现了大量的农民工涌入城市以谋求发展,"留守儿童"这一群体也因此而产生。2000 年全国人口普查发现,全国的流动人口已经超过了 1 亿,随着进城务工的农民工群体越来越庞大,留守儿童的数量也持续攀升。

曹志芳在《莫把遗憾留明天》一文中写道:"1996 年入冬,四川省射洪县某村中学召开初二学生家长会,结果两个班 112 名学生,只有 50 多名家长到会,而其中 20 多又是学生的爷爷奶奶、外公外婆。"(曹志芳,1998)这说明当时留守儿童的数量已经非常庞大。2004 年 5 月 31 日,教育部专门召开了研究农村留守儿童问题的"中国农村留守儿童问题研究"座谈会,并认为我国农村留守儿童的数量大约为 1 000 万。段成荣和周福林(2005)以 2000 年第五次全国人口普查 0.95‰的抽样数据为依据进行测算,2000 年 0~17 岁的农村留守儿童数量为 2 699.2 万,其中 0~14 岁的农村留守儿童数量为 1 981.24 万。全国妇联根据 2005 年全国人口 1%的抽样调查数据

进行测算，2005 年 0～17 岁的农村留守儿童的规模为 5 800 万，占当年全
国儿童总数的 28.29%，超过 3 000 万名农村留守儿童正处在义务教育阶段。
段成荣和吴丽丽（2009）根据 2006 年全国人口和计划生育调查资料进行推
测，全国 14 岁及以下的农村留守儿童数量为 4 015 万。2012 年下半年，教
育部公布了一项有关农村留守儿童的数据，认为全国正处在义务教育阶段
的农村留守儿童数量大约有 2 200 万。2013 年，全国妇联课题组根据《中
国 2010 年第六次人口普查资料》样本数据推算，全国 0～17 岁的农村留守
儿童有 6 102.55 万，占农村儿童的 37.7%，占全国儿童的 21.88%，与 2005
年全国 1%抽样调查估算数据相比，5 年间全国农村留守儿童约增加 242 万。
段成荣、赖妙华和秦敏（2017）根据 2015 年全国 1%的人口抽样调查样本
数据计算得出，2015 年 0～17 岁的农村留守儿童有 4 051 万（见表 1-1）。

表 1-1　农村留守儿童研究报告所公布的数据

| 数据年份 | 研究者及公布年份 | 数据来源 | 农村留守儿童数量 |
|---|---|---|---|
| 2000 | 段成荣、周福林（2005） | 2000 第五次全国人口普查 0.95‰抽样数据 | 2 699.2 万（0～17 岁） |
| 2005 | 全国妇联（2005） | 2005 年全国人口 1%抽样数据 | 5 800 万（0～17 岁） |
| 2006 | 段成荣、吴丽丽（2009） | 2006 年全国人口和计划生育调查资料 | 4 015 万（0～14 岁） |
| 2010 | 全国妇联课题组（2013） | 中国 2010 年第六次人口普查资料 | 6 102.55 万（0～17 岁） |
| 2015 | 段成荣、赖妙华和秦敏（2017） | 2015 年全国 1%人口抽样调查数据 | 4 051 万（0～17 岁） |

2016 年两会期间，教育部部长在接受媒体采访时表示："中国有 6 000
万留守儿童，其中义务教育阶段就有 2 400 万人。"2016 年，民政部、教育
部和公安部等多个部门对全国农村留守儿童数量进行联合调查，结果发现，
在全中国大约有 902 万的农村留守儿童，其年龄不满 16 周岁并且父母均外
出务工。2018 年下半年，根据民政部公布的统计数据显示，全国农村留守
儿童数量大约有 697 万人，与 2016 年的数据相比，全国农村留守儿童的数
量降低了 22.7%，但四川、安徽、湖南、河南、江西、湖北和贵州等 7 个

省的农村留守儿童的数量仍然较多。这 7 个省的农村留守儿童总人数约为 484.4 万，占全国农村留守儿童总人数的 69.5%，并且义务教育阶段和 0～5 岁学前留守儿童的数量占比也发生明显变化，主要为：0～5 岁农村学前留守儿童数量占比从 33.1%降至 25.5%，义务教育阶段的农村留守儿童数量占比从 65.3%升至 71.4%（中华人民共和国中央人民政府网，2018）。民政部 2018 年的统计数据指出，在全国留守儿童群体中，男孩占比 54.5%，女孩占比 45.5%，身体健康的占比 99.4%，残疾的占比 0.5%、患病的占比 0.1%（人民网，2018）。可以看出，农村留守儿童一直以来都是一个数量庞大的特殊社会群体。

根据《全国教育事业发展统计公报》《中国统计年鉴》公布的有关农村留守儿童的数据，绘制了 2009—2020 年义务教育阶段农村留守儿童数据统计表及趋势图（见表 1-2 和图 1-1）。数据显示，义务教育阶段的农村留守儿童数量从 2009 年至 2020 年的 12 年间持续下降，尤其是 2015 年之后下降幅度最大。

表 1-2　2009—2020 年义务教育阶段农村留守儿童在校学生数（单位：万人）

| 年份 | 小学在校学生数 | 初中在校学生数 | 合计 |
|---|---|---|---|
| 2009 | 1 432.97 | 791.27 | 2 224.24 |
| 2010 | 1 461.79 | 809.72 | 2 271.51 |
| 2011 | 1 436.81 | 763.51 | 2 200.32 |
| 2012 | 1 517.88 | 753.19 | 2 271.07 |
| 2013 | 1 440.47 | 686.28 | 2 126.75 |
| 2014 | 1 409.53 | 665.89 | 2 075.42 |
| 2015 | 1 383.66 | 635.57 | 2 019.24 |
| 2016 | 1 190.07 | 536.22 | 1 726.29 |
| 2017 | 1 064.48 | 486.08 | 1 550.56 |
| 2018 | 998.69 | 475.72 | 1 474.41 |
| 2019 | 925.41 | 459.00 | 1 384.41 |
| 2020 | 854.19 | 435.48 | 1 289.67 |

注：2009—2014 年的数据来源于《全国教育事业发展统计公报》，2015—2020 年的数据来源于《中国统计年鉴》。

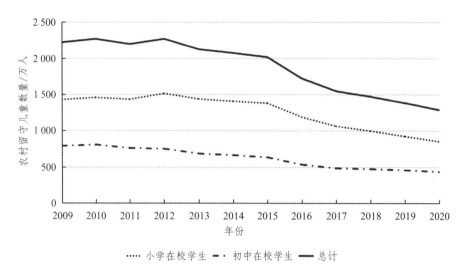

图 1-1　2009—2020 年义务教育阶段农村留守儿童数据趋势图

## 第三节　农村留守学生研究现状

### 一、农村留守学生在个体特点上的研究现状

#### （一）农村留守学生的生理特点

##### 1. 农村留守学生的膳食营养

　　合理的膳食营养是保障儿童身体健康成长的物质前提和衡量儿童身体发育状况的重要指标。正处于生长发育重要时期的儿童，父母的悉心照顾、提供合理的膳食营养能有效促进儿童身体的正常发育和健康成长。与农村非留守儿童相比，农村留守儿童由于亲子分离、长期缺乏父母的关心和照料，再加上隔代抚养或其他监管人缺乏膳食营养意识，或者不太重视甚至忽略儿童合理的膳食营养，易导致儿童在成长与发育过程中存在营养不良甚至引发疾病等问题。研究发现，我国 2～7 岁的农村留守儿童在能量、营养素（如蛋白质、脂肪和糖类等）、矿物质（如钙、锌、钾等等）和维生素（如 A、$B_1$、$B_2$ 等）的摄入量上均低于推荐摄入量（林如娇，冯荣钻，农善文，等，2015），甚至缺乏矿物质、维生素等微量元素（杨慧，丁汝金，李

山山，2015）。由此可见，农村留守儿童的膳食营养问题是威胁其正常生长发育和健康成长的风险性因素。在农村留守儿童与非留守儿童的对比研究中发现，农村留守儿童营养不良（19.37%）和以零食代替正餐（18.1%）的比例均显著高于农村非留守儿童（16.32%、9.4%），并且农村留守儿童严重缺乏食品安全意识（谈甜，杨柳，刘莉，2017）。研究也发现，在2017—2019年3个时间段里，0~6岁留守儿童中重度贫血的发生率分别为0.80%、0.73%、0.64%，营养不良的发生率分别为6.64%、5.60%、5.67%（何敏肖，2020），虽然留守儿童的中度贫血、重度贫血和营养不良的发生率总体呈下降趋势，但留守儿童的贫血和营养不良问题仍然存在。可以看出，与非留守儿童相比，留守儿童的膳食营养存在结构不合理、营养摄入量不足和生长发育的潜在风险因素较多等问题。

2. 农村留守学生的生长发育

先天的遗传素质、后天的社会环境均会影响儿童的正常生长发育和身心健康成长。以往研究发现，留守儿童的生长发育状况除了受先天遗传因素的影响之外，还会受到后天膳食营养结构是否合理、营养摄入量是否充足、潜在风险因素是否较多等因素的影响。研究发现，留守儿童主要存在膳食营养结构不合理、营养摄入量不足和潜在风险因素较多等问题，这些问题会导致留守儿童出现营养不良、发育迟缓甚至引发疾病等问题（何敏肖，2020）。研究也发现，留守儿童每天食用的奶制品、水果、蛋类和鱼肉禽类等食物的比例显著低于非留守儿童，并且留守儿童存在生长发育迟缓率和消瘦率均显著较高等（潘池梅，陈心容，2020）。对河北农村地区5岁及以下的留守儿童进行研究后发现，留守儿童的生长发育迟缓构成比（78.15%）和体重不足构成比（53.33%）均显著高于非留守儿童（18.88%、9.04%）（郭建花，阎香娟，翟俊霞，等，2020）。由此可见，营养摄入量不足会影响留守儿童的生长发育状况，导致留守儿童出现发育迟缓等问题。采用Meta分析方法对从中国知网、中国生物医学文献数据库、维普及万方数据库中检索的9篇共计14 588名14岁及以下的留守儿童体质状况进行研究后发现，留守儿童的营养性贫血、营养不良、锌缺乏、生长发育迟缓和体重不达标等检出率显著高于非留守儿童（罗婷，林芸竹，杨春松，等，2020）。

009

可以看出，由于留守儿童存在营养摄入量不足、膳食营养不合理等问题，留守儿童的生长发育状况并不太乐观。

3. 农村留守学生的体质健康

BMI 指数、患病率和预防接种率是衡量农村留守学生体质健康状况的 3 个重要指标。

第一，BMI 指数是体重（kg）除以身高（m）的平方所得出的数字，即 BMI=体重（kg）/身高（m²）。BMI 指数可以用来衡量农村留守学生的体质发育状况、营养水平和体质健康程度，BMI≤18.4 表明个体体质偏瘦，18.5<BMI<23.9 表明个体体质正常，24.0<BMI<27.9 表明个体体质过重，BMI≥28 表明个体体质肥胖。对 11～16 岁农村中小学生的体质状况进行研究后发现，留守儿童的 BMI 指数（17.81）显著低于非留守儿童（18.64），并且母亲外出留守女生的 BMI 指数（16.29）显著低于父母均外出留守女生（17.58）（徐继承，薛静，张晓丽，等，2015）。对 13 岁男童的 BMI 指数进行研究后发现，留守男童的 BMI 指数（13.94）低于非留守男童（14.58）（于长玉，2020）。这反映了留守男童的体质偏瘦，也说明留守儿童的体质健康状况并不太乐观（于海强，2010；赵苗苗，2012）。

第二，患病率可以反映农村留守儿童的身体健康状况，以及照料者对农村留守儿童的有效监管和照顾情况。研究发现，留守儿童贫血患病率、腹泻患病率、传染性疾病患病率和身体伤害发生率均比较高（史沙沙，崔文香，2012），并且在常见疾病患病率（如沙眼、脊柱弯曲异常、腿型异常等）、慢性疾病患病率等方面均显著高于非留守儿童（赵苗苗，2012）。此外，留守儿童在四周患病率（60.6%）、患病未就医率（9.5%）等方面均高于非留守儿童（59.3%、6.5%）（赵一奇，陈利，谢梦迪，等，2012）。在学龄前留守儿童群体中，山东省农村地区学龄前留守儿童两周患病率（36.80%）显著高于非留守儿童（30.90%）（惠亚茹，张晶晶，盖若琰，等，2014）；河北农村地区学龄前留守儿童两周患病率（15.19%）显著高于非留守儿童（10.51%）（郭建花，阎香娟，翟俊霞，等，2017）；新疆柯尔克孜族学龄前留守儿童缺铁性贫血的总检出率为 18.10%，女生铁缺性贫血检出率（23.00%）显著高于男生（14.05%），并且随着年龄增加，缺铁性贫血检出率也逐渐上升（刘晶芝，胡燕燕，张晓军，2019）。这说明留守儿童由于亲子分离、长期缺乏父母的关心和照顾，其患病风险率和患病未就医率均比较高，这对留守儿童的健康成长会产生严重的威胁。

第三，疫苗接种是留守儿童预防疾病的有效手段，及时、有效的疫苗接种可以有效降低留守儿童的患病率。对 3~11 岁的留守儿童疫苗接种情况进行研究后发现，留守儿童的疫苗接种率（如乙肝疫苗、麻腮风疫苗、甲肝疫苗等）和疫苗接种及时率均显著低于非留守儿童（郝鹏飞，秦利利，徐浩，等，2012）。对学龄前留守儿童的研究也发现，长沙市农村地区 1~6 岁留守儿童卡介苗、3 剂乙肝疫苗、3 剂脊髓灰质炎减毒活疫苗等基础免疫接种率大部分达到国家要求，但加强免疫接种率相对较低，且均低于非留守组儿童（刘浩，林希建，胡强，等，2014）；浙江省某山区 0~6 岁留守儿童乙肝疫苗第 3 剂接种及时率低于非留守儿童（叶丽红，钱雨，陈政通，等，2017），这反映了学龄前留守儿童的健康预防问题存在较大隐患，也说明学龄前留守儿童的监护人整体预防接种知识、接种态度有待加强（邓素，余明东，吴勇刚，等，2019；陈雅琴，蓝丽萍，蔡琼芳，2020），这也提醒留守儿童的父母应该多关心子女的身体健康状况。

## （二）农村留守学生的心理特点

### 1. 农村留守学生的认知特点

（1）农村留守学生的自我意识。

自我意识是个体对自己的能力、价值及其与周围环境关系的认识和评价（高健，2010），自我意识水平较高的个体更能客观、准确、全面地评价自己的能力与价值，这对个体培养良好的人际关系、促进社会适应和维护身心健康均有重要作用。长期处于与父母分离、缺乏父母关爱、家庭教育缺失等不利处境下，儿童的亲子关系、依恋关系和自我意识受到严重损伤，并易出现缺乏自信、对未来悲观失望、缺少安全感、出现社会适应不良、难以建立良好的人际关系和自我伤害等心理及行为问题（许又新，2000）。研究发现，留守儿童存在一定程度的自我意识问题（王晓英，2015），与非留守儿童相比，留守儿童会表现出自我评价较低、缺乏自信、敏感、自卑、对未来感到迷茫甚至悲观失望等特点（李俊玲，李铿，2017），从而消极评价自己的能力与价值（罗静，王薇，高文斌，2017），当再次遭遇不利处境时，留守儿童会更多采用退缩、合理化等消极应对方式，不利于身心健康发展。研究还发现，在留守儿童自我意识的形成与发展过程中，家人、同学、老师和朋友提供的社会支持性资源对维护与提高留守儿童的自我意识水平有较好的增益作用（周永红，李慧玲，吕催芳，2017）。因此，家庭、学校和社会应该给予身处不利处境的留守儿童提供及时有效的社会支持性资源，以维护留守儿童的自我意识并提高身心健康水平。

（2）农村留守学生的自我效能感。

自我效能感是指个体在应对困难、挑战或完成某项任务时的自信程度、勇气、推测及判断（于璐，向滨洋，李雄，2019）。高自我效能感的个体在应对压力或挑战时往往充满信心和勇气，并通过不懈努力来完成任务以获得成功；低自我效能感的个体在应对压力或挑战时往往信心不足、缺乏勇气、悲观失望，甚至不敢尝试或中途放弃而导致任务失败。研究发现，农村学生在留守生活中遭遇的不利处境较多和承受的心理压力较大，容易使其表现出自卑、敏感、退缩、焦虑、抑郁、低自我效能感等特点（储文革，赵宜生，刘翔宇，等，2012）。与农村非留守学生、甚至同年级的非留守学生相比，农村留守学生均表现出较低的自我效能感水平（李红霞，2017）。这反映了农村留守学生在学习与生活中往往会面临无法预测的压力与挑战，当面临的压力与挑战较多以及缺乏及时有效的社会支持性资源时便容易引发自卑、焦虑、抑郁等消极情绪，从而使农村留守学生消极评价自己的能力与价值，自我效能感水平容易受到影响。研究也发现，留守高中学生和非留守高中学生的自我效能感水平没有统计学意义（邓佳玲，2016），这反映了留守生活对留守学生自我效能感的影响存在个体差异性和非绝对性，留守生活并非对所有学生的自我效能感都会造成消极影响，留守学生认知水平的提升在一定程度上会影响自我效能感。因此，我们应该积极、客观地看待留守学生，避免给留守学生贴上负面标签。

（3）农村留守学生的希望感。

希望感作为个体的一种积极心理品质，主要是指个体对自己未来发展的美好期待与渴望（Jennifer，Cheavens，David，2006）。高希望感的个体在应对压力或挑战时能满怀信心与勇气，并通过付诸努力以获得成功；低希望感的个体在应对压力或挫折时信心不足，对未来缺乏强烈的渴望和无法产生心理满足感（凌宇，2015）。希望感水平的高低与个体的社会支持性资源有密切关系，亲子分离、缺乏父母的关心和照顾、依恋关系受损、家庭教育缺失等状况都会降低儿童的希望感，使儿童容易表现出自卑、敏感、焦虑、抑郁、自伤等情绪症状和行为问题（杨新华，朱翠英，杨青松，等，2013）。研究发现，父母对子女的关爱水平和留守儿童的希望感显著正相关，对希望感有显著的正向预测作用（范兴华，何苗，陈锋菊，2016）。这说明提高父母对子女的关爱水平可以有效提高留守儿童的希望感。并且留守儿童的希望感可以调节亲子沟通和问题行为之间的关系，即高希望感的留守儿童，其良好的亲子沟通可以有效减少问题行为的产生；而低希望感的留守儿童，其良好亲子沟较难有效降低问题行为的产生（杨青松，周玲，胡义秋，等，2014）。可以看出，良好的亲子沟通、和谐的亲子关系以及父母的关心关爱对维护留守儿童的希望感均有重要作用。

（4）农村留守学生的自尊。

自尊是自我系统的核心成分和心理健康水平的重要指标，是个体基于自我评价产生和形成的一种自重、自爱、自我尊重，常表现为个体对自我能力与价值的积极评价与情感体验（陈艳，李纯，沐小琳，等，2019）。一般而言，自尊是通过社会比较形成的，是个体对其社会角色进行自我评价的结果，主要表现为自我尊重和自我爱护。研究发现，高自尊水平的个体对困难或挫折有较强的缓冲能力，并能够保持积极的态度和较高自信水平（张春妹，丁一鸣，陈雪，等，2019），而低自尊水平的个体在面对困难或挫折时缺乏较强的缓冲能力，从而不利于个体在困境中保持乐观与自信。青少年时期是个体自尊形成和发展的重要时期，自尊的发展对青少年当前的身心健康和成年后的生活质量都有较好的增益作用。但在儿童成长的过程中，亲子分离、缺乏父母关爱、依恋关系受损等不利处境会损害儿童自尊的健康发展（程方烁，周晓琴，项瑞，等，2020）。一项对4年级和7年级农村留守儿童长达两年半的纵向追踪研究发现，农村留守儿童和非留守儿童的自尊水平在前测中的差异无统计学意义，而农村留守儿童的自尊水平在后测中却显著低于农村非留儿童（范兴华，方晓义，张尚晏，等，2014）。这说明在儿童自尊形成和发展的重要时期，留守生活对儿童自尊水平的发展有持续性的消极影响。研究也发现，留守儿童自尊的发展不仅受到留守生活的影响，而且还受到家庭社会经济地位和心理资本交互作用的影响（欧阳智，范兴华，2018）。因此，改善留守状况、提高家庭社会经济地位和培养积极的心理资本，可以构建留守儿童的积极认知模式，从而提高留守儿童的自尊水平以维护其健康成长。

（5）农村留守学生的生命意义感。

生命意义感是指个体感受、领会或理解自身生命意义，并意识到自己存在的奋斗目标、人生价值以及任务或使命（弗兰克尔，2010）。高生命意义感的个体往往拥有较好的心理韧性水平，在应对困难或挫折时态度积极，较少体验到焦虑、抑郁、悲观等消极情绪（沈清清，蒋索，2013；张薇薇，张玉柱，2021），并有利于个体修复心理创伤和促进心理成长（张荣伟，李丹，2018）；低生命意义感的个体在应对困难或挫折时则容易陷入焦虑、抑郁、自杀意念等不利处境，甚至会产生自残、自杀等问题行为（向思雅，魏绮雯，郑少丹，等，2016；张野，苑波，王凯，等，2021）。留守学生正处在身心发展的重要时期，生命意义感是否确立会影响留守学生的人格完善、社会适应、人际关系建立和身心健康（魏灵真，刘衍玲，2020；张潮，靳星星，陈泓逸，2021）。研究发现，留守生活损害了留守学生的心理安全感，降低了家庭复原力，从而对其生命意义感产生消极作用（王素勤，2017）。因此，留守学生的生命意义感显著低于非留守学生（黄欢欢，2018）。研究也发现，留守生活等不利处境不仅会降低留守学生的生命意义感和自尊水平，同时也会增加留守学生患抑郁症的风险（夏慧铃，马智群，2018）。对有留守经历的大学生进行研究后发现，有留守经历的大学生在心理复原力、生命感受程度和解决问题的能力等方面表现较差，在面对困难或挫折时容易体验到生命无望感和无意义感，并且寻求生命意义的动机也比较低（罗贝贝，2019）。可以看出，留守生活对留守学生的生命意义感有持续性的消极影响。因此，家庭、学校和社会各界应该给留守学生提供更多有效的社会支持性资源（余欣欣，邓丽梅，2019）、增强留守学生的学校归属感（邓绍宏，2018）和培养其坚毅的人格品质（董泽松，祁慧，2014），从而有效提高留守学生的生命意义感和价值感。

（6）农村留守学生的自我接纳。

自我接纳是指个体对自己的认可程度，以及乐于了解自己和无条件接纳自己全部特征的程度，包括对自己的外貌、能力、性格、情绪情感、品行以及生活现状等的接纳（臧宏运，郑德伟，郎芳，等，2019）。高自我接纳水平的个体较少体验到自卑、自责、悲伤、焦虑、抑郁等消极情绪（孙淑晶，赵富才，张兵，2008），而低自我接纳水平的个体由于无法接纳自己的外貌、能力、品行、性格等特点，常常会体验到较多的自卑和苦恼。研究发现，不同留守类型的儿童在自我接纳程度上表现较差，母亲外出、父亲外出和双亲外出的留守儿童在自我接纳程度上均显著低于非留守儿童（吴俏燕，汪欣，周腾，等，2019），并且留守儿童的自我接纳和人际关系显著负相关（马如仙，2017）。说明自我接纳水平较低的留守儿童容易出现人际关系问题，而自我接纳水平较高的留守儿童容易与他人建立良好的人际关系。对留守儿童的同伴关系与自我接纳进行研究后发现，留守儿童的同伴关系与自我接纳显著正相关，对自我接纳有显著的正向预测作用（刘艳艳，2020）。说明良好的同伴关系可以有效提高留守儿童的自我接纳水平。研究也发现，团体心理辅导和培养良好的人际关系可以有效提高留守儿童的自我接纳水平（马如仙，2017；刘艳艳，2020）。这提示应该通过开展以"培养人际关系"为主题的团体心理辅导来提升留守儿童的自我接纳水平。

（7）农村留守学生的心理适应。

心理适应是指在外部环境发生较大变化时，个体会通过自我调节系统的作用重新使自己与环境保持新的平衡状态并维护自己的身心健康发展（贾晓波，2001）。良好的心理适应能力对个体自尊、生活满意度、学业成绩、人际关系和身心健康等方面都有积极作用。研究发现，父母的情感温暖、平等、尊重、支持和理解等积极的教养方式对儿童的心理适应能力有良好的促进作用，而父母的惩罚、拒绝、强制、专制等教养方式对儿童的心理适应能力则起消极作用（许海文，2008）。说明父母的教养方式与儿童的心理适应有密切关系，积极的父母教养方式能提高儿童的心理适应能力。留守学生由于缺乏与父母较好的沟通与情感支持，在心理适应方面容易出现低自尊、高自卑感、抑郁、孤独、焦虑和恐惧等问题。研究发现，留守初中生的心理适应能力表现较差（许海文，2008），并且不同留守类型的学生在心理适应能力上均显著低于非留守学生（袁宋云，陈锋菊，谢礼，等，2016）。对 207 名农村儿童进行历时两年半的追踪研究发现，在前测和后测条件下，留守儿童的心理适应能力均显著低于非留守儿童，并且留守儿童心理适应能力的后测得分显著低于前测得分（范兴华，方晓义，林丹华，等，2013），说明留守生活会降低留守儿童的心理适应能力。因此，留守学生在留守期间，由于亲子分离、家庭功能受损、缺乏父母的关心和爱护，容易产生孤独、寂寞、敏感、自卑等消极情绪，在面对挫折和自身身心发展不平衡等压力时，其心理适应能力会受到严重影响。

（8）农村留守学生的自杀意念。

自杀意念主要是指个体考虑或计划自杀的一种消极状态（Nock，Green，Hwang，et al.，2013）。在青少年群体中，自杀意念的终身患病率为 12.1%，其中 4% 的人有自杀计划，4.1% ~ 8.5% 的人有自杀企图，而 60% 有自杀意念的青少年会在一年内尝试自杀（Wang，Jing，Chen，et al.，2020）。研究发现，压力性生活事件是诱发青少年自杀意念的重要因素，对自杀意念有显著的正向预测作用（Zhan，Yang，2018）。研究发现，留守儿童的自杀意念发生率为 20.0%，其自杀意念会受到父母关系、同学关系、师生关系和应对方式的影响（邵福泉，苏虹，2011），而家庭亲密度、同伴的友谊质量是留守儿童自杀意念的重要影响因素（薛艳，邱梨红，季家丝，2019）。与非留守儿童相比，留守儿童的自杀意念检出率较高，并且其自杀意念检出率与父母外出务工的年限和学段有密切关系，父母外出务工 1 年内的留守儿童自杀意念较低，高年级的留守儿童对自杀持接受和理解的态度（陆润豪，彭晓雪，吴茜，等，2017），说明亲子分离、缺乏父母关心关爱、依恋关系受损等压力性事件会给留守儿童带来较大的心理压力，从而引发留守儿童的自杀意念。因此，培养留守儿童良好的亲子关系、同伴关系、师生关系，以及提高留守儿童的积极认知水平都能有效降低留守儿童的自杀意念。

（9）农村留守学生的安全感。

安全感是个体的一种重要精神资源，能有效维护个体的身心健康发展，主要是指个体对自我、生活、家庭、人际交往和压力性生活事件等方面的效能感、胜任感、确定感和控制感（廖传景，2015）。高安全感的个体在应对不利处境时有较高的自我效能感，并采用积极的认知方式和应对方式，

016

甚至调用足够的社会支持性资源来应对不利处境，以维护身心发展平衡；低安全感的个体在应对不利处境时自信心不足、缺乏胜任感和控制感，无法勇于承担风险和应对挑战，心理平衡容易受到影响（廖传景，吴继霞，张进辅，2015）。对于留守儿童而言，安全感是他们提高自尊自信、积极追寻未来和维护自身健康发展的重要基础。研究发现，初中阶段的留守学生（朱丹，2009）和高中阶段的留守学生（徐礼平，田宗远，邝宏达，2013）的人际安全感、确定控制感和安全感总分均显著低于非留守学生。说明留守学生在留守状态下的安全感表现较差，也进一步说明留守生活会让留守学生感受到较低的安全感。对农村5~9年级的留守儿童进行研究后发现，留守儿童的人际自信、安危自知、应激掌控、自我接纳、人生无畏和安全感总分均显著低于非留守儿童（陆芳，2013），这也进一步说明留守儿童的安全感总体状况不太乐观。

（10）农村留守学生的歧视知觉。

歧视知觉是指个体觉察到他人对自己在态度、行为等方面的区别对待（苏志强，张大均，邵景进，2015）。歧视知觉容易使个体表现出敏感、自卑、焦虑、孤僻、退缩等心理及行为特点，甚至会对他人、对社会产生不满和敌意（傅王倩，张磊，王达，2016）。一般而言，留守儿童容易被大众"问题化""标签化"甚至"污名化"，这不仅容易让留守儿童产生歧视知觉，而且也不利于留守儿童的健康成长（赵景欣，杨萍，马金玲，等，2016）。研究发现，留守儿童在言语歧视、回避、行为歧视和攻击等方面都表现出不同程度的歧视知觉（张磊，傅王倩，王达，等，2016），并且在思想观念歧视、行为接触歧视、不良影响歧视、犯错倾向歧视、被对待方式歧视和歧视知觉总分上均显著高于非留守儿童（缪丽珺，徐小芳，盛世明，2015），说明留守儿童感知的歧视程度较高。有研究者认为，由于亲子分离、缺乏父母的情感支持，留守儿童容易感知到他人在态度和行为上的区别对待，而歧视知觉会增加留守儿童的心理压力并表现出消极情绪的风险（韩黎，龙艳，2020），甚至容易导致留守儿童出现回避、退缩、攻击、违纪等问题行为（张磊，傅王倩，王达，等，2015）。由此可见，与非留守儿童相比，留守儿童的歧视知觉较明显，并且歧视知觉容易让留守儿童出现各种心理及行为问题。因此，应正确看待留守处境中的儿童，避免随意对留守儿童

"污名化"或贴上其他负面标签。

## 2. 农村留守学生的情绪情感特点

（1）农村留守学生的积极情绪和消极情绪。

积极情绪和消极情绪的产生与个体的需要是否被满足有关，如果个体的需要被满足则会产生积极、愉快的情绪体验，如果个体的需要没有被满足则会产生消极、不愉快的情绪体验（李倩玉，2019）。一直以来，留守儿童的情绪问题都是研究者关注与研究的重要内容，与非留守儿童相比，留守儿童容易面临情绪困扰。研究发现，留守儿童在顺心、幸福、兴趣、乐观、高兴、自豪、快乐、满足等积极情绪上的得分显著低于非留守儿童，在孤独、沮丧、生气、心烦、烦躁等消极情绪上的得分显著高于非留守儿童（池瑾，胡心怡，申继亮，2008）。说明与非留守儿童相比，留守儿童容易面临情绪的困扰。此外，农村留守儿童的焦虑、抑郁检出率显著高于农村非留守儿童（张莉，罗学荣，孟软何，2010），并且留守儿童在敌对、情绪不平衡等方面均显著高于非留守儿童（彭阳，廖智慧，盘海云，2014）。由此可以看出，留守儿童在留守生活中由于亲子分离、长期缺乏父母的关心关爱，亲子关系、依恋关系、家庭功能等方面都会受到损伤，当再次遭遇压力或挑战时，因缺乏有效的社会支持性资源并倍感压力，容易面临较多的情绪问题。

（2）农村留守学生的疏离感。

疏离感是用来衡量个体人际关系状况的一种消极情感，亲子分离、缺乏父母关心关爱等状况会使个体体验到挫折、孤独、疏远、无助等消极情绪情感（孔祥军，刘艺，赵启会，等，2014）。高疏离感的个体难以和他人建立良好的人际关系，常常感受到被疏远和被孤立，容易产生不安全依恋、悲观、冷漠、无意义感、酗酒、自杀、逃避、退缩等心理及问题行为（Larson，Halfon，2013；Gina，Margarida，Celeste，et al.，2016）。与非留守儿童相比，亲子分离的状况会增加留守儿童的疏离感。以往对留守儿童疏离感的研究主要集中在亲子疏离、学校疏离和社会疏离等几个方面。

第一，在亲子疏离方面。留守儿童的亲子疏离感及冷漠感、无价值感、无沟通感、孤独感和拘束感等方面的得分均显著高于非留守儿童（马宏丽，

2013），父母平等、尊重和理解的教养方式会降低留守儿童的亲子疏离感，而忽视、漠不关心的教养方式会增加留守儿童的亲子疏离感（马宏丽，2013）。父母消极的教养方式会导致留守儿童的情感发展不健全、心理问题显现、道德构建不完善以及学习教育陷入贫乏与空疏等问题（杨非凡，余承海，2021）。研究发现，良好的亲子依恋、与父母高频率沟通（每天）是亲子疏离的保护因素，而留守状况、生活事件、父母离异、父母强制型教养方式、每次与母亲沟通时间短（5 min 以内）是其危险因素（孙笑笑，任辉，师培霞，等，2020）。因此，培养良好的亲子依恋关系、提高与父母之间的沟通频率等可以有效降低留守儿童的疏离感（孙笑笑，师培霞，沈思彤，等，2014）。

第二，在学校疏离感方面。学校疏离感是指学生与学校中的老师、同学、学习活动、学校规范等对象之间，由于关系变得疏远，甚至被支配、被控制，从而使学生体验到孤立感、无意义感、无力感、无规范感等消极情感（倪凤琨，2016），并体现在辍学、破坏学校公物、学习成绩水平低等问题上（Wayman，2002）。有研究发现，学生辍学的主要原因是学校疏离感，并且不良的师生关系容易导致学生出现学校疏离感（Wayman，Jeffrey C.，2002）。个体的学校疏离感越强，对教育的期望就较低（Cole，1991），而且疏离感与犯罪、问题行为、物质滥用、心理健康等有密切关系（Warshak，2000；Johnson，2005）。对农村留守儿童群体进行研究后发现，农村留守儿童的学校疏离感（包括无规范感、无力感和独立感）得分显著高于农村非留守儿童（倪凤琨，2016），并且师生关系、教师期望与留守儿童的学校疏离感呈显著负相关，对学校疏离感有显著的负向预测作用（魏义承，徐夫真，2019），说明良好的师生关系对降低留守儿童的学校疏离感有重要作用。

第三，在社会疏离感方面。社会疏离感是指个体在社会互动的过程中，遭到他人的消极对待，未能与外界进行良好的互动，由此而引发的与社会相疏远和对立的消极情感（张岩，杜岸政，谭顶良，等，2017），当个体长期受到社会排斥，并导致应对资源和应对策略耗竭时更容易产生社会疏离感（张林，张园，2015）。研究发现，社会疏离容易使留守儿童产生孤独和无助等消极情绪状态，无法与所处环境建立有效链接，脱离主流社会群体，表现出冷漠及拒绝等消极行为（邓敏，陈旭，张雪峰，等，2010）。研究也

019

发现，留守初中生的社会疏离感、人际疏离感得分均显著高于非留守初中生，并且有留守经历的初中生在社会疏离感、人际疏离感和环境疏离感得分上显著高于无留守经历的初中生，这间接说明留守生活及留守经历对初中生疏离感会产生持续性的消极影响（杨游芳，2014）。

（3）农村留守学生的孤独感。

孤独感是个体常见的一种消极情绪体验，长期处于孤独状态下的个体，一方面，容易对自己与他人的人际关系做出非理性评价，当遭遇困难或挫折时多采取回避、退缩等行为，并认为他人难以对自己提供有效帮助和支持（李瑶，余苗，张妩，等，2013）；另一方面，容易产生自卑、害羞、社交退缩和犯罪等心理及行为问题，并且持续的孤独容易让个体出现人格障碍、抑郁症状和社会焦虑等精神疾病，进而导致个体出现绝望和自杀行为（Chang，Muyan，Hirsch，2015）。在留守儿童群体中，孤独感是一种最为常见的消极情感。在一项长达 12 个月的追踪研究中发现，农村留守儿童的亲子关系可以显著负向预测 12 个月后的孤独感状况（张庆华，张蕾，李姗泽，等，2019），这说明良好的亲子关系对降低农村留守儿童的孤独感有重要作用。对中国东部、中部和西部地区的 2 188 名留守儿童进行研究后发现，西部地区的留守儿童孤独感得分显著高于中部地区和东部地区，而中部地区的留守儿童孤独感得分显著高于东部地区（华芮，刘欣，张晖，2020）。采用 Meta 分析方法对中国农村留守儿童的孤独感进行研究后发现，留守儿童的孤独感得分显著高于非留守儿童，并且缺少父母的陪伴和关爱是导致留守儿童孤独感的重要原因（玉嘉，李梦龙，孙华，2020）。因此，良好的亲子关系对降低农村留守儿童孤独感有重要作用，并且通过构建农村留守儿童的关爱服务体系和培养良好的亲子关系，可以有效降低农村留守儿童的孤独感（刘金华，吴茜，秦陈荣，2020）。

（4）农村留守学生的自卑感。

自卑是个体的一种消极情绪状态，常表现为消极评价自己的能力、价值、外貌等，甚至对自己失去信心和对人生悲观失望（侯洋，徐展，2008）。有自卑感的个体，在认知上会认为"我不行"，在情感上会对自己产生失望甚至厌恶感，在行为上面对困难或挫折时会畏缩不前或半途而废（李德勇，2013）。有研究指出，亲情缺失、缺乏父母关心关爱、家庭功能受损、缺乏社会兴趣、不良的生活方式等因素都会使农村留守儿童表现出较高的自卑感（杭琪，2020），并且随着留守时间的不断延长，留守儿童的自卑感就会越明显（周宗奎，孙晓军，2005），由此可见，亲子分离、缺乏父母关爱等家庭风险因素是导致留守儿童出现自卑感的重要因素。研究发现，留守儿童在学习、生活、人际交往、行为习惯等方面都会表现出明显的自卑感，并且自卑感会直接影响留守儿童的学业成绩与身心健康，甚至这种消极影响会持续到留守儿童今后的择业、婚姻及家庭（李德勇，2012）。研究也发现，留守儿童的自卑感明显高于非留守儿童，但通过积极心理取向的团体辅导干预，可以有效降低留守儿童的自卑感（郭伟，2016）。因此，家庭、学校和社区应该携手努力，共同维护留守儿童的身心健康。

（5）农村留守学生的焦虑。

焦虑是一种复杂的情绪状态，当个体处于不确定情境时，就会表现出紧张、不安、烦恼、担忧、害怕等消极情绪状态，甚至会出现失眠、出汗、缺乏食欲等生理特点（刘相英，2016）。适度的焦虑可以让个体产生紧张感，从而激活或维持较高的注意水平，而高焦虑水平则会影响个体的生活与学习，长期处于高焦虑水平的个体，其身心健康会受到严重威胁。在留守儿童群体中，亲子分离、缺乏父母的关心关爱、依恋关系受损等不利因素是留守儿童产生焦虑感的危险因素（裴开国，2008）。研究发现，缺乏父母关心关爱、亲子关系疏远、生活条件艰苦、家庭功能受损、学习压力较大等因素会使留守儿童表现出较高的焦虑水平（赵文力，谭新春，2016），并且留守儿童的焦虑得分显著高于非留守儿童（魏锁，程进，王颖初，等，2016）。采用Meta分析方法对留守儿童和非留守儿童的焦虑状况进行对比研究后发现，留守儿童的学习焦虑、对人焦虑得分均显著高于非留守儿童，并且留守儿童的学习焦虑、对人焦虑得分均处于较高水平（李福轮，乔凌，贺婧，等，2017），说明留守生活会对留守儿童的心理及行为问题带来消极影响。

（6）农村留守学生的抑郁。

抑郁是一种常见的且具有弥散性的消极心境状态（胡义秋，曾子豪，刘双金，等，2019），也是检验个体心理健康状况的重要指标，能显著预测个体成年后的不良心理功能及问题行为，如抑郁症、自杀等（孙浩，徐夫真，刘宇鹏，等，2018）。以往研究发现，超过一半的自杀青少年在死亡时曾患有抑郁症（Fakhari，Farahbakhsh，Azizi，et al.，2020），可见抑郁对青少年的心理健康威胁较大。

抑郁作为青少年常见的心理健康问题之一，正严重威胁青少年的情绪情感和社会性的发展。青少年的抑郁不仅可以预测成年后的不良心理功能，而且也会增加个体患抑郁症和出现自杀行为的风险（孙凌，黎玉兰，马雪香，等，2019）。研究发现，青少年的抑郁发生率呈逐年增高的发展趋势，并且当个体进入青春期之后，抑郁的发生率会逐渐增高（侯金芹，陈祉妍，2016）。《中国国民心理健康发展报告（2019—2020）》中指出，虽然 10 余年间青少年的心理健康状况稳中有降，但其心理健康问题仍不容忽视。该研究报告发现，2020 年青少年的抑郁检出率为 24.6%，其中轻度抑郁的检出率为 17.2%，可见青少年的心理健康问题仍然是一个值得关注与重视的问题。留守儿童的抑郁问题一直以来都是社会各界关注与研究的重点问题，以往研究者主要从横向和纵向两个方面来研究留守儿童的抑郁状况。

第一，在横向研究方面。研究发现，农村留守儿童的抑郁程度显著高于非留守儿童，并且留守儿童的友谊质量能显著负向预测抑郁，说明良好的友谊质量在一定条件下能缓冲不利处境对留守儿童所产生的消极影响，从而降低留守儿童抑郁发生率（王晓丽，胡心怡，申继亮，2008）。采用 Meta 分析方法对留守儿童的抑郁进行研究后发现，留守儿童的年龄越小，其抑郁症状检出率越高，并且西部省份留守儿童的抑郁症状检出率显著高于东部地区和中部地区（徐志坚，慈志敏，姜岩涛，等，2016）。有研究者发现，提高亲子互动频率和沟通质量，有利于留守儿童与父母重新建立依恋关系，并降低留守儿童的抑郁水平（范志宇，吴岩，2020）。

第二，在纵向研究方面。对农村留守儿童进行两年半的追踪调查后发现，与非留守儿童相比，留守儿童在前测和后测中的抑郁程度均高于非留守儿童，并且留守儿童后测的抑郁得分显著高于前测，这说明亲子分离、父母关心关爱缺失等风险因素对留守儿童的抑郁有持续性的消极影响（范兴华，方晓义，黄月胜，等，2018）。对农村留守儿童进行为期 12 个月的追踪研究后发现，良好的亲子关系能有效降低农村留守儿童的抑郁程度（张庆华，张蕾，李姗泽，等，2019），这也进一步说明了父母对留守儿童的关心和爱护可以降低其抑郁水平，并有效维护留守儿童的身心健康发展。

（7）农村留守学生的情绪调节。

情绪调节是指个体对情绪体验和情绪表达进行管理、监控、评估以及调整的过程（刘航，刘秀丽，郭莹莹，2019）。认知重评和表达抑制是最常见的两种情绪调节策略，认知重评指个体从认知上改变对情绪诱发情景或事件的理解，从而改变情绪体验；表达抑制指个体对当前或即将发生的情绪表达行为进行抑制（刘文，张妮，于增艳，等，2020）。随着个体年龄的不断增长，其使用认知重评策略的可能性会逐渐增加，但个体的认知风格可能会影响情绪调节策略的使用（罗伏生，王小凤，张珊明，等，2010）。研究发现，留守儿童在积极情绪调节策略（如认知重建、问题解决和替代活动）上的得分显著低于非留守儿童、流动儿童和非流动儿童，在消极情绪调节策略（如发泄和被动应付）和中性情绪调节策略（如自我安慰）上的得分则显著高于其他 3 类儿童（赵振国，刘文博，2020）。这说明留守儿童在应对不利处境并产生消极情绪时，发泄、压抑等消极的情绪调节策略使用较多。研究也发现，有留守经历大学生和无留守经历大学生在认知重评和表达抑制等情绪调节策略的使用上没有显著性差异（武艺，2016）。说明随着年龄的不断增长以及认知的不断发展，个体的情绪调节能力也日趋成熟。

3. 农村留守学生的意志特点

（1）农村留守学生的心理韧性。

心理韧性是个体的一种积极心理品质，指个体在面对逆境、创伤、威胁时的一种良好适应过程及心理反弹能力（Yang，Xia，Han，et al.，2018），良好的心理韧性能够帮助个体更好地应对不利处境，促进个体的积极适应与发展并维护自己的身心健康（刘佳，2019），而较差的心理韧性则不利于个体更好地应对不利处境带给自己的挑战或困扰。对于留守儿童来说，在应对不利处境的过程中，心理韧性对维护留守儿童的身心健康发挥着重要的作用。研究发现，留守儿童的心理韧性水平偏低，显著低于全国常模（李霓，王丽，黎军，等，2019），并且留守儿童的心理韧性及目标专注、情绪控制、家庭支持、人际协助、个人力和支持力等维度得分均显著低于非留守儿童（徐礼平，田宗远，邝宏达，2013），说明留守儿童的心理韧性水平相对较差。对生态移民地区留守儿童的心理韧性进行研究后发现，生态移民地区留守儿童在目标专注、情绪控制、积极认知、家庭支持、人际协助和心理韧性总分上均显著低于非留守儿童（刘晓慧，杨玲玲，梁娜娜，2020）。有研究也发现，虽然留守儿童经常会面对亲子分离、父母关爱缺失等压力或挫折，但有些留守儿童会通过寻求爷爷奶奶、外公外婆、老师、朋友、同伴等社会支持性资源的支持与帮助，从而让自己更好地应对这些压力或挫折（白慧慧，王雨晴，孙婉靖，2022），这说明留守生活并不一定会导致留守儿童出现适应不良、心理韧性水平较差等情况。

（2）农村留守学生的抗逆力。

抗逆力是指个体在应对压力、突发事件或遭遇创伤性事件时，能够积极主动调用自己的积极心理资本去面对问题、解决问题，从而使自己恢复到正常状态的能力（胡格，2020）。抗逆力由内部因素（如健康的机体、积极情绪、乐观、自信等心理特质）和外部因素（如良好的家庭氛围、温暖的校园环境、和谐的人际关系）两个方面的保护性因素构成（沈之菲，2008）。在以往研究中，留守儿童的抗逆力受到研究者的关注和重视。有研究者认为，内部保护性因素（如自我效能感、乐观等）和外部保护性因素（如家庭、学校、社会等）共同发挥作用，可以提升留守儿童的社会适应能力和促进健康成长，并且保护性因素越多，留守儿童的抗逆力水平也就越高（万江红，李安冬，2016）。有研究者采用回溯生命史的方法对农村曾留守大学生在留守期间的生活经历进行研究后发现，内部因素（如对留守事件的正向解读、学业胜任力和良好的个性特征等）和外部因素（如家庭积极的教育信念、老师支持、同伴支持、较低的社群压力等）对留守儿童抗逆力具有保护作用（李燕平，杜曦，2016）。对民族地区农村留守幼儿的抗逆力进行研究后发现，抗逆力对留守幼儿早期的发展有较好的预测作用，良好的抗逆力有助于留守幼儿提高适应能力，并且良好的师生关系和同伴关系对留守幼儿的抗逆力有较好的保护作用（罗兰兰，侯莉敏，吴慧源，2020）。研究也发现，虽然留守儿童的年龄越小，其抗逆力水平越不容易被激发，但良好的外部保护性因素可以激发并提升留守儿童的抗逆力水平（胡格，2020）。

4. 农村留守学生的个性特点

个性是指个体所具有的心理特征，主要表现在能力、气质、性格、需要、动机、兴趣、理想、世界观、人生观和价值观等方面（王莉，徐伟亚，王锋，等，2011）。对于留守儿童来说，人格的发展对其身心健康发展尤为重要。研究发现，留守儿童容易表现出冷淡孤独、自卑拘谨、抑郁压抑、冲动任性、紧张焦虑等人格特点，并且亲子教育的缺失对留守儿童人格发展的消极影响较大（范方，2005）。研究也发现，留守儿童的精神质、神经质得分及个性偏差检出率均显著高于非留守儿童，说明留守儿童容易表现出个性偏差等问题，并且容易出现精神质、神经质的极端性格，这可能是由留守儿童的亲子关系疏离、缺乏父母关爱等情况所致（张燕燕，兰燕灵，覃业宁，等，2009）。采用《艾森克人格问卷（EPQ）（儿童版）》对小学留守儿童与非留守儿童进行研究后发现，与非留守儿童相比，留守儿童的个性倾向性与掩饰性较强，容易表现出较强的易焦虑、抑郁、敌意、攻击性等人格特征（张皑频，杨德兰，舒能洪，等，2008）。研究也发现，留守儿童在人格特质的内外向、精神质上的得分也显著高于非留守儿童（闫艳霞，2014）。对农村 2~3 岁的留守儿童进行研究后发现，2~3 岁留守儿童的人格发展总分及探索主动性、独立性等因子的得分均显著低于非留守儿童，并且留守儿童的合群适应性、情绪稳定性的得分较低，说明与非留守儿童相比，留守儿童本身的留守生活、亲子分离、缺乏父母关心关爱等状况会使留守儿童出现社交退缩、回避等问题行为，进而影响留守儿童人格的发展（周玉明，戚艳杰，张之霞，等，2019）。

感恩作为个体的一种人格特质，是指个体意识到施恩者给予的恩惠或帮助所产生的感激，并愿意回报的一种认识、情感和行为，是研究者关注与研究的重点内容之一（汪晗，杜建政，2019）。具有感恩人格特质的个体较少经历焦虑、抑郁、敌意和愤怒等问题，反而会体验到较多的积极情绪、幸福和希望（Wood，Joseph，Maltby，2008）。当个体经历创伤性事件时，感恩能保护个体免遭伤害。一方面，感恩能优化个体的应对方式和增强应对能力；另一方面，感恩能降低个体的抑郁水平，有效减少自杀意念和自杀企图（Li，Zhang，Li，et al.，2012），并维护个体的身心健康。研究发

025

现，留守儿童的感恩水平显著低于非留守儿童（刘群，2015），并且留守男生感恩得分显著低于留守女生（魏昶，喻承甫，洪小祝，等，2015），说明留守生活会影响留守儿童的感恩倾向，而男女生移情水平的不同造成了男女生感恩水平的差异。研究也发现，留守儿童的父子关系、母子关系和感恩水平均显著低于非留守儿童，孤独感和抑郁显著高于非留守儿童，亲子关系与感恩、孤独感、抑郁的相关关系和预测作用显著（范志宇，吴岩，2020），这说明农村留守儿童的不良亲子关系不仅会降低感恩水平，也容易使留守儿童产生孤独感和抑郁倾向。此外，留守儿童感恩的水平越高，越可能在被动留守的不利处境中保持较高的心理韧性水平，这对提高留守儿童应对压力或困境的能力有重要作用（董泽松，魏昌武，兰兴妞，等，2017）。

### （三）农村留守学生的行为特点

#### 1. 农村留守学生的亲社会行为

亲社会行为又叫利他行为，是指任何符合社会期望并对他人、群体或社会有益的行为及趋向，如关心、帮助、安慰、同情、捐助或救助他人，与他人合作、分享、谦让，甚至包括赞扬他人、使他人愉快等（杨静，宋爽，项紫霓，等，2015；陈宁，张亚坤，施建农，2016）。亲社会行为包括自发的亲社会行为和常规性的亲社会行为，前者主要是为了关心他人，不要求报酬或回报；后者主要是为了避免受到批评或得到自己想要的回报（冯琳琳，2017）。但总体而言，亲社会行为是个体表现出来的有利于他人或群体的积极且正向的行为。研究发现，农村留守儿童的亲社会行为得分显著低于非留守儿童（李乐，2015）。对 12～18 岁的留守儿童进行研究后发现，留守儿童的亲社会行为得分也显著低于非留守儿童，并且亲社会行为随年龄的增长呈现出先下降后上升的趋势，年龄（12～18 岁）、地区（东北、华北、西北、华中、西南、华南、华东）和主观健康水平（良好、一般、较差、很差）对留守儿童亲社会行为倾向均有显著的影响（陈宁，张亚坤，施建农，2016）。对小学流动儿童和留守儿童进行研究后发现，与流动儿童相比，留守儿童的亲社会行为表现更差，并且亲子关系和师生关系可以显著正向预测留守儿童的亲社会行为（杨静，宋爽，项紫霓，等，2015）。研究也发现，农村留守儿童的亲社会行为与家庭教养方式和教师的管教方式密切相关，开明、权威、平等、关爱的家庭教养方式，以及尊重、理解、支持的教师管教方式是亲社会行为的有效预测因素（王立静，2017）。因此，家庭应该采用陪伴、平等、民主、尊重、开明、鼓励等方式对待儿童，从而提升儿童的亲社会行为；学校教师在教学中应该以学生为中心设计教学内容，并注重以身作则，引导和激发学生表现出更多的亲社会行为。

2. 农村留守学生的反社会行为

反社会行为也称消极的社会行为、侵犯行为或攻击行为，是指可能对他人或群体造成损害的行为和倾向，包括攻击、违法、犯罪、违反社会公德等行为（赵景欣，刘霞，2010；赵景欣，2013）。研究发现，农村留守儿童在缺乏父母有效监管的情况下，容易出现偷盗、攻击、破坏、违反学校规定等行为（李梅，杨汇泉，2010；汪义贵，2016）。虽然留守儿童的反社会行为与非留守儿童并没有显著差异，但留守儿童经历的一般日常烦恼（如亲子疏离、依恋关系受损、缺乏父母的关心及照顾等）能显著预测其较高的反社会行为（赵景欣，王焕红，王世风，2010），并且一般来说日常烦恼越多，留守儿童的反社会行为水平也就越高（赵景欣，刘霞，2010）。研究也发现，养育者或监管者的行为监控水平与留守儿童的反社会行为有密切关系，对于父母单方外出的留守儿童来说，其中一方如果对留守儿童的行为监控较严格，留守儿童出现反社会行为的概率会降低；而对于双亲均外出的留守儿童来说，监管者的高水平行为监控也会降低留守儿童的反社会行为（赵景欣，2013）。虽然留守儿童在留守生活中经常会遇到学习压力、缺乏关爱、人际关系不良等各种各样的烦恼与挫折，但是日常学习、生活中的积极事件，以及高质量的行为监控水平会改善留守儿童的行为表现，从而降低其反社会行为。

3. 农村留守学生的问题行为

问题行为是指个体带有破坏性的行为，如违反各种规章制度、攻击、打架斗殴、辍学、犯罪、自伤等（余志萍，2018）。研究发现，留守初中生会表现出较多的问题行为，如考试焦虑、学习适应不良、攻击、神经质、退缩和违纪等，此外，留守初中生也会表现出情绪冲动、行为粗鲁、打架、脾气暴躁等攻击行为（徐超凡，2016）。对 4～6 岁农村留守儿童的问题行为进行研究后发现，留守儿童的问题行为检出率、社交问题发生率、违纪行为发生率和攻击行为发生率均显著高于非留守儿童（周玉明，戚艳杰，张之霞，等，2019）。采用 Meta 分析方法对留守儿童的问题行为进行研究后也发现，留守儿童的问题行为发生率、情绪症状、品行问题、多动等均显著高于非留守儿童（赵蕾，李先宾，温玉杰，等，2017），这说明缺乏父母关爱的留守生活会增加留守儿童的行为问题。有研究者认为，留守儿童的问题行为主要受到家庭因素（父母教养方式、监护类型）和社会因素（社会支持、歧视知觉）的影响，而父母的教养观念、教育方式或教育行为是留守儿童问题行为产生的重要影响因素（朱婷婷，刘东玲，张璟，等，2019）。此外，留守儿童的家庭环境极为不利并表现出冲突与矛盾，也会使留守儿童在情绪问题、品行问题、同伴交往问题等方面的得分显著较高（张孝义，王瑞乐，杨琪，等，2018）。基于 1999—2019 年 CNKI 数据库的 1 050 篇文献进行可视化分析后发现，留守儿童由于长期与父母分离，缺乏与亲人应有的沟通和交流，其情感需求无法得到满足，最终导致留守儿童的问题行为远远高于非留守儿童（陈秋珠，向璐瑶，2021）。家庭处境不利虽然是留守儿童的重要压力来源，但留守儿童的歧视知觉也是其压力的重要来源，留守儿童的歧视知觉越强，就越容易出现情绪和行为问题（韩黎，龙艳，2020）。

4. 农村留守学生的社会适应

社会适应是指个体的认知、行为可以随着社会环境的变化而改变，从而达到个体与社会环境和谐相处的状态（贾林斌，2008）。研究发现，亲子分离、家庭功能下降、父母监管与教育不到位等因素都容易导致留守儿童出现心理适应问题突出、行为适应偏离明显、人际适应严重失调等社会适应问题（徐礼平，2013）。但部分留守儿童在留守生活中也能培养自己吃苦耐劳、自立自强、坚韧不拔等性格特点，并较好地应对各种压力与挑战，社会适应能力表现相对较好。研究也发现，农村留守儿童的社会适应状况不容乐观，处于中等水平（张更立，2017），并受到上网时间、父母联系频率、对父母外出务工的认知、对家庭完整度的认知、对父母的想念程度、对生活的态度及照料者的教养方式的影响（彭美，戴斌荣，2020）。与农村非留守儿童相比，农村留守儿童的社会适应总分及学习适应、自我意识、社会交往、家庭环境和校内人际等维度的得分显著较低（徐礼平，田宗远，邝宏达，2013），说明农村留守儿童的社会适应状况更差。虽然留守儿童社会适应较差，但良好的友谊质量（彭美，2019）、挖掘留守儿童的积极潜力（缪华灵，郭成，王亭月，等，2021）、提高亲子沟通频率和培养良好的亲子关系等对留守儿童社会适应能力的发展均有积极作用（牛更枫，李占星，王辰宵，等，2019）。

5. 农村留守学生的网络成瘾

网络成瘾是指个体的上网行为失去自主控制，表现为由于过度使用互联网而导致个体出现明显的生理、心理和社会功能损伤的状况（Levent，2019）。网络成瘾是青少年群体的一种普遍问题，中国互联网络信息中心（CNNIC）报告的数据显示，截至 2020 年 3 月，我国青少年群体中网络使用占比为：10 岁以下的占比 3.9%，10 ~ 19 岁的占比 19.3%。由此可以看出，青少年群体的网络使用占比较高。研究发现，青少年群体的网络成瘾检出率为 13.62%（Fumero，Marrero，Voltes，et al.，2018），这提示青少年的网络成瘾问题应引起重视并亟待解决。留守儿童由于缺乏父母的有效监管和教育引导，是网络成瘾的高度易感人群，并且长期的网络成瘾会严重损害留守儿童的身心健康，容易出现认知障碍、情感障碍、注意缺陷、思维混乱、人际关系不良和身体素质下降等问题，并严重影响留守儿童的健康成长（周曼蕊，朱国武，亚娟，等，2019）。与非留守儿童相比，留守儿童的网络成瘾可能性更高，并且亲子分离的时间越长、亲子关系质量越差，留守儿童就越有可能出现网络成瘾问题（王丰盛，2017）。研究发现，父母拒绝、强制、忽视等消极教养方式对留守儿童的网络成瘾具有显著的正向预测作用（王琼，肖桃，刘慧瀛，等，2019），说明在父母关心关爱缺失、亲子关系受损、父母情感支持不足等压力下，留守儿童更容易沉浸于网络世界，以逃避现实而获得内心的满足感，从而容易沉迷于网络。研究还发现，感恩是留守儿童网络游戏成瘾的重要保护性因素，可以抑制留守儿童的网络成瘾（魏昶，靳子阳，刘莎，等，2015），说明给予留守儿童更多的关心和关爱,以及提高留守儿童的感恩水平,可以有效降低留守儿童的网络成瘾问题。

6. 农村留守学生的应对方式

应对方式是指个体在应对不利处境时,为减轻或避免压力而采取的调节认知、改变应对方法等带有个人特点的方法或策略(李彩娜,孙翠翠,徐恩镇,等,2017)。应对方式包括积极应对和消极应对,积极应对是指个体采取积极、乐观的方式应对不利处境。消极应对是指个体采取幻想、回避、否认、发泄、拒绝等方式来应对不利处境(何安明,王晨淇,惠秋平,2018)。一般而言,积极应对能够帮助个体客观、正确、理性地看待不利处境并充满勇气、希望与信心,而消极应对则让个体面对面对不利处境时感到悲观、失望、缺乏勇气与自信,从而容易产生消极情绪并危害个体的身心健康。研究发现,与非留守儿童相比,留守儿童在面对困难或挫折时会更多采用消极的应对方式,如退缩、回避、压抑、幻想等,而较少主动寻求家人、朋友、老师等帮助(祝路,代鸣,姚宝骏,2019)。研究也发现,留守儿童的发泄、幻想、忍耐、退避、求助、问题解决得分显著高于非留守儿童,这说明当遭遇不利处境时,留守儿童主要采用发泄、幻想、退避等消极应对方式(谢履羽,连榕,2020)。采用 Meta 分析方法对留守儿童的应对方式进行研究发现,在面对挫折性应激事件时,留守儿童更多采用消极方式或不成熟的应对方式,说明留守儿童在面对生活中的负性事件时缺乏自信、不知所措,更多选择逃避、不愿积极面对问题等应对方式(祝路,代鸣,姚宝骏,2019)。

### (四)农村留守学生的心理健康特点

1. 农村留守学生的心理健康

留守儿童在留守生活中由于长期与父母分离、缺乏父母的关心和爱护,常常会体验到较高的疏离感和孤独感(杨游芳,2014;常梦琰,2014;杨娟,2015),容易产生焦虑、抑郁、敏感、自卑、退缩等各种心理及行为问题(李梦龙,任玉嘉,蒋芬,2019;范兴华,方晓义,黄月胜,等,2019;杭琪,2020)。研究发现,与非留守儿童相比,留守儿童的躯体化、敌对、强迫、恐怖、偏执和人际关系敏感等方面得分较高(王东宇,王丽芬,2005),

并且在学习、情绪、性格、适应、品德、不良习惯、行为等障碍方面的得分也较高（李世玲，甘世伟，曾毅文，等，2016），说明留守儿童的心理健康状况不容乐观，并表现出不同程度的心理及行为问题。研究也发现，农村留守儿童的心理问题严重程度、过敏倾向、学习焦虑、自责倾向和冲动倾向显著高于非留守儿童（薛静，徐继承，王锋，等，2016）。此外，留守儿童在心理健康服务内容以及心理健康服务需求方面均显著高于非留守儿童，并且留守儿童已获取的心理健康服务比率、途径与其希望得到的服务情况有较大差距（孙婷，唐启寿，张武丽，等，2018）。这提示学校及社会各界应加大对留守儿童的心理健康服务体系建设，不断完善基础设施并拓展心理健康服务的范围，使留守儿童能够享受到相应的心理健康服务。

2. 农村留守学生的生活满意度

生活满意度作为衡量心理健康水平的重要指标，是指个体对目前生活状态与生活质量的一种主观评价和满意程度（Kim，Moon，Yoo，et al.，2020）。生活满意度较高的个体，在人际关系、生活习惯、自我效能感、生活质量和身心健康水平等方面表现较好；反之，则容易表现出较多的消极情绪，其人际关系、适应能力和身心健康水平较差（Coll，Navarro，María，et al.，2020）。研究发现，留守儿童的生活满意度总分及家庭满意度、朋友满意度、学校满意度、生活环境满意度、自我满意度等均处于中等偏下水平（陈京，2013）。与非留守儿童相比，留守儿童的友谊满意度、家庭满意度、学校满意度、学业满意度、自由满意度、环境满意度和满意度总分均较低（邵红红，张璐，冯喜珍，2016；张晓丽，李新征，胡乃宝，等，2019）。研究也发现，留守儿童、曾留守儿童的友谊满意度、家庭满意度、学校环境满意度、学业满意度、自由满意度、社会环境满意度和满意度总分均低于非留守儿童（刘筱，周春燕，黄海，等，2017）。这说明留守生活不仅给留守儿童当下的生活造成影响，曾经的留守经历也会对儿童的生活满意度产生严重影响。在少数民族留守儿童的研究中也发现，达斡尔族留守学生的生活满意度显著低于非留守学生（贾月辉，葛杰，姚业祥，等，2021）。虽然亲子分离、学业压力等压力性事件对留守儿童的生活满意度有负面影响，但社会支持性资源对留守儿童生活满意度有重要作用。一方面，社会支持不

031

仅能显著提高留守儿童生活满意度，还可以通过希望、应对方式的多重中介效应对生活满意度起间接作用（魏军锋，2015）；另一方面，社会支持性资源在留守儿童压力性事件与生活满意度之间起调节保护作用（付鹏，凌宇，2017）。因此，增加留守儿童的社会支持性资源，能有效维护留守儿童的生活满意度。

### 3. 农村留守学生的性心理健康

青春期是个体成长的重要时期，也是以性成熟为主要标志的一系列伴随生理、心理和行为发展的重要阶段（于杰，阳德华，2006）。在这一阶段，性心理的发展对个体的身心健康尤为重要。性心理是个体对性的认识、情绪体验、性行为控制等与性有关的一切心理活动（骆一，2005）。而性心理健康是指个体内部性心理协调与外部性行为适应相统一的良好状态，包括良好的性认知、正确的性态度和健康的性行为 3 个方面，性心理健康能促使个体完善自身人格和维护身心健康发展（杨炎梅，2013）。研究发现，农村留守儿童的性心理健康及性认知（生理知识、性知识）、性价值观（性观念、性态度）、性适应（社会适应、性控制力、自身适应）等均处于较低水平，并且年级、性别、自觉相关性知识是否有用、是否接受过相关性知识、不同性知识内容等会对性心理健康产生影响（李桂，刘燕群，扈菊英，2017），与非留守儿童相比，留守儿童在性心理健康方面相对较差（孟琴，2015）。对青春期留守儿童性虐待风险感知进行研究后发现，青春期留守儿童性虐待风险感知的整体水平偏低（尹彩云，2019）。总体来看，与非留守儿童相比，留守儿童的性心理健康水平以及对性虐待风险感知水平较低。因此，家庭、学校和社会应该积极开展性心理健康教育，帮助留守儿童树立正确的性态度和性观念，有效提高留守儿童的性心理健康水平和性虐待感知水平，进而维护留守儿童的身心健康。

## 二、农村留守学生在家庭特点上的研究现状

### （一）农村留守学生的家庭功能

家庭功能是指在家庭环境中，家庭成员之间的情感联系、家庭沟通以及共同应对外部压力事件的有效性（方晓义，徐洁，孙莉，等，2004）。家

庭作为个体成长与发展的重要环境，可以给个体提供物质和精神双重保障。在家庭环境中，家庭功能是否充分发挥对个体的身心健康和未来发展都有不可替代的作用。一般来说，良好的家庭功能可以给家庭成员的生理、心理及社会性发展提供必要条件；而不良的家庭功能则容易让个体出现生理、心理及行为问题。以往对家庭功能的研究主要是从家庭亲密性、家庭适应性、家庭沟通与交流、家庭情感联系、家庭情感支持等方面进行（叶苑，邹泓，蒋索，等，2005；王玉龙，袁燕，张家鑫，2017；肖健菁，2020）。研究发现，留守儿童的家庭功能发挥较差，并且家庭功能受到父母外出情况、寄养方式、与父母联系方式和联系频率等因素影响（梁静，赵玉芳，谭力，2007）。双留守、单留守和曾留守儿童的家庭亲密度、家庭适应性、积极情感和生活满意度得分均显著低于非留守儿童，而抑郁、社交焦虑和消极情感得分显著高于非留守儿童，并且家庭功能对积极情感和生活满意度有显著的正向预测作用，对抑郁、消极情感和社交焦虑有显著的负向预测作用（袁宋云，陈锋菊，谢礼，等，2016）。这说明不良的家庭功能不仅是留守儿童积极情感和生活满意度的危险因素，还容易使留守儿童出现抑郁、消极情感和社交焦虑等问题。研究也发现，与非留守儿童相比，双留守儿童的家庭功能普遍较差、自尊水平较低、问题行为较多（陈锋菊，罗旭芳，2016），这进一步说明留守儿童家庭功能对其健康发展有重要作用。研究发现，家庭功能对农村留守儿童的情绪健康有显著的正向预测作用，并且社会自我效能感在家庭功能与情绪健康之间起中介作用，说明良好的家庭功能可以提高留守儿童的社会自我效能感、情绪调节能力和情绪健康水平（向伟，肖汉仕，2018）。此外，家庭功能与同伴欺负显著负相关，能显著负向预测同伴欺负，亲子关系在家庭功能与同伴欺负之间起部分中介作用，这也说明优化家庭功能和改善亲子关系可以预防留守儿童受欺负（卢春丽，2019），从而维护留守儿童的健康成长。

（二）农村留守学生的家庭亲密度

家庭亲密度是指家庭成员之间的情感联系，包括家庭成员之间的相互支持、相互理解、相互包容、相亲相爱、融洽和谐的关系（刘世宏，李丹，刘晓洁，等，2014）。家庭作为个体赖以生存与发展的重要环境，家庭成员之间的情感联系对他们的身心健康有重要作用（陈哲，2012；彭燕珍，2017）。在留守家庭中，由于父母被迫外出务工，父母与子女长期处于亲子分离状态，其沟通方式、沟通频率、沟通质量和情感联系等发生较大变化，进而影响家庭功能的充分发挥（陈京军，范兴华，程晓荣等，2014），因此，留守儿童的家庭亲密度也是研究者关注与研究的重要内容。研究发现，双亲外出的留守儿童在实际家庭亲密度和理想家庭亲密度上的得分均显著低于单亲外出的留守儿童，单亲抚养的实际家庭亲密度和理想家庭亲密度得分显著高于隔代抚养，并且实际家庭亲密度和理想家庭亲密度对留守儿童的心理健康有显著的正向预测作用（赵洁，林艳艳，曹光海，2008），与非留守儿童相比，留守儿童的实际家庭亲密度得分显著低于非留守儿童，并且留守儿童家庭亲密度和友谊质量对自杀意念有显著的负向预测作用（邱梨红，2017），说明家庭亲密度是影响留守儿童心理健康水平的重要因素。研究还发现，家庭亲密度不仅直接影响留守儿童的社会适应，而且还通过心理素质的中介作用间接影响社会适应（缪华灵，郭成，王亭月，等，2021）。这揭示了家庭亲密度对留守儿童社会适应的重要作用。因此，增加与子女沟通的频率、改善亲子关系和依恋关系，不仅可以提高留守儿童的心理健康水平，还可以提高留守儿童的社会适应能力。

## （三）农村留守学生的亲子关系

亲子关系是指父母与子女之间形成的一种特殊情感联系（陈亮，张丽锦，沈杰，2009），良好的亲子关系可以增加个体的安全感和归属感，从而降低焦虑、抑郁、孤独等消极情绪体验（赵景欣，刘霞，张文新，2013），以维护个体的健康成长。与父母建立良好的关系是儿童发展过程中的重要任务，并且良好的亲子关系是提高儿童社会适应能力及维护儿童身心健康发展的重要因素（吴旻，刘争光，梁丽婵，2016）。在留守儿童群体中，亲子关系并不乐观。研究发现，父母外出会减少亲子的沟通频率，使留守儿童的心理需求得不到满足，不利于建立良好的亲子关系（张胜，黄丹丹，刘兴利，等，2012），进而导致亲子关系受损（赵景欣，栾斐斐，孙萍，等，2017），使留守儿童容易出现自卑、焦虑、敏感等消极情绪（陈亮，张丽锦，沈杰，2009）。与非留守儿童相比，留守儿童的亲子关系质量显著较低，在双亲均外出的情况下，亲子关系受损程度相对较大（王瑶，2018）。研究发现，留守儿童的亲子关系得分显著低于非留守儿童（赵旭旭，2019），并且留守儿童领悟到的亲子关系总分及行动支持、情感支持、人格支持、父母压抑得分也低于非留守儿童（方燕红，尹观海，廖玲萍，2018）。研究也发现，农村留守儿童的心理资本在亲子关系和幸福感之间起中介作用，说明留守儿童的亲子关系及认知因素会影响主观幸福感水平（范兴华，范志宇，2020）。此外，留守儿童良好的亲子关系不仅可以提高人际关系质量和降低同伴欺负（卢春丽，2019），也可以减少父子和母子之间的冲突，从而降低留守儿童网络成瘾的可能性（王丰盛，2017）。研究还发现，增加亲子之间的沟通频率、营造良好的家庭氛围、提高留守儿童的学校归属感以及健全留守儿童保护机制可以有效提高留守儿童的亲子关系质量，从而维护留守儿童的身心健康（张磊，张慧颖，2017）。

### （四）农村留守学生的父母教养方式

父母教养方式反映了父母对子女的态度、观念和行为（马宏丽，2013）。一般来说，父母教养方式包括权威型、专制型、溺爱型和忽视型4种类型。权威型的父母会采用民主、平等、尊重、理解、支持和包容的方式对待子女，从而使子女逐渐养成自信、乐观、合作、包容、理解的积极心理品质。

研究发现，父母对子女的关心、包容、尊重、理解、平等、支持等不仅能让子女逐渐变得自信、自立和自强（曾蓉，2009），从而提高自我效能感、成就动机和人际交往能力（邓楠楠，2010），而且在与别人交往的过程中，也能够用理解、包容、尊重、平等的态度对待他人（牛银平，2009）。父母不同的教养方式对留守儿童的健康成长有重要影响，权威型父母教养方式是留守儿童健康成长的重要因素，而专制型、放任型和忽视型则是危险性因素（刘衔华，周丽华，尹洁，等，2019）。对留守儿童和非留守儿童进行对比研究后发现，留守儿童在温暖型教养方式上的得分显著低于非留守儿童，在敌对型和忽视型教养方式上虽然不存在显著差异，但留守儿童的得分较高，说明留守生活会让留守儿童感受到更少的温暖型教养（刘子潇，陈斌斌，2018）。研究发现，留守儿童的父母或看护人教养方式对留守儿童和曾留守儿童的心理健康均存在显著的影响，并且对留守儿童的影响最大、曾留守儿童次之、非留守儿童最小（黄艳苹，李玲，2012）。研究还发现，留守儿童的父母对子女的要求程度显著高于非留守儿童，关怀程度显著低于非留守儿童，并且父母对留守儿童的关爱程度与其心理健康水平有密切关系（于可兰，2015），说明父母关爱程度会影响留守儿童的心理健康。此外，父母积极的教养方式不仅能直接对留守儿童的未来取向产生促进作用，也会通过影响子女的心理控制源，对未来取向产生间接影响（陈晶晶，2020）。

父母情感温暖是权威性教养方式的重要内容之一，主要反映父母与子女之间的关系（Khaleque，2013）。父母情感温暖是指父母敏感、及时地对孩子的需求做出反馈，其养育行为具有支持性、反应性和一致性的特征（陈志英，2020）。有研究者认为，父母情感温暖是个体良好心理品质发展的重要资源（Stankov，Lazar，2013），良好的父母情感温暖对个体积极心理品质的形成和发展有促进作用（李旭，李志鸿，李霞，等，2016；赵改，孔繁昌，刘诏君，等，2018；杨盼盼，2020），而不良的父母情感温暖则会损害个体的积极心理品质，不利于个体的健康成长。研究发现，父母情感温暖与留守儿童的心理韧性呈显著正相关，对心理韧性有显著的正向预测作用（李旭，李志鸿，李霞，等，2016），说明父母的情感温暖会提高留守儿童应对不利处境的心理反弹能力，从而降低不利处境对自己造成的伤害。此外，父母情感温暖对留守儿童手机依赖有显著的负向预测作用，说明父母情感温暖可以降低留守儿童的手机依赖程度（徐祖年，2020）。对有留守经历的大学生进行研究后发现，有留守经历的大学生在父亲情感温暖得分上显著低于无留守经历的大学生，而在母亲情感温暖上无显著差异，但有留守经历的大学生得分较低，说明有留守经历的大学生感受到的父母情感温暖相对较少（周春燕，黄海，刘陈陵，等，2014），这也说明曾经的留守经历会影响大学生感知父母的情感温暖。

### （五）农村留守学生的亲子沟通

亲子沟通是指父母与子女相互之间传递信息、交流情感的过程（张峰，2004），良好的亲子沟通不仅有助于营造温暖和谐的家庭氛围、提高亲子关系质量和维护个体的身心发展，还可以促进子女的社会适应、建立和谐的人际关系（雷雳，王争艳，李宏利，2001）。研究发现，家庭教养方式、父母婚姻状况、亲子关系质量、家庭结构、家庭成员的情绪调节能力会影响亲子沟通（雷雳，王争艳，刘红云，等，2002），因此，改善家庭教养方式、提高亲子关系质量和增强家庭成员的情绪控制能力对提升亲子沟通质量均有重要作用。在留守儿童群体中，父母外出务工会降低留守儿童与父母的沟通频率，并表现出沟通时间短、沟通内容单一的状况（陈琴，刘婷，娄廷婷，2013），不利于父母与子女之间建立良好的情感联系。研究发现，农村留守家庭的亲子沟通在沟通途径、沟通频率、沟通内容和沟通方式等方面不容乐观，并且亲子沟通、家庭亲密度对留守儿童的社会适应性发展影响较大（郑会芳，2009）。缺乏良好亲子沟通的留守儿童不仅能感受到较高的孤独感和较低的安全感（李翠英，2017），并且也会损害留守儿童感恩特质和心理韧性的发展（董泽松，2020），容易出现更多的问题行为（李娇丽，2009）以及降低心理健康水平（卫利珍，2009）。与非留守儿童相比，留守儿童的父亲沟通、母亲沟通、同伴接受等均显著低于非留守儿童，在应对方式上，寻求支持、发泄情绪、幻想否认、问题应对、情绪应对、忍耐等方面得分较高（张艳，2013），说明不良的亲子沟通不仅对留守儿童的身心发展影响较大，也容易让留守儿童在应对压力或挫折时采用消极的应对方式。有研究发现，通过对留守儿童的亲子沟通进行每周 1 次共 8 次的团体箱庭心理干预后，留守儿童后测的父亲沟通、母亲沟通和父母沟通得分均显著高于前测，说明团体箱庭心理干预对提高留守儿童亲子沟通有显著效果（张艳，何成森，2013）。

### （六）农村留守学生的亲子依恋

亲子依恋是指子女与父母或照料者之间形成亲密的、牢固的特殊情感联系（朱贝珍，2017），良好的亲子依恋对个体的健康发展有重要作用。留守儿童长期与父母分离，因而出现父母对子女的关心关爱减少甚至是缺失，并且家庭功能和亲子关系也受到严重损伤，使留守儿童容易出现敏感、焦虑、抑郁、自卑、自伤等情绪及行为问题，从而影响留守儿童的健康成长（卢茜，佘丽珍，李科生，2015）。对 6～12 岁的农村留守儿童进行研究后发现，留守儿童的不安全型依恋显著高于非留守儿童，从小缺少父母亲陪伴、缺少沟通与交流、缺少亲密依恋者是导致留守儿童出现不安全型依恋的主要原因（王练，尚晓爽，2019）。研究发现，留守儿童在父子依恋、母子依恋、师生关系、心理健康上的得分显著低于非留守儿童，在孤独感上的得分显著高于非留守儿童，并且亲子依恋与留守儿童的师生关系和心理健康显著正相关，对师生关系和心理健康有显著的正向预测作用，说明亲子依恋对留守儿童建立良好的师生关系和维护身心健康有重要作用（谢其利，2019）。此外，自伤行为与亲子依恋也有密切关系，留守儿童自伤发生率和自伤水平显著高于非留守儿童，存在自伤行为的留守儿童在亲子依恋、社会自我效能感、情感调节能力上显著低于没有自伤行为的留守儿童，并且亲子依恋能显著负向预测青少年的自伤行为（吴伟华，2016），说明良好的亲子依恋可以有效降低留守儿童的自伤行为。

### （七）农村留守学生的父母教育期望

父母教育期望是父母对子女受教育程度的一种心理状态，表达了父母对子女受教育程度的愿望（张仲妍，2019）。父母教育期望是影响子女学习的重要因素，可以直接影响子女的学习投入程度及学业表现（王晖，戚务念，2014；王烨晖，张缨斌，辛涛，2018；陈紫薇，2019）。在留守儿童群体中，父母外出务工导致亲子沟通呈现间断性、远距离性和非面对面性等特点，因此父母的教育期望会表现出以下特点：第一，父母外出务工后，由于工作及距离的原因，父母没有更多的时间与精力投入到子女的学习与教育中，父母在子女的教育上往往会感到力不从心；第二，由于自身受教育水平、家庭经济条件等因素的限制，父母在子女的教育上无法给予更好的支持与指导，只能将子女的学业寄托于学校；第三，为了给子女提供更好的发展机会和空间，父母不得不外出务工，他们对子女的受教育程度往往抱有较高的期望，希望子女能够通过学习寻找更好的出路（张庆华，杨航，刘方琛，等，2020）。研究发现，较低的家庭社会经济地位会降低农村留守儿童的学业成就，但高水平的父母教养期望对留守儿童的学业发展则起到积极的促进作用（王晖，戚务念，2014）。研究也发现，父亲教育期望、母亲教育期望与农村留守儿童的学业成绩显著正相关，与辍学可能性显著负相关，学业成绩在父母教育期望与农村留守儿童辍学意向之间起中介作用（崔超男，2018），说明较高的父母教育期望水平不仅可以有效降低农村留守儿童的辍学可能性，也可以通过提高农村留守儿童的学业成就，从而间接降低其辍学可能性。研究还发现，单亲外出和双亲外出的留守儿童知觉到父母教育期望、自我教育期望、父母教育卷入和学习投入等得分均显著低于非留守儿童，父母教育期望和留守儿童学习投入显著正相关，父母教育卷入与自我教育期望在父母教育期望和留守儿童学习投入之间起到双重中介作用（张庆华，杨航，刘方琛，等，2020）。可见父母教育期望既可以直接影响留守儿童的学习投入，又可以通过父母教育卷入和自我教育期望的中介作用间接影响留守儿童的学习投入。

### （八）农村留守学生的父母教育卷入

父母教育卷入体现了父母对子女受教育的重视程度，并能够采用各种方式来促进子女的学业、社会性和认知等方面的发展（罗良，吴艺方，韦唯，2014）。Grolnick 等人认为，父母的教育卷入包括行为管理卷入、认知卷入和情感卷入 3 个方面。行为管理卷入是指父母对子女的外在行为进行关注和管理，认知卷入是指父母提供一切有助于子女认知发展的积极资源，情感卷入是指父母与子女的情感沟通、鼓励、支持、理解、尊重等积极态度（Grolnick，Slowiaczek，1994）。研究发现，虽然家庭社会经济地位会影响父母对子女的教育卷入程度（黄雨萌，2019），但父母力所能及的教育卷入对提高子女的学业成绩也有重要作用。研究也发现，父母的教育卷入与学生的学业成就显著正相关，对学生的学业成就有显著的正向预测作用（韩秀华，郑丽娜，刘瑞菊，2015），感知父母教育卷入与学业自我效能感均能显著正向预测学习投入，并且父母教育卷入还可以通过学业自我效能感间接影响学习投入（刘春雷，霍珍珍，梁鑫，2018）。此外，父母教育卷入不仅可以直接显著预测子女的抑郁情绪，还可以通过心理素质的中介作用间接预测子女的抑郁情绪（刘家琼，龙女，黄佳佳，等，2019）。在留守儿童群体中，父母情感卷入、认知卷入和行为卷入能显著提升留守儿童的学业水平，并且与其他类型的儿童相比，父母的教育卷入对留守儿童的影响最明显（梅红，王璇，司如雨，2019）。研究发现，单亲外出和双亲外出的留守儿童知觉到父母教育卷入和学习投入得分均显著低于非留守儿童（张庆华，杨航，刘方琛，等，2020），因此，父母应该积极提高对子女的教育卷入程度，多关心子女的学业发展，从而提高子女的学业成就和维护其身心健康发展。

### 三、农村留守学生在学校生活上的研究现状

#### （一）农村留守学生的学校联结

学校联结作为影响学生学习、生活与个人发展的重要因素，是指个体与学校以及学校环境中的人建立起来的情感联系，反映了学生对学校的安全感、归属感和认同感，并且在学校中感受到被关怀、被认可和被支持的程度（向伟，肖汉仕，王玉龙，2019）。良好的学校联结可以不断增强学生对学校的认同感、归属感和安全感，并建立良好的人际关系，从而帮助学生提高社会适应能力（殷颗文，贾林祥，孙配贞，2019）和学业成就（叶苑秀，喻承甫，张卫，2017），而不良的学校联结则会让学生缺乏对学校的认同感、归属感和安全感，甚至发生抵触、厌学等不良行为。研究发现，留守儿童的学校联结程度会随着年级的增加呈下降趋势，这也间接说明留守时间的长短会影响留守儿童对学校的认同感、归属感和安全感（周碧薇，2015）。研究发现，留守时间的长短会负向影响留守儿童的学校联结程度，正向影响留守儿童的学业倦怠水平（姜金伟，杨瑱，姜彩虹，2015）。这说明留守儿童的留守时间越长，学校联结水平越差，学业倦怠水平也就越高。此外，父母外出务工的数量也是影响留守儿童学校联结水平的重要因素。单亲外出的留守儿童在学校归属感总分及归属感、认同感、学校依恋 3 个因子上的得分显著较低，并且归属感、认同感和学校依恋对留守儿童的孤独感有显著的负向预测作用（杨青，易礼兰，宋薇，2016）。并且与非留守儿童相比，留守儿童的学校联结相对较差（王楚含，2020）。研究还发现，留守儿童的学校归属感与生命意义、自我价值感显著正相关，对生命意义和自我价值感有显著的正向预测作用，并且自我价值感在学校归属感与生命意义感之间有显著的部分中介作用（邓绍宏，2018）。因此，积极加强校园文化建设、培养和谐的师生关系、建立良好同伴关系和开展各类团体活动，对提高留守儿童的学校联结程度有不可或缺的作用（黄冠，陈小琴，2020）。

（二）农村留守学生的学校适应

学校适应是指学生在心理、行为等方面能积极主动融入学校环境、愉快地参与学校活动并获得良好的学业成就的状况，主要包括学业适应、人际适应、行为适应和情绪适应等方面（廖传景，刘鹏志，张进辅，2013）。研究发现，留守儿童在学校适应总分及学业适应、常规适应、师生关系、同学关系、自我接纳因子上的得分均显著低于非留守儿童（石雷山，施加平，2016），说明留守儿童的适应能力相对较差。研究也发现，农村留守儿童在学习适应（态度、任务、方法、规则）、人际关系适应（同伴关系、师生关系、亲子关系）、生活适应（生活自理、生活规则）和自我适应（自我相信、自我接纳）等方面的得分均显著低于非留守儿童（孙东宇，2018）。有研究表明，留守儿童的学校适应会受到个体、家庭、学校和社会等内部因素和外部因素的影响（杨玉兰，2017）。内部因素包括性别、年龄、依恋、自我概念、自尊、积极心理资本等，外部因素包括学校、家庭和社会环境等（方屹，宫火良，2018）。有研究者认为，家庭教育缺失、学校教育不力等因素都会引起留守儿童学校适应能力较差，进而导致留守儿童缺乏安全感、抗压能力较差、出现心理压抑等（赵磊磊，王依杉，2018）。此外，留守儿童的留守时间与其学校适应性存在密切关系，留守时间越长，留守儿童的学校适应性也就越差（蒋静，2018）。研究还发现，社区支持可以正向影响留守儿童的学校适应，因此，应该通过营造良好的社区氛围、构建社区心理疏导及关爱服务机制，打造助力学习的社区联动体系来提高留守儿童的学校适应能力，让留守儿童积极主动地融入学校环境，从而提高对学校的认同感和归属感（赵磊磊，柳欣源，李凯，2019）。

（三）农村留守学生的师生关系

师生关系是指教师和学生在教育教学过程中逐渐形成的一种特殊的人际关系（许高厚，1995），主要由教学关系、心理关系、个人关系和伦理关系等多种关系共同组成（李瑾瑜，1996）。良好的师生关系能促进学生的学校适应，提高学生对学校的归属感和认同感（陈英敏，李迎丽，肖胜，等，2019），而不良的师生关系则会阻碍学生的学校适应、降低对学校的认同感和归属感。研究发现，留守儿童的师生关系表现出更多的亲密性和冲突性，双亲外出务工的留守儿童在冲突性和孤独感体验上要显著高于单亲外出务工留守儿童和非留守儿童，而冲突型师生关系对留守儿童的孤独感有显著的正向预测作用，亲密型师生关系对留守儿童的孤独感有显著的负向预测作用（张建峰，冯德良，2011）。与非留守儿童相比，留守儿童的亲子依恋和师生关系较差，主观幸福感较低，并且师生关系在亲子依恋与留守儿童的主观幸福感之间起部分中介作用（李晓巍，刘艳，2013）。研究还发现，留守初中生的父子依恋、母子依恋、师生关系、孤独感和心理健康水平均显著低于非留守初中生，在亲子依恋受到损伤的情况下，师生关系是降低留守初中生孤独感、保护其心理健康的稳定因素（谢其利，2019）。有研究表明，师生关系对留守高中生和非留守高中生的抑郁、焦虑和孤独感 3 个情绪适应指标都有显著的负向预测作用，并且积极的师生关系是留守高中生心理健康的保护性因素（王翊君，2020）。

### （四）农村留守学生的同伴关系

同伴关系指年龄相近或心理发展水平相当的个体在相互交往的过程中建立和发展起来的一种人际关系，是个体发展社会能力、提高社会适应能力的重要条件，也是个体满足社会需要、获得社会支持和安全感的重要源泉（蔡懿慧，庄冬文，崔丽莹，2016）。良好的同伴关系不仅有利于个体自我概念（周玲霞，2015）、人格（李支勇，2013）和认知特点的发展，而且还有利于个体获得社会技能、社会行为和态度体验，从而提高个体的适应能力（张檬，2015）。生态系统理论指出，家庭作为个体成长的微观系统，对个体认知和社会性发展的影响是最直接的（俞国良，李建良，王勍，2018）。家庭环境不良、父母教养方式不当、亲子关系较差、家庭功能发挥不良等因素都会潜移默化地对个体产生负面影响，而个体学业发展不好、人格发展不健全等又将影响他们在同伴中的地位和同伴关系的发展（罗晓路，李天然，2015）。对于留守儿童而言，同伴关系是最重要的社会关系之一，良好的同伴关系是他们满足社会交往需要、获得支持和安全感、实现积极发展，以及提高学业成绩、促进社会适应及身心健康的重要源泉（张静，田录梅，张文新，2013）。与非留守儿童相比，留守儿童的同伴关系相对较差。以往研究发现，导致留守儿童同伴关系较差的原因可能有以下几个方面：

第一，家庭社会经济地位较低、亲子疏离、缺乏父母关心关爱等家庭不利因素使留守儿童适应能力和人格容易受到损伤（张艳，2013；罗晓路；李天然，2015）；第二，留守处境不利于留守儿童的认知、社会情绪能力和人格等心理特质的健康发展（罗兰兰，侯莉敏，吴慧源，2020）；第三，留守儿童的孤独感、疏离感较高，安全感较低，在同伴交往中容易表现出更多的负面情绪，进而导致冲突行为（孙晓军，周宗奎，汪颖，等，2010；陆芳，2019）；第四，留守儿童的人际信任感（聂婷，2020）、同伴接纳（张艳，2013）和自我接纳（刘艳艳，2020）较低，受到同伴拒绝的可能性较大，这增加了留守儿童的攻击、学业违纪等不良行为出现的可能性（赵景欣，刘霞，张文新，2013），从而降低了留守儿童的生活满意度并影响同伴关系的发展（周丽萍，2019）。因此，留守儿童在同伴交往中，往往缺乏乐观、自信的心态，同伴关系相对较差。

### （五）农村留守学生的学习动机

学习动机是激发和维持个体学习活动的一种内在心理过程（田守花，2007），它不仅能反映个体的需要、目标与追求，还是个体的一种重要的非认知因素和内在动力（梁九清，陈兰江，2006）。留守儿童由于亲子关系疏离、亲情缺失，存在无人监管、学习兴趣不浓、学习动机较低等状况，并导致留守儿童的学业成就相对较低（陆运花，2013）。此外，家庭教育功能的缺失及弱化、农村师资力量薄弱和教育滞后、社会不良风气与同辈群体的误导、留守儿童自身学习习惯不良、网络游戏成瘾及不良信息的侵入等因素都是影响留守儿童学习动机不强的重要因素（高腾，2017）。研究发现，留守儿童的学业拖延程度较严重、学习动机处于中等水平，并且学业拖延与学习动机显著负相关（吴迪，2019）。说明较低的学习动机可能导致留守儿童出现学生拖延行为，从而影响留守儿童学业的发展。研究也发现，留守儿童的学习动机不容乐观，主要存在内驱力较弱、注意力缺陷以及缺乏独立性等问题，而这些问题的产生主要与家庭教育的方式、学校环境的影响、社会关注的缺乏以及自身因素有关（万娟，2015）。有研究表明，良好的学习动机可以有效提高留守儿童的学业成绩，并且通过学习动机的干预，可以有效改善留守儿童的学习动机水平，从而提高学习成绩（徐莹莹，2016）。

### （六）农村留守学生的学习投入

学习投入是指个体在学习活动中从认知、情感和行为等方面表现出来的对学习活动具有持续性和充满积极情绪情感的状态（李丹阳，2016；孙雨萌，2019），学习投入是衡量个体学业成绩的重要指标之一（王小凤，燕良轼，2019）。良好的学习投入会提高个体的学业成绩，对个体发展有重要作用（周鹏生，魏芸梅，杨奎，2014），而不良的学习投入会降低个体的学业成就，使个体的良好发展受阻。研究发现，单亲外出和双亲外出的留守儿童知觉到的父母教育期望、自我教育期望、父母教育卷入和学习投入得分均显著低于非留守儿童，而父母教育期望和留守儿童学习投入显著正相关，父母教育卷入在父母教育期望和留守儿童学习投入之间起中介作用，这说明父母的教育期望和教育卷入对提高留守儿童的学习投入有重要作用（张庆华，杨航，刘方琛，等，2020）。研究也发现，与非留守儿童和流动儿童相比，留守儿童在学习投入和学业目标定向上的得分显著较低，并且学习投入在学业社会比较与学业目标定向之间起部分中介作用（戚柳燕，2016）。研究还发现，留守儿童的学业自我效能感在时间管理倾向和学习投入之间起部分中介作用（苏雅，2019）。由此可以看出，留守儿童的学习投入受到多重因素的影响，但提高留守儿童的学习投入，对提高留守儿童的学业成就、增强自信心和维护身心健康都起到一定作用。

### （七）农村留守学生的学业自我效能感

学业自我效能感是指个体对自己能否顺利完成学习任务的一种主观性评价，往往反映个体对自己在学习上的自信程度（陈雨飞，凌意，夏韩，等，2021）。学业自我效能感会影响个体的学习努力程度，高水平的学业自我效能感有助于激发个体的内在学习动机，从而降低个体的学业焦虑（李锦源，2018）和提高个体的学业成就（肖磊峰，刘坚，2017）。留守儿童由于存在情感支持缺失、习得性无助感形成、学习倦怠、人际交往不良和师生互动失衡等状况，与非留守儿童相比，留守儿童的学业自我效能感普遍较低（白素英，白素芬，2011）。研究发现，寄宿制留守儿童在基本能力感、控制感、环境干扰感、学习无助感、努力感、天资感、良好结果信念和积极的自我预期等学习自我效能感上的得分较高，并且在控制感、环境干扰感和努力感上的得分均显著高于非留守儿童，并且自我评价和主观能动性、积极的学校情境、父母积极的教养方式对学习自我效能感总分有显著的正向预测作用（刘海燕，2010）。研究也发现，留守儿童学业自我效能感与父母教养方式的情感温暖型理解教养方式显著正相关，与惩罚严厉、过度干涉、拒绝否认、过度保护等教养方式显著负相关，学业延迟满足在父母教养方式与学业自我效能感之间起部分中介作用（周志昊，2014），这说明良好的父母教养方式可以有效提高留守儿童的学业自我效能感。针对留守儿童学业自我效能感较低的问题，有研究者提出，应该从家庭、学校、社会3个层面给予留守儿童更多的关爱和重视，对留守儿童进行积极的引导，增强留守儿童的自信心、提升自我价值感、提升学业抱负，以及端正学习和生活态度，从而提高学业自我效能感（白素英，白素芬，2011）。

### （八）农村留守学生的学业成就

学业成就是学生学习状况的集中体现，也是反映学校教育教学质量和学生发展水平的重要指标（陈秀珠，李怀玉，陈俊，等，2019）。较高的学业成就能增强学生的自我效能感，培养学生乐观、自信的积极心理品质和促进学生的身心健康发展，而较低的学业成就会使学生的良好发展受阻，并容易陷入不利地位（叶宝娟，胡笑羽，杨强，等，2014）。与非留守儿童相比，由于缺乏父母的有效监督和管理，留守儿童存在学习动机不强、学习态度不端正、缺乏学习兴趣、学习成绩较差，甚至会出现逃学、厌学、纪律差、迷恋网吧等心理及行为问题。学业成就不仅是父母比较关注的兴奋点，也是反映留守儿童问题的"晴雨表"（张显宏，2009）。研究发现，留守儿童的学习成绩普遍较差，并表现出学习不良、学业信心及学业兴趣不足等状况（卢国良，肖雄，姚慧，2013）。此外，留守儿童在自我效能感、认知兴趣、成就动机和学习热情等方面的得分显著较低，并且成就动机、学习热情对学业成绩有显著的正向预测作用（蒋苏蓉，2018）。研究也发现，留守儿童的学校联结能显著正向预测学业成绩，说明留守儿童感受到来自学校的关爱，以及对学校的认同感、归属感和安全感会影响留守儿童的学业成绩（李蓉，2019）。研究还发现，曾留守农村大学生的学习成绩、能力发展和自我概念发展的得分相对较低，说明曾经的留守经历对大学生的学习成绩、能力发展等方面都有较大影响（贾勇宏，黄道主，张凌云，2020）。

### （九）农村留守学生的学习倦怠

学习倦怠是指个体因为长期的学习任务过多和学业压力过大，从而导致个体逐渐丧失学习热情、缺乏学习动机的现象（张俊涛，陈毅文，2010）。较高的学习倦怠不利于个体提高学业成绩，也不利于个体身心的健康发展（方攀，2014）。对东西部地区农村留守儿童进行研究后发现，两个地区留守儿童的学习倦怠均处于中等偏上水平，但西部地区农村留守儿童的学习倦怠水平显著较高（林铮铮，卢永兰，2019），说明在留守儿童群体中存在较普遍的学习倦怠现象，并且西部地区留守儿童的学习倦怠现象更严重。研究发现，留守儿童的学习倦怠水平显著较高，并且留守儿童的孤独感不仅可以直接影响学习倦怠，也可以通过睡眠质量的中介作用间接影响学习倦怠（李燕，2018）。此外，学校氛围可以直接影响留守儿童的学习倦怠，也可以通过心理资本的作用间接影响学习倦怠，说明良好的学校氛围不仅可以增加留守儿童的学习动机、提高学业成就感、降低学习倦怠，同时也可以通过积累较多的积极心理资本，进而降低学习倦怠水平（梅洋，徐明津，杨新国，2015）。研究也发现，民族地区留守初中生的学习倦怠水平普遍较高，自我效能感可以通过应对方式对学习倦怠产生影响（李昕蔚，2018）。对朝鲜族留守初中生进行研究后发现，朝鲜族留守初中生的学习倦怠处于一般水平，并且积极心理品质的发展不仅能够直接降低朝鲜族留守初中生的学习倦怠水平，也可以通过增加社会支持资源间接降低学习倦怠水平（朴国花，2019）。从以往研究来看，留守儿童的学习倦怠水平相对较高，并且学习倦怠水平会受到社会支持、孤独感、积极心理资本、睡眠质量、学校氛围、自我效能感、应对方式等因素的影响。有研究发现，团体辅导干预对降低留守儿童的学业倦怠水平有显著作用（骆秀，2014），因此，减少学习任务、降低学业压力，以及积极采用团体辅导干预、心理咨询等措施可以有效降低留守儿童学习倦怠水平。

#### 四、农村留守学生在社会因素上的研究现状

##### （一）农村留守学生的生活事件

生活事件是指让个体产生不安、焦虑、抑郁、担忧等消极情绪体验的应激事件，在个体心理问题的发生、发展过程中起着"催化"作用（林琳，刘俊岐，杨洋，等，2019）。留守儿童在生活与学习中经常会面临亲子分离、依恋关系受损、家庭教育缺失、缺乏父母关心关爱、人际适应不良等压力性事件（刘爽，2019）。研究发现，留守儿童在人际关系、学业压力、受惩罚、丧失、健康适应和其他事件上的得分均显著高于非留守儿童（王鑫，郭强，2010；张璐，2014），并且留守儿童生活事件与性别、年级、有无兄弟姐妹、父母外出打工情况、父母在外打工时间等具有相关性（李新征，张晓丽，胡乃宝，等，2017），这说明留守处境让留守儿童感受到较大的生活压力。生活事件会对留守儿童造成较大影响，并且容易导致留守儿童在健康适应方面出现问题（刘晓慧，李秋丽，王晓娟，等，2011）。以往研究表明，考试失败、被人误会、与他人发生纠纷、学习负担重是留守儿童面临的比较严重的生活事件（邱丹萍，戴抒豪，刘欣，2015），而留守儿童的生活事件与心理健康水平显著负相关，对心理健康有显著的负向预测作用，说明留守儿童面临的生活事件越多，其心理健康水平也就越差（黄成毅，廖传景，徐华炳，等，2016；付鹏，凌宇，2017；韩黎，袁纪玮，赵琴琴，2019）。研究也发现，生活事件会让留守儿童感受到较大的心理压力，导致留守儿童出现较多的消极情绪体验，在应对不利处境时也较多采用消极的应对方式和负性认知情绪调节策略去应对压力性生活事件，进而使留守儿童更容易出现焦虑、抑郁、自杀意念、自伤等心理及行为问题（徐明津，万鹏宇，杨新国，等，2017；王辉，刘涛，2018；孙笑笑，任辉，师培霞，等，2020）。

##### （二）农村留守学生的意外伤害情况

留守儿童在留守生活中由于长期与父母分离，缺乏父母的有效监督和管理，在生活中更容易受到烧伤、烫伤、锐器伤、摔伤及交通伤等意外伤害的威胁（王莉，李薇，姚尚满，等，2008）。研究发现，留守儿童意外伤

047

害发生率显著高于非留守儿童，意外伤害的类型主要为跌伤、锐器伤和碰撞伤，伤害发生地点依次为家里、街道田埂和学校（杨学文，梁蓉，于海娇，等，2013）。对农村学龄前留守儿童进行研究后发现，农村学龄前留守儿童意外伤害的发生率显著高于非留守儿童，并且留守儿童再发意外伤害率显著高于非留守儿童，意外伤害主要表现为跌伤、锐器伤、咬伤和烧烫伤（毛平，何薇，曹海梅，等，2015）。研究也发现，64.9%的农村留守儿童意外烧烫伤发生在父母外出务工后，76.9%的烧伤发生在家中，并且63.7%的是由自己造成的，在意外伤害发生原因的调查中，做家务所致的占71.4%（黄莹，汤萌，李学美，等，2016）。由此可以看出，留守儿童的意外伤害发生率较高。研究还发现，农村留守儿童意外伤害的发生与个体（如认知能力缺乏、识别危险的能力差的功能）、家庭（如监管不力）、社会（如生活环境和设施不完善）等因素有关（张丽华，2008），因此，个体、家庭、学校和社会各方都应该高度关注与重视留守儿童的安全问题。

# 第二章

## 心理资本研究综述

### 第一节  心理资本的概念

美国著名经济学家 Goldsmith 等人于 1997 年首次提出了"心理资本"（Psychological Capital）一词，并认为心理资本是指能够影响个体生产效率和工作绩效的一种积极心理品质，包括个体对工作的态度、对生活的看法，以及对自己的感知、认识与评价（Goldsmith，Veum，Darity，1997）。随着对心理资本研究的不断深入，Goldsmith 等人认为，心理资本是在个体早期生活过程中逐渐形成的、相对稳定的一种积极心理品质，它反映了个体对自己的认识与评价，并影响个体的工作态度和工作效率（Goldsmith，Darity，Veum，1998）。美国积极心理学之父马丁·塞利格曼（Martin E.P.Seligman）于 2002 年在他的《真正的幸福》一书中提出了"心理资本"的概念，并认为心理资本不仅包括对工作的态度与看法、对自己的认知与评价，还应该包括导致个体产生积极行为的积极心理状态，这进一步拓展了心理资本的内涵。

Luthans 等人（2002）用一种不同于其他研究者的视角重新诠释了"心理资本"的内涵，并从积极心理学和积极组织行为学的视角，提出了以人的积极心理力量为核心的积极心理资本（Positive Psychological Capital）的概念，并认为心理资本关注的是个体的积极心理状态，主要强调的是个体对自己的认识与评价，由此引发了研究者的思考与探索。Hosen 等人认为，心理资本是个体在后天成长与教育的过程中习得的一种稳定的、内在的心理品质，主要包括个性品质、个性倾向、认知能力、自我监控和有效的情绪交流品质等内容（Hosen，Solovey-Hosen，Stern，2003）。Luthans 等人

（2004）在随后的研究中不断完善心理资本的内涵，并认为心理资本主要包括效能感、乐观、希望和自信4个维度。

Luthans 等人以中国工人为研究对象，考察中国工人的心理资本与工作绩效的关系，并明确了心理资本的内涵，即心理资本是指个体一般积极性的核心心理要素，具体表现为符合积极行为标准的心理状态，它超出了人力资本和社会资本，并能够通过有针对性地投资和开发"你是谁"而使个体获得竞争优势（Luthans，Avolio，Walumbwa，et al.，2005）。2007 年，Luthans 等人重新修订了心理资本的定义，即心理资本是个体具有的一种积极心理状态，主要包括效能感、乐观、希望和韧性 4 个基本特征，具体表现为：

（1）效能感（Efficacy）是指个体有信心通过自己的不断努力在具有挑战性的任务中获得成功；

（2）乐观（Optimism）是指个体对于现在和未来的成功采取积极的归因；

（3）希望（Hope）是指个体能够坚定目标，必要时调整迈向目标的路径以获得成功；

（4）韧性（Resilience）是指当陷于困难或逆境时，个体能够坚持不懈、持之以恒，很快恢复甚至超越常态以获得成功（Luthans，Carolyn，Youssef-Morgan，et al.，2007）。

2009 年，柯江林等人在中国文化的背景下，从事务型心理资本和人际型心理资本 2 个方面明确了心理资本的内涵。事务型心理资本包括自信勇敢、乐观希望、奋发进取与坚韧顽强，人际型心理资本包括谦虚诚稳、包容宽恕、尊敬礼让与感恩奉献，并认为心理资本是指个体在为人和处事的过程中所拥有的一种可测量、可开发和对工作绩效有促进作用的积极心理状态（柯江林，孙健敏，李永瑞，2009）。

从以往的研究中可以发现，心理资本的概念其实一直都存在一定分歧，这种分歧主要体现在 3 种倾向上，即特质论、状态论和综合论。特质论认为心理资本是个体内在的、持久的、稳定的心理特质，状态论认为心理资本是个体的一种积极心理状态，而综合论认为心理资本是一种同时具有特质性和状态性的积极心理品质（许萍，2010）。

# 第二节 心理资本相关理论

## 一、心理资本的特质理论

心理资本的特质理论认为，心理资本类似于个体的人格特质，是个体内在的一种积极心理特质，这种特质是先天遗传与后天教育共同作用的结果。美国著名经济学家 Goldsmith 等人认为，心理资本是个体的一种内在的、稳定的和持久的积极心理特质，它不仅反映了个体的自我观点、自我认知、自我评价和自我感知，而且还会影响个体的工作态度、工作效率和行为动机（Goldsmith，Veum，Darity，1997；Goldsmith，Darity，Veum，1998）。美国学者 Hosen 等人指出，心理资本是个体通过学习等途径获取的一种具有耐久性和相对稳定性的内在心理特质，包括个性品质和倾向、认知能力、自我监控和有效的情绪交流品质等内容（Hosen，Solovey-Hosen，Stern，2003）。Letcher 等人也认为，心理资本就是个体的大五人格特质（开放性、责任心、外倾性、宜人性和神经质），这说明 Letcher 等人将心理资本与个体的积极人格特质完全等同起来（Letcher，Niehoff，2004）。Cole 指出，心理资本是一种影响个体行为与产出的一种人格特质（Cole，2006）。可以看出，心理资本的特质理论者把心理资本等同于个体的人格特质，并认为心理资本是个体内在的、稳定的、持久的并且是在成长与发展的过程中逐渐形成与发展起来的一种积极心理品质。

## 二、心理资本的状态理论

心理资本的状态理论认为，心理资本是指个体的一种积极心理状态。美国积极心理学之父马丁·塞利格曼（Martin E. P. Seligman）认为，心理资本是一种特定的积极心理状态。Tettegah 指出，心理资本是个体对工作、自我、伦理以及人生信念和人生态度的认知或心理状态（Tettegah，2002）。Luthans 等人认为，心理资本是导致个体产生积极行为的积极心理状态，他能够通过有针对性地投入和开发而使个体获得竞争优势（Luthans，2004）。Luthans 等人以中国工人为研究对象，探讨中国工人的心理资本与工作绩效的关系，并强调心理资本是个体在特定的情境下对待任务、绩效和成功的一种积极心理状态，是一个由多种因素构成的综合体（Luthans，Avolio，Walumbwa，et al.，2005）。Avolio 等人指出，心理资本是指那些能够有效提高个体工作绩效和工作满意度的各种积极心理状态的综合。个体的这些积极心理状态如希望、自信、乐观、韧性、积极归因等可以促使个体更好地表现出各种积极的组织行为，从而获得较高的工作绩效和工作满意度（Avolio，Gardner，Walumbwa，2004）。与特质伦理相比，状态理论强调心理资本是一种重要的个人积极心理能力，是个体在特定的情境下对待绩效、任务的一种积极心理状态，对个体的认知过程、工作满意感都会产生显著正向的影响。可以看出，状态理论的研究者都认为心理资本是个体的一种特定的积极心理状态，这种独特的个人心理资本能够导致个体表现出一些积极的行为，从而提高个体的工作绩效。

### 三、心理资本的综合理论

心理资本的综合理论认为，心理资本同时具有特质性和状态性，本质上是特质性和状态性的结合。Avolio 等人首次使用了"类状态"的概念，并认为心理资本是一系列既具有状态性又具有特质性的类状态积极心理要素的综合，心理资本的类状态特性表明心理资本具有一定的稳定性，这使它可以被测量；同时，心理资本有时是可以发生变化的，可以通过一定的干预措施对心理资本进行开发和管理，并能有效提高个体的心理资本水平（Avolio，Luthans，2006）。Luthans 等人重新对心理资本的定义进行了修订，并指出：心理资本是个体具有的一种积极的心理发展状态，包括效能感、乐观、希望和韧性 4 个基本特征（Luthans，Youssef，Avolio，2007）。柯江林等认为，心理变量的类状态性与否是根据心理变量"测量的稳定性"和"改变的开放性"2 个方面的特点来进行确定的，并从"测量的稳定性"以及"改变与开发的开放性"2 个方面，将"状态"与"特质"类概念划为 4 个方面：① 积极状态变量（具有瞬时性，非常容易改变，代表一种感觉，如快乐、积极情绪）；② 类状态变量（比较容易改变和开发，包括自我效能感、希望、韧性、乐观、智慧、幸福感、感恩之心、宽恕之心等）；③ 类特质变量（比较稳定和难以改变，包括大五人格维度、核心自我评价、性格力量与美德等）；④ 积极特质变量（非常稳定和难以改变，包括智力、天赋与可遗传的积极性格特征）（柯江林，孙健敏，李永瑞，2009）。

# 第三节　心理资本的结构与测量

## 一、心理资本的二维结构与测量

### （一）心理资本的二维结构理论

Goldsmith 等人认为，心理资本是由控制点和自尊 2 个因素共同组成的。控制点主要是指个人对生活的一般看法，包括内控和外控 2 个方面，而自尊是一个多维度的概念，包括价值观、善良、健康、外貌和社会能力等内容（Goldsmith，Veum，Darity，1997；Goldsmith，Darity，Veum，1998）。魏荣等人通过对积极心理学及经济学的相关文献进行研究与分析后提出，心理资本是一个具有显性（状态性）和隐性（特质性）的二维结构。显性心理资本主要包括团体效能、工作韧性、乐观归因和共同愿景，而隐性心理资本主要包括认知优势、情绪智力、特质型动机和价值观念（魏荣，黄志斌，2008）。柯江林等人认为，心理资本是个体在为人处事过程中逐渐形成与发展起来的一种可测量、可开发和对工作绩效有促进作用的积极心理状态或心理能力，并从事务型心理资本和人际型心理资本 2 个方面进一步丰富了心理资本的内涵。他们认为，事务型心理资本包括自信勇敢、乐观希望、奋发进取与坚韧顽强，人际型心理资本包括谦虚诚恳、包容宽恕、尊敬礼让与感恩奉献（柯江林，孙健敏，李永瑞，2009）。彭华军等人基于 Luthans 关于心理资本概念及因素结构的理论框架，结合中小学生的实际学习和生活情况，编制了"中小学生心理资本问卷"，并明确了中小学生心理资本包括自信和韧性 2 个维度（彭华军，李鹏，狄丹，等，2014）。熊猛等人对中国青少年的心理资本进行研究，明确了青少年的心理资本主要包括个人力（自信、乐观和坚韧）和人际力（感恩和谦虚）2 个维度（熊猛，叶一舵，2020）。

## （二）心理资本的二维结构测量

### 1. Goldsmith、Veum 和 Darity 的心理资本量表

Goldsmith 等人认为，心理资本主要由自尊和控制点 2 个维度构成，因此，他们将 Rosenberg 的自尊量表和 Rotter 的内在—外在心理控制源量表进行了拆分和组合，最终形成了心理资本量表。该量表采用 2 点计分方式，共 10 个条目，其中 6 个条目选自自尊量表，4 个条目选自内在—外在心理控制源量表。由于 Goldsmith 等人未对心理资本量表的信度和效度进行检验，因此，该量表未得到他人的接受、认可和使用（Goldsmith，Veum，Darity，1997）。

### 2. 柯江林、孙健敏和李永瑞的心理资本量表

柯江林等人采用深度访谈、文献研究、专家访谈和开放式问卷调查等方式研制了具有本土化特征的心理资本量表。心理资本量表包括事务型心理资本和人际型心理资本 2 个维度，并采用 6 点计分方式，共 63 个条目。在原有量表中，事务型心理资本的 Cronbach's α 系数为 0.81，人际型心理资本的 Cronbach's α 系数为 0.84，心理资本总量表的 Cronbach's α 系数为 0.86，说明心理资本量表具有较好的信效度（柯江林，孙健敏，李永瑞，2009）。

### 3. 毛晋平和谢颖的中小学教师心理资本问卷

毛晋平和谢颖基于积极心理学与积极组织行为学等相关理论，采用文献分析、个别访谈和问卷调查等研究方法，以中小学教师为研究对象，探讨了中小学教师心理资本的结构内容，并编制了中小学教师心理资本问卷。该问卷包括任务型心理资本（自我效能、进取心、希望、乐观和韧性）与人际情感型心理资本（热诚、幽默、爱与感恩、公平正直）2 个维度共 9 个因子。中小学教师心理资本问卷采用 5 点计分方式，共 35 个条目。在原有问卷中，中小学教师心理资本问卷的 Cronbach's α 系数为 0.92，各维度的 Cronbach's α 系数为 0.84 ~ 0.88，说明中小学教师心理资本问卷具有较好的信效度（毛晋平，谢颖，2013）。

4. 熊猛和叶一舵的中国青少年心理资本量表

熊猛和叶一舵结合中国文化背景并采用实证研究的方法，以中国青少年群体为研究对象，编制了适合中国青少年学生的心理资本量表。该量表包括个人力（自信、乐观和坚韧）与人际力（感恩和谦虚）2个维度，量表采用6点计分方式，共27个条目。在原有量表中，中国青少年心理资本量表的 Cronbach's α 系数为 0.92，各分量表的 Cronbach's α 系数为 0.84 ~ 0.90。中国青少年心理资本量表的重测信度为 0.81，各分量表的重测信度为 0.79 ~ 0.82，说明中国青少年心理资本量表具有较好的信效度（熊猛，叶一舵，2020）。

5. 彭华军、李鹏、狄丹和王薇的中小学生心理资本问卷

彭华军、李鹏、狄丹和王薇基于 Luthans 等人关于心理资本的概念及内容结构，结合中国中小学生的实际学习和生活情况，采用实证研究的研究方法编制了中小学生心理资本问卷。该问卷分为自信和韧性 2 个维度，采用 6 点计分方式，共 16 个条目。在原有问卷中，中小学生心理资本问卷的 Cronbach's α 系数为 0.88，自信维度的 Cronbach's α 系数为 0.83，韧性维度的 Cronbach's α 系数为 0.79，说明中小学生心理资本问卷有较好的信效度（彭华军，李鹏，狄丹，等，2014）。

## 二、心理资本的三维结构与测量

### （一）心理资本的三维结构理论

Larson 认为，心理资本主要包括自我效能感、乐观和韧性 3 个因素（Larson，2004）。Luthans 等人指出，心理资本主要由希望、乐观和韧性 3 个因素组成（Luthans，Youssef，2004）。Jensen 等进一步研究验证了 Luthans 和 Youssef 关于心理资本三维结构说的观点，并强调心理资本主要由希望、乐观和韧性 3 个维度组成（Jensen，Luthans，2006）。我国学者仲理峰对 198 名中国员工进行实证研究，其研究结果也再次验证了 Luthans 和 Youssef 关于心理资本三维结构说的观点（仲理峰，2007）。唐强以企业工作人员为研究对象，综合采用访谈法和问卷调查法进行研究，访谈 2 名在校管理学硕士研究生和 6 名企业工作人员，并对 397 名企业员工进行问卷调查。其研

究结果发现，心理资本主要是由希望、乐观和韧性 3 个维度组成，并认为环境支持感、工作挑战性和自我强化等是心理资本的影响因子，并且心理资本对工作满意度、工作绩效和组织承诺能产生正向的影响（唐强，2008）。

## （二）心理资本的三维结构测量

### 1. Luthans、Avolio 和 Walumbwa 等人的积极心理状态量表

Luthans、Avolio 和 Walumbwa 等人将希望、乐观和韧性 3 个量表进行组合并形成了积极心理状态量表。希望量表是 Snyder 等人（1996）编制的，该量表采用 8 点计分方式，共 6 个条目；乐观状态量表是 Scheier 等人（1985）编制的生活取向测验，研究者从生活取向测验中抽取 10 个条目组成乐观状态量表，该量表采用 5 点计分方式；韧性状态量表是 Block 等人（1996）编制的，该量表采用 4 点计分方式，共 14 个条目。因此，积极心理状态量表共 30 个条目。经 Luthans 等人检验，积极心理状态量表具有较好的信效度（Luthans，Avolio，Walumbwa，et al.，2005）。

### 2. Jensen 和 Luthans 的积极心理状态量表

Jensen 和 Luthans 将希望、乐观和韧性 3 个量表进行组合形成了积极心理状态量表。Jensen 和 Luthans 从希望、生活取向测验和韧性 3 个量表中分别抽取 6、5、11 个条目组成积极心理状态量表，该量表共 22 个条目。个体的积极心理资本水平用 3 个分量表的标准分数之和来表示。Jensen 和 Luthans 虽然对希望、乐观和韧性 3 个分量表的信度进行检验，但未对积极心理状态量表的信效度进行检验（Jensen，Luthans，2006）。

### 3. 谢鹤玉、郭钟惠和吕晨的大学生心理资本问卷

谢鹤玉、郭钟惠和吕晨采用实证研究的方法，以大学生群体为研究对象，编制了大学生心理资本问卷。该问卷采用 5 点计分方式，共 13 个条目，分为利他、愿景和自我效能感 3 个维度。在原有问卷中，大学生心理资本问卷的 Cronbach's α 系数为 0.86，各分维度的 Cronbach's α 系数为 0.69 ~ 0.86，说明大学生心理资本问卷具有较好的信效度（谢鹤玉，郭钟惠，吕晨，2016）。

### 4. 李永占的幼儿教师心理资本量表

李永占基于扎根理论，采用文献查阅、个别访谈和问卷调查等研究方法，以幼儿教师群体为研究对象，探索我国幼儿教师心理资本的内容和结构，并编制了幼儿教师心理资本量表。该量表采用 5 点计分方式，共 47 个条目，包括任务型心理资本（乐观、信心、韧性、希望、严谨）、人际型心理资本（合作、赏识）和情感型心理资本（爱心、正直、情绪智力）3 个维度。在原有量表中，幼儿教师心理资本量表中各分量表的 Cronbach's α 系数为 0.72 ~ 0.78，说明幼儿教师心理资本量表具有较好的信效度（李永占，2020）。

### 5. 李冰的员工心理资本量表

李冰基于扎根理论进行研究，采用文献查阅、深度访谈和开放式调查问卷等研究方法，以企业员工为研究对象，编制了本土情境下的员工心理资本量表。该量表采用 5 点计分方式，共 40 个条目，包括主观因素心理资本（上进、坚韧、乐观、自信、勇敢）、社交因素心理资本（适应、谦虚、感恩、尊让）和情感因素心理资本（情绪、逆商）3 个维度。在原有量表中，员工心理资本量表及各分量表的 Cronbach's α 系数均大于 0.7，说明员工心理资本量表有较好的信效度（李冰，2013）。

## 三、心理资本的四维结构与测量

### （一）心理资本的四维结构理论

Judge 和 Bono 指出，心理资本是由自尊、控制点、情绪稳定性和自我效能感 4 个因素构成的（Judge，Bono，2001）。Cole 的研究支持了 Judge 和 Bono 的观点（Cole，2001）。Jensen 研究发现，心理资本主要由希望、乐观、自我效能感和韧性等 4 个因素组成（Jensen，2003）。Luthans 等人根据积极组织行为学的标准也提出了心理资本的四维结构，并指出心理资本主要包含希望、乐观、自我效能感和韧性 4 个维度（Luthans，Avey，Avolio，2006）。Hosen 等人指出，心理资本是个体的一种积极人格特质，主要包括个性品质与倾向、认知能力、自我监控力以及有效的情绪交流品质等具有持久性、稳定性和内在性的心理特质（Hosen，Solovey-Hosen，Stern，2003）。我国学者通过实证研究也得出了大致相同的结论（张阔，张赛，董颖红，2004；蒋建武，赵曙明，2007；田喜洲，2009）。侯二秀等人以我国企业知识员工为研究对象，并通过实地调查研究验证了心理资本包含 4 个维度，分别为任务型心理资本（积极情感、坚韧性）、关系型心理资本（情绪智力、感恩）、学习型心理资本（学习效能感、知识共享意愿）和创新型心理资本（创新自我效能感、模糊容忍度）（侯二秀，陈树文，长青，2013）。叶一舵等人在对国内外相关文献进行充分研究的基础上，结合开放式问卷和专家分析进行研究，编制了青少年学生心理资本问卷，并确定了青少年的心理资本由希望、乐观、自信和韧性 4 个维度组成（叶一舵，方必基，2015）。在群体心理资本的研究中，Mckenny、Peterson 等研究者认为，团队心理资本由个体心理资本衍生而来，包括团队效能感、团队乐观、团队愿景、团队韧性 4 个维度（Peterson，Zhang，2011；Mckenny，Short，Payne，2013）。翟玉荣的研究也证实了群体心理资本包含团队效能感、团队乐观、团队愿景、团队韧性 4 个维度（翟玉荣，2014）。吴清津等人认为，群体心理资本包括团队效能、团队乐观、团队愿景、团队复原力 4 个维度（吴清津，王秀芝，李璇，2012）。

## （二）心理资本的四维结构测量

### 1. Larson 的心理资本量表

Larson 认为，心理资本应包含希望、乐观、自我效能感和韧性 4 个维度，因此，Larson 在积极心理状态量表的基础上加入了 Parker（1998）编制的效能感量表，形成了心理资本量表。心理资本量表的总分为希望、乐观、自我效能感和韧性 4 个分量表标准分数之和。在原有量表中，心理资本量表及分量表的 Cronbach's α 系数为 0.64 ~ 0.92，说明心理资本量表具有较好的信效度（Larson，2004）。

### 2. Luthans、Avollo 和 Avey 等人的心理资本问卷（PCQ-24）

Luthans、Avollo 和 Avey 等人对 Larson 的心理资本量表进行修订，并从自我效能感、希望、乐观和韧性 4 个量表中各选择 6 个表面效度和内容效度均较高的条目组成心理资本问卷（PCQ-24）。该问卷采用 6 点计分方式，共 24 个条目，包括自我效能感、希望、乐观和韧性 4 个维度。Luthans、Avollo 和 Avey 等人对心理资本问卷（PCQ-24）的信效度进行了检验，结果表明该问卷具有较好的信效度，可以作为个体心理资本的研究工具（Luthans，Avollo，Avey，et al.，2007）。温磊、七十三和张玉柱对 Luthans、Avollo 和 Avey 等人的心理资本问卷（PCQ-24）进行修订，结果发现，心理资本问卷（PCQ-24）及各分量表的 Cronbach's α 系数为 0.70 ~ 0.81，重测相关系数为 0.70 ~ 0.75，说明心理资本问卷（PCQ-24）有较好的信效度（温磊，七十三，张玉柱，2009）。

3. 张阔、张赛和董颖红的积极心理资本问卷（PPQ）

张阔、张赛和董颖红在文献分析和参考国内外相关测量工具的基础上，采用实证研究方法编制了积极心理资本问卷（PPQ）。该问卷采用 7 点计分方式，共 26 个条目，包括自我效能、韧性、乐观和希望 4 个维度。在原有问卷中，积极心理资本问卷（PPQ）的 Cronbach's α 系数为 0.90，各维度的 Cronbach's α 系数为 0.76 ~ 0.86，说明积极心理资本问卷（PPQ）有较好的信效度（张阔，张赛，董颖红，2010）。

4. 惠青山的中国职工心理资本量表

惠青山以中国企业职工为研究对象，采用文献研究、开放式问卷等研究方法，以企业员工为研究对象，编制了中国职工心理资本量表。该量表采用 6 点计分方式，共 29 个条目，包括冷静、希望、乐观、自信 4 个维度。在原有量表中，中国职工心理资本量表的 Cronbach's α 系数为 0.89，各分量表的 Cronbach's α 系数为 0.77 ~ 0.82，说明中国职工心理资本量表有较好的信效度（惠青山，2009）。

5. 侯二秀、陈树文和长青的知识员工心理资本量表

侯二秀、陈树文和长青采用实证研究的方法，以知识型员工为研究对象，编制了知识员工心理资本量表。该量表采用 5 点计分方式，共 46 个条目，包括任务型心理资本（积极情感、坚韧性）、关系型心理资本（情绪智力、感恩）、学习型心理资本（学习效能感、知识共享意愿）和创新型心理

059

资本（创新自我效能感、模糊容忍度）4个维度。在原有量表中，知识员工心理资本量表的Cronbach's α系数为0.80，各分量表的Cronbach's α系数为0.80~0.89，说明知识员工心理资本量表具有较好的信效度（侯二秀，陈树文，长青，2013）。

6. 叶一舵和方必基的青少年学生心理资本问卷

叶一舵和方必基采用文献研究、开放式问卷和专家分析等研究方法，以青少年学生群体为研究对象，编制了青少年学生心理资本问卷。该问卷采用6点计分方式，共22个条目，包含希望、乐观、自信和韧性4个维度。在原有问卷中，青少年学生心理资本问卷的Cronbach's α系数为0.91，各维度的Cronbach's α系数为0.72~0.90，说明青少年学生心理资本问卷具有较好的信效度（叶一舵，方必基，2015）。

7. 刘耀烛和植凤英等人的流动儿童学校适应心理资本量表

刘耀烛和植凤英等人基于Luthans等人的心理资本概念及内容结构，结合中国学者对心理资本的相关研究和流动儿童的实际学习、生活状况，编制了流动儿童学校适应心理资本问卷。该问卷采用5点计分方式，共19个条目，包含自我效能、诚信、人际沟通和感恩4个维度。在原有量表中，流动儿童学校适应心理资本问卷的Cronbach's α系数为0.84，各分量表的Cronbach's α系数均约为0.83，说明流动儿童学校适应心理资本问卷具有较好的信效度（刘耀烛，植凤英，于岚茜，等，2015）。

8. 凌晨和李云的大学生心理资本问卷

凌晨和李云采用文献分析、个别访谈和开放式问卷调查等研究方法，以大学生群体为研究对象，编制了大学生心理资本问卷。该问卷采用6点计分方式，共16个条目，包含希望、自信、韧性和乐观4个维度。在原有问卷中，大学生心理资本问卷的Cronbach's α系数为0.87，分半信度为0.88，重测信度为0.80，各维度的Cronbach's α系数为0.77~0.82，分半信度为0.73~0.81，重测信度为0.58~0.82，说明大学生心理资本问卷具有较好的信效度（凌晨，李云，2015）。

9. 吴芳和黄任之的公费师范生心理资本问卷

吴芳和黄任之以公费师范生群体为研究对象，采用文献研究、问卷调查和深度访谈等研究方法，编制了公费师范生心理资本问卷。该问卷采用 6 点计分方式，共 19 个条目，包含勇气、乐观、自信和奋进 4 个维度。在原有问卷中，公费师范生心理资本问卷的 Cronbach's α 系数为 0.86，分半信度为 0.85，各维度的 Cronbach's α 系数为 0.61 ~ 0.82，说明公费师范生心理资本问卷具有较好的信效度（吴芳，黄任之，2018）。

10. 刘爱春和许晓静的高职学生创业心理资本问卷

刘爱春和许晓静采用文献分析、开放式问卷调查和深度访谈等研究方法，以高职高专学生群体为研究对象，编制了高职学生创业心理资本问卷。该问卷采用 5 点计分方式，共 24 个条目，包含乐观希望、自我效能、勇敢果断和积极应对 4 个维度。在原有问卷中，高职学生创业心理资本问卷的 Cronbach's α 系数为 0.92，分半信度为 0.87，说明高职学生创业心理资本问卷具有较好的信效度（刘爱春，许晓静，2019）。

11. 张文的中小学教师心理资本问卷

张文采用文献分析、深度访谈、问卷调查、因素分析和路径分析等研究方法，以中小学教师群体为研究对象，编制了中小学教师心理资本问卷。该问卷采用 6 点计分方式，共 24 个条目，包含自信、希望、乐观和韧性 4 个维度。在原有问卷中，中小学教师心理资本问卷的 Cronbach's α 系数为 0.82，分半信度为 0.71，各维度的 Cronbach's α 系数为 0.62 ~ 0.80，分半信度为 0.57 ~ 0.82，说明中小学教师心理资本问卷具有较好的信效度（张文，2010）。

12. 李丹的团队心理资本问卷

李丹基于国内外团队心理资本的相关理论，以企业基层员工群体为研究对象，编制了团队心理资本问卷。该问卷采用 7 点计分方式，共 26 个条目，包含团队自信、团队愿景、团队信任感和团队合作感 4 个维度。在原有问卷中，团队心理资本问卷的 Cronbach's α 系数为 0.96，各维度的

Cronbach's α 系数均在 0.74 以上，说明团队心理资本问卷具有较好的信效度（李丹，2014）。

## 四、心理资本的五维结构与测量

### （一）心理资本的五维结构理论

Letcher 等人认为，心理资本体现了个体的人格特质，与大五人格类似，并且心理资本包括情绪稳定性、外向性、开放性、宜人性和责任感等 5 个维度（Letcher，Niehoff，2004）。Page 等人认为，心理资本主要包括乐观、希望、韧性、自我效能感和诚信 5 个维度（Page，Donohue，2004）。Avolio 等人指出，心理资本包括希望、自我效能感（自信）、乐观、积极归因和复原力 5 个部分，作为个体的一种积极心理状态，心理资本可以提升个体的工作动机，从而提高工作绩效（Avolio，Gardner，Walumbwa，2004）。Luthans 等人也指出，心理资本是由希望、现实性、乐观、自我效能感和韧性 5 部分组成的。Demerath 等人以美国高中生群体为研究对象，探讨心理资本的结构，研究结果发现，美国高中学生的心理资本主要由对成功和富足的情感依恋与渴望、对自己能力的强烈动因性信念、适应力、强烈的自我意识和对各种文化资本工具性价值的习惯性评价等 5 个部分构成（Demerath，Lynch，David，2008）。我国学者也提出了心理资本的五维结构说，她们通过对大学生群体的调查研究，并得出了人学生心理资本的 5 个维度是自我效能、乐观、韧性、感恩和兴趣（肖雯，李林英，2010）。Rego 等人以葡萄牙公务员群体为研究对象，探讨心理资本的结构，研究结果发现，心理资本主要包括信心、乐观、坚韧、路径力和意志力等 5 个维度（Rego，Marques，Leal，2010）。肖雯和李林英采用实证研究的方法，明确了大学生的心理资本包括自我效能、乐观、韧性、感恩和兴趣 5 个维度（肖雯，李林英，2010）。张轩辉通过研究发现，大学生的心理资本包括乐观、自信、韧性、希望和成就动机 5 个维度（张轩辉，2014）。范兴华等人参照 Luthans 等人关于心理资本的定义，提出了留守儿童的心理资本，并认为留守儿童的心理资本主要包括明理感恩、自立顽强、宽容友善、自信进取和乐观开朗 5 个维度，并且这 5 个维度涵盖了乐观、希望、韧性、自我效能等西方心理资本要素的基本内涵（范兴华，方晓义，陈锋菊，等，2015）。徐明津等人在文献综述、结构式访谈和开放式问卷调查的基础上，明确了初中生心理资本由自控力、宽容、希望、自信、乐观 5 个因子构成（徐明津，杨新国，黄霞妮，2016）。徐礼平、张韩和吴玉珅研究发现，心理资本维度结构包括感恩感戴、责任使命、乐观希望、坚强韧性和自我效能 5 个方面（徐礼平，张韩，吴玉珅，2021）。

## （二）心理资本的五维结构测量

### 1. 肖雯和李林英的大学生心理资本问卷

肖雯和李林英采用实证研究的方法，以大学生群体为研究对象，编制了大学生心理资本问卷。该问卷采用 5 点计分方式，共 29 个条目，包含自我效能、乐观、初性、感恩和兴趣 5 个维度。在原有问卷中，大学生心理资本问卷的 Cronbach's α 系数为 0.92，各维度的 Cronbach's α 系数为 0.76～0.84，说明大学生心理资本问卷具有良好的信度（肖雯，李林英，2010）。

### 2. 徐明津、杨新国和黄霞妮的初中生心理资本问卷

徐明津、杨新国和黄霞妮采用文献分析、结构式访谈和开放式问卷调查等研究方法，以初中学生群体为研究对象，编制了初中生心理资本问卷。该问卷采用 5 点计分方式，共 22 个条目，包含自控力、宽容、希望、自信和乐观 5 个维度。在原有问卷中，初中生心理资本问卷卷的 Cronbach's α 系数为 0.86，各分量表的 Cronbach's α 系数为 0.65～0.80，各维度的重测信度为 0.73～0.86，说明初中生心理资本问卷具有较好的信效度（徐明津，杨新国，黄霞妮，2016）。

### 3. 王雁飞、李云健和黄悦新的大学生心理资本量表

王雁飞、李云健和黄悦新参照 Luthans 等人的研究成果，采用文献分析、实证研究等研究方法对大学生群体进行研究，并结合中国文化和大学生的使命编制了大学生心理资本量表。该量表共 15 个条目，分为自信、希望、乐观、韧性和责任 5 个维度。在原有量表中，大学生心理资本量表的 Cronbach's α 系数均在 0.53 以上，说明大学生心理资本量表具有一定的信

效度（王雁飞，李云健，黄悦新，2011）。

4. 张轩辉的大学生心理资本量表

张轩辉采用文献研究、问卷调查等研究方法，以大学生群体为研究对象，编制了大学生心理资本量表。该问卷采用 5 点计分方式，共 42 个条目，分为乐观、希望、韧性、自信和成就动机 5 个维度。在原有问卷中，大学生心理资本量表的 Cronbach's α 系数为 0.91，各维度的 Cronbach's α 系数为 0.78 ~ 0.86，说明大学生心理资本量表具有较好的信效度（张轩辉，2014）。

5. 范兴华和方晓义等人的农村留守儿童心理资本问卷

范兴华、方晓义和陈锋菊等人以农村留守儿童群体为研究对象，并通过对留守儿童、监护人和教师进行访谈，以及参照已有相关文献编制了农村留守儿童心理资本问卷。该问卷采用 5 点计分方式，共 25 个条目，包含自立顽强、明理感恩、宽容友善、自信进取和乐观开朗 5 个维度。在原有问卷中，农村留守儿童心理资本问卷的 Cronbach's α 系数和重测信度分别为 0.88、0.85；各维度的 Cronbach's α 系数为 0.65 ~ 0.76，重测信度为 0.78 ~ 0.84，说明农村留守儿童心理资本问卷具有较好的信效度（范兴华，方晓义，陈锋菊，等，2015）。

6. 徐礼平、张韩和吴玉珅的志愿者心理资本问卷

徐礼平、张韩和吴玉珅以大学生和社工志愿者群体为研究对象，根据前期扎根理论研究成果，对国内外心理资本调查问卷进行分析之后，选取了张阔、张赛、董颖红等人（2010）的积极心理资本问卷为基础设计调查问卷进行调查，并形成了志愿者心理资本问卷。该问卷采用 7 点计分方式，共 20 个条目，包含自我效能、乐观希望、感戴感恩、责任使命和坚强韧性感 5 个维度。在原有问卷中，志愿者心理资本问卷及自我效能、乐观希望、坚强韧性、团队使命和感戴感恩的 Cronbach's α 系数分别为 0.86、0.82、0.82、0.70、0.76、0.73，志愿者心理资本问卷的结构维度模型拟合良好，说明志愿者心理资本问卷的信效度较好。

### 五、心理资本的六维结构与测量

#### （一）心理资本的六维结构理论

曹鸣岐的研究指出，心理资本主要由乐观、韧性、希望、情绪智力、主观幸福感和组织公民行为等 6 个因素组成（曹鸣岐，2006）。冯江平和孙乐岑通过开放式问卷调查，搜集与中国员工心理资本相关的词条进行项目分析和信度、效度检验，分析结果表明，心理资本主要包括灵活、宽容、坚毅、适应、乐观和信任 6 个维度（冯江平，孙乐岑，2008）。周利霞根据国内外心理资本的相关理论，对大学生的心理资本进行了研究，确定了大学生的心理资本主要包括愿景、自信、合作、乐观、韧性和感恩 6 个维度（周利霞，2012）。吴旻等人以大学生为研究对象，探索本土化的大学生积极心理资本结构，明确了大学生心理资本主要包括自我效能、乐观、希望、韧性、宽恕、亲社会 6 个维度（吴旻，谢世艳，郭斯萍，2015）。李林英和徐礼平在群体资本的研究中明确了群体心理资本主要包含团队自信、团队希望、团队乐观、团队韧性、团队合作和团队责任 6 个维度（李林英，徐礼平，2017）。

065

#### （二）心理资本的六维结构测量

**1. 周利霞的大学生心理资本问卷**

周利霞基于国内外心理资本的相关理论及研究结果，以大学生群体为研究对象，编制了大学生心理资本问卷。该问卷采用 7 点计分方式，共 45 个条目，包含愿景、自信、合作、乐观、韧性和感恩 6 个维度。在原有问卷中，大学生心理资本问卷的 Cronbach's α 系数为 0.94，各维度的 Cronbach's α 系数为 0.77 ~ 0.93，说明大学生心理资本问卷具有较好的信效度（周利霞，2012）。

**2. 吴旻、谢世艳和郭斯萍的大学生积极心理资本问卷**

吴旻、谢世艳和郭斯萍通过结构性访谈、专家访谈和借鉴前人研究等研究方法，探讨本土化的大学生积极心理资本结构，并编制了大学生积极心理资本问卷。该问卷共 22 个条目，包括自我效能、乐观、希望、韧性、宽恕、亲社会 6 个维度。该问卷采用 5 点计分方式，1 代表"不符合"，5 代表"非常符合"。在原有问卷中，大学生积极心理资本问卷的 Cronbach's α 系数为 0.90，各维度表的 Cronbach's α 系数均高于 0.70，说明大学生积极心理资本问卷具有较好的信效度（吴旻，谢世艳，郭斯萍，2015）。

3. 王璟、李红霞和田水承等人的矿工安全心理资本量表

王璟、李红霞、田水承和袁晓芳在 Luthans 等人研制的心理资本问卷（PCQ-24）基础上，采用文献分析、现场访谈与专家反馈等研究方法，以矿工群体为研究对象，编制了适合中国国情的矿工安全心理资本量表。该量表采用 5 点计分方式，共 28 个条目，包含安全自我效能、希望、韧性、乐观、自我调节和冷静 6 个维度。在原有量表中，矿工安全心理资本量表的 Cronbach's α 系数为 0.94，各分量表的 Cronbach's α 系数为 0.76～0.89，说明矿工安全心理资本量表具有较好的信效度（王璟，李红霞，田水承，等，2018）。

4. 谌昱明的公务员心理资本问卷

谌昱明采用文献分析、问卷调查和准实验设计等研究方法，对公务员群体的心理资本进行了研究，并编制了公务员心理资本问卷。该问卷采用 5 点计分方式，共 32 个条目，包含自信、希望、韧性、责任感、协同合作和自律进取 6 个维度。在原有问卷中，公务员心理资本问卷的 Cronbach's α 系数为 0.89，重测信度为 0.94，各维度的 Cronbach's α 系数为 0.64～0.79，重测信度为 0.89～0.92，说明公务员心理资本问卷具有较好的信效度（谌昱明，2012）。

## 六、心理资本的七维结构与测量

### （一）心理资本的七维结构理论

吴伟炯认为，心理资本结构主要包含七个因素，即乐观、希望、信心/自我效能、自谦、感恩、利他及情商/情绪智力等 7 个维度（吴伟炯，2012）。高娜和江波研究发现，心理资本量表包含自我效能、乐观希望、主动应对、积极成长、热情创新、敏锐卓越、社交智慧 7 个因素（高娜，江波，2014）。

在群体心理资本的研究中，徐礼平和李林英认为，群体心理资本应该包括团队效能、团队自信、团队愿景、团队韧性、团队合作、团队信任和团队责任感 7 个维度（徐礼平，李林英，2016）。张菁研究发现，心理资本包括自我效能、希望、乐观、韧性、责任感、尊重、敏锐等 7 个维度（张菁，2018）。

### （二）心理资本的七维结构测量

#### 1. 吴伟炯的中小学教师心理资本量表

吴伟炯采用文献分析、访谈、问卷调查等研究方法对中小学教师群体的心理资本进行研究，并编制了中小学教师心理资本量表。该量表采用 5 点计分方式，共 28 个条目，包含乐观、希望、自我效能、自谦、感恩、利他和情绪智力 7 个维度。在原有量表中，中小学教师心理资本量表的 Cronbach's α 系数为 0.94，各量表的 Cronbach's α 系数为 0.83～0.89，说明中小学教师心理资本量表具有较好的信效度（吴伟炯，2011）。

#### 2. 高娜和江波的创业心理资本量表

高娜和江波采用文献法、访谈法、开放性问卷调查等研究方法对创业心理资本进行研究，并编制了适合中国社会文化背景的创业心理资本量表。该量表采用 5 点计分方式，共 31 个条目，包含自我效能、乐观希望、主动应对、积极成长、热情创新、敏锐卓越和社交智慧等 7 个维度。在原有量表中，创业心理资本量表的 Cronbach's α 系数为 0.93，分半信度为 0.84，各分量表的 Cronbach's α 系数为 0.68～0.83，分半信度为 0.65～0.82，说明创业心理资本量表具有较好的信效度（高娜，江波，2014）。

#### 3. 张菁的高校心理委员心理资本问卷

张菁采用文献分析法、开放式问卷法、访谈法等多种研究方法，以高校心理委员群体为研究对象，编制了高校心理委员心理资本问卷。该问卷采用 5 点计分方式，共 37 个条目，包含自我效能、希望、乐观、韧性、责任感、尊重和敏锐 7 个维度。在原有问卷中，高校心理委员心理资本问卷的 Cronbach's α 系数为 0.95，各维度的 Cronbach's α 系数为 0.74～0.86，说明高校心理委员心理资本问卷具有较好的信效度（张菁，2018）。

## 七、心理资本的八维结构与测量

### （一）心理资本的八维结构理论

王芳和张辉通过文献分析、实证研究等研究方法，探讨了高校图书馆员群体心理资本的结构，研究结果发现，高校图书馆员心理资本主要包括自信、希望、乐观、韧性、尊敬、进取、谦虚和奉献 8 个维度，并通过验证性因素分析证实了高校图书馆员心理资本八因素模型的合理性（王芳，张辉，2015）。

### （二）心理资本的八维结构测量

王芳和张辉以高校图书馆员群体为研究对象，通过实证研究的方法，编制了高校图书馆员心理资本问卷。该问卷采用 5 点计分方式，共 32 个条目，分括自信、希望、乐观、韧性、尊敬、进取、谦虚和奉献 8 个维度。在原有问卷中，高校图书馆员心理资本问卷的 Cronbach's α 系数为 0.91，各分量表的 Cronbach's α 系数为 0.81 ~ 0.85，说明高校图书馆员心理资本问卷具有较好的信效度（王芳，张辉，2015）。

# 第四节　心理资本的研究现状

## 一、心理资本与个体特点的相关研究

### （一）心理资本与个体认知特点的相关研究

#### 1. 心理资本与核心自我评价的相关研究

核心自我评价是指个体对自身能力与价值的态度、评价和看法（张翔，郑雪，杜建政，等，2014），是影响个体认识自我以及解决问题的重要心理因素（杜卫，张厚粲，朱小姝，2007）。Howard 认为，核心自我评价与心理资本有密切的关系（Howard, Matt, 2017），主要表现为心理资本对核心自我评价有显著的正向预测作用（臧爽，刘富强，李妍，等，2015），说明培养个体的积极心理资本可以有效提高核心自我评价能力。研究发现，高中教师的心理资本、核心自我评价和工作投入两两显著正相关，心理资本的希望、乐观和韧性维度对核心自我评价有显著的正向预测作用，说明高中教师的积极心理资本越多，对自我的能力与价值的评价也就越高（范小青，2014）。研究也发现，青少年学生的核心自我评价和心理资本显著正相关，对心理资本有显著的正向预测作用，并且青少年学生的核心自我评价水平越高，其生活满意度和体验到的正性情感也就越多（谢威士，张雯，范元辰，2018）。另外，少数民族医学生的心理资本与核心自我评价显著正相关，对核心自我评价有显著的正向预测作用，并且心理资本在情绪弹性与核心自我评价之间起部分中介作用（臧爽，刘富强，李妍，等，2015）。这也进一步说明了心理资本与核心自我评价的密切关系，以及培养个体的积极心理资本有助于提高个体的核心自我评价水平。

### 2. 心理资本与自尊的相关研究

自尊是自我系统的核心成分（朱政光，张大均，吴佳禾，2018）和心理健康水平的重要指标（杨丽珠，张丽华，2003），常表现为个体对自我的积极评价与情感体验（陈艳，李纯，沐小琳，等，2019）。青少年时期是自尊形成和发展的重要时期，自尊的发展不仅会影响青少年的认知、情感、动机及行为，而且对青少年当前的身心健康发展和成年后的生活质量都有较好的增益作用（Neff，2009）。研究发现，学生的心理资本和自尊显著正相关，说明提高学生的心理资本可以提高其自尊水平和心理健康水平（张丽娜，宫涛，张学敏，等，2016）。家庭社会经济地位及心理资本对留守儿童的自尊均有显著的正向预测作用，并且心理资本对家庭社会经济地位与自尊的正向预测关系均有调节作用，说明家庭社会经济地位和心理资本对农村留守儿童自尊发展存在交互影响（欧阳智，范兴华，2018）。研究也发现，谦虚人格特质、自尊分别对心理资本有显著的正向预测作用，自尊在青少年谦虚人格特质对心理资本的关系中起部分中介作用，因此，谦虚人格特质不仅直接影响青少年的心理资本，还通过自尊的中介作用间接影响心理资本（谢威士，2019）。对医学生群体进行研究后发现，心理资本可以直接对医学生专业性心理求助态度产生显著的正向预测作用，也可以通过自尊的中介作用间接影响专业性心理求助态度（郑亚楠，胡雯，2019）。对医学院的学生进行研究后发现，自尊与心理资本显著正相关，对心理资本有显著的正向预测作用（贾缨琪，徐爽，2022），并且自尊和心理资本在成就动机与专业认同之间起链式中介作用（王伟州，谢奇，张露露，等，2022）。对流动儿童（杨明，2018）、随迁儿童（徐礼平，邝宏达，2017）、留守儿童（欧阳智，范兴华，2018）进行研究后也发现，自尊与心理资本显著正相关，这进一步说明自尊与心理资本的密切关系。

3. 心理资本与压力知觉的相关研究

压力知觉是指个体对生活中的各种刺激事件和不利因素所构成的心理上的困惑或威胁的主观感受，并表现为紧张和失控 2 种状态（叶宝娟，朱黎君，方小婷，2018）。研究发现，心理资本与压力知觉显著正相关，对心理资本有显著的正向预测作用，这揭示了心理资本与压力知觉的密切关系（杨秀，2017）。对青少年学生群体进行研究后发现，心理资本与压力知觉显著负相关（孙琦，闫静怡，姚晶，等，2022），说明较高的心理资本会降低青少年学生的压力知觉水平。对高考复读生进行研究后发现，心理资本与压力知觉显著负相关，对压力知觉有显著的负向预测作用，并且成就动机在心理资本与压力知觉之间起中介作用（杨秀，2017）。研究也发现，心理资本在压力知觉与抑郁情绪之间起部分中介作用，说明培养学生具有效能感、韧性、希望和乐观的积极心理品质，能够有效提高学生的心理资本水平并帮助学生应对各种压力与挑战（徐璐璐，贺雯，2020）。张宜凝和乔正学等人对大学生群体进行研究后发现，大学生的压力知觉和负性情绪是其心理资本与手机成瘾关系的重要桥梁，而社会支持能够调节心理资本对压力知觉的作用（张宜凝，乔正学，周佳玮，等，2021），说明丰富的社会支持性资源能够提高大学生的心理资本水平，从而减少大学生的压力知觉并有效降低其手机成瘾行为。

4. 心理资本和生命意义的相关研究

生命意义感是指个体感受、领会或理解自己生命意义、生命目的或人生使命的程度（弗兰克尔，2010）。生命意义感不仅可以帮助个体形成良好的人际关系以维护身心健康和提升其幸福感，还可以引发个体的积极应对方式，从而修复心理创伤并促进个体的身心健康成长（张荣伟，李丹，2018）。缺乏生命意义感的个体容易产生消极情绪，陷入焦虑、抑郁、迷茫、自杀意念等不利处境，甚至会出现攻击、破坏、自杀、反社会等问题行为（张野，苑波，王凯，等，2021）；拥有较高生命意义感的个体往往具备较好的心理反弹能力，在应对不利处境时自我效能感较好、态度积极，较少体验到焦虑、抑郁等消极情绪（张薇薇，张玉柱，2021）。研究发现，心理资本与生命意义感显著正相关，对生命意义感有显著的正向预测作用，并且人格（责任心、开放性和外倾性）、无聊倾向和正念不仅可以直接影响个体的生命意义感，也可以通过心理资本的中介作用间接影响生命意义感（周芳洁，范宁，王运彩，2015；罗小漫，何浩，2016；王秦飞，2019），说明高心理资本倾向的个体能追求和拥有生命的意义感、价值感，而低心理资本的个体则较少体会到生命的意义感和价值感。研究也发现，心理资本不仅可以直接影响生命意义感，也可以通过自尊的中介作用间接影响生命意义感（王恩娜，2017）。此外，个体拥有较高的自我效能感、乐观、自信等积极心理品质能够有效提升个体的生命意义感，并让个体体验到较高的幸福感（刘轩，瞿晓理，2017）。

### 5. 心理资本与心理契约的相关研究

心理契约是指员工与组织之间对彼此隐含的、非正式的、未公开的期望，其本质是员工与组织对双方责任、义务的理解和感知（郭彤梅，2016）。心理契约能维持员工对组织的期待与认同，并通过积极努力工作以实现自身价值，但心理契约一旦被破坏，员工将失去对组织的期待并对工作失去信心和激情，从而影响工作效率（郝永敬，2013；刘艳丽，2016）。研究发现，知识型员工的心理资本对心理契约有显著的正向预测作用，并且提升心理资本水平不仅可以增强员工的心理契约水平，还可以通过增强员工对企业的责任感并提高工作绩效（侯二秀，陈树文，长青，2012）。对大学生群体进行研究后发现，大学生的心理资本会直接影响内隐利他行为，并且心理资本及心理契约情境的相互作用也会共同影响内隐利他行为（汪韵迪，2017）。对高校学生干部进行研究后发现，心理契约在心理资本与隐性知识共享之间起中介作用，并且心理契约可以调节心理资本对隐性知识共享意愿的作用（巫程成，杨扬，严建雯，2017）。有研究者以北京市和河南省4所市/省属高校全日制师范教育方向的在校学生为研究对象，结果发现，心理资本、心理契约分别在教育实践满意度与职业认同感之间起部分中介作用，心理资本和心理契约也在两者之间起链式中介作用（任永灿，郭元凯，2022），说明可以通过丰富师范生的教育实践形式、培养积极心理资本、重构心理契约等方式，提高师范生的专业认同感。此外，高校辅导员的心理资本、心理契约与隐性知识共享之间显著相关，心理契约在心理资本和隐性知识共享之间的中介和调节作用均显著（徐初娜，2020）。

### 6. 心理资本与心理授权的相关研究

心理授权是指个体被赋予权力时所感受到的心理状态，包括工作意义、自我效能感、工作自主性和工作影响力（郑晓明，刘鑫，2016）。心理授权作为一种潜在的心理能量，能帮助个体激发工作潜能并体验到工作带来的成就感、价值感和自豪感（周晓芸，彭先桃，付雅琦，等，2019）。心理授权的认知评价模型理论指出，当个体对授权的感知水平较高时，说明个体对工作有很高的评价和渴望，并通过激发较高的工作热情以提高工作效率和实现自我价值感（Thomas，Velthouse，1990）。研究发现，幼儿教师的心理授权和心理资本在职业使命感与工作投入之间起链式中介效应，说明心理授权和心理资本在职业使命感与工作投入之间有重要作用（付雅琦，2020）。研究也发现，心理授权、心理资本在员工真实型领导与工作不安全感之间的关系中起多重中介作用，说明真实型领导不仅可以降低工作不安全感水平，还可以通过提高心理授权及心理资本水平间接降低工作不安全感水平（欧亚萍，2017）。对中学教师群体进行研究后发现，中学教师的组织支持感、心理资本和心理授权两两显著正相关，中学教师的组织支持感和心理资本均能正向预测心理授权，并且中学教师的心理资本在组织支持感与心理授权间之间起中介作用（王静，张志越，陈虹，2022），这说明中学教师的组织支持感和心理资本对其心理授权均有较好的促进作用。

### 7. 心理资本与应对方式的相关研究

应对方式是指个体在应对不利处境时，为减轻或避免不利处境带给自己的伤害而采取的调节认知、改变应对方法等带有个人特点的方法或策略（李彩娜，孙翠翠，徐恩镇，等，2017），应对方式主要包括积极应对和消极应对两种方式（何安明，王晨淇，惠秋平，2018），积极应对是指个体积极寻求内部特质资源和外部支持性资源以获得问题解决；消极应对是指个体采取否认、逃避、幻想等方式解决问题，但与解决问题相比，个体更关注自己的情绪体验（袁晓娇，方晓义，刘杨，等，2012）。对贫困大学生群体的研究发现，应对方式在贫困大学生心理资本与抑郁水平之间起中介作用（祁道磊，2020），说明较高的心理资本水平不仅可以直接降低学生的抑郁水平，还可以通过促使个体采用积极的应对方式应对困难或挫折，从而降低抑郁水平，提示构建或培养学生积极的心理资本，有助于学生采用积极的应对方式解决问题并获得良好发展。研究发现，高心理资本的医学生倾向采取积极应对方式应对困难或挫折，并且可以通过心理健康教育、团体心理辅导、心理咨询等方式挖掘和培养医学生的积极心理潜能，从而有助于提升学生的应对能力（李礼，宋红涛，吴涛，等，2018）。研究也发现，高校辅导员的心理资本与积极应对方式显著正相关，与消极应对方式显著负相关，心理资本对积极应对方式和消极应对方式均有显著的预测作用（曾菁惠，2019）。在中学生群体中，初中生的心理资本与积极应对方式显著正相关，与消极应对方式显著负相关，应对方式在心理资本与校园欺凌之间起中介作用（苏晓，2021）。有研究者发现，生活应激源不仅可以对学生的抑郁产生直接影响，还可以通过心理资本和应对方式的链式中介作用对抑郁产生间接影响（程利娜，黄存良，郑材科，2019）。可以看出，心理资本与应对方式的关系密切，高心理资本水平的个体在面对不利处境时更倾向采用积极的应对方式，而低心理资本水平的个体则采用消极的应对方式。

8. 心理资本与安全感的相关研究

安全感是个体的一种内在心理需求，是指个体在应对可能出现威胁自身健康的一种预感、确定感和可控感（廖传景，2015）。安全感对维护个体的健康成长有重要作用，如果个体觉察到自己受到威胁，而又缺乏有效的社会支持性资源时，就会感到孤立无援并产生强烈的焦虑感、无助感甚至恐惧感，从而严重威胁自身的健康成长（刘少锋，2014）。研究发现，心理

073

安全感在留守中学生心理资本和主观幸福感之间起部分中介作用，说明心理资本可以通过心理安全感的中介作用间接影响留守中学生的主观幸福感（宋恋，2016）。对初中生群体进行研究后发现，初中生的心理虐待、心理资本和安全感显著相关，心理虐待可以显著负向预测安全感，心理资本可以显著正向预测安全感，心理资本在心理虐待和安全感之间起部分中介作用（赵华颖，2016）。对中学新生进行研究后发现，中学新生的安全感与心理资本显著正相关，对心理资本有显著的正向预测作用，并且安全感和心理资本在家庭功能与社会适应之间起链式中介作用（程智芬，2021），说明良好的家庭功能不仅可以提高中学新生的学校适应能力，还可以通过增加中学新生的安全感，培养积极心理资本，从而间接提高学校适应能力。对大学生群体进行研究后发现，大学生的安全感和积极心理资本在社会支持与生活满意度之间起链式中介作用（贾旖瑶，白学军，张志杰，等，2021），说明良好的社会支持不仅可以提高大学生的生活满意度，还可以通过提高大学生的安全感和心理资本水平，间接提高生活满意度。因此，发挥良好的家庭功能，增加社会支持性资源，对提高个体的安全感和积极心理资本均有重要作用。

## （二）心理资本与个体情绪情感特点的相关研究

### 1. 心理资本与孤独感的相关研究

孤独感是个体的一种消极情绪体验和反映个体心理健康问题的重要指标（杨青，易礼兰，宋薇，2016）。长期处于孤独状态并体验到孤独感的个体，其身心发展不仅会受到严重损害（Chiao，Chen，Yi，2019），也会使其产生自卑、害羞、神经质、社交退缩、学习成绩差、犯罪等心理和行为问题（Amarendra，Koen，Luc，et al.，2018），并且持续的孤独容易使个体产生人格障碍、抑郁症状和社会焦虑等精神疾病，进而导致个体出现绝望和自杀行为（Chang，Muya，Hirsch，2015）。因此，孤独感不仅能带给个体被疏远的痛苦体验，而且还会严重影响个体的身心健康发展（李放，郑雪，麦晓浩，2014）。研究发现，理工科大学生的心理资本和孤独感显著负相关，对孤独感有显著的负向预测作用（王仕龙，2016），说明提升心理资本水平，能有效降低理工科大学生的孤独感水平。与非留守儿童相比，留守儿童的生活压力与孤独感水平较高，心理资本在留守儿童生活压力与孤独感、幸福感之间起中介作用和调节作用，说明心理资本能有效缓冲生活压力对留守儿童孤独感和幸福感造成的不利影响（范兴华，余思，彭佳，等，2017）。对空巢青少年的研究发现，心理资本在社会支持和孤独感之间起部分中介作用，说明社会支持不仅直接对空巢青少年的孤独感产生影响，也通过心理资本的中介作用对空巢青少年的孤独感产生间接影响（孟鋆，2018）。

2. 心理资本与情绪耗竭的相关研究

情绪耗竭是指当个体在面对各种压力或挫折时，由于要消耗积极心理资本去应对压力或挫折，其积极情绪或情绪资源容易枯竭，身体和心理难以维系以往的工作状态，并伴随紧张、疲惫、沮丧、挫折等心理感受（孙阳，张向葵，2013）。情绪耗竭是工作倦怠的核心成分，当个体感知到对工作的倦怠时，说明个体已经处于情绪耗竭的边缘，其主要表现是情感麻痹、对工作与生活悲观失望、缺乏精力和工作激情等（刘晖，2012）。有研究指出，个体的认知方式、工作动机、积极心理资本等内在因素，以及工作负担情况、任务复杂性等外在因素是导致个体出现情绪耗竭、感到身心疲惫的重要因素（时晴，2019）。研究发现，在高人际型心理资本组中，幼儿教师的深层行为显著预测情绪耗竭；低人际型心理资本组中，幼儿教师的表层行为显著预测情绪耗竭；人际型心理资本在深层行为与情绪耗竭、表层行为与情绪耗竭关系中起显著的调节作用（孙阳，张向葵，2013）。研究也发现，心理资本在合作型冲突管理策略与情绪耗竭、竞争型冲突管理策略与情绪耗竭、回避型冲突管理策略与情绪耗竭中均起调节作用（时晴，2019）。

3. 心理资本与情绪调节的相关研究

情绪调节是指个体对情绪体验和情绪表达进行管理、监控、评估以及调整的过程（刘航，刘秀丽，郭莹莹，2019），包括认知重评和表达抑制。认知重评指个体从认知上改变对情绪诱发情景或事件的理解，从而改变情绪体验；表达抑制指个体对当前或即将发生的情绪表达行为进行抑制（刘文，张妮，于增艳，等，2020）。中学生在调节情绪时倾向使用重新评价策略，心理资本的自我效能、乐观、希望和韧性对重新评价策略均有显著的正向预测作用，自我效能和希望对表达抑制有显著的负向预测作用（辛长燕，2013）。情绪调节策略在心理资本与攻击性行为之间起中介作用，并且心理资本中的自我效能和韧性较高的学生能够通过改变认知、压抑和情绪表达等情绪调节策略来调节自身的攻击性行为（庄重，2017）。对幼儿教师群体进行研究后发现，高心理资本的幼儿教师能调用积极的心理资本有效调节负性情绪对自己造成的伤害，并使自身处于相对平衡的状态；低心理资本的幼儿教师不仅缺乏积极心理资本，也较难调节自身的负性情绪，从而使自己陷入不利处境（刘锦涛，周爱保，2016）。对中小学教师群体进行研究后发现，认知重评、表达抑制与心理资本显著正相关，心理资本在认知重评与生活满意度之间起完全中介作用（刘旭，白学军，刘志军，2016），说明认知重评主要是通过构建或培养积极的心理资本从而间接提高个体的生活满意度。此外，心理资本在认知重评与压力困扰之间起完全中介作用，说明认知重评主要通过构建有效的心理资本来间接降低教学压力对中学教师产生的压力困扰（刘旭，刘志军，岳鹏飞，2016），并有效降低工作倦怠水平（张凌燕，2013）。研究还发现，认知重评在积极心理资本与主观幸福感之间有正向调节作用，并进一步调节积极心理资本在体育锻炼与主观幸福感之间的中介作用，说明越倾向采用认知重评策略调节情绪的个体，其积极心理资本在体育锻炼和主观幸福感之间的中介作用就越强（邓舒婷，2022）。

### 4. 心理资本与心理压力的相关研究

心理压力是个体的一种主观感受，以及在应对不利处境时持续存在的一种紧张的综合性心理状态（花慧，宋国萍，李力，2016）。个体的家庭、学习、生活、人际等压力性事件都有可能给个体带来较大的心理压力，并使个体的健康成长处于不利地位。有研究指出，家庭经济条件较差、家庭结构不完整、身体健康状况不良、社会适应较差、人际关系不良、学业压力较大等因素都会给个体造成心理压力，并引发焦虑、抑郁等消极情绪（赵颖莹，2017）。研究发现，大学生的心理压力与心理资本显著负相关，对心理资本有显著的负向预测作用，并且心理资本在心理压力与学业绩效之间起完全中介作用，说明心理压力对学业绩效的影响主要是通过消耗个体的积极心理资本来实现的，因此，及时补充或构建积极心理资本可以有效缓解心理压力对学业绩效的影响（花慧，宋国萍，李力，2016）。此外，心理资本在大学生心理压力与自杀意念之间起调节作用，说明高心理资本水平的大学生拥有良好的心理状态。这种良好的心理状态能有效帮助他们应对不利处境，从而减轻心理压力和降低自杀意念（赵玉，2019）。对西藏高校的大学生群体进行研究后发现，西藏高校大学生的心理压力源与心理资本显著相关，心理资本在心理压力源与压力体验之间起部分中介使用（旦增卓玛，管芳，游旭群，2021）。这也进一步说明心理资本与心理压力有密切的关系。

5. 心理资本与职业倦怠的相关研究

职业倦怠是指个体在长期的工作压力下所产生的一种职业疲劳综合征，主要表现为情感耗竭、低成就感、缺乏工作动机与工作激情等症状（武成莉，姚茹，2018）。在教师群体中，高心理资本水平教师的心理健康状况不容易受到职业倦怠的影响，而低心理资本水平教师的心理健康状况容易受职业倦怠的影响（刘建平，付丹，2013），说明低心理资本水平的教师容易出现职业倦怠现象。研究发现，高职院校教师的职业倦怠比较明显，主要表现为情绪衰竭和低成就感（李亚云，董爱国，2018），而提高教师的心理资本水平，对有效降低职业倦怠有重要作用（武成莉，姚茹，2018）。特殊教育教师的职业倦怠不仅直接影响其身心健康和工作体验，同时也会影响特殊儿童的成长，而培养或构建特殊教育教师的积极的心理资本可有效预防与缓解其职业倦怠，并促进特殊儿童的良好发展（汪明，张睦楚，2015）。在中小学教师群体中，心理资本不仅与职业倦怠显著相关，并且心理资本、职业倦怠与其心理健康（陈白鸽，张荣华，梁妙银，等，2017）、应对方式（华唯砚，2018）、社会支持（彭呈方，2018）、职业压力（邓彩艳，沈梓涵，2020）都有密切关系，并且心理资本的团体心理辅导干预能有效提高教师的心理资本水平，降低职业倦怠和维护身心健康（汪爱全，陈秀琴，2020）。在幼儿教师群体中，良好的心理资本水平不仅可以调节工作压力对职业倦怠的影响（李占永，2020），还可以增强对职业的认知，培养职业效能感，从而降低职业倦怠（覃阿敏，2018；张玉瑾，丁湘梅，2022）。同时，良好的心理资本水平，可以提高幼儿教师的核心自我评价（马颖，向唯鸣，王慕寒，等，2022）、增强职业使命感（马原，2017）和工作满意度（周威，2017），从而降低职业倦怠。在高校图书馆管理人员群体中，图书馆管理人员心理资本总体水平较高，而职业倦怠感较弱，并且心理资本与职业倦怠显著负相关（苏珊珊，2019）。

### 6. 心理资本与元情绪的相关研究

元情绪是指个体在情绪体验中持续不断地对自己的情绪进行监控、评价和调节的反思过程（李锐，2010）。元情绪水平较高的个体会运用已知的情绪信息来进行综合思考，并采取有效的情绪管理策略来对自己的情绪进行调控以便更好地应对不利处境（孟欢，2017）。研究发现，元情绪水平越高的大学生在身心健康方面也越好，并且大学生对自我情绪的监控和调节能够影响自身的积极心理资本，从而改善身心健康状况（张期惠，2018）。研究也发现，高中生的元情绪在心理资本与生活满意度之间起显著的部分中介作用，说明对自己情绪体验的监控和调节不仅可以直接影响其生活满意度，也可以通过提高心理资本水平间接影响生活满意度（王妍，2012）。中学生的心理资本与元情绪及社会适应显著正相关，元情绪在心理资本与社会适应之间起部分中介作用（穆俊廷，2015），说明心理资本不仅可以直接影响中学的社会适应，还可以通过元情绪的中介作用间接影响社会适应。穆俊廷认为，提高学生的积极心理资本并使学生养成乐观向上的心态，才能让学生在面对困难或挫折时有百折不挠、坚忍不拔的品格（穆俊廷，2017），进而提升学生的元情绪水平和社会适应能力。

### 7. 心理资本与焦虑的相关研究

适度的焦虑可以让个体产生紧张感，从而激活或维持较高的注意水平，而长期处于焦虑状态的个体不仅会影响正常的学习与生活，甚至可能发展成为心理障碍并威胁个体的身心健康（刘相英，2016）。研究发现，焦虑与个体的积极心理资本显著负相关（刘继红，周丽，2015），并且通过构建个体的积极心理资本能有效降低焦虑水平并维护个体的身心健康（李静，卢珏，刘宇，等，2016）。研究也发现，大学生的心理资本与焦虑、抑郁显著负相关，对焦虑、抑郁有显著的负向预测作用（林谷洋，丘文福，魏灵真，等，2017），说明提高大学生的心理资本水平可以有效降低焦虑和抑郁。对高职高专学生群体进行研究后发现，高职高专学生的心理资本与就业焦虑显著负相关，对就业焦虑有显著的负向预测作用（陈景，程华林，2018），说明提高心理资本水平可以降低高职高专学生的就业焦虑。对中学生群体进行研究后发现，中学生的考试焦虑与心理资本显著负相关，说明提高中学生心理资本水平可以减轻中学生的考试焦虑（赖林，何昭红，邓明智，2018）。因此，通过构建或培养学生的心理资本水平，可以帮助学生获得积极心理资本并提高社会适应能力，在面对困难或挫折时才能保持较低的焦虑水平以维护自己的身心健康（曾菁惠，2020）。

8. 心理资本与抑郁的相关研究

抑郁是一种常见的且带有弥散性的消极心境状态，通常表现出持续的情绪低落、思维迟缓、兴趣减退、语言动作减少等特点（胡义秋，曾子豪，刘双金，等，2019），并且对个体的身心健康有显著的负向预测作用（Fakhari，Farahbakhsh，Azizi，et al.，2020），严重的抑郁问题会让个体出现自伤甚至是自杀行为。从以往的研究发现，个体的心理资本与抑郁有密切关系。高中生的心理资本与抑郁显著负相关，适应在心理资本与抑郁之间起部分中介作用（周亚平，2012）。贫困大学生的心理资本、应对方式与抑郁显著正相关，应对方式在心理资本与抑郁之间起中介作用，并且团体心理辅导干预可以有效提高贫困大学生的心理资本水平和改善其应对方式，进而降低抑郁水平（祁道磊，2020）。研究也发现，生活应激源除了对大学生的抑郁产生直接的预测作用外，还能通过心理资本与应对方式的链式中介对抑郁产生间接的预测作用（程利娜，黄存良，郑林科，2019）。研究发现，青少年学生的心理资本与抑郁显著负相关，对抑郁有显著的负向预测作用（周亚平，2013），说明丰富的积极心理资本可以降低青少年学生的抑郁水平。有研究指出，父母的心理控制（张佳赢，2022）、生活事件（汤立晔，2022）会增加青少年学生患抑郁的风险，但良好的心理资本水平对青少年学生的抑郁则起到缓冲作用。研究也发现，童年期创伤和高压力知觉容易增加青少年罹患抑郁症的风险，但高心理资本水平可以降低抑郁易感性（孙琦，闫静怡，姚晶，等，2022；张鼎，2020）。在职业院校学生群体中，良好的心理资本水平对抑郁也有较好的抑制作用（梁秀清，2019；黄丽辉，2022）。因此，降低学生在学习、生活中的风险因素，培养积极的心理资本，对有效维护学生的身心健康有重要作用（李茜，张国华，2022）。

### （三）心理资本与个体个性特点的相关研究

#### 1. 心理资本与人格的相关研究

人格是指个体比较稳定的、具有一定倾向性的各种心理特点或心理品质的独特组合，具有整体性、稳定性和独特性等特点（史灵，刘金兰，2013），并且能影响个体的认知和行为（熊正德，张艳艳，姚柱，2017）。研究发现，主动性人格对心理资本有显著的正向预测作用（石变梅，陈劲，2015），并且主动性人格可以通过心理资本间接影响生涯适应力，说明具有主动性人格学生要想提高生涯适应力，就必须培养或构建积极的心理资本（谈晓，2018）。谦虚人格特质、心理资本分别对青少年的亲社会倾向有显著的正向预测作用，心理资本在青少年谦虚人格特质与亲社会倾向之间起部分中介作用（谢威士，2017），说明青少年的谦虚人格特质不仅可以直接影响亲社会倾向，还可以通过心理资本的中介作用间接影响亲社会倾向。研究也发现，大学生的心理资本对体育锻炼与人格发展有重要作用，心理资本主要通过体育锻炼的中介作用间接影响大学生的人格（杨剑，崔红霞，陈福亮，2013），说明体育锻炼也是塑造学生良好人格特质的重要方式。研究还发现，心理资本和轻躁狂人格在大学生儿童期创伤经历和睡眠质量关系中起部分中介作用（季菲，亓伟业，李少杰，等，2019）。另外，大学教师的人格可以影响其心理健康与心理资本（刘建平，何志芳，2013），说明关注大学教师的心理健康问题，必须同时关注他们的人格与心理资本问题。

#### 2. 心理资本与感恩的相关研究

感恩作为一种积极的人格特质，是人类最重要的美德之一。感恩的个体一般倾向采用积极的归因方式，以使自己免遭伤害（陈姣，2014）。拥有感恩人格特质的个体，一方面，他们较少经历焦虑、抑郁、敌意和愤怒等心理问题（Wood，Joseph，Maltby，2008）；另一方面，他们能够体验到较多的积极情绪和较高的主观幸福感，并对未来充满希望（Watkins，

Woodward，Stone，et al.，2003）。感恩的拓展建构理论认为，感恩可以扩大个体的认知范围并增强认知的灵活性；成就动机理论也指出，感恩可激发个体的成就动机，从而通过不懈努力以实现奋斗目标（Berlanga，Guàrdia，Figuera，2017）。可以看出，感恩行为对个体自身的成长和发展有重要作用。在青少年学生成长与发展的过程中，心理资本和感恩都是其重要且积极的心理资本，高感恩水平的个体往往拥有丰富的社会支持性资源和积极的心理资本，而丰富的社会支持性资源和积极的心理资本会促使个体坚持不懈、努力完善自我从而实现自己的奋斗目标（陈秀珠，李怀玉，陈俊，等，2019）。研究发现，大学生的心理资本与感恩显著正相关，对感恩有显著的正向预测作用，说明大学生的心理资本水平越高，其感恩水平也就越高（崔丹丹，2016）。对贫困大学生群体进行研究后发现，贫困大学生的心理资本与感恩显著正相关，对感恩有显著正向预测作用，感恩在心理资本与亲社会行为之间起中介作用（傅俏俏，2018），说明培养与提升大学生的心理资本对提高其感恩和亲社会行为水平有重要作用。在中学生群体中，心理资本不仅与中学生的感恩有密切关系，并且心理资本和感恩对提高其学业成就（陈秀珠，李怀玉，陈俊，等，2019）、主观幸福感（曾昱，夏凌翔，2013）均有重要作用。

3. 心理资本与成就动机的相关研究

成就动机是个体追求成功的一种内部动力，包括追求成功和避免失败2个部分（孙小傅，况小雪，2020）。成就动机能帮助个体获得自信、克服困难、实现目标，是影响个体成长与发展的重要因素，并且与个体的心理资本关系密切（马珺，2013）。研究发现，心理资本与成就动机中的追求成功显著正相关，与避免失败显著负相关，心理资本对成就动机有显著的预测作用，说明心理资本能帮助个体提高追求成功和避免失败的动机（邹媛园，魏书堂，2016）。研究也发现，成就动机在心理资本与压力知觉中起部分中介作用，说明心理资本不仅可以直接影响压力知觉，也可以通过成就动机间接影响压力知觉（杨秀，2017）。对硕士研究生群体进行研究后发现，硕士研究生的追求成功在心理资本对就业期望的影响中有显著的部分中介作用，说明积极的心理状态可以有效提高硕士研究生追求成功的动机，进而提高就业期望（陈荣荣，2017）。在青少年群体中，心理资本水平较高的青少年的成就动机和主观幸福感水平也较高，心理资本对青少年成就动机和主观幸福感有显著的正向预测作用，说明可以通过培养青少年的心理资本来提高其成就动机和主观幸福感水平（熊猛，张艳红，叶一舵，等，2017）。另外，对职业院校的学生进行研究后发现，心理资本对职业院校学生的成就动机和就业能力有显著的正向预测作用，成就动机在心理资本和就业能力之间有显著的中介作用，说明心理资本能提高职业院校学生的成就动机，进而增强其就业能力（邓小莉，2020）。

### 4. 心理资本和自杀意念的相关研究

心理资本作为个体的一种积极心理资本，对帮助个体应对压力和抑制自杀意念有重要作用（赵玉，2019；宋英杰，2020）。研究发现，大学生自杀意念的发生率为 6.47%。影响大学生自杀意念的危险因素为学业压力、人际压力、就业压力、经济压力、个人发展压力，并且积极心理资本在心理压力对大学生自杀意念的预测中起调节作用（赵玉，2019）。研究也发现，贫困大学生自杀意念显著高于非贫困大学生。心理资本在父母情感温暖和自杀意念之间起完全中介作用，心理资本在父母拒绝否认、过度保护干涉、严厉惩罚和自杀意念间起部分中介作用，说明贫困大学生的父母教养方式、心理资本是影响自杀意念的重要因素。因此，应该改善贫困大学生消极的父母教养方式，提高心理资本水平，从而降低大学生的自杀意念（宋英杰，2020）。在青少年群体中，父母忽视（余思，2020）、亲子分离（徐明津，万鹏宇，杨新国，2016）和累积生态风险（王金涛，2018）等因素会严重影响青少年的身心健康，从而引发青少年的自杀意念。有研究指出，通过体育活动（高元元，任圣玥，2019）、正念干预（王秦飞，2020）等方式可以提高个体的积极心理资本水平，从而降低自杀意念。

## （四）心理资本与个体心理健康的相关研究

### 1. 心理资本与主观幸福感的相关研究

心理资本作为个体的一种积极心理资本，是积极心理学研究的重要内容。心理资本不仅可以帮助个体缓冲不利处境对自己造成的伤害，而且还能对个体的主观幸福感起保护作用（杨新国，徐明津，陆佩岩，等，2014）。
有研究指出，心理资本对个体当前和今后的主观幸福感都会产生影响
（Avey，Luthans，Smith，et al.，2010），主要表现为心理资本对个体的主观
幸福感有显著的正向预测作用（Culbertson，Fullagar，Mills，2010），并且
高水平的心理资本不仅可以缓冲不利处境对个体主观幸福感所产生的消极
影响（杨新国，徐明津，陆佩岩，等，2014），而且对有效提高个体的生命
意义感也有重要作用（刘轩，瞿晓理，2017）。对学生群体进行大量的研究
后发现，学生的心理资本与主观幸福感显著正相关，对主观幸福感有显著
的正向预测作用（杨茹，黄爱玲，孙绪光，2020；花军，张东，2021；张
鲜华，周佳佳，冯雪，2022；朱龙凤，张凌艳，2022；张四龙，李建奇，
刘益颖，2022）。研究也发现，大学生的主观幸福感会随着学习压力的增加
而减少，心理抑郁和心理焦虑会随着学习压力的增加而增加，而心理资本
对学习压力起调节作用（孟林，杨慧，2012）。这进一步揭示了心理资本对
主观幸福感的作用机制，也为提高大学生的心理资本和主观幸福感提供了
研究依据。

2. 心理资本与心理健康的相关研究

心理资本不仅会影响个体对事物的态度和应对不利处境的方式（宋之
杰，田知博，2013），也会影响个体的心理健康水平（臧爽，刘富强，李妍，
2015）。资源保存理论认为，个体可以通过获得和维持积极且有价值的资源
来帮助自己应对不利处境，心理资本作为个体积极且有价值的资源，在个
体面对不利处境时有重要作用，并且良好的心理资本会帮助个体更好地应
对不利处境，以保障自身身心健康（程利娜，黄存良，郑林科，2019）。研
究发现，心理资本可以直接影响个体的职业倦怠，也可以通过心理健康的
中介作用间接影响个体的职业倦怠（蔡笑伦，叶龙，博，2016），这说明心
理资本与个体的心理健康有密切关系。研究也发现，心理资本能显著正向
预测青少年学生的生活满意度，显著负向预测青少年学生的焦虑/抑郁，并
且心理资本能调节家庭累积风险因素与青少年学生焦虑/抑郁的关系，表现
为心理资本可以缓冲家庭累积风险对青少年学生焦虑/抑郁的不利影响（熊
俊梅，海曼，黄飞，等，2008），说明改善家庭环境和培养心理资本是提升

青少年学生心理健康的重要途径。

### （五）心理资本与个体社会行为的相关研究

心理资本与个体社会行为的相关研究主要表现为心理资本能对攻击与神经质等问题行为提供相应的预测和解释（徐超凡，2016），并且心理资本能有效缓解、抵消个体遭遇不利处境时的消极情绪（李璠，2017），从而有效维护身心健康和降低问题行为的产生。有关心理资本与攻击行为的研究发现，心理资本水平较高的个体，能够通过改变对不利处境的认识，以及采用适当的情绪表达策略来有效调节自身的行为，从而减少个体的攻击性（庄重，2017）。因此，要重视并促进青少年学生心理资本的形成，使青少年学生更好地应对不利处境并减少问题行为（关汝珊，赖雪芬，2019）。研究发现，心理资本与问题行为显著负相关，对问题行为有显著的负向预测作用（张阿敏，2013），并且心理资本在社会支持与问题行为之间起完全中介作用，说明社会支持主要通过心理资本的中介作用间接降低个体的问题行为（谢文澜，叶琳娜，2013）。因此，心理资本作为个体的积极心理资本和内在保护机制，能够帮助个体形成较高的自我效能感和心理韧性，提高个体应对压力与挫折的能力，使个体对未来充满希望，即使遭遇困境也能够使个体积极乐观应对，从而提高个体的心理承受能力，并有效减少个体在社会化过程中出现的适应不良、心理发展不平衡等问题。

## 二、心理资本与家庭特点的相关研究

### 1. 心理资本与家庭社会经济地位的相关研究

家庭社会经济地位主要通过家庭经济收入、父母文化程度和父母职业等 3 个方面的指标来反映个体所处的社会位置（武丽丽，张大均，程刚，等，2018）。较高的家庭社会经济地位能让子女在成长与发展的过程中拥有较多的发展性资源并获得较好的发展，从而培养子女自信、乐观等心理品质（周春燕，郭永玉，2013）；较低的家庭社会经济地位则无法给子女提供较多的发展性资源，让子女容易感受到较大的经济压力，容易产生自卑、焦虑等消极情绪（Conger，Donnellan，2007）。家庭压力理论模型指出，较低的家庭社会经济地位不仅让父母承受较大的经济压力，加剧家庭内部的矛盾与冲突，也容易让子女产生自卑、无助、失落等消极情绪，从而影响子女的适应能力（Masarik，Conger，2017）和身心健康发展（程刚，张文，肖兴学，等，2019）。研究发现，家庭社会经济地位、家庭支持、父母参与、父母关爱、心理资本等相互之间有密切关系，家庭支持、父母参与均在家庭社会经济地位与自我效能感之间起中介作用（楚啸原，理原，王兴超，等，2019；徐柱柱，郭丛斌，2020），说明家庭及父母是塑造个体自我效能感的重要影响因素。研究也发现，家庭社会经济地位不仅可以直接影响儿童的一般自我效能感，也可以通过父母关爱和应对方式 2 个中介变量间接影响儿童的一般自我效能感（袁言云，吴妙霞，王志航，等，2020）。此外，心理资本在家庭社会经济地位与职业探索之间起完全中介作用（陈宇然，徐程睿，郑允佳，2021），说明家庭社会经济地位主要通过心理资本的中介作用间接影响个体的职业探索，也说明心理资本对个体发展有重要作用。因此，积极引导青少年正确、客观地看待自己的家庭社会经济地位，持续营造尊重、理解和支持的社会氛围，可以在一定程度上降低不良家庭环境对青少年所造成的消极影响（殷华敏，牛小倩，董黛，等，2018），并且积极改善个体的家庭社会经济地位和培养个体的心理资本，可以增强个体应对不利处境的心理能力并有效维护个体的身心健康（欧阳智，范兴华，2018）。

2. 心理资本与家庭累积风险因素的相关研究

家庭累积风险因素的因子主要包括家庭结构风险（离异、重组、单亲、双亲丧失）、家庭资源不足风险（家庭社会经济地位较低、父母受教育程度低、家庭经济困难）和家庭氛围风险（家庭不和谐或家庭冲突较多、父母关心不足、父母情感温暖较少、父母教育方式不恰当）等几个方面（Buehler，Gerard，2013）。家庭中的风险因素（如父母离异、亲子分离、家庭经济条件较差、父母受教育程度低、家庭亲密度低、家庭冲突较多、家庭氛围不和谐等）会严重威胁青少年的身心健康成长（边玉芳，梁丽婵，张颖，2016），使青少年容易出现较多心理及行为问题（Buehler，Gerard，2013）。与经历单一或少数家庭风险的个体相比，同时经历多重风险因素的个体更有可能出现心理障碍（Doan，Fuller，Evans，2012）。累积风险模型指出，多种风险因素的累积容易让个体表现出更多的内化和外化问题行为。随着累积风险因素的增加，青少年出现心理及行为问题的可能性也就越大（葛海艳，刘爱书，2018）。研究发现，家庭累积风险因素能显著负向预测生活满意度、显著正向预测焦虑/抑郁，心理资本能显著正向预测生活满意度、显著负向预测焦虑/抑郁，心理资本调节了家庭累积风险与焦虑/抑郁的关系，表现为心理资本缓冲了家庭累积风险对青少年焦虑/抑郁的不利影响（熊俊梅，海曼，黄飞，等，2020）。对大学生群体进行研究后发现，心理资本在家庭累积风险和抑郁/焦虑、生活满意度之间起风险补偿和调节作用（李茜，张国华，2022）。对农村在校学生进行研究后发现，农村在校学生的家庭累积风险因素与心理资本显著负相关，对心理资本有显著的负向预测作用，心理资本在家庭累积风险因素和生命意义感之间起中介作用，说明家庭累积风险因素不仅可以直接降低农村在校学生的生命意义感，还可以通过心理资本的中介作用间接降低农村在校学生的生命意义感（马文燕，高朋，黄大炜，等，2022）。

### 3. 心理资本与家庭亲密度的相关研究

家庭亲密度是指个体与家庭成员之间的情感联结程度，是一个反映家庭氛围及家庭成员之间亲近关系的综合指标（刘世宏，李丹，刘晓洁，等，2014）。良好的家庭亲密度可以营造温馨、和谐的家庭氛围，使个体较少出现消极情绪，从而有助于个体构建积极的心理资本，并对未来充满希望与信心；不良的家庭亲密度伴随着家庭成员之间的情感联系较少，往往表现出紧张、冲突甚至是暴力等特点，导致个体的消极情绪较多，在应对不利处境时会采取极端方式（刘慧，2012；任泽鑫，2019；余欣欣，谢唯，李山，2020）。研究发现，家庭亲密度与希望、亲社会倾向显著正相关，说明高家庭亲密度的学生容易表现出高希望水平和高亲社会倾向（刘慧，2012）。研究也发现，大学生的家庭亲密度可以显著正向预测职业决策自我效能感，心理资本在大学生的家庭亲密度与职业决策自我效能感之间起部分中介作用（李秒，2018）。而另外的研究则发现，大学生心理资本在家庭亲密度与职业决策自我效能感之间起完全中介作用，说明大学生的家庭亲密度主要通过心理资本的中介作用间接影响职业决策自我效能感（詹启生，李秒，

2019）。对初中流动儿童进行研究后发现，家庭亲密度、适应性、心理资本与社会文化适应均显著正相关，心理资本在家庭亲密度、适应性与社会文化适应之间起完全中介作用（杨明，2018）。对特殊儿童的家长进行研究后发现，家庭亲密度与适应性通过积极应对方式和心理弹性的中介作用间接影响主观幸福感，并且积极应对方式主要通过对心理弹性产生积极影响，从而间接影响主观幸福感（高瑞莹，2019）。对中学生群体进行研究后发现，家庭亲密度通过心理弹性影响自伤行为，心理弹性在家庭亲密度和自伤行为之间起中介作用（林丽华，曾芳华，江琴，等，2020）。对高职院校的学生进行研究后发现，高职院校学生的家庭亲密度不仅可以通过主动性人格和心理资本的独立中介作用影响生涯适应力，还可以通过主动性人格和心理资本的链式中介作用间接影响生涯适应力（陈莹，2022）。

### 4. 心理资本与父母教养方式的相关研究

家庭作为子女生活与成长的第一环境，父母作为子女的第一任教师，良好的父母教养方式对促进子女的健康成长和未来发展尤为重要。对于青少年而言，父母积极的教养方式不仅可以提高学习投入，还可以通过心理资本的中介作用间接提高学业投入（胡聪，2017），进而提高学业成就（洪豆，2015）。研究发现，父亲情感温暖、母亲情感温暖、积极应对方式及幸福感指数与大学生心理资本显著正相关，对心理资本有显著的正向预测作用，积极应对方式、幸福感指数分别在母亲情感温暖与大学生心理资本之间起部分中介作用（李艳，何畏，张贤，等，2014）。父亲情感温暖理解教养方式对高中学生的学业成绩有显著的正向预测作用，母亲过分干涉、过分保护，母亲拒绝否认，母亲惩罚严厉等教养方式对学业成绩有显著的负向预测作用，心理资本在母亲惩罚严厉和学业成绩之间起完全中介作用（郭磊，2017）。对大学生群体进行研究后发现，积极的父母教养方式不仅可以直接提高大学生的心理健康水平，还可以通过增加积极心理资本间接提高大学生的心理健康水平（陈抒墨，2015；黄紫薇，李雅超，常扩，等，2020）。在贫困学生群体中，父母教养方式与子女的心理资本也有密切关系。对贫困大学生群体进行研究后发现，父母情感温暖理解的教养方式与心理资本显著正相关，而父母拒绝否认、过度保护干涉、严厉惩罚的教养方式与心理资本显著负相关，并且心理资本在父母情感温暖和自杀意念之间起到完全中介作用（宋英杰，2020），说明在贫困大学生群体中，父母情感温暖可以有效提升贫困大学生的心理资本水平，从而降低其自杀意念。对贫困中学生群体进行研究后发现，贫困中学生的心理资本、家庭教养方式及心理健康两两之间均显著相关，心理资本在家庭教养方式和心理健康之间起部分中介作用（焦国芳，2021），说明贫困中学生的家庭教养方式可以直接影响其心理健康，也可以通过心理资本的中介作用间接影响心理健康。

5. 心理资本与亲子关系的相关研究

良好的亲子关系可以提高个体的自尊心、自信心、效能感、社会适应和维护身心健康（王美萍，2010；李文倩，2017；张肖婧，2018）。以往研究者主要采用父母教养方式、亲子冲突、亲子依恋、亲子沟通以及亲子亲合等变量来衡量子女与父母或抚养者之间的关系。研究发现，青少年的友谊质量在亲子关系与心理资本之间起部分中介作用（陈秀珠，赖伟平，麻海芳，等，2017），说明良好的亲子关系不仅可以增加青少年的积极心理资本，也可以通过提高友谊质量间接增加青少年的积极心理资本。高中学生的心理资本、亲子关系、学校联结与学业成就两两显著正相关，心理资本在亲子关系与学业成就之间起显著的中介作用（曹琴，2019）。对初中生进行研究发现，亲子依恋、情绪调节策略、心理资本与校园霸凌之间均两两显著相关，亲子依恋、情绪调节策略对心理资本有显著的正向预测作用，情绪调节策略、心理资本分别在初中生亲子依恋与校园霸凌之间起部分中介作用，且两者在初中生亲子依恋与校园霸凌之间起链式中介作用（劳小琳，2020）。因此，良好的亲子关系与心理资本对个体的健康成长有重要作用。有研究者指出，采用交谈、倾听、亲子活动等方式创造温馨、和谐、支持、平等的良好家庭氛围，可以培养个体的积极心理资本并有效维护个体的身心健康发展（李京美，2019）。

### 三、心理资本与学校特点的相关研究

1. 心理资本与学校适应的相关研究

学校适应良好的学生在学习和生活中能够与教师、同学、朋友等建立

良好的人际关系，能够积极投入到学习之中并获得良好的学业成就和促进自身发展（张效芳，杜秀芳，2014）。反之，学校适应不良会给学生的学业、生活和人际关系造成消极影响，不利于学生提高学业成就和促进自身发展（谭千保，彭阳，钟毅平，2013；马欢，2017）。研究发现，心理资本与学校适应的人际关系适应、学习适应、学校适应、择业适应、情绪适应、自我适应和满意度均显著正相关（李芬，2020），心理资本中的自我效能、乐观和希望对大学生的学校适应有显著的正向预测作用（陈礼灶，2015），说明良好的心理资本水平可以提高大学生的学校适应能力。研究也发现，高职护理生的压力性生活事件与学校适应、心理资本显著负相关。压力性生活事件不仅会直接增加高职护理生学校适应不良的风险，还通过消耗高职护理生的积极心理资本间接降低高职护理生的学校适应（赵媛媛，2015）。对贫困大学生群体进行研究后发现，贫困大学生的心理资本和学校适应显著正相关，对学校适应有显著的正向预测作用，自我和谐在贫困大学生的心理资本与学校适应之间起部分中介作用（徐珊珊，2021），说明培养或构建贫困大学生的积极心理资本不仅可以提升其学校适应能力，还可以通过促进贫困大学生的自我和谐，从而提升学校适应能力。此外，大学生的心理资本在亲子依恋与学校适应中也存在中介作用（张杨，2021），这也进一步说明心理资本和学校适应的关系。有研究者指出，尊重、理解、关心、信任、支持等父母教养方式可以给子女提供安全、舒适、和谐的家庭氛围，这不仅有助于子女提高自信、乐观、希望等积极心理品质，而且也有助于子女在学校中积极表现、与他人建立良好人际关系，从而提高学校适应能力（张效芳，杜秀芳，2014）。

2. 心理资本与学校联结的相关研究

学校联结作为影响学生学习、生活与发展的重要因素，是指个体与学校以及学校环境中的人建立起来的情感联系，反映了学生对学校的安全感、归属感和认同感，并且在学校中感到被关怀、认可和支持（向伟，肖汉仕，王玉龙，2019）。青少年在学校学习与生活的时间相对较多，他们对学校的安全感、归属感、认同感会影响青少年的身心健康和学业发展。良好的学校联结可以不断增强学生对学校的安全感、归属感和认同感，并建立良好

089

的人际关系，从而帮助学生提高社会适应能力（殷颢文，贾林祥，孙配贞，2019）和学业成就（叶苑秀，喻承甫，张卫，2017）。研究发现，青少年的学校联结对亲子关系与心理资本之间的间接效应起调节作用，高学校联结个体的友谊质量远高于低学校联结的个体，针对低学校联结的个体，亲子关系能显著促进其友谊质量（陈秀珠，赖伟平，麻海芳，等，2017）。研究也发现，高中生的学校联结整体水平较高，心理资本、亲子关系、学校联结与学业成就两两显著正相关，心理资本在学校联结与学业成就之间起中介作用（曹琴，2019）。

3. 心理资本与学业投入的相关研究

学业投入是指学生在学业活动中表现出对学业持续的、充满积极情绪情感的良好状态（杨秀木，申正付，刘晶晶，等，2018）。良好的学业投入能够使学生拥有较高的课堂专注度和参与度，从而获得较高的学业成就（王文博，2014）。研究发现，初中学生的学业投入水平较高，心理资本与学业投入显著正相关，学业情绪在心理资本和学习投入之间起中介作用（李丹阳，2016），研究也发现，心理资本分别在父亲支持与学业投入、母亲支持与学业投入之间起部分中介作用（王丹丹，2018），说明心理资本对提高学生的学业投入程度有重要作用。对高中学生群体进行研究后发现，高中学生的心理资本、学习投入和心理健康对学业成就均有显著的正向预测作用，说明心理资本、学习投入、心理健康可以显著提升学生的学业成就（杨虹，2017）。对大学生群体进行研究后发现，大学生的心理资本分别在家庭社会压力、人际压力与学习投入之间起中介作用，心理资本分别在家庭社会压力、人际压力、竞争压力与大学生学业投入之间起调节作用（胡银花，刘海明，2020）。研究也发现，全科医学生的心理资本、情绪调节自我效能感与学业投入均显著正相关，情绪调节自我效能感在心理资本和学业投入之间起部分中介作用（薛芳，赵静，2019）。对本科护理生进行研究后发现，本科护理生的职业使命感、心理资本与学业投入显著正相关，心理资本在职业使命感和学业投入之间起部分中介作用。因此，加强本科护理生职业使命感教育，有助于培养其积极心理资本水平，从而提高本科护理生的学业投入（薛芳，赵静，段缓，2020）。

4. 心理资本与学业情绪的相关研究

学业情绪是指学生在教学或学习过程中所产生的与学业相关的情绪体验，如在学习过程中产生的放松、愉快、焦虑、厌烦等积极或消极情绪体验（Pekrun，Thomas，Wolfram，2002）。学业情绪不仅是指学生在获得学业成功或失败后产生的各种情绪体验，也包括学生在课堂上、日常作业、考试等过程中所产生的情绪体验（俞国良，董妍，2005）。研究发现，初中生的学业情绪以积极情绪为主，心理资本与积极学业情绪显著正相关，与消极学业情绪显著负相关，学业情绪在心理资本和学习投入之间起中介作用（李丹阳，2006），说明积极的心理资本不仅可以提高初中生的学业投入，还可以通过增加初中生的积极学业情绪间接提高学业投入。高中生的心理资本分别在教师情感支持与积极高唤醒学业情绪、积极低唤醒学业情绪之间起部分中介作用，在教师学习支持和能力支持对积极高唤醒学业情绪以及积极低唤醒学业情绪的关系中起完全中介作用，心理资本在教师学习支持与消极低唤醒学业情绪的关系中起部分中介作用，在教师能力支持、情感支持、整体支持与消极低唤醒学业情绪的关系中起完全中介作用（段偲艺，2020），说明教师支持、心理资本对学生积极学业情绪的唤醒和消极学业情绪的抑制有重要作用。研究还发现，中学生的英语学业情绪整体状况较好，心理资本与积极英语学业情绪、英语学业成绩显著正相关，心理资本和英语学业情绪对英语学业成绩均有显著的正向预测作用，英语学业情绪在心理资本和英语学业成绩之间起部分中介作用（李道元，2019）。研究还发现，高职生所体验到的积极学业情绪远超消极的学业情绪，心理资本与学业情绪显著正相关，对学业情绪有预测作用（陈文娟，2017）。

5. 心理资本与专业认同的相关研究

专业认同是指个体对其所学专业的认可程度（杨宏，龙喆，2009）。个体对自己的专业认同度越高，就越容易产生积极主动的学习行为和情绪体验，并获得较高的学业成就（陈坤，2018）。研究发现，大学生专业认同总体处于良好水平，心理资本、专业认同、学业倦怠两两显著相关，心理资本不仅可以直接预测学业倦怠，还可以通过专业认同的中介作用间接预测学业倦怠（陈俣睿，2016）。高职院校护理专业学生的专业认同度与心理资本显著正相关、与学习倦怠显著负相关，心理资本在专业认同度与学习倦怠之间起部分中介作用，说明专业认同高的学生不仅对护理专业有正确的认知和深厚的情感，在学习过程中积极主动，较少出现学习倦怠，并且在学习过程中培养自己积极的心理资本，从而对专业发展满怀期待、充满信心，较少体验到学习倦怠（蒋继国，田凤娟，2018）。研究也发现，五年制高职护理生的心理资本、专业认同处于中等水平，心理资本会影响护理生专业认同和满意度，因此，学校要注重提高学生的心理资本水平，进而提高学生的专业认同度（龚丽俐，季诚，2019）。研究还发现，高职生的心理资本、专业认同均处于中等水平，有班干部经历的高职生在心理资本、专业认同得分上均显著高于无班干部经历的高职生（常伟苹，杨廷树，2019），说明班干部的任职经历可以增加高职生对专业的认同感。

6. 心理资本与学习动机的相关研究

学习动机是指激发与维持个体的学习活动，并使个体的学习活动朝向一定学习目标的一种内部心理状态（夏柳，王佳馨，陶云，2020）。较高的学习动机能够促使个体保持良好的学习态度并获得较好的学习成绩；反之，较低的学习动机不利于培养个体的学习兴趣、端正学习态度并提高学习成绩。以往研究发现，学习动机与个体的学业成就密切相关，高水平的学习动机能够促使个体积极主动投入学习并获得较好的学业成就（曹文飞，张乾元，2013；朱巨荣，2014）。研究发现，大学生的心理资本与学习动机显著正相关，学习动机、心理资本与学业倦怠显著负相关，心理资本在学习动机和学业倦怠之间起完全中介作用（任莹，2015）。研究也发现，高职学生的心理资本在学习动机和学业倦怠之间起部分中介作用（庞娟，2016），说明良好的学习动机能提高学生的心理资本水平，使学生对未来充满期待，从而降低学业倦怠水平。高中生整体上没有出现明显的学习动机方面的困扰，并且心理资本在情绪智力与学习动机之间起中介作用（杨小江，2017）。对初中学生群体进行研究后发现，初中学生的心理资本与学习动机显著正相关，心理资本在领悟社会支持与学习动机之间起中介作用（郑万鹏，2022），说明初中学生的领悟社会支持不仅可以直接影响学习动机，还可以通过心理资本的中介作用间接影响学习动机。研究还发现，师范类本科生存在学习倦怠现象，学习倦怠与学习动机、心理资本均显著负相关，学习动机与心理资本显著正相关，心理资本在学习动机与学习倦怠之间起完全中介作用（夏柳，王佳馨，陶云，2020）。

### 7. 心理资本与学业拖延的相关研究

学业拖延是指学生在学习活动或学习情境中，将学业任务延后、推迟完成的行为倾向（高智敏，2016）。学业拖延行为不仅影响学生按时完成学习任务，而且也会给学生带来紧张感和焦虑感，从而使学生体验到消极情绪，不利于学生获得较高的学业成就（柳萌学，邱妮，周思维，等，2021；柳萌学，苗慧青，2021）。研究发现，大学生的心理资本与学习投入显著正相关，学习投入、心理资本与学习拖延显著负相关（李玉亭，刘洪琦，李媛媛，等，2012），家庭功能与心理资本显著正相关、与学业拖延显著负相关，心理资本在家庭功能与学业拖延之间起完全中介效应，说明家庭功能对学生学业拖延行为的影响主要是通过心理资本的间接作用来实现的（蒋怀滨，张斌，张晓婷，等，2015）。研究还发现，高职院校学生的学业拖延水平显著高于高中生，学业倦怠显著低于高中生，学业倦怠、学习动机在心理资本和学业拖延之间起部分中介作用，并且团体心理辅导干预能显著提升高职院校学生的心理资本和降低学业拖延水平（高智敏，2016）。此外，大学新生的心理资本整体状况良好，但存在一定程度的拖延行为，并且大学新生心理资本的自我效能、希望和韧性会影响拖延行为（徐涛，毛志雄，2016）。因此，培养学生的积极心理资本有助于改善学生的拖延行为，从而有利于学生的良好发展。

### 8. 心理资本与学习压力的相关研究

学业压力是指个体在面对学业要求时所产生的紧张、焦虑等消极状态，主要受到外部环境因素和个体内部期望的影响（程静，2018）。当个体感受到外部环境因素的要求且个体自身怀有期望，就会体验到学业压力。适当的学业压力能够维持个体的紧张状态，促使个体努力学习以获得成功，而过高的学业压力会让个体的身心承受较大的负担，从而影响身心健康状况（宋之杰，张婕，2012；李唯博，陈倩，叶小舟，2017）。研究发现，中学

093

生的学业压力整体处于中等水平，学业压力与主观幸福感、心理资本显著
负相关，心理资本在学业压力与主观幸福感之间起部分中介作用，说明学
业压力不仅可以直接影响主观幸福感，还可以通过心理资本的中介作用间
接影响主观幸福感（钟茜莎，2016）。大学生的职业延迟满足、心理资本和
学业压力处于较高水平，职业延迟满足与心理资本显著正相关、与学业压
力显著负相关，学业压力与心理资本显著负相关，心理资本在学业压力和
职业延迟满足之间起部分中介作用（翟云飞，2017）。研究也发现，中学生
的心理资本在学业压力与生活满意度之间的调节作用不显著，但是在学业
压力与抑郁之间的调节作用显著，可以看出，心理资本在学业压力与抑郁
之间起到有效的风险缓冲作用。因此，可以通过对心理资本进行干预，达
到调节学业压力对抑郁影响的目的（程静，2018）。研究还发现，影响大学
生自杀意念的危险因素有学业压力、人际压力、就业压力、经济压力和个
人发展压力等，心理资本在心理压力对自杀意念的预测中起调节作用，说
明心理资本较高的大学生有良好的心理状态，这种良好的心理状态可以降
低压力性生活事件对学生带来的不良后果并降低其自杀意念（赵玉，2019）。

### 9. 心理资本与同伴关系的相关研究

同伴关系是指年龄相同或相近或心理发展水平相当的个体在交往过程
中形成的一种平等、平行的人际关系（蔡懿慧，庄冬文，崔丽莹，2016）。
良好的同伴关系条件下，学生拥有较多的社会支持性资源，当遭遇学习与
生活上的困难或挫折时，同伴不仅能提供必要的情感支持以缓冲负面情绪
（Healy，Sanders，2018），而且还能帮助学生适应校园生活和提高学业成就
（沙晶莹，张向葵，2020）。同伴接纳和同伴拒绝是同伴关系的重要组成部
分。同伴拒绝是指群体对个体不喜欢的程度，同伴接纳是指群体对个体的
喜欢程度。同伴拒绝不利于个体的积极发展，而同伴接纳有利于个体建构
积极的评价方式，从而维护个体发展（Rubin，Bukowski，2006）。已有研
究表明，同伴接纳可以提升个体的主观幸福感，而同伴拒绝会对个体的情
绪和行为产生消极影响，甚至产生严重的心理及行为问题（陈少华，周宗
奎，2007）。研究发现，初中生的同伴关系较好，在应对不利处境时可以调
用自身积极的心理资本和寻求同伴的帮助，以使自己免遭不利处境带来的

伤害（姚康，2019）。高中生的同伴关系总体状况较好，心理资本在同伴关系和自尊之间起部分中介作用（张晓雪，2019）。说明良好的同伴关系不仅有助于提升学生的自尊水平，还有助于培养学生积极的心理资本，从而间接提升自尊水平。研究也发现，大学生的心理资本和同伴支持对就业能力有显著的正向预测作用，同伴支持在心理资本与就业能力之间起部分中介作用，对心理资本与就业能力的关系有调节作用，在心理资本水平相似时，更多的同伴支持可以更有效地提高就业能力（刘林林，叶宝娟，方小婷，等，2017）。对青少年群体的研究发现，青少年的同伴依恋、心理资本在家庭教养方式和焦虑之间起链式中介作用，说明家庭教养方式不仅可以通过同伴依恋和心理资本的简单中介效应影响焦虑，也可以通过同伴依恋和心理资本的链式中介间接影响焦虑（俞晨，2019）。

10. 心理资本与师生关系的相关研究

师生关系是指教师和学生在共同的教育教学过程中形成的一种特殊的人际关系（王默，董洋，2017）。它作为教育教学过程中的核心问题，能直接影响学生的社会交往、社会适应和学业成就（李佳丽，胡咏梅，2017）。良好的师生关系条件下，教师在教育教学过程中会积极引导、鼓励和支持学生参与课堂教育教学活动，在生活中会给学生提供较多的情感支持以帮助学生学会应对困难或挫折（周文叶，边国霞，文艺，2020），而学生对学校生活则抱有主动、积极的态度，愿意融入学校并享受学校生活，对学校有较好的认同感、安全感和归属感，这对提高学生的应对能力和学业成就都有重要作用（王默，董洋，2017；马欢，2017）。研究发现，小学生的师生关系不仅对自我效能感和自主学习策略有直接影响，而且还可以通过自我效能感对自主学习策略产生间接影响。因此，应建立积极、和谐的师生关系，提高学生的自我效能感，从而促进学生自主学习（单志艳，2012）。初中生师生关系与心理弹性水平整体状态良好，初中生心理弹性和师生关系在父母教养方式对学习倦怠的影响中分别起部分中介作用（王一迪，2018）。初中生的师生关系、学业自我效能感和学习动机显著正相关，师生关系、学业自我效能感可以显著正向预测学习动机，学业自我效能感在师生关系和学习动机之间起部分中介作用（齐飞，2015）。研究还发现，留守高中生师生关系、心理资本与积极情绪适应三者之间显著正相关，心理资本在留守高中生师生关系与情绪适应之间起部分中介作用，说明留守高中生的情绪适应能力与师生关系、心理资本有密切关系（彭溪，2015）。

11. 心理资本与学业倦怠的相关研究

学习倦怠是指学生的能力不足以满足学习任务的需求时所产生的在情感、态度和行为上出现的消极状态（陈家胜，2016），学业倦怠对学生的学业水平、未来发展及身心健康都有消极影响。研究发现，心理资本和学业倦怠显著负相关，对学业倦怠有显著的负向预测作用（安蓉，仉朝晖，2016），说明心理资本能够降低个体的学业倦怠。研究也发现，学校气氛不仅可以直接显著负向预测学业倦怠，还可以通过心理资本的中介作用间接显著负向预测学业倦怠，说明学校气氛会通过心理资本的桥梁作用间接影响个体的学业倦怠水平（梅洋，徐明津，杨新国，2015）。除此之外，个体的学业倦怠也与个体的自我效能感密切相关，当个体自信心较低时，可能会引发较多的消极情绪，进而导致个体表现出学业倦怠（徐欣颖，2010）。同时，当个体遭遇挫折或陷入困境时，如果个体的心理弹性较强，那么较强的心理弹性会缓冲压力或挫折对自己造成的消极影响，从而降低倦怠水平（王锋，李永鑫，2004）。另外，还有研究发现，提高个体的心理资本水平不仅可以直接降低学业倦怠水平，还可以通过间接提高个体的积极情绪水平，从而降低学业倦怠（宋洪峰，段樱珊，2014）。对大学生群体进行研究后发现，大学生的心理资本与学业倦怠显著负相关，对学业倦怠具有较好的负向预测作用（高军，朱书卉，睢国荣，等，2017）。大学生的学习动机不仅直接影响学业倦怠，还通过心理资本的作用间接影响学业倦怠（任莹，2015）。对医专护士生进行研究后发现，医专护士生的父母教养方式既直接影响学习倦怠，也通过心理资本的中介作用间接影响学习倦怠（宋瑞君，姚爱花，徐世林，等，2016）。因此，提高学习动机和心理资本水平，可以有效降低学生的学业倦怠水平。

12. 心理资本与学业成就的相关研究

学业成就是学生学习状况的集中体现，也是反映学校教育教学质量和学生发展水平的重要指标（陈秀珠，李怀玉，陈俊，等，2019）。较高的学业成就能增强学生的自我效能感，培养学生乐观、自信、希望和韧性的积极品质和促进学生的身心健康发展，而较低的学业成就会使学生的发展受阻，并使学生容易陷入不利地位（叶宝娟，胡笑羽，杨强，等，2014）。因此，学生的学业成就一直受到学生自己、父母、学校及社会各界的高度关注与重视。研究发现，心理资本和学业成就显著正相关，对学业成就有显著的正向预测作用（张阔，付立菲，王敬欣，2011），可见心理资本水平较高的学生，其学业成绩也较好。个体的心理资本水平越高，其学习或生活目标一般比较明确，在面对困难或挫折时会更加自信和乐观（熊猛，张艳红，叶一舵，等，2017），并且对成功有更多的期待，更倾向将学习成败进行积极归因，面对学习中的困难能采取积极的应对策略（郑晓莹，彭泗清，彭璐珞，2015）。在学习中，心理资本水平较高的个体，往往拥有坚定的理想和信念，自我监控能力和自信心也比较强（王振宏，1999），在学习中面临困难时能愈挫愈勇，坚持努力学习，尽快调整状态并更好地投入到学习中，因此学业成就也就更高（葛广昱，余嘉元，安敏，2010）。研究也发现，心理资本、成就目标定向均对学业成就有显著的正向预测作用，并且心理资本会影响成就目标定向，进而影响学业成就（王雁飞，李云健，黄悦新，2011）。对留守初中学生群体进行研究后发现，学生所在学校氛围对学业成就的影响主要是通过心理资本的间接作用来实现的（冯志远，徐明津，黄霞妮，2015）。另外，学生的心理资本水平越高，对学习的投入倾向也就越高，其心理健康症状越少，学业成就也就越高（杨虹，2017），这进一步揭示了个体的心理资本与学业成就的密切关系。

## 四、心理资本与社会特点的相关研究

### 1. 心理资本与社会支持的相关研究

社会支持由实际社会支持和领悟社会支持组成。实际社会支持是指个体收到的来自他人提供的实际帮助行为，领悟社会支持是指个体对社会支持的感受和评价，是个体感受到被支持、被尊重、被理解的满意程度和情绪体验（张婷，张大均，2019）。当个体遭遇压力情境并获得实际社会支持时，个体是否觉察和体验到他人的帮助行为，以及如何去解读和诠释这种实际社会支持的作用，对其心理健康水平有更广泛、更重要的影响（连灵，2017）。研究发现，与其他类型的社会支持相比，家人和朋友的支持对提高个体主观幸福感的作用更明显（Sarriera，Bedin，Calza，et al.，2015）。同时，高领悟社会支持的个体能够感知到来自他人的社会支持性力量，从而产生积极的情绪体验和拥有较高的幸福感（张婷，张大均，2019）。以往研究发现，社会支持与亲社会倾向、亲社会行为有关，较多的社会支持意味着有相对较高的亲社会倾向和亲社会行为（周帆，2012；朱美侠，张文娟，蔡丹，2016）。当个体感觉到被排斥或有较低水平的社会支持时，利他行为表现较少（Twenge，Baumeister，DeWall，et al.，2007），说明社会支持会影响个体的利他行为。研究也发现，初中生领悟社会支持可以显著正向预测心理资本，初中生领悟社会支持对心理资本的影响完全通过自尊、心理一致感、认知重评的并式多重中介效应发挥作用（高晓彩，和青森，汪晓琪，等，2019）。在大学生群体中，大学生的社会支持与心理资本显著正相关，心理资本在社会支持与利他行为之间起显著的中介作用（邵洁，胡军生，2018），说明社会支持和心理资本可以促使个体有更多的利他行为表现。贫困高职生的社会支持、心理资本和人际关系是其心理健康水平的重要影响因素，社会支持不仅可以通过心理资本的作用间接影响贫困高职生的心理健康水平，还可以通过心理资本、人际关系的链式中介作用间接影响其心理健康水平（程建伟，郭凯迪，高磊，2021）。

2. 心理资本与生活事件的相关研究

生活事件是指让个体产生不安、焦虑、担忧等消极情绪体验的应激事件（林琳，刘俊岐，杨洋，等，2019）。青春期是个体人生发展的重要时期（陈子循，王晖，冯映雪，等，2020），也是培养个体积极心理品质和健全人格的关键时期（范兴华，范志宇，2020），身心发展不平衡、学业压力、环境适应、亲子分离、缺乏父母关心关爱等压力性事件都会使个体体验到压力与冲突，容易出现心理及行为问题。研究发现，生活事件能显著负向预测大学生的心理健康状况，心理资本在生活事件对大学生心理健康的影响中发挥中介作用（方必基，刘彩霞，叶一舵，等，2014）。对初中学生群体进行研究后发现，初中学生的心理资本在生活事件与抑郁之间起部分中介作用，心理资本的韧性维度在生活事件与抑郁之间起调节作用，并且心理资本的团体心理辅导能有效提升初中学生的心理资本水平，从而降低抑郁水平（汤立晔，2021）。研究也发现，留守初中生的生活事件、心理资本和主观幸福感两两显著相关，心理资本在生活事件与主观幸福感之间起调节作用，说明良好的心理资本可以缓解负性生活事件对留守中学生主观幸福感的消极影响（杨新国，徐明津，陆佩岩，等，2014）。对大学生进行持续半年共 3 次的追踪研究发现，大学生的抑郁情绪并不是随着时间呈自然线性变化，而是随着生活事件的变化而变化，生活事件能够在追踪过程中显著正向预测抑郁（王超，2018）。另外，青少年的生活事件不仅可以直接影响其社交焦虑，还可以通过消耗青少年的积极心理资本，从而提高青少年的社交焦虑。因此，学校与家庭应积极合作并形成联动机制，努力创建良好的学校环境和家庭环境（徐明津，杨新国，冯志远，等，2015），并且多关注有负性生活事件经历的青少年，积极开展心理健康教育，有效减少学生的负性生活事件与消极情绪，使学生获得更多的内在积极心理资本，从而维护学生健康成长（刘丽，2018）。

### 3. 心理资本与社会适应的相关研究

社会适应是指个体在成长与发展的过程中，根据社会环境的变化从认知、行为等方面进行调节以达到个体与环境的平衡状态（王梦园，2019）。良好的社会适应能够帮助个体更好地融入社会并促进自己的身心健康发展。对学生群体进行研究后发现，适度、持续的课外体育锻炼有利于提高学生的心理资本及社会适应能力，从而改善人际关系、提高效能感、调节负性情绪和维护身心健康（逯小龙，王坤，2019）。研究发现，城区流动儿童社会适应性表现出部分的适应良好和部分的适应不良，大部分城区流动儿童社会适应性处于中等以上水平，而人格、心理资本对社会适应性有直接影响（王磊，2017）。中学生情绪智力、社会适应、自尊和心理资本两两显著正相关，社会适应和自尊在情绪智力与心理资本之间起链式中介作用（王梦园，2019）。采用潜在剖面分析的方法对农村小学寄宿学生群体进行研究后发现，农村小学寄宿学生的心理资本可以分为"低心理资本型""中

099

心理资本型""高心理资本型"3 种类型，并且"高心理资本型"的寄宿学生不仅在情绪、行为、学业表现上显著优于"中心理资本型"和"低心理资本型"的寄宿学生，并且也表现出较好的社会适应能力（吴旻，孙丽萍，梁丽婵，等，2021）。有研究发现，青少年的体育活动水平、心理资本和社会适应三者之间两两显著相关，并且心理资本在体育活动和社会适应之间起完全中介作用，说明体育活动不仅可以有效提高青少年的社会适应能力，还可以通过提升青少年的心理资本水平，进而提高青少年的社会适应能力（张琪，刘政宇，张国礼，2019）。可以看出，丰富的积极心理资本能够提高个体的社会适应能力。

4. 心理资本与人际关系的相关研究

人际关系是指个体与他人之间通过一定接触，在心理或行为上相互作用的过程，并可以表达思想、交流信息和沟通情感（豆建，2014）。和谐的人际关系可以使个体收获友谊，满足物质和心理需求。已有研究表明，个体的人际关系受到人格特质、归因方式、应对方式等因素的影响。研究发现，大学生心理资本与人际关系显著正相关（唐维维，2016），对人际关系具有显著的正向预测作用，并且社会支持在心理资本和人际关系之间起到部分中介作用（豆建，2014；赵娟，2016）。研究也发现，宿舍人际关系与大学生心理资本显著正相关，其中宿舍互助亲密状况对大学生心理资本的影响十分显著（肖进，孙依娃，周慧昕，2013），说明良好的宿舍人际关系可以提高大学生的心理资本水平。贫困大学生心理资本、社会支持及人际关系 3 个变量之间两两显著正相关，心理资本对人际关系有显著的正向预测作用，社会支持在心理资本对人际关系的影响中发挥部分中介作用（贺张真，2016）。对特岗教师群体进行研究后发现，特岗教师人际关系整体比较和谐，大部分无人际交往问题，心理资本不仅直接影响人际关系，还通过面部表情识别的中介作用间接影响人际关系（侯瑞敏，2016）。对大学生群体进行研究后发现，心理资本与人际交往存在近似线性相关的关系（鹿丰玲，2017），并且心理资本在人际关系困扰和职业决策困难中存在部分中介效应（张培培，金晓琴，2017），说明人际关系困扰不仅可以直接增加学生的职业决策困难水平，还会消耗学生的积极心理资本，进而增加学生的职业决策困难水平。对高中学生群体进行研究后发现，高中学生的不良人际关系会显著降低其心理资本水平，领悟社会支持在高中学生的人际关系与心理资本之间起部分中介作用（唐辉一，罗超，王悠悠，2021），因此，培养学生良好的人际关系对其身心健康和未来发展作用较大。当学生面对压力或挫折时，良好的人际关系不仅可以帮助学生提供较好的社会支持性资源，还可以更好地维护学生的积极心理资本，从而提升学生应对压力或挫折的能力，以维护自己的身心健康。

# 第三章

## 农村留守学生心理资本研究综述

### 第一节 农村留守学生心理资本与个体特点研究综述

#### 一、农村留守学生心理资本与认知特点的相关研究

1. 农村留守学生心理资本与自尊的相关研究

自尊是心理健康的重要指标和应对压力或挫折的重要心理资本，以及对自我的积极评价和情感体验（陈艳，李纯，沐琳，等，2019）。自尊水平较高的个体，往往对自我的能力和价值有更积极的态度、看法和评价（蔡华俭，丰怡，岳曦彤，2011）。自尊的缓冲器假设认为，高自尊水平可以对压力或挫折带来的消极影响起到缓冲作用，以减少或避免压力对个体造成的严重伤害（杨丽珠，张丽华，2003），而低自尊水平则不利于缓冲压力或挫折带给个体的消极影响。留守青少年正处于自我发展的关键时期，自尊水平较高的留守青少年能够更有效地应对不利处境带来的消极影响，而自尊水平较低的留守青少年在遭遇不利处境时，容易出现焦虑、抑郁、无助、自我否定等（凌宇，游燏吉，张欣，2020）。研究发现，农村留守儿童在家庭社会经济地位、心理资本各维度与自尊上的得分均显著低于非留守儿童，家庭社会经济地位以及心理资本（自立顽强、明理感恩、宽容友善、自信进取）对留守儿童自尊均有显著的正向预测作用，并且自立顽强、乐观开朗、自信进取对家庭社会经济地位与自尊的正向预测关系均有调节作用（欧阳智，范兴华，2018），说明留守儿童的家庭社会经济地位和心理资本对自尊的发展有较大的影响。因此，要维持留守儿童较高的自尊水平，不仅要改善家庭社会经济状况，同时也要培养或发展留守儿童积极的心理资本。

研究也发现，农村留守中学的社会支持、自尊和心理韧性均处于中等偏上水平，社会支持、自尊和心理韧性显著正相关，自尊在社会支持与心理韧性之间起部分中介作用（马文燕，余洋，2016）。留守青少年的希望感与生活事件显著负相关、与自尊水平显著正相关，生活事件与自尊共同作用于留守青少年的希望感，说明高自尊可以有效缓冲生活事件对留守青少年希望感的负面影响（凌宇，游燨吉，张欣，2020）。

2. 农村留守学生心理资本与应对方式的相关研究

应对方式是指个体在应对压力或挫折时所采取的认知方式和行为手段（李平，2018），主要包括问题解决、寻找支持等积极应对，以及逃避、幻想、否认、退缩、压抑等消极应对（李昕蔚，2018）。积极应对能够帮助个体客观、正确、理性地看待不利处境并充满勇气、希望与信心，而消极应对则会让个体面对不利处境时悲观、失望，缺乏勇气与自信，容易产生消极情绪，从而危害个体的身心健康。在外来务工子女和留守学生的对比研究中发现，多数外来务工子女在面对不利处境时主要采用积极、理智的方式去解决问题，而多数留守学生则采用忍耐、退避的方式去解决问题，并且外来务工子女采用问题解决、求助、退避等应对方式得分显著高于留守学生（方佳燕，2011），说明留守学生在面临不利处境时较多采用消极的应对方式。研究发现，留守学生的积极心理资本与应对方式关系密切。

第一，在心理韧性方面。留守初中女生的心理韧性、问题解决、发泄和社会适应得分显著高于男生，幻想得分显著低于男生；应对方式中的问题解决、求助和退避与心理韧性、社会适应显著相关，应对方式在心理韧性与社会适应之间起中介作用（谢玲平，邹维兴，2015）。农村留守中学生的心理韧性与积极应对方式显著正相关，与孤独感显著负相关，积极应对在心理韧性与孤独感之间起部分中介作用，在人际信任和孤独感之间起部分中介作用（谷传华，2015）。留守初中生应对方式中的问题解决、求助和退避与自我效能感、心理韧性显著相关，心理韧性对问题解决、求助和退避有显著的正向预测作用，说明留守初中生的心理韧性水平越高，他们越倾向采用问题解决、求助和退避的方式去应对困难或挫折（谢玲平，邹维兴，2015）。

第二，在自我效能感方面。神经质人格特征、自责、退避等消极应对方式会威胁留守儿童心理健康，而问题解决、合理化等积极应对方式和自我效能感有助于维护留守儿童的心理健康（许华山，沐林林，谢杏利，2015）。民族地区留守初中生的自我效能感水平整体较低，自我效能感与积极应对方式显著正相关，即自我效能感越高，应对方式越积极（李昕蔚，2018）。研究发现，留守儿童的应对方式依次为解决问题、求助、幻想、退避、合理化、自责，而自我效能感与幻想、退避的应对方式显著负相关（储文革，赵宜生，刘翔宇，等，2012）。留守初中女生在问题解决、发泄和幻想上得分显著高于男生，成绩好的留守初中生在自我效能感、问题解决和退缩上表现最好；自我效能感与问题解决、求助、退避和发泄均显著正相关，即自我效能感越高，越会采用问题解决、求助、退避和发泄的方式应对不利处境（谢玲平，张翔，赵燕，2014）。

第三，在希望方面。在农村学生群体中，希望和应对方式显著相关，对希望有显著的预测作用，希望在家庭适应性与指向问题应对方式的关系中起部分中介作用，而在亲子沟通与指向问题应对方式的关系中则起完全中介作用（黄娟娟，2016），说明家庭适应性不仅可以直接作用于学生指向问题的应对方式，还可以通过希望的中介作用间接影响学生指向问题的应对方式，而亲子沟通则主要通过希望的中介作用间接影响学生指向问题的应对方式，这也说明家庭对学生希望及应对方式有重要影响。留守儿童的社会支持可以通过希望、积极应对与消极应对的中介作用间接影响生活满意度，高希望水平的留守儿童倾向把压力源看成是具有挑战性的事物，在高价值目标的吸引下，会采取积极的态度和行动应对压力或挫折；希望水平低的留守儿童在面临压力或挫折时往往会采用消极的应对策略（魏军锋，2015）。

### 3. 农村留守学生心理资本与生命意义感的相关研究

生命意义感是指个体感受、领会或理解自己的生命意义、生命目的或人生使命的程度（弗兰克尔，2010）。生命意义感不仅可以帮助个体形成良好的人际关系以维护身心健康和提升幸福感，还可以引发个体的积极应对方式、修复心理创伤并促进个体的心理成长（张荣伟，李丹，2018）。缺乏生命意义感的个体容易产生消极情绪，陷入焦虑、抑郁、自杀意念等不利处境，甚至会出现攻击、自杀、反社会等问题行为（张野，苑波，王凯，等，2021）；拥有较高生命意义感的个体往往具备较好的心理反弹能力，在应对不利处境时自我效能感较好、态度积极，较少体验到焦虑、抑郁等消极情绪（张薇薇，张玉柱，2021）。青少年正处在身心发展的关键时期，生命意义感是否确立会影响其人格完善、社会适应和身心健康（张潮，靳星星，陈泓逸，等，2021）。研究发现，留守儿童的生命意义感水平较低，家庭复原力在心理安全感和生命意义感之间起部分中介作用，家庭信念在人际安全感和生命意义感之间起部分中介作用（王素勤，2017）。留守高中生生命意义感总体水平较高，意义寻求水平显著高于意义体验，生命意义感、学校归属感、自我价值感两两显著正相关，学校归属感、自我价值感可以显著正向预测生命意义感，自我价值感在学校归属感与生命意义感之间有部分中介作用，说明增强留守高中生的学校归属感不仅可以直接有效提升其生命意义感，还可以通过提升自我价值感间接提升生命意义感（邓绍宏，2018）。民族地区高校有留守经历大学生的坚韧人格总分及韧性、控制维度和生命意义感总分均显著高于无留守经历大学生，坚韧人格总分及各维度与生命意义感均显著正相关，说明坚韧人格对生命意义感有重要影响（董泽松，祁慧，2014）。并且社会支持、乐观与生命意义感三者之间均显著正相关，乐观在社会支持和生命意义感之间起中介作用（余欣欣，邓丽梅，2019），这也进一步说明留守儿童的积极心理资本对其生命意义感有较好的促进作用。

### 4. 农村留守学生心理资本与自我价值感的相关研究

自我价值感是指个体对自己的能力与价值的态度、看法和评价，认为自己的能力与价值受到社会重视，在团体中享有一定地位，并有良好的社会评价时所产生的积极情感体验（黄希庭，余华，2002）。自我价值感较高的个体容易表现出自信、自尊和自强等心理特点；反之，则容易产生自卑感、自暴自弃等心理特点（李艳芬，2013）。研究发现，有留守经历的大学生的心理资本、自我价值感和主观幸福感两两显著正相关，自我价值感能调节心理资本与主观幸福感之间的关系，高自我价值感的学生，其心理资本能很好地预测主观幸福感（汪品淳，励骅，姚琼，2016），说明自我价值感较高的学生，其积极心理资本可以有效提升主观幸福感水平。留守儿童的自我价值感对生活满意度有显著的正向预测作用，情绪调节效能感在自我价值感和生活满意度之间起中介作用（田艳辉，魏婷，刘斐，等，2020）。对留守儿童来说，自我价值感是心理健康的重要保护性因素，面对家庭结构的缺失和亲情的匮乏，自我价值感高的留守儿童更善于从客观的角度看待自我，对自我的认识和评价更加积极，在日常生活中也会表现出更多的自信，并能够很好地完成学校、家庭、社会赋予的任务，这种适应性使留守儿童表现出较高的生活满意度；自我价值感低的留守儿童往往意味着缺乏自信，对自己有更多的消极评价，当面临不利处境时，调节不良情绪的策略有限并表现出较多的消极情绪，生活满意度较低（剧晨，2012；田艳辉，黄河，2020）。

5. 农村留守学生心理资本与歧视知觉的相关研究

留守学生容易被大众"问题化""标签化"或"污名化"，这不仅容易让留守学生产生歧视知觉，而且也不利于留守学生的身心健康（赵景欣，杨萍，马金玲，等，2016）。研究发现，留守儿童歧视知觉普遍存在且具有较高的水平，高低歧视知觉的留守儿童在心理弹性和主观幸福感上显著较差，心理弹性在歧视知觉和主观幸福感之间起中介作用（何丹，2014）。说明歧视知觉既可以直接影响留守学生的主观幸福感，也可以通过降低留守学生的心理弹性间接影响主观幸福感，也说明心理弹性可以在一定程度上对留守学生的主观幸福感起到保护作用。对留守初中生进行研究后发现，留守初中生在言语歧视、回避、行为歧视和攻击等方面都表现出不同程度的歧视知觉，而歧视知觉可以引起留守初中生的回避、退缩、攻击、违纪等问题行为（张磊，傅王倩，王达，等，2015）。研究也发现，留守儿童的歧视知觉水平越高，积极情绪越低和消极情绪越高（赵景欣，杨萍，马金玲，等，2016）。对城市留守青少年群体进行研究后发现，城市留守青少年心理韧性的支持力、个人力与疏离的环境、人际、社会和歧视知觉的攻击、回避、行为、言语显著负相关，心理弹性在歧视知觉和疏离感之间起中介效应（刘佳，2019）。对高职高专院校的学生群体进行研究后发现，童年留守与非童年留守高职高专院校学生的歧视感知、心理韧性和主观幸福感存在显著差异，歧视感知与心理韧性、主观幸福感显著负相关，歧视感知显著负向预测心理韧性及主观幸福感，心理韧性在歧视感知和主观幸福感之间起部分中介作用（贾炜荣，2018）。

## 二、农村留守学生心理资本与情绪情感特点的相关研究

### 1. 农村留守学生心理资本与孤独感的相关研究

孤独感是由人际关系缺失或人际关系质量不高造成的一种消极情绪体验（王凡，赵守盈，陈维，2017）。长期处于孤独状态并体验到孤独感的个体，其自我效能感较低，身心发展也会受到严重损害（Chiao，Chen，Yi，2019），容易产生敏感、自卑、害羞、神经质、社交退缩、学习成绩差、犯罪等心理和行为问题，并且持续的孤独状态容易产生人格障碍、抑郁症状和社会焦虑等精神疾病（Amarendra，Koen，Luc，et al.，2018），进而导致个体出现绝望和自杀等行为（Chang，Muyan，Hirsch，2015）。马斯洛的需要层次理论认为，每个人都有友爱和归属的需要，友爱的需要能够让个体在与别人交往的过程中获得友谊，而归属的需要能够让个体与群体保持情感上的联系并获得归属感，因而当个体缺乏友谊和归属感时，孤独感就会产生。社交需要理论指出，人生来就有与人保持交往和被关爱的需要，如果个体的人际关系未能满足这种固有的需要，就容易产生孤独感。社交需要理论指出，人生来就有与人保持交往和被关爱的需要，如果个体的人际关系未能满足这种固有的需要，孤独感就会产生（赵琴，2017；龚苏忆，2020）。认知加工理论也认为，孤独感是个体对知觉到的人际关系现状不满意而产生的一种消极情绪状态（范兴华，何苗，陈锋菊，2016）。可以看出，需要层次理论、社交需要理论和认知加工理论都强调了个体人际关系对孤独感的重要作用，即人际关系不良会导致个体容易变得孤独，从而产生孤独感。与非留守学生相比，留守学生由于父母外出务工，经常缺乏父母的关心及关爱，其疏离感程度较高，容易产生孤独感（周宗奎，孙晓军，赵冬梅，等，2005）。研究发现，农村留守中学生的心理韧性、人际信任会通过积极应对方式的中介作用间接影响孤独感（谷传华，2015）。而父子关系、母子关系、感恩水平会影响农村留守儿童的孤独感和抑郁水平，父子/母子

107

关系和感恩水平较高的农村留守儿童在孤独感、抑郁水平上表现较低，并且随着感恩水平提高，父子关系对农村留守儿童孤独感和抑郁的影响力随之增大（范志宇，吴岩，2020）。研究也发现，父母关爱对留守儿童孤独感有显著的负向预测作用，而希望品质可以有效抵消与缓解父母关爱缺失对留守儿童孤独感的不利影响，以降低孤独感出现的可能性（范兴华，何苗，陈锋菊，2016）。与非留守儿童相比，留守儿童的生活压力与孤独感水平较高，心理资本与幸福感较低，并且心理资本能有效缓冲生活压力对留守儿童孤独感、幸福感的不利影响（范兴华，余思，彭佳，等，2017）。亲子亲和、情绪调节自我效能感与孤独感显著负相关，情绪调节自我效能感在亲子亲和与孤独感之间起部分中介作用（王凡，赵守盈，陈维，2017）。留守儿童心理韧性个体力中的积极认知因子和人际协助对孤独感变化的预测效应显著（董泽松，祁慧，叶海英，2020），说明良好的人际关系能显著降低留守儿童的孤独感，并且对留守儿童的身心健康起到保护作用。

### 2. 农村留守学生心理资本与焦虑的相关研究

焦虑是一种复杂的情绪状态，主要表现为当人们对即将要发生的、可能会对个体造成危险或威胁的情境所产生的紧张、不安、忧虑、烦恼、担忧等不愉快的负性情绪体验（唐海波，邝春霞，2009）。适当的焦虑能让个体保持紧张感，便于有效应对压力情境，而长期过度的焦虑则会损害个体的身心健康。研究发现，开放性、宜人性、外倾性、谨慎性等人格特点会通过增强个体的心理韧性间接缓解个体的焦虑状况，而不良的人格特点如情绪性会通过削弱个体的心理韧性从而提高焦虑水平（徐明津，冯志远，黄霞妮，等，2015），这说明心理韧性与个体的焦虑有密切关系。有留守经历大学生的希望感可以调节和改善寝室关系对社交焦虑的影响，希望感对社交焦虑有保护效应，希望感的高低能直接显著负向预测大学生的抑郁和焦虑（李凡繁，2012）。研究也发现，留守儿童的抑郁与焦虑情绪显著高于非留守儿童，留守儿童的神经质人格与抑郁、特质焦虑以及状态焦虑均显著正相关，希望与留守儿童的神经质人格以及抑郁、特质焦虑、状态焦虑均显著负相关，希望在留守儿童的神经质人格与抑郁、特质焦虑以及状态焦虑之间起中介作用（赵文力，谭新春，2016）。儿童期留守和情感虐待经历与成年后的高社交焦虑水平相关，通过提高心理韧性水平可以缓解有留守经历农村大学生的社交焦虑，说明留守经历以及儿童期受虐待的程度越严重，成年后越容易出现社交焦虑（梁洁霜，张珊珊，吴真，2019）。有留守经历大学生的社交焦虑得分显著高于无留守经历大学生，正念、情绪调节自我效能感、社交焦虑间两两显著相关，管理消极情绪自我效能感在有留守经历大学生正念与社交焦虑之间起部分中介作用（周碧薇，钱志刚，2019）。此外，领悟社会支持在社交焦虑与农村留守儿童希望水平之间起部分中介作用（李梦龙，任玉嘉，孙华，2020），说明留守儿童的积极心理资本对有效降低其焦虑水平有非常重要的作用。

3. 农村留守学生心理资本与自杀意念的相关研究

青少年时期是个体身心发展和情绪比较敏感的时期，也是自杀行为出现频率较高的时期（Nock，Borges，Bromet，et al.，2020）。自杀意念是个体考虑自杀的一种消极心理状态（Wang，Jing，Chen，et al.，2020），可以预测自杀企图、自杀计划和自杀行为（Yu，Yang，Wang，et al.，2020）。在青少年群体中，自杀意念的终身患病率为 12.1%，其中有自杀计划的占 4%，有自杀企图的占 4.1%~8.5%（Nock，Green，Hwang，et al.，2013），而有自杀意念的青少年在一年内尝试自杀的占 60%（Yu，Yang，Wang，et al.，2020）。研究发现，压力性生活事件是直接导致青少年产生自杀意念的重要因素，能显著正向预测自杀意念（Zhan，Yang，2018）。对留守中学生群体进行研究发现，留守中学生的压力性生活事件与自杀意念显著正相关，对自杀意念有显著的正向预测作用，负性认知调节在压力性生活事件与自杀意念之间起完全中介作用（徐明津，万鹏宇，杨新国，2017），说明留守中学生的压力性生活事件主要是通过影响其负性认知调节从而间接影响自杀意念的。研究发现，留守儿童的心理韧性与自杀意念显著负相关，心理韧性在积极认知情绪调节与自杀意念之间有完全中介作用，说明积极认知情绪调节不仅可以促使留守儿童正确、客观地看待不利处境对自己造成的消极影响，也可以保持自身情绪的稳定性，从而降低自杀意念（徐明津，万鹏宇，杨新国，2016）。研究也发现，外倾性、宜人性、谨慎性、开放性的人格特点可以帮助个体增强心理韧性，从而降低自杀意念。因此，教师和家长应注重对个体人格的测量与干预，发挥外倾性、宜人性、谨慎性与开放性的积极作用（徐明津，杨新国，2019）。

4. 农村留守学生心理资本与疏离感的相关研究

疏离感是衡量人际关系的重要指标，也是制约个体身心健康发展的危险因素（孙笑笑，师培霞，沈思彤，等，2020）。亲子分离、缺乏父母关心关爱、家庭功能受损等压力性生活事件容易使青少年体验到挫折、孤独和无助等消极情绪情感（孙笑笑，任辉，师培霞，等，2020），也容易让青少年体验到较高的疏离感。研究发现，疏离感会影响青少年的身心健康发展，一方面，疏离感会使青少年产生如逃避、退缩、孤僻等问题行为（邱剑，安芹，2012）；另一方面，疏离感会危害青少年的身心健康，并容易出现人际关系敏感、焦虑、偏执、抑郁等心理问题（李巧巧，滑云龙，张培玉，2010），因此，识别和解决青少年的疏离感问题尤为重要。研究也发现，农村留守中学生的疏离感与心理韧性、主观幸福感显著负相关，疏离感对主观幸福感有显著的负向预测作用，心理韧性对主观幸福感有显著的正向预测作用，心理韧性在疏离感与主观幸福感之间起完全中介作用，说明农村留守中学生的疏离感对主观幸福感的作用主要是通过心理韧性的中介作用来实现的（马文燕，陆超祥，余洋，等，2018）。在留守中学生社会疏离感的研究中，其心理韧性与社会疏离感显著负相关，心理韧性在歧视知觉与社会疏离感的关系中发挥中介作用（王玉花，孙兵，2018），说明心理韧性在歧视知觉对社会疏离感的影响中起到一定的缓冲作用。此外，领悟社会支持和自尊在疏离感和心理韧性之间起链式中介作用，说明疏离感不仅可以直接影响留守青少年的心理韧性，还可以通过领悟社会支持和自尊的链式中介作用间接影响心理韧性（马文燕，高朋，黄大炜，2022）。

城市留守青少年的心理韧性与疏离感显著负相关，心理韧性在歧视知觉和疏离感之间起中介作用（刘佳，2019），说明歧视知觉不仅可以直接提高城市留守青少年的疏离感水平，而且还可以通过减弱城市留守青少年的心理韧性从而间接提高其疏离感水平。对留守学生进行为期一个月的团体心理辅导干预研究后发现，团体心理辅导干预能够显著提升留守学生的心理韧性水平并降低其疏离感水平（普治齐，2021），说明团体心理辅导干预是降低留守学生疏离感水平和维护其身心健康的有效方式。

## 三、农村留守学生心理资本与个性特点的相关研究

### 1. 农村留守学生心理资本与人格的相关研究

人格是构成个人思想、情感及行为的独特模式，这个独特模式包含了个人区别于他人的稳定的心理品质（彭聃龄，2019）。农村留守初中生人格维度中的外向性、情绪性与自我效能可以直接预测焦虑倾向，并且人格还能通过自我效能间接影响焦虑倾向（刘小先，2012），说明良好的人格特质会提高留守初中生的自我效能感，进而降低焦虑倾向。研究发现，留守儿童的自我效能感在人格和心理健康之间起中介作用，自我效能感在应对方式和人格对心理健康的影响中起中介作用，说明人格成熟不仅有助于个体拥有更高的自我效能感，在面对困难时能够采取更有效的应对策略，而且在应对不利处境时，高自我效能感更有利于维护个体的身心健康（许华山，沐林林，谢杏利，2015）。研究发现，农村留守儿童的神经质人格与抑郁、特质焦虑以及状态焦虑显著正相关，与希望显著负相关，希望与留守儿童的神经质人格以及抑郁、特质焦虑、状态焦虑均显著负相关，希望在神经质人格与焦虑抑郁之间起部分中介作用（赵文力，谭新春，2016）。研究也发现，高自我效能感、积极的应对方式、性格外向的人格特征是保持留守儿童心理健康的内在积极因素（赵丽丽，2012）。此外，留守开始的时间、与父母的联系频率会对有留守经历的高中生人格特质和心理弹性产生重要影响，情绪性、谨慎性和外向性对有无留守经历高中生的心理弹性均有显著的预测作用，但宜人性只对有留守经历高中生的心理弹性有显著的预测作用（武海婵，2014）。

### 2. 农村留守学生心理资本与归因方式的相关研究

归因方式又称归因风格，是指个体对自己的行为、他人的行为、外界的事件等做出解释、找出原因，它是个体人格特征的重要表现形式之一（陈凤梅，2006），主要分为积极归因和消极归因，采用积极归因方式的个体会将事件坏的结果进行外部、不确定或者不可控归因，对好的结果进行内部、

111

稳定或者可控归因；反之，采用消极归因方式的个体一般情况下会将好的结果进行外部、不稳定或者不可控归因，将事件坏的结果进行内部、稳定或者可控归因（吴一凡，2019）。一般而言，积极的归因方式对个体的认知、行为及身心健康都有重要作用。研究发现，留守中学生内部可控归因、学习能力自我效能感和总体自我效能感处于中等偏上水平，内部不可控、外部可控和外部不可控归因以及学习行为自我效能感均较低；内部可控、外部不可控、外部可控、内部不可控对学习能力自我效能感有显著的预测作用，内部可控和外部可控则对学习行为自我效能感有显著的预测作用，而内部不可控和外部不可控对学习行为自我效能感无显著的预测作用（王世嫘，赵洁，2011）。研究也发现，农村留守儿童努力归因与心理弹性显著正相关，运气归因、背景归因与心理弹性显著负相关，努力归因对心理弹性有显著的正向预测作用，背景归因对心理弹性有显著的负向预测作用（梁慧，2011）。

### 3. 农村留守学生心理资本与感恩的相关研究

感恩是一种积极的人格特质，拥有感恩人格特质的个体较少经历焦虑、抑郁、敌意、愤怒、攻击、自伤等心理及行为问题（Wood，Joseph，Maltby，2008），也能够体验到较多的积极情绪、幸福和希望（Watkins，Woodward，Stone，et al.，2020）。研究发现，感恩和主观幸福感、心理健康显著正相关（Yildirim，Alanazi，2018），这说明感恩能够正向影响个体的主观幸福感和心理健康。研究也发现，留守儿童心理韧性与亲子沟通、感恩显著正相关，感恩在亲子沟通与心理韧性之间起部分中介作用，说明良好的亲子沟通可以让处于不利处境下的留守儿童依然保持较高的感恩水平，进而增强留守儿童面对不利处境的勇气和韧性（董泽松，2020）。家庭支持、希望感、感恩与留守儿童生活满意度两两显著正相关，希望感和感恩在家庭支持与生活满意度之间起链式中介作用，说明家庭支持既可以直接影响留守儿童的生活满意度，又可以通过希望感和感恩的链式中介间接影响留守儿童的生活满意度（凌宇，胡惠南，陆娟芝，等，2020）。研究还发现，留守儿童感恩与心理韧性、学习投入显著正相关，心理韧性在感恩与学习投入之间起部分中介作用，说明留守儿童的感恩水平越高，在不利处境中才能保持较高的心理韧性水平，进而提高学习投入水平（董泽松，魏昌武，兰兴妞，等，2017）。

## 四、农村留守学生心理资本与心理健康的相关研究

### 1. 农村留守学生心理资本与主观幸福感的相关研究

主观幸福感作为积极心理学研究的重要内容（丁凤琴，赵虎英，2018），是衡量个体生活质量的综合性心理指标，主要反映个体的社会功能与适应状态（Jiao，Wang，Liu，et al.，2017），对个体发展有较大的增益作用。它不仅是个体心理健康水平、生活质量和社会适应的重要表现，而且也是维持和促进良好人际关系，衡量社会和谐的重要指标（丁凤琴，赵虎英，2018）。主观幸福感水平的高低会影响个体的身心健康、学业成绩、职业成功、心血管功能、疾病康复等（Ricarda，Linda，Laura，et al.，2019）。研究发现，留守初中生的心理资本与主观幸福感显著正相关，并且心理资本作为一种积极的心理资本，可以激发留守初中生的潜能，从而优化其心理机能，缓解压力性生活事件对留守初中生造成的消极影响，以使留守初中生保持较高的主观幸福感水平（杨新国，徐明津，陆佩岩，等，2014）。压力性生活事件是留守初中学生心理健康的危险性因素，但积极心理资本对心理健康则起到较好的保护作用，当留守初中学生感知到压力性生活事件带来的压力时，积极心理资本则会对压力性生活事件起到较好的缓冲作用，从而有利于维护个体的身心健康及主观幸福观感（徐明津，杨新国，冯志远，等，2015）。研究也发现，随着留守学生心理资本水平的增加，其生活压力对孤独感、幸福感的预测力会减弱，这说明心理资本可以缓冲生活压力对孤独感和主观幸福感造成的消极影响（范兴华，余思，彭佳，等，2017）。研究还发现，心理资本能显著提高农村留守中学生的心理健康水平，并且高心理资本水平的农村留守中学生能更有效地应对各种外部压力性生活事件，从而有效缓解外部压力性生活事件对心理健康造成的不利影响（张樱樱，王艳虹，金蕾红，2019）。在有留守经历大学生群体中，心理资本对主观幸福感也有重要作用（励骅，昕彤，2015）。有留守经历大学生的自我价值感在人际型心理资本与主观幸福感的关系中起调节作用（汪品淳，励骅，姚琼，2016），有留守经历高职学生的心理资本在社会支持与主观幸福感之间起部分中介作用（张娜，2016）。

113

2. 农村留守学生心理资本与心理健康的相关研究

心理健康是指一种持续且积极发展的正常心理状态，在这种状态下，个体能有良好的适应，并且充分发挥其潜能（祁双翼，西英俊，马辛，2019）。心理健康的理想状态是性格完好、智力正常、认知正确、情感适当、意志合理、态度积极、行为恰当、适应良好的状态。留守学生的心理健康问题一直都受到关注与重视（张娜，2016）。研究发现，农村留守学生的强迫症状、偏执、敌对、人际关系紧张、敏感、抑郁、焦虑、心理不平衡等方面的得分高于非留守学生，在学习压力、适应不良、情绪不平衡得分上低于非留守学生，可以看出，与非留守学生相比，留守学生的心理健康状况不容乐观（王楠，韩娟，丁慧思，等，2017）。父母外出务工的时间长短会影响农村留守学生的心理健康状况，一般而言，父母外出务工时间超过 4 个月时会对留守学生心理健康带来负面影响（刘红艳，常芳，岳爱，等，2020）。研究也发现，农村留守中学生在心理不平衡性、人际关系敏感、焦虑和心理健康总分上的得分均显著较高，说明农村留守中学生的心理健康状况相对较差，并且农村留守中学生的积极心理资本越多，就越能够帮助留守学生降低心理不平衡性、人际关系敏感、焦虑和情绪不平衡性等问题，从而有效提高心理健康水平（张樱樱，王艳虹，金蕾红，2019）。此外，家庭经济状况是影响曾留守大学生人格健康的重要因素，并且心理资本的自我效能和韧性与曾留守大学生人格健康得分密切相关（蔡亦红，陈鹤，2020）。对农村留守儿童的心理资本进行干预研究后发现，心理资本干预课程能显著提高农村留守儿童的心理资本水平，从而降低心理问题的发生率和提高其心理健康水平（周洋，李阳，彭家璇，等，2021）。因此，心理资本能够有效缓解压力性生活事件对留守学生所造成的消极影响，对维护留守学生的心理健康起重要作用。

## 五、农村留守学生心理资本与问题行为的相关研究

问题行为是指个体表现出的妨碍其社会适应的异常行为，包括自卑、敏感、焦虑、抑郁等内化问题行为，以及自伤、攻击等外化问题行为（金灿灿，刘艳，陈丽，2012）。留守儿童由于长期与父母分离、缺乏良好的家

庭教育以及父母的关心关爱，导致留守儿童容易出现学习障碍、情绪障碍、不良习惯、行为障碍等问题（万鹏宇，林忠永，冯志远，等，2017）。与非留守儿童相比，留守儿童在其成长过程中会面临更多的潜在危险性因素（刘霞，范兴华，申继亮，2007），更容易表出攻击、违纪、自卑等内化及外化问题行为（程培霞，达朝锦，曹枫林，等，2010）。心理资本作为个体的内在保护机制，能够帮助个体形成较高的自我效能感、良好的韧性水平、积极的归因以及坚定的目标。社会支持作为外在保护机制，能够通过心理资本提高个体承受压力的能力，减少个体在发展过程中的适应不良、心理发展不平衡等问题，从而降低问题行为的产生（谢文澜，叶琳娜，2020）。研究发现，留守儿童的心理资本可以影响其问题行为，并且心理资本水平越高，留守儿童的问题行为越少（银小兰，黄诚，2019）。希望感在社会支持和外化问题行为之间起中介作用，说明社会支持水平的增加不仅可以减少留守儿童的问题行为，还可以通过提高留守儿童的希望感水平，进而降低问题行为（赵娜，凌宇，陈乔丹，等，2017）。研究也发现，留守儿童的心理韧性与问题行为密切相关，对降低留守儿童的问题行为有重要作用（徐贤明，钱胜，2012）。初中留守儿童的心理韧性和问题行为显著负相关，心理韧性在情感平衡和问题行为之间起部分中介作用（万鹏宇，林忠永，冯志远，等，2017）。农村留守初中生的生活满意度和情感平衡在心理韧性与问题行为之间起链式中介作用，说明农村留守初中生的心理韧性不仅可以直接影响问题行为，还可以通过生活满意度和情感平衡的链式中介作用间接影响问题行为（林忠永，杨新国，2018）。研究还发现，留守儿童的歧视知觉对情绪和行为问题有显著的正向预测作用，心理韧性在歧视知觉与情绪和行为问题之间起部分中介作用，说明减少留守儿童的歧视知觉不仅可以直接降低留守儿童的情绪和行为问题，也可以通过增加留守儿童的心理韧性间接降低情绪和行为问题的发生概率（韩黎，龙艳，2020）。

1. 农村留守学生心理资本与自伤行为的相关研究

自伤行为是指个体故意伤害自己的身体但不带有致命性或低致命性的行为，包括故意割伤、抓伤、烧伤、烫伤自己等（辛秀红，姚树桥，2016）。长期、反复的自伤行为不仅易对个体的身体造成严重伤害，还会影响个体

115

的心理健康（马玉巧，2016）。研究发现，我国农村中学生自伤行为发生率为28.57%，女生自伤行为发生率高于男生，并且孤独感、生活事件是自伤行为的危险因素（马玉巧，2016）。有研究指出，通过提高学生的家庭亲密度和增强其心理韧性水平，可以在一定程度上预防或降低学生的非自杀性自伤行为（林丽华，曾芳华，江琴，等，2020；马明坤，张银玲，阮奎，2022），说明个体和家庭因素对预防学生的自伤行为有重要作用。研究也发现，心理韧性对非自杀性自伤行为有显著的负向预测作用（李盼盼，2020），可以看出，良好的心理韧性水平可以有效降低个体的自伤行为。与非留守儿童相比，留守儿童由于亲子分离、缺乏父母的关心关爱、依恋关系和亲子关系受影响，在遭遇压力或挫折时缺乏有效和及时的社会性支持，因而留守儿童承担的心理压力较大，容易出现自卑、敏感、焦虑、抑郁等消极情绪，并且也容易出现自伤行为（吴春侠，2018）。此外，亲子依恋、社会自我效能感、情绪调节能力与自伤水平显著负相关，亲子依恋能够显著负向预测留守儿童的自伤行为（吴伟华，2016），说明不良的亲子关系会增加留守儿童的自伤行为。

**2. 农村留守学生心理资本与手机依赖的相关研究**

手机依赖是个体过度使用手机所引发的生理、心理或社会功能受损的状态（李丽，牛志民，梅松丽，等，2016），并容易导致个体的感官功能受损、睡眠障碍和抑郁等一系列身心健康问题（陈雪红，静进，江林娜，2016）。研究发现，心理韧性与手机依赖显著负相关，对手机依赖有显著的负向预测作用，并且心理韧性在孤独感对手机依赖的影响上起调节作用（赵雨薇，2020），说明增强个体的心理韧性可以有效减少手机依赖程度。在留守儿童群体中，手机依赖现象较为严重。留守儿童正处于身心发展的关键时期，一方面自控能力较差，容易受到网络的诱惑而无法自拔；另一方面由于父母长期外出务工，对子女使用手机的情况无法进行有效监管，并且隔代教育或者照顾者对留守儿童的手机使用监管不严也会造成手机依赖现象。研究也发现，农村留守儿童手机依赖总分和戒断性、凸显性得分显著高于非留守儿童，希望感与手机依赖显著负相关，手机依赖在希望感与学习倦怠之间起部分中介作用（卢春丽，2017），说明留守儿童的希望感不仅可以直接影响学习倦怠，也可以通过手机依赖的中介作用间接影响学习倦怠。有研究者认为，希望感与留守儿童的手机依赖有密切关系，希望感较低的留守儿童在遭遇不利处境时，由于缺少自信、缺乏及时有效的社会支持资源导致心理受到伤害，而虚拟的网络世界可以给他们提供逃避现实、弥补情感的途径，从而形成手机依赖（卢春丽，2017）。研究还发现，农村留守儿童手机依赖在心理韧性与学业拖延之间起部分中介作用，说明农村留守儿童的心理韧性不仅可以直接减少学业拖延行为，还可以通过减少手机依赖间接降低学业拖延行为（赖运成，李瑞芳，2019）。

3. 农村留守学生心理资本与攻击性行为的相关研究

攻击性行为是一种对他人造成伤害并产生痛苦的行为，具备攻击性行为的个体不仅会对他人造成伤害，而且也会影响自己人格的养成及未来的发展（徐长江，陈实，邢婷，2018）。研究发现，亲子关系与个体的攻击性行为密切相关，儿童期的亲子分离经历会影响个体的自杀意念和攻击性水平。此外，亲子分离造成家庭功能、依恋关系等受损也会使儿童出现孤独、自卑、焦虑、抑郁等问题，从而影响自杀意念和攻击性水平（李艳兰，2015）。对于农村留守中学生而言，其攻击性行为状况令人担忧，主要表现在敌意和间接攻击上，并且学校融入、管理沮丧痛苦情绪效能感、教师行为、请病假天数、管理积极情绪效能感、与父亲联系频率以及所在年级均会影响留守中学生的攻击性行为（王旭，2015）。留守小学生的情绪控制、家庭支持能显著预测攻击性，说明提高留守小学生的心理韧性可以降低其攻击性行为（范志光，袁群明，门瑞雪，2017）。研究也发现，留守初中生的挫折情境、心理韧性等因素对其外显攻击性和内隐攻击都有显著影响（宋颖，2018）。对中国农村留守儿童与非留守儿童进行对比研究后发现，留守儿童由于家庭环境相对较差，其攻击行为风险比非留守儿童高，并且男生、不良教养方式、发生躯体虐待与攻击行为显著正相关，心理韧性与攻击行为显著负相关（吴春侠，2018）。研究还发现，有留守经历中职学生的攻击性、控制欲可以显著负向预测焦虑和抑郁，控制欲在攻击性和抑郁、焦虑之间起部分中介作用，并且有留守经历中职生的攻击性越强及控制欲越高，其焦虑与抑郁的程度就越低（王云玲，2018）。

117

## 第二节 农村留守学生心理资本与家庭特点研究综述

### 一、农村留守学生心理资本与亲子关系的相关研究

亲子关系是指父母与子女之间的情感联系(陈亮,张丽锦,沈杰,2009),与父母建立良好、安全的关系是儿童发展过程中的重要任务（吴旻,刘争光,梁丽婵,2016）。依恋理论认为,早期的亲子互动经验会使儿童形成与自我、与他人有关的积极或消极的认知模式,这对儿童当前的社会适应和未来发展都有广泛影响（Shaffer,Kipp,2009）。研究发现,良好的亲子关系不仅可以降低个体问题行为的发生率,而且还有助于维护个体的健康成长（李菁菁,窦凯,聂衍刚,2018）。留守儿童长期与父母分离,导致父母对子女的关心关爱减少甚至是缺失,亲子关系会受到严重损伤（卢茜,佘丽珍,李科生,2015）,并且留守儿童由于父母外出务工而长期缺乏与父母的沟通与交流、对父母的关心关爱需求较为强烈,经常会体验到孤独、抑郁和焦虑等负性情绪,并影响留守儿童建立良好的社会关系与培养积极的心理资本（黄任之,2020）。研究也发现,农村留守儿童的心理资本与亲子关系显著正相关,心理资本在亲子关系与幸福感之间起中介作用,说明当留守儿童的亲子关系较为融洽时,留守儿童不仅容易体验到较多的积极情绪,而且也容易培养自己的积极心理资本（范兴华,范志宇,2020）。此外,农村留守儿童的亲子关系在师生关系对心理资本直接影响或通过同伴关系中介效应产生的影响上都起调节作用,说明父母为留守儿童提供的情感支持可以促使他们更愿意接受他人的帮助,从而获得积极的情感体验和拥有更高水平的积极心理资本（王丽,侯述娟,兰小彬,2022）。

### 二、农村留守学生心理资本与家庭社会经济地位的相关研究

家庭经济收入、父母文化程度和父母职业是衡量个体家庭社会经济地位的重要指标（武丽丽,张大均,程刚,等,2018）。家庭社会经济地位与个体未来的发展息息相关,家庭社会经济地位较高的个体往往较少面临经

济压力，在生活中会表现出自信、乐观等特点，较少体验到自卑、焦虑等消极情绪（Conger，Donnellan，2007；周春燕，郭永玉，2013），而家庭社会经济地位较低的个体会承受较大的经济压力，并且在生活中容易表现出自卑、无助等消极情绪，从而影响自己的适应能力（Masarik，Conger，2017）和身心健康（程刚，张文，肖兴学，等，2019）。研究发现，自尊在家庭社会经济地位与抑郁之间起中介作用，而心理韧性在家庭社会经济地位对抑郁的直接作用和自尊的中介作用中均起调节作用，说明高心理韧性的个体不仅具有乐观、热情和充满活力的生活态度，还具有自信和乐观等心理资本，这对维护个体的心理健康和社会适应有重要作用（殷华敏，牛小倩，董黛，等，2018）。农村留守儿童的家庭社会经济地位、心理资本和自尊得分显著低于非留守儿童，家庭社会经济地位、心理资本对留守儿童自尊有显著的正向预测作用，自立顽强、乐观开朗、自信进取对家庭社会经济地位与自尊关系有调节作用，说明较高的家庭社会经济地位不仅可以为留守儿童提供丰富的物质及情感支持，从而维护留守儿童的身心健康并促进自尊发展，而且还可以通过构建积极的心理资本，提高留守儿童的自尊水平（欧阳智，范兴华，2018）。

### 三、农村留守学生心理资本与家庭处境不利的相关研究

家庭处境不利是指家庭中可能存在阻碍个体身心发展的不利因素，如亲子分离、家庭结构不完整、缺少父母关爱、家庭氛围不和谐、冲突较多等（范兴华，方晓义，陈锋菊，2011）。家庭处境不利的儿童虽然身处逆境，但仍然有发展良好的可能性，家庭资本（包括社会资本与文化资本）及个体心理资本在应对困难与挫折时起到积极的保护作用（余璐，罗世兰，2020）。留守儿童家庭处境不利的结构包含缺少父母关爱、物质生活差、严厉惩罚、生活照顾不周、家庭气氛冷清、学习管理不善、命令强迫、监护人心情差、监管不力、缺少沟通、应对能力差、放任等12个维度，这些家庭中的不利因素会降低留守儿童的快乐感和安全感，增加留守儿童的孤独感和负性情绪体验（范兴华，方晓义，陈锋菊，2011）。与一般儿童相比，留守儿童的家庭抚养环境存在诸多不利抚养因素，而家庭处境不利对留守

儿童的心理与行为适应会产生一系列的不良影响，如容易使留守儿童出现焦虑、抑郁、自卑、退缩、敏感、自伤等心理及行为问题。研究发现，留守儿童的积极心理资本会缓解不利处境带给自己的伤害，积极心理资本较多的留守儿童在生活中往往充满乐观、自信，并勇敢面对困难或挫折（范兴华，卢璇，陈锋菊，2016），但长期缺少父母关爱、家庭气氛冷清等家庭处境不利因素会给留守儿童带来较大的心理压力，进而损耗留守儿童的积极心理资本（如自信、乐观、希望等）并影响其心理适应，最终导致抑郁情绪增加、孤独感增强和生活满意度下降（范兴华，简晶萍，陈锋菊，等，2018）。

### 四、农村留守学生心理资本与亲子沟通的相关研究

亲子沟通主要指父母与子女传递信息、交流情感的过程（张峰，2004），是留守儿童心理及行为问题的重要保护性因素（陈依婷，杨向东，2020），良好的亲子沟通对营造温暖和谐的家庭氛围、提高亲子关系质量、促进子女的社会适应、建立和谐的人际关系和维护个体的身心健康发展有重要作用（雷雳，王争艳，李宏利，2001）。研究发现，家庭教养方式、父母婚姻状况、亲子关系质量、家庭结构、家庭成员的情绪调节能力会影响亲子沟通（雷雳，王争艳，刘红云，等，2002）。对农村留守儿童进行追踪研究后发现，留守儿童的亲子沟通和生活满意度有显著的同时性和继时性相关，并且前测亲子沟通可以显著正向预测后测生活满意度，前测生活满意度也可以显著正向预测后测亲子沟通，说明留守儿童的亲子沟通和生活满意度是一种互为因果的关系（王玉龙，张智慧，罗忆，2022）。此外，希望感在农村留守儿童亲子沟通与问题行为之间起调节作用，希望水平较高的留守儿童，良好的亲子沟通有利于减少留守儿童的行为问题（杨青松，周玲，胡义秋，等，2014）。研究也发现，留守儿童的心理韧性与亲子沟通、感恩显著正相关，感恩在留守儿童亲子沟通与心理韧性之间起部分中介作用（董泽松，2020），说明良好的亲子沟通不仅能直接增强留守儿童的心理韧性水平，也可以通过提高留守儿童的感恩倾向间接增强其心理韧性水平。研究还发现，与非留守儿童相比，留守儿童对待困难或挫折的看法相对较消极，

并且在与父母的关系上亲密性较差、冲突较多，从而导致留守儿童的学校适应性和心理弹性水平较低（陈佳月，2019）。

## 第三节　农村留守学生心理资本与学校特点研究综述

### 一、农村留守学生心理资本与学业成绩的相关研究

学业成绩是留守儿童父母比较关注的问题，它能反映留守儿童的身心发展状况，也是反映留守儿童问题的"晴雨表"（张显宏，2009）。由于缺乏父母的有效监督和管理，留守儿童会表现出较多的学习不良等问题，包括学习动机不强、学习态度不端正、缺乏学习兴趣、学习成绩较差，甚至会出现逃学、厌学、纪律差、学习倦怠等问题行为（罗静，王薇，高文斌，2009）。研究发现，留守儿童的心理资本能显著正向预测学业成绩，说明心理资本能够提升留守儿童的学业成绩（范兴华，周楠，贺倩，等，2018）。留守初中生的学校氛围和心理资本对学业成就也有重要影响，心理资本在学校氛围和学业成就之间起完全中介作用（冯志远，徐明津，黄霞妮，等，2015），说明良好的学校氛围可以满足个体的需求，这有助于培养个体的积极心理资本，从而促进学业成绩的发展（刘靖东，钟伯光，姒刚彦，2013）；而不良的学校氛围不仅难以满足个体的需要，而且还会阻碍个体的自控力、自信心等积极心理资本的培养，从而降低学业成绩（鲍振宙，张卫，李董平，等，2013）。研究也发现，良好的学校氛围不仅会直接激发留守初中生的成就动机与学习动力，从而提高学业成就，也可以通过积极心理资本的中介作用间接促使留守初中生形成积极向上的学习动力与良好的学习习惯，进而减少学业倦怠和提高自身的学业成绩（梅洋，徐明津，杨新国，2015）。

### 二、农村留守学生心理资本与师生关系的相关研究

师生关系是教师和学生在共同的教育教学过程中形成的一种特殊的人际关系（王默，董洋，2017），它作为教育教学过程中的核心问题，能直接影响学生的社会交往、社会适应和学业成就（李佳丽，胡咏梅，2017）。良

121

好的师生关系条件下，教师在教育教学过程中会积极引导、鼓励和支持学生参与课堂教育教学活动，在生活中会给学生提供较多的情感支持以帮助学生学会应对困难或挫折（周文叶，边国霞，文艺，2020）。而学生也会对学校生活抱有主动、积极的态度，愿意融入学校并享受学校生活，对学校有较好的认同感、安全感和归属感，这对提高学生的应对能力和学业成就都有重要作用。

研究发现，留守高中生的师生关系（师生关系状况、接近难易度和地位间差异）与心理资本、积极情绪适应呈显著正相关，心理资本在师生关系与积极的情绪适应、消极情绪适应之间起部分中介作用（彭溪，2020），说明师生关系会直接影响留守高中生的情绪适应，也会通过心理资本的中介作用间接影响情绪适应。研究也发现，农村留守儿童的师生关系对心理资本有显著影响，同伴关系在师生关系和心理资本之间起部分中介作用（王丽，侯述娟，兰小彬，2022），说明良好的师生关系不仅可以帮助农村留守学生培养或构建积极的心理资本，还可以通过发展良好的同伴关系，从而提升农村留守学生的积极心理资本。

### 三、农村留守学生心理资本与同伴依恋的相关研究

同伴依恋是指年龄相同或相近或心理发展水平相当的个体在交往过程中形成的一种持续的、牢固的、深层次的情感联结（蔡懿慧，庄冬文，崔丽莹，2015；韩黎，袁纪玮，赵琴琴，2019）。随着儿童年龄的增长，对同伴的依恋逐渐成为青少年依恋的主要对象（Laible，Carlo，Raffaelli，2000）。良好的同伴依恋能够为个体在遭遇困难或挫折时提供必要的情感支持（Healy，Sanders，2018），这不仅对个体的身心健康起到保护作用，而且还能促进个体的社会适应及提高学业成就（沙晶莹，张向葵，2020）。研究发现，良好的同伴依恋关系不仅有助于农村留守儿童获得同伴的认可与接纳，提高自我效能感，也有助于提升心理健康水平；而同伴依恋关系不良的农村留守儿童会感到不被信任和不被尊重，难以获得同伴的认可与接纳，甚至产生孤独感体验，进而影响心理健康（韩黎，袁纪玮，赵琴琴，2019）。研究也发现，农村留守儿童的同伴依恋与心理弹性显著低于非留守儿童，

同伴依恋能显著正向预测心理弹性（周舟，丁丽霞，2019），说明良好的同伴依恋关系可以让农村留守儿童在遭遇压力与挫折时有较好的应对资源与应对能力。对留守初中生的研究发现，留守初中生的友谊质量可以直接影响主观幸福感，也可以通过心理资本和应对方式的链式中介作用间接影响主观幸福感（李玲淋，2020）。研究还发现，农村留守儿童的同伴依恋与心理韧性显著正相关，对心理韧性有显著的正向预测作用（张广林，江伟钱，马宝宝，等，2017；韩黎，袁纪玮，赵琴琴，2019）。此外，留守儿童的同伴依恋在心理弹性和精神病性体验之间起显著的调节效应，说明提高留守儿童的同伴依恋水平，心理弹性对精神病性体验的负向主效应会相应减弱（王东方，杨新华，王思思，等，2019）。

## 四、农村留守学生心理资本与学习投入的相关研究

学习投入是指学生在学习活动中表现出的一种对学习持续的、充满积极情感的状态（李丹阳，2016；孙雨萌，2019），是衡量学生学业成就、学校教育质量和学生发展状况的重要预测指标（董泽松，魏昌武，兰兴妞，等，2017）。研究发现，桂东民族地区留守儿童感恩与心理韧性和学习投入显著正相关，感恩不仅对学习投入有直接影响，还可以通过心理韧性间接影响学习投入（董泽松，魏昌武，兰兴妞，等，2017）。农村留守初中生时间管理倾向与学业自我效能感、学习投入显著正相关，学业自我效能感与学习投入显著正相关，时间管理倾向可以显著正向预测学习投入，学业自我效能感可以显著正向预测学习投入，农村留守初中生学业自我效能感在时间管理倾向和学习投入之间起部分中介作用（苏雅，2019）。研究也发现，感知的学校气氛与学习投入显著正相关，对学习投入有显著正向预测作用，即学生感知的学校气氛越积极，学习投入水平越高；学业自我效能感与学习投入显著正相关，对学习投入有显著正向预测作用，即学业自我效能感越高，学习投入水平越高；学业自我效能感是感知的学校气氛和学习投入的中介变量（贾秀廷，2019）。留守初中生的心理韧性与学习投入均呈显著正相关，心理韧性在感知班级氛围与学习投入的关系中起部分中介作用（张微，尹丽，肖超娣，等，2022），说明留守初中生感知班级氛围可以直接影

响学习投入，也可以通过心理韧性的中介作用间接影响学习投入。此外，留守学生的学业自我效能感不仅在安全感与学习投入的关系中起中介作用（万娇娇，张亚飞，赵俊峰，2021），学业自我效能感也在看护人教养方式与学习投入的关系中起部分中介作用（任科，2020），说明良好的学业自我效能感可以显著提升留守学生的学习投入，从而为留守儿童的良好发展奠定基础。

## 五、农村留守学生心理资本与学业延迟满足的相关研究

学业延迟满足是个体在学习情境下，为追求更长远、更有价值的目标所采取的控制自我、延缓即时满足的一种行为倾向，学业延迟满足是个体在学习上的一种自我控制能力（何明，2019）。学业延迟满足作为个体自身的一种人格特质，受诸多因素影响，其中最重要的影响因素就是自我效能感（刘莉，2012；周志昊，2014；陈杰，赵维燕，王鹏飞，等，2020）。高自我效能感的个体有可能选择学业延迟满足，认为自己能通过延迟满足来完成预期学业目标；反之，如果个体自我效能感不强，认为其学业目标并不是通过学业延迟满足来实现时，他就可能选择非学业延迟满足（刘玲花，2010；吴晓燕，2015）。研究发现，学生的心理韧性越好，越倾向能为更长远的学业目标而延迟满足，其学业成绩也会更好，并且心理韧性可以通过学业延迟满足的中介作用对学业成绩产生影响（赖彩华，2014）。研究也发现，留守儿童学业延迟满足、学业自我效能感与父母教养方式的情感温暖型理解教养方式显著正相关，而与惩罚严厉、过度干涉、拒绝否认、过度保护等教养方式显著负相关，学业延迟满足在父母教养方式与学业自我效能感之间起部分中介作用（周志昊，2014）。说明温暖、支持、理解的父母教养方式不仅能够提升留守学生的学业自我效能感，还可以通过学业延迟满足的中介作用间接影响学业自我效能感。

## 六、农村留守学生心理资本与学习倦怠的相关研究

留守学生的学习倦怠主要表现为对学习失去兴趣、缺乏学习动机、情绪萎靡不振、厌学逃学、身体不适等（李燕，2018；于露，2020）。学习倦

怠不仅会影响留守学生的学业成绩及未来发展，而且对留守学生的人际关系、社会适应和身心健康也会产生严重的负面影响。学校作为教书育人的重要场所，其教育环境与教学氛围对留守学生的学习与发展都具有重要作用。研究发现，农村留守儿童的学习倦怠水平显著高于非留守儿童，并且留守儿童的希望感与学习倦怠显著负相关（卢春丽，2017）。学校气氛、心理资本与留守初中生的学业倦怠显著负相关，心理资本在学校气氛与学业倦怠之间起部分中介作用，说明当个体体验到良好的、有安全感的学校气氛时，会促使个体增强学习动机和提高学习积极性来提升学业成就，从而降低学业倦怠水平；反之，则会影响个体的学习动力与积极性，从而诱发个体的学业倦怠（梅洋，徐明津，杨新国，2015）。对大学生群体进行研究后发现，66.5%的大学生存在不同程度的学习倦怠，与无留守经历大学生相比，有留守经历大学生的学习倦怠问题更为严重，这间接说明留守经历对大学生学业倦怠有消极影响（陈家胜，2016）。民族地区留守初中生的自我效能感与学业倦怠显著负相关，即自我效能感水平越高，学业倦怠的程度就越低（李昕蔚，2018）。对朝鲜族留守初中生进行研究后发现，朝鲜族留守初中生的学习倦怠水平一般，积极心理品质、社会支持与学习倦怠显著负相关，说明构建积极的心理品质和提供多方面的社会支持系统，可以减轻朝鲜族留守初中生的学习倦怠水平（朴国花，2019）。留守学生的心理资本对学习倦怠有显著的负向预测作，学习投入在心理资本与学习倦怠的关系之中起部分中介作用，文化新颖性在心理资本与学习倦怠关系之间起负向调节作用，即留守学生的文化新颖性越强，心理资本对其学习倦怠的负向影响就越强（周杰，2021）。有研究指出，不仅可以通过提高留守学生对生活事件的应激能力以及增强留守学生的学习自我效能感达到降低学习倦怠的目的（赵洁，王世嫘，2015），还可以通过提升留守儿童的父母学业参与质量，从而达到降低留守儿童学习倦怠的目的（于露，2020）。

### 七、农村留守学生心理资本与学业成就的相关研究

学业成就是学生学习状况的集中体现，也是反映学校教育教学质量和学生发展水平的重要指标（陈秀珠，李怀玉，陈俊，等，2019）。较高的学业成就可以增强学生的自我效能感，而较低的学业成就会使学生感受到压

力与冲突（叶宝娟，胡笑羽，杨强，等，2014）。研究发现，学校氛围与学生的学业成就关系密切，良好的学校氛围可以满足个体的关系需求与能力需求，有助于培养留守个体积极心理资本，从而促进学业进步（刘靖东，钟伯光，姒刚彦，2013）；相反，不良的学校气氛难以满足留守个体需要，会阻碍个体的自控力、宽容、信心等积极心理资本的培养与形成，致使个体减少学业关注，降低学业水平（鲍振宙，张卫，李董平，等，2013）。生态系统理论认为，个体的发展是环境因素与个体因素交互作用的结果，良好的学校环境与个体积极的心理状态有助于个体的自我完善与健康成长，继而有助于个体在学业上取得更高的成就（冯志远，徐明津，黄霞妮，等，2015）。研究发现，留守初中生的学校气氛、心理资本及学业成就两两显著正相关，心理资本在学校气氛和学业成就之间起完全中介作用（冯志远，徐明津，黄霞妮，等，2015）。学校气氛对学业成就的影响既可以通过心理资本的完全中介效应发挥作用，也可以通过心理资本和学习倦怠的双重中介效应发挥作用（徐明津，杨新国，2016）。研究也发现，学校气氛对留守儿童学业成就的影响可以通过学习品质的完全中介作用来实现。对于非留守儿童群体来说，学校气氛不仅直接影响学业成就，还可以通过学习品质的中介作用间接影响学业成就（李霞，2018）。研究也发现，留守儿童的非亲属陪伴可以直接影响学业成就，还可以通过心理资本的中介作用间接影响学业成就（任秀儿，2022）。研究还发现，留守儿童的学业自我概念在心理资本与学业成绩间起部分中介作用，社会支持对中介作用的前半条路径则起负向调节作用，说明社会支持可以削弱学业自我概念的中介作用（范兴华，周楠，贺倩，等，2018）。

## 八、农村留守学生心理资本与学校氛围的相关研究

学校氛围作为影响学生学习、生活与发展的重要因素，是指个体与学校以及学校环境中的人建立起来的情感联系，反映了学生对学校的归属感、认同感和安全感，并且在学校中感到被关怀、认可和支持（向伟，肖汉仕，王玉龙，2019）。良好的学校氛围可以不断增强学生对学校的认同感，并建立良好的人际关系，从而帮助学生提高社会适应能力（殷颢文，贾林祥，

孙配贞，2019）和学业成就（叶苑秀，喻承甫，张卫，2017）。研究发现，留守初中生的心理资本在学校气氛和学业成就之间起完全中介作用，说明良好的学校环境与个体积极的心理状态有助于个体的自我完善与健康成长，从而提高学业成就（冯志远，徐明津，黄霞妮，等，2015）。研究也发现，留守初中生的学校气氛与心理资本显著正相关，心理资本在学校气氛与学业倦怠之间起部分中介作用，说明良好的学校气氛如低学习压力、良好的师生关系、友好的同伴关系等有助于培养留守初中生的积极心理资本，而这些积极的心理资本会促使留守初中生形成积极向上的学习动力与良好的学习习惯，进而减少学业倦怠和提高学业成就（梅洋，徐明津，杨新国，2015）。对小学高年级留守儿童进行研究后发现，小学高年级留守儿童的社会支持、学校归属感和心理弹性显著正相关，学校归属感在社会支持和心理弹性中起中介作用，并且团体心理辅导对提高小学高年级留守儿童的学校归属感和心理弹性起到积极的促进作用（王楚含，2020）。此外，留守初中生的心理韧性与感知班级氛围呈正相关，心理韧性在留守初中生感知班级氛围对学习投入的影响中起部分中介作用（张微，尹丽，肖超娣，等，2022），说明留守初中生感知到良好的班级氛围不仅可以提高其学习投入，还可以通过增强心理韧性间接提高学习投入。

### 九、农村留守学生心理资本与体育活动的相关研究

体育锻炼不仅能帮助个体增强身体功能、提升身体素质，还能使个体在体育锻炼活动中体验到控制感和力量感，这种控制感和力量感是提高自我效能、增强自信等积极心理资本的基础（Lewis，Williams，Frayeha，et al.，2016）。同时，体育锻炼还可以增加个体面对压力与挫折的心理韧性能力，从而降低心理健康问题的发生率（Hegberg，Tone，2015）。研究发现，农村留守儿童的体育活动情况并太不乐观，尤其是女生的体育活动强度、时间和等级均不理想，并且体育活动与心理资本显著正相关，对心理资本有显著的正向预测作用，说明增加体育活动的强度、时间和等级是促进农村留守儿童心理资本的有效途径（李梦龙，任玉嘉，2019）。农村留守儿童不同体育锻炼方式的社会自我效能感有显著差异，其中"与同伴和同学一起锻炼"的社会自我效能感最高，而"独自锻炼"方式的社会自我效能感最

低（刘桂芳，2014），说明集体的体育活动方式能够起到相互监督、相互促进的作用。以乡镇留守儿童为研究对象进行实验研究，将留守儿童分为实验组（40 名）和对照组（40 名）。实验组进行每周 1 次、每次 90 分钟的运动干预，连续 8 周，对照组不做任何干预。结果发现，前测 2 组心理资本总分差异不显著，后测实验组的心理资本水平显著高于对照组，说明运动干预对促进留守儿童心理健康有重要作用（赵丽萍，何奎莲，齐飞，2019）。但有研究发现，运动干预并没有显著提升留守儿童的积极心理品质，如以泉州市某小学五年级的留守儿童为研究对象，将对象分为实验组（20 人）和对照组（21 人）。实验组采用足球课运动干预，对照组进行常规体育教学。结果发现，8 周足球运动干预后实验组学生的心理韧性平均分有显著提升，对照组学生的心理韧性平均分无明显提升（林艺群，2019）。研究也发现，心理资本在农村留守儿童体育活动与社交焦虑中起部分中介作用，体育活动可以增强积极自我认知、提高积极情绪、增加对压力性事件的应对能力（李梦龙，任玉嘉，杨姣，等，2020），从而有效改善心理资本水平（李远华，何祥海，陈辉，2020）。

## 第四节　农村留守学生心理资本与社会特点研究综述

### 一、农村留守学生心理资本与亲社会行为的相关研究

亲社会行为又称积极的社会行为，是指个体表现出来的一些有益于他人和社会的、符合社会期望的社会行为，如助人、保卫、忠诚、尊重、责任感、合作、保护他人、分享、同情心、安慰、关心别人的利益等（宁雅舟，2017）。良好的亲社会行为有助于个体建立良好的人际关系、提高社会适应能力、获得较多的社会支持性资源，从而有助于个体的健康与发展。家庭是影响个体亲社会行为发展的重要因素，个体的亲社会行为是在与父母沟通、交往等过程中逐渐发展起来的，并且对父母行为模式的模仿是个体习得亲社会行为的重要途径。对于留守学生来说，家庭处境不利会给留守学生的亲社会行为带来影响。研究发现，留守初中生的亲社会行为总体表现处于中等水平，并且亲社会行为（帮助、调节、亲善、遵规、公德）

与领悟社会支持显著正相关，领悟社会支持中的其他支持和朋友支持对亲社会行为有显著的正向预测作用（唐婉，2011）。与非留守学生相比，留守学生的亲社会行为得分显著较低，并且女生的亲社会行为得分显著高于男生（李乐，2015）。留守初中生的亲社会行为与生活满意度显著正相关，对生活满意度有显著的正向预测作用，亲社会行为在心理韧性和生活满意度之间起部分中介作用（刘佳超，郭晶莹，2019），说明心理韧性不仅可以直接影响生活满意度，还可以通过亲社会行为的中介作用间接影响生活满意度。研究也发现，留守儿童心理资本与亲社会行为显著正相关，社会支持可以通过亲社会行为的中介作用间接影响心理资本（吕学汝，姚本先，2021）。

## 二、农村留守学生心理资本与社会适应的相关研究

社会适应是个体与社会环境相互作用的过程中，通过对内在心理的自我调节、自我管理及对外在社会环境的学习、应对和防御，以达到个人与社会环境的和谐、平衡的过程和状态（贾林斌，2008）。由于亲子疏离、家庭结构缺失、家庭功能下降、父母对子女的监管与教育不到位以及留守学生面对困境时情绪情感得不到有效宣泄等原因，留守学生存在心理适应问题方面表现突出、行为适应偏离明显、人际适应严重失调等情况（徐礼平，2013）。但是多数留守学生也能够在留守生活中培养吃苦耐劳、自立自强、坚韧不拔等性格特点，能够更好地应对各种挫折与压力，从而提高自我效能感，为今后的成功与幸福奠定基础。

第一，在效能感方面。留守初中生的自我效能感与社会适应显著正相关，对社会适应有显著的正向预测作用（谢玲平，邹维兴，张翔，2014），说明提高留守初中生的自我效能感可以有效提升其社会适应能力。此外，留守初中生的自制力、自尊与社会适应显著正相关，留守初中生的自制力既可以直接影响其社会适应水平，也可以通过自尊的中介作用间接影响社会适应水平（刘馨蔚，冯志远，谭贤政，2018）。对有留守经历的大学生进行研究后发现，心理韧性在自我效能感与社会适应的关系中起中介作用（尹浩楠，2017），说明较高的自我效能感水平不仅可以直接提升有留守经历大学生的社会适应能力，还可以通过心理韧性的中介作用间接提升有留守经历大学生的社会适应能力。

第二，在韧性方面。留守初中生的心理韧性和社会适应显著正相关，对社会适应有显著的正向预测作用，问题解决在心理韧性与社会适应之间起部分中介作用（谢玲平，邹维兴，2015）。家庭经济困难与心理韧性、社会适应两两之间显著相关，家庭经济困难可以通过心理韧性的中介作用间接影响留守青少年的社会适应（徐明津，杨新国，2020）。与非留守学生相比，农村留守学生的心理韧性及社会适应状况（学习适应、社会交往适应和家庭环境适应等）更差，心理韧性与其社会适应显著正相关，说明良好的社会适应本身就具有心理韧性的重要特质（徐礼平，田宗远，邝宏达，2013）。研究也发现，留守初中生心理韧性的个人力、支持力均在自我效能感与社会适应之间起部分中介作用，说明自我效能感和心理韧性是影响留守初中生社会适应的重要因素（谢玲平，王洪礼，邹维兴，等，2014）。对有留守经历的大学生进行研究后发现，有留守经历大学生的心理弹性与社会适应显著正相关（李晟，2021），说明较高的心理韧性水平可以显著提升有留守经历大学生的社会适应能力。

第三，在乐观方面。对有留守经历的大学生群体进行研究后发现，与无留守经历的大学生相比，有留守经历大学生的社会适应不良得分显著较高，并且社会适应不良、乐观和负性情绪之间两两显著相关，乐观在社会适应不良与负性情绪之间起部分中介作用（周碧薇，钱志刚，2021），说明社会适应不良不仅会引发有留守经历大学生的负性情绪，还会通过降低有留守经历大学生的乐观水平从而间接引发其负性情绪。因此，提高有留守经历大学生的社会适应能力和乐观水平，可以有效降低其负性情绪体验，从而维护有留守经历大学生的身心健康水平。

### 三、农村留守学生心理资本与社会支持的相关研究

社会支持主要由实际社会支持和领悟社会支持组成，前者是指他人对个体提供的实际帮助行为，后者是指个体对他人提供的实际帮助行为的感受与评价（张婷，张大均，2019），属于内在的、稳定的、能反映个体差异的心理特质（叶俊杰，2006）。当遭遇困难或挫折并获得实际社会支持时，个体是否觉察和体验到他人的帮助行为，以及如何去解读这种实际社会支持的作用，对维护个体自身健康水平有更重要的作用（连灵，2017）。这说

130

明与实际社会支持相比，领悟社会支持对提高留守学生的身心健康水平和促进身心发展的作用可能会更大。社会支持理论认为，个体的领悟社会支持水平越高，他们在应对困难或挫折时的自信心越强（刘志侃，程利娜，2019）。领悟社会支持水平较高的青少年容易感知并接纳他人提供的实际社会支持（张婷，张大均，2019），并且感知到家人和朋友提供的支持性资源对提高自己应对压力与挫折的信心与能力有更明显的作用（Sarriera，Bedin，Ab，et al.，2015）。

第一，在效能感方面。留守学生的社会支持与效能感显著正相关，对效能感有显著的正向预测作用（胡萍，王志中，2009；王燕，邵义萍，杨青松，等，2017；于璐，向滨洋，李雄，2019；邹燕贞，2022），对有留守经历的学生而言，社会支持对提高其效能感也有较好的增益作用（黄姗，2009；詹丽玉，练勤，王芳，2015；臧宏运，郑德伟，郎芳，等，2018），说明良好的社会支持性资源对提高留守学生应对压力或挫折的效能感有重要作用。

第二，在心理韧性方面。留守初中生的父母支持、学校支持及亲戚支持与心理韧性显著正相关，父母及学校的心理支持对留守儿童心理韧性的发展起到良好的促进作用（陈友庆，张瑞，2013）。农村留守中学的社会支持、自尊和心理韧性均处于中等偏上水平，社会支持、自尊和心理韧性显著正相关，自尊在社会支持与心理韧性之间起部分中介效应（马文燕，余洋，2013）。留守儿童的社会支持与心理弹性、一般自我效能感显著正相关，心理弹性在社会支持与一般自我效能感之间起完全中介作用（于璐，向滨洋，李雄，2019）。

第三，在乐观方面。社会支持与乐观显著正相关，对乐观有显著的正向预测作用（农伟峭，2021），说明社会支持可以有效提升学生的乐观水平。研究发现，农村留守初中生的乐观在社会支持和生命意义感之间起部分中介作用（余欣欣，邓丽梅，2019），说明良好的社会支持不仅可以直接影响农村留守初中生的生命意义感，也可以通过乐观的中介作用间接影响农村留守初中生的生命意义感。此外，乐观和自尊在社会支持对有留守经历大学生精神病性体验中起链式中介作用（左静，王东方，陈曦，等，2020），这也进一步说明社会支持能有效提升学生的乐观水平。

第四，在希望方面。研究发现，留守学生的社会支持与希望感显著正相关关系，对希望感有显著的正向预测作用（沈丽丽，满其军，2018；李梦龙，任玉嘉，孙华，2020；雷玉菊，艾建华，熊德明，等，2021），说明社会支持对留守学生的希望水平能产生积极影响。农村留守学生的社会支持越多，越能以积极的态度来体验生活，从而提高希望感水平（赵娜，凌宇，陈乔丹，等，2017）。研究也发现，社会支持不仅直接增强留守学生的希望感，还可以通过意向性自我调节和乐观主义间接增强留守学生的希望感（付鹏，凌宇，腾雄程，2019）。此外，其他研究也发现，农村留守儿童的领悟社会支持与希望显著正相关，领悟社会支持在社交焦虑与儿童希望之间起部分中介作用（李梦龙，任玉嘉，孙华，2020）。留守儿童的社会支持可以通过希望、积极应对与消极应对的中介作用间接影响留守儿童生活满意度（魏军锋，2015）。有留守经历高职学生的心理资本在社会支持与主观幸福感之间起部分中介作用（张娜，2016）。心理资本在社会支持对留守儿童情绪行为问题的影响中起完全中介作用（赵燕，2017），可见，提高留守儿童的社会支持水平，可以构建和培养其积极的心理资本。

### 四、农村留守学生心理资本与社交焦虑的相关研究

社交焦虑是影响留守儿童健康成长的重要因素，但积极的心理资本可以有效降低留守儿童的社会焦虑（李宗波，王婷婷，梁音，等，2017）。以往研究发现，留守学生的积极心理资本与社会焦虑关系密切。

第一，在自我效能感方面。有留守经历大学生的情绪调节自我效能得分显著低于无留守经历大学生，其社交焦虑得分显著高于无留守经历大学生，并且情绪调节自我效能感与社交焦虑显著相关（周碧薇，钱志刚，2019），说明曾经的留守经历会影响大学生的情绪调节自我效能感，进而影响社交焦虑。

第二，在希望感方面。有留守经历大学生的希望感可以调节改善寝室人际关系对社交焦虑的影响，希望感会引发有留守经历大学生的积极情绪体验，从而有助于建立持久的人际资源并降低社交焦虑（李凡繁，2012）。研究发现，农村留守儿童的领悟社会支持在社交焦虑与儿童希望水平之间起部分中介作用（李梦龙，任玉嘉，孙华，2020）。另外，留守儿童的领悟

社会支持不仅可以直接影响希望感，还可以通过自尊的中介作用间接影响希望感。

第三，心理韧性方面。有留守经历大学生的心理韧性在情感虐待与社交焦虑之间起部分中介作用，儿童期留守和情感虐待经历与成年后较高的社交焦虑水平相关，并且增强心理韧性水平可能缓解有留守经历农村大学生的社交焦虑（梁洁霜，张珊珊，吴真，2019）。

## 五、农村留守学生心理资本与生活事件的相关研究

生活事件是影响学生身心健康发展的常见应激源，主要是指生活中遭遇的足以扰乱学生身心状态的压力性事件（吴旻，孙君洁，温义媛，等，2015），如贫困、人际关系不良、学习压力较大、健康状况不佳、父母离异、亲子分离、自然灾害等（刘丽，张瑞雪，刘堃，2017）。个人成长、家庭生活和学校生活是留守学生生活事件的主要来源（崔文香，顾颜，史沙沙，2014），与非留守学生相比，留守学生更容易面临健康、学习、安全、社交、亲子分离、亲子关系等方面的生活事件（徐明津，杨新国，冯志远，等，2015），并严重影响留守学生的身心健康发展。研究发现，生活事件与心理资本显著负相关，对心理资本有显著的负向预测作用（方必基，刘彩霞，方菁，2015；王唤，2016），说明心理资本作为学生的积极心理资本和内部保护性因子，对维护其身心健康发展有重要作用。

第一，在效能感方面。生活事件与效能感显著负相关，对效能感有显著的负向预测作用（楚艳平，王广海，卢宁，2013；赵洁，王世嫘，2015），说明生活事件会影响学生的效能感，并容易降低学生对自己能力与价值的准确判断。有研究发现，农村留守初中生的效能感在生活事件和焦虑之间起部分中介作用（陈庆菊，袁园，尹天子，2019），说明生活事件不仅可以直接引发农村留守学生的焦虑，还可以通过降低农村留守学生的效能感间接引发焦虑。

第二，在心理韧性方面。生活事件与心理韧性显著负相关，对心理韧性有显著的负向预测作用（崔文香，顾颜，史沙沙，等，2014；韩黎，袁纪玮，赵琴琴，2019；陈敏婧，2019），说明生活事件会降低学生应对压力或挫折时的心理反弹能力，不利于学生在生活事件中保持身心健康。研究

133

发现，留守学生的负性生活事件与其主观幸福感和社会适应有密切关系，并且心理韧性在这种关系中起重要作用（许庆平，2012；陈敏婧，2016）。比如，农村留守青少年的负性生活事件得分显著高于农村非留守青少年，农村留守青少年的心理韧性在负性生活事件和社会适应的关系中起显著的调节作用，而农村非留守青少年的心理韧性在负性生活事件和社会适应的关系中的调节作用不显著（曾佳，2020），说明心理韧性对农村留守青少年的负性生活事件起到缓冲作用。有研究指出，留守儿童由于长期与父母分隔，当遭遇不利处境时，难以得到父母及时有效的关爱、指导和帮助，容易采用消极的应对方式、体验到强烈的消极情绪，不利于其积极心理资本的构建与培养（楚艳平，王广海，卢宁，2013）。

第三，在希望感方面。留守学生的生活事件与希望感显著负相关，对希望感有显著的负向预测作用（凌宇，游燚吉，张欣，2020），说明生活事件容易让留守学生处于困境而无法自拔、出现悲观失望，并丧失对未来的希望和勇气。研究发现，较高的希望感水平可以让留守学生更容易采用积极的认知和态度来应对当下的困难与挫折，并表现出对未来的憧憬与期望（陆娟芝，凌宇，黄磊，等，2017）。

第四，在乐观方面。对农村留守中学生群体进行研究后发现，农村留守中学生的负性生活事件与抑郁显著正相关，与乐观显著负相关，并且乐观在农村留守中学生的负性生活事件与抑郁的关系中存在显著的调节作用和部分中介作用（滕雄程，凌宇，2019），说明农村留守中学生的人际关系、学习压力、受惩罚、丧失、健康适应、其他等负性生活事件可以直接影响抑郁，也可以通过乐观的中介作用间接影响抑郁，并且农村留守中学生的乐观可以缓冲负性生活事件对抑郁的影响，从而对农村留守中学生的身心健康起到保护作用。

## 第五节　农村留守学生心理资本与团体辅导研究综述

团体辅导是指在团体情境中，成员之间通过团体内部的人际互动以及观察、学习、分享、体验等活动，达到帮助团体成员认识自我、悦纳自我、习得新的态度和行为方式以发展良好适应能力的有效方式（范兴华，欧阳志，彭佳，2018）。以往研究发现，团体辅导对维护学生的健康发展有重要作用。对 22 名留守中学生进行实验研究，并将留守中学生随机分为试验组（12 名）和控制组（10 名），对实验组留守中学生进行 8 周的干预实验，采用自编的心理韧性问卷进行实验效果的评估，结果发现，实验组后测心理韧性得分显著高于前测得分（徐明津，杨新国，冯志远，等，2015），说明团体心理辅导有助于提升留守中学生的心理韧性水平。以有留守经历的大学生为研究对象，制定针对有留守经历大学生心理资本团体辅导的具体方案，对实验组每周进行 1 次心理辅导，每次 90 分钟，共 8 周。结果发现，实验组的心理资本及各维度的后测得分显著高于前测得分，对照组的心理资本前后测得分无显著差异，实验组的心理资本及各维度的后测得分显著高于前测得分（梁丽，柳军，2017）。以留守中学生为研究对象，制定留守中学生的心理资本团体辅导方案，结果发现，实验组心理资本测试得分明显高于前测得分，对照组心理资本测试结果前后测无明显差异，实验组所测得的心理资本得分明显高于对照组（陈晓霞，2018）。对 120 名 4~6 年级的农村留守小学生进行调查，选择心理资本总分低于平均分的农村留守小学生 28 名，并随机分为实验组和控制组，每组 14 人，围绕心理资本的自立顽强、明理感恩、宽容友善、自信进取和乐观开朗等 5 个方面设计团体心理辅导干预方案，并进行了每周 1 次、每次 40 分钟、共 8 次的团体心理辅导干预，研究结果发现，干预前实验组和控制组的心理资本水平无显著差异，干预后的实验组心理资本得分显著高于控制组，说明团体心理辅导干预能够有效提升农村留守小学生的心理资本水平（杜柏玲，陈维举，2020）。

135

# 第四章

## 问题提出和研究意义

### 第一节　问题提出

改革开放后，中国进入了社会经济快速发展的重要时期。随着中国社会经济的快速发展以及城市化进程的不断加快，城市的快速发展对劳动力的需求越来越大。同时，为了更好地推动中国社会经济的快速发展和城市化进程，党中央也制定并出台了一系列的政策措施有效助推了大规模的农村人口向城市流动（王秋香，李传熹，2007）。受城乡二元结构体制、户籍政策、经济条件、就业环境、城市入学条件等多种因素的共同影响，大量进城务工的农民无法将子女带到城市里让其接受教育，只能将子女继续留在户籍所在地继续生活与学习，并由爷爷奶奶等其他亲属代为监管，由此便产生了"留守学生"（王丽双，2009）。随着留守学生数量的不断增多，其生活、学习与身心发展问题也日益凸显，并受到社会各界的广泛关注和重视。

留守学生正处在生理、心理及社会行为发展的重要时期，温暖、和谐、平等、尊重、理解等良好的家庭氛围或家庭环境对学生的成长与发展有关键性作用。由于父母外出务工，留守学生不得不面对长时间与父母分离、缺乏父母关爱、家庭功能缺失、亲子关系和依恋关系受损等生活压力，导致留守学生在生理、个性、情绪、人际交往和社会行为等方面发展异常。并且，当"留守学生"进入高校继续学习后，目前的留守生活或曾经的留守经历也会持续影响"留守学生"的身心健康发展。以往研究发现，留守学生在生理发展上的问题主要表现为营养不良、营养不均衡、生长发育缓慢、无法及时获得医疗救助等，在个性发展上的问题主要表现为敏感、自卑、冷漠、世故、任性、冲动以及自制力差等，在情绪发展上主要表现为情绪不稳定、易激怒、抑郁、焦虑、压抑、敌对等，在人际交往方面主要表现为对人冷漠、人际信任度低、不善于处理人际关系、不愿意主动与人交往等，在社会行为方面主要表现为退缩、自伤、适应能力差、逃学、厌学、打架等问题行为（王丽双，2009）。留守学生暴露出的生理、心理及社会行为发展异常等问题都会严重制约留守学生的身心健康成长和全面发展。

积极心理学（Positive Psychology）是美国心理学界兴起的一个新的研究领域，最早由 Seligman 于 1997 年就任 APA（American Psychiatric Association）主席一职时提出，主张用心理学的实验方法与测量手段来研究人类力量、美德、幸福感、感恩、成就等积极心理品质（Sheldon，King，2001）。以往研究过多关注与研究留守学生的孤独感、疏离感、抑郁、焦虑、敏感、自卑等消极心理特点，以及攻击、违纪、逃学、自伤等问题行为。随着积极心理学的不断发展，越来越多的研究者从积极心理学的视角去关注与研究留守学生这一特殊社会群体，并且将留守学生的主观幸福感、生活满意度、抗逆力、心理韧性、乐观、希望、自信、感恩等积极品质作为研究留守学生心理特点的重要内容。心理资本是积极心理学研究的重要内容，主要包括效能感、乐观、希望、韧性 4 个基本特征，对帮助个体有效应对压力或困境有重要作用。"心理资本"（Psychological Capital）一词最早由美国著名经济学家 Goldsmith 等人于 1997 年首次提出（Goldsmith，Veum，Darity，1997）。Goldsmith 等人认为，心理资本是在个体早期生活过程中逐渐形成的一种相对稳定的心理品质，它反映了个体对自己的评价和认识（Goldsmith，Darity，Veum，1998）。可以看出，研究个体的心理资本对构建或培养个体的积极心理品质、维护个体的身心健康有重要作用。

留守学生作为社会主义现代化事业的建设者和接班人，其心理资本水平关系到他们应对压力性生活事件的能力和个人的健康成长，也关系到社会的和谐、稳定和发展。在当前社会背景下，了解留守学生的心理特点并提出有效的干预措施是众多研究者研究与探讨的重要内容，而积极心理学的观点以及心理资本的视角对提高留守学生的身心健康水平则起到重要作用。以往研究发现，心理资本水平受到家庭经济地位、亲子关系、身心健康、受教育程度、社会文化等诸多因素的影响，并且心理资本对个体的主

137

观幸福感、心理健康、学业倦怠、核心自我评价、学业成就等方面都有显著影响。因此，本研究主要从心理资本的视角去研究与探讨农村留守学生的心理特点，以及分析个体、家庭、学校和社会等因素对农村留守学生心理资本的影响，并且从心理资本的效能感、希望、乐观、韧性 4 个维度提出培养措施，为培养和提高农村留守学生的心理资本水平，维护其身心健康提供研究依据。

# 第二节　研究意义

从 1999 年开始，国家发布《关于深化教育改革，全面推进素质教育的决定》，便把心理健康教育作为国民素质教育的重要内容。党的十九大报告确定了"建设教育强国是中华民族伟大复兴的基础工程"的基本定位，强调"加快建设学习型社会，大力提高国民素质"。可以说，国民思想道德素质、科学文化素质、身心健康素质、社会文明程度达到新的高度，都离不开个体拥有良好的、健康的心理品质。留守学生心理健康水平不仅关系到个人的成长，还关系到社会的和谐、稳定和发展，更关系到建设社会主义现代化强国、实现中华民族伟大复兴的中国梦。

## 一、理论意义

以农村留守学生群体为切入点，积极探讨其心理资本的特点及影响因素，是当前非常具有理论价值和实践指导价值的重要研究课题，并且心理资本作为农村留守学生身心健康成长的一种重要且积极的心理资本，能够帮助农村留守学生采用积极的应对策略去应对压力或挫折，从而缓解压力或挫折对农村留守学生身心健康造成的不良影响。聚焦农村留守学生心理资本的特点及其影响因素分析，能够全面了解和掌握农村留守学生心理资本的现状及特点，既可以丰富心理资本和农村留守学生的理论研究，也可以从积极心理学的视角为提高农村留守学生的心理健康水平提供研究依据。

## 二、实践意义

实证调查研究能了解当前农村留守学生心理资本的特点及其影响因素，并且有针对性地从心理资本的自我效能感、希望、乐观、坚韧性 4 个维度提出培养措施，为教育部门和教育工作者制定或采取有效措施提高农村留守学生的心理资本水平提供研究依据，从而引起家庭、学校和社会各界的广泛关注与重视，有利于提高农村留守学生的心理资本水平和实现个人的全面发展，从而维护农村留守学生的健康成长、促进社会的和谐稳定以及国家的飞速发展。

## 第三节　研究重点、难点及创新之处

### 一、研究目标

139

本研究主要分析农村留守学生与非留守学生的心理资本现状和特点，以及个体、家庭、学校和社会等因素对农村留守学生心理资本水平的影响，同时探讨心理资本水平对其生活满意度、感恩、学业成就、人生意义等方面的影响，并从心理资本的效能感、乐观、希望、韧性 4 个维度提出培养措施，以促进农村留守学生的身心健康和全面发展。

第一，在效能感方面。当遇到具有挑战性的任务或困难时，农村留守学生能够正确评价自己的能力并有信心通过自己的不懈努力来获得成功。

第二，在希望方面。农村留守学生能够树立合理的奋斗目标，为实现目标而坚持不懈、持之以恒、满怀希望，并且随时调整状态、采取有效途径以获得成功。

第三，在乐观方面。当遇到具有挑战性的任务或困难时，农村留守学生能够学会合理分析、正确归因和保持良好心态。

第四，在韧性方面。当遇到具有挑战性的任务或困难时，农村留守学生能够通过自己的努力去克服困难，就算失败也不灰心，能够迅速恢复并持之以恒。

## 二、研究思路

本研究的总体思路如图 4-1 所示。

第一，阅读并梳理文献资料，了解个体、家庭、学校、社会等因素都会影响农村留守学生的心理资本水平，以及心理资本水平对农村留守学生的生活满意度、学业成就和人生意义等方面都有显著影响。

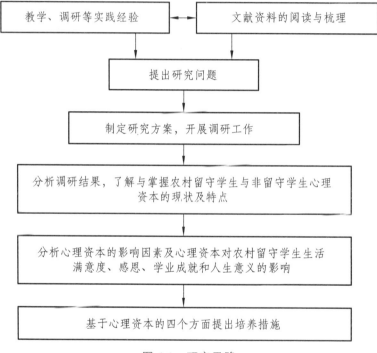

图 4-1　研究思路

第二，基于当前乡村振兴、素质教育等背景，以及农村留守学生数量较多、问题频发等问题，结合平时的教育教学、心理普查、心理咨询、走访调研等实践经验提出了本研究的研究问题，即从心理资本的视角探讨农村留守学生与非留守学生的心理特点及干预措施。

第三，制定研究方案，选取贵州省的贵阳、遵义、铜仁、安顺、毕节、六盘水、黔南州、黔西南州、黔东南州等 9 个地级行政区划单位的农村留守学生与非留守学生为对象进行调查研究。

第四，使用 SPSS、Mplus 等软件包对所收集的数据进行整理、描述性统计、信效度检验、中介效应和潜在剖面等分析，并从心理资本的自我效能感、希望、乐观、韧性 4 个维度提出培养措施。

## 三、研究重点

第一，阅读并梳理文献资料，了解影响农村留守学生心理资本发展的个体、家庭、学校和社会等 4 个方面的因素。

第二，分析农村留守学生与非留守学生心理资本及其自我效能感、希望、乐观、韧性 4 个维度上的特点及差异。

第三，基于"个体中心"视角，采用潜在剖面分析的方法，对农村留守学生与非留守学生的心理资本进行潜在剖面分析。

第四，分析农村留守学生与非留守学生在个体、家庭、学校和社会等方面的心理特点及差异。

第五，分析个体、家庭、学校和社会等因素对农村留守学生与非留守学生心理资本的影响。

第六，分析农村留守学生与非留守学生的心理资本水平对生活满意度、感恩、学业成就、人生意义等方面的影响。

第七，探讨农村留守学生与非留守学生的心理资本在个体、家庭、学校、社会等方面与生活满意度之间的中介作用。

第八，基于心理资本的效能感、乐观、希望和韧性等 4 个方面，探讨培养农村留守学生心理资本的措施。

## 四、创新之处

第一，研究选题较新。农村留守学生的身心健康发展关系到个人的成长、社会的和谐、国家的发展，基于积极心理学的视角探讨农村留守学生心理资本的现状、特点、影响因素、中介效应、培养措施等方面内容是当前具有重要理论价值与实践价值的研究课题。

第二，研究内容较新。探讨个体、家庭、学校和社会等因素对农村留守学生与非留守学生心理资本的影响，以及心理资本水平对生活满意度、感恩、学业成就、人生意义等方面的影响，并从心理资本的自我效能感、希望、乐观、韧性 4 个维度提出培养措施，从而促进农村留守学生的身心健康和全面发展。

第三，研究视角较新。心理资本和潜在类别分析都是当前研究个体身心发展的重要视角。本研究拟采用潜在类别分析的方法，精准识别农村留守学生与非留守学生心理资本的潜在类别，以便全面了解农村留守学生与非留守学生心理资本的特点及差异。

# 第五章

## 研究对象和研究方法

### 第一节　研究对象

本研究采用方便取样的方法，于2020年4月至2020年7月对贵州省的贵阳、遵义、铜仁、安顺、毕节、六盘水、黔南州、黔西南州、黔东南州等9个地级行政区划单位的农村在校学生进行匿名问卷调查。为保障研究结果的真实性和有效性，对数据进行整理时，剔除了部分无效问卷，最后纳入分析的有效问卷数量为3 781份。调查样本的具体结构如表5-1所示。

表 5-1　调查样本的基本情况

| 变量 | 类别 | 有效样本量 | 有效百分比 | 累积百分比 |
|---|---|---|---|---|
| 性别 | 男 | 1 006 | 26.6% | 26.6% |
| | 女 | 2 775 | 73.4% | 100% |
| 年龄 | 12 岁 | 9 | 0.2% | 0.2% |
| | 13 岁 | 65 | 1.7% | 2.0% |
| | 14 岁 | 119 | 3.1% | 5.1% |
| | 15 岁 | 124 | 3.3% | 8.4% |
| | 16 岁 | 337 | 8.9% | 17.3% |
| | 17 岁 | 578 | 15.3% | 32.6% |
| | 18 岁 | 578 | 15.3% | 47.9% |
| | 19 岁 | 557 | 14.7% | 62.6% |
| | 20 岁 | 643 | 17.0% | 79.6% |
| | 21 岁 | 460 | 12.2% | 91.8% |

| 变量 | 类别 | 有效样本量 | 有效百分比 | 累积百分比 |
|---|---|---|---|---|
| 年龄 | 22 岁 | 236 | 6.2% | 98.0% |
| | 23 岁 | 65 | 1.7% | 99.7% |
| | 24 岁 | 10 | 0.3% | 100% |
| 民族 | 少数民族 | 1 423 | 37.6% | 37.6% |
| | 非少数民族 | 2 358 | 52.6% | 100% |
| 留守状况 | 留守学生 | 1 794 | 47.4% | 47.4% |
| | 非留守学生 | 1 987 | 52.6% | 100% |
| 户籍所在地 | 贵阳 | 115 | 3.0% | 3.0% |
| | 遵义 | 423 | 11.2% | 14.2% |
| | 安顺 | 147 | 3.9% | 18.1% |
| | 六盘水 | 756 | 20.0% | 38.1% |
| | 铜仁 | 164 | 4.3% | 42.4% |
| | 毕节 | 1 772 | 46.9% | 89.3% |
| | 黔西南州 | 101 | 2.7% | 92.0% |
| | 黔南州 | 168 | 4.4% | 96.4% |
| | 黔东南州 | 135 | 3.6% | 100% |
| 学段 | 初中 | 388 | 10.3% | 10.3% |
| | 高中 | 1 209 | 32.0% | 42.2% |
| | 中专 | 450 | 11.9% | 54.1% |
| | 大专 | 1 734 | 45.9% | 100% |
| 是否独生子女 | 独生子女 | 139 | 3.7% | 3.7% |
| | 非独生子女 | 3 642 | 96.3% | 100% |
| 家庭是否享受低保 | 是 | 462 | 12.2% | 12.2% |
| | 否 | 3 319 | 87.8% | 100% |
| 是否技能帮扶家庭 | 是 | 1 154 | 30.5% | 30.5% |
| | 否 | 2 627 | 69.5% | 100% |
| 家庭结构 | 单亲家庭 | 391 | 10.3% | 10.3% |
| | 非单亲家庭 | 3 390 | 89.7% | 100% |

续表

| 变量 | 类别 | 有效样本量 | 有效百分比 | 累积百分比 |
|---|---|---|---|---|
| 家庭年收入 | 0.5 万元以下 | 901 | 23.8% | 23.8% |
| | 0.5 万~1.5 万元 | 1 353 | 35.8% | 59.6% |
| | 1.5 万~3 万元 | 966 | 25.5% | 85.2% |
| | 3 万~6 万元 | 418 | 11.1% | 96.2% |
| | 6 万~10 万元 | 115 | 3.0% | 99.3% |
| | 10 万元以上 | 28 | 0.7% | 100% |
| 父亲文化程度 | 未读过书 | 329 | 8.7% | 8.7% |
| | 小学 | 1 794 | 47.4% | 56.1% |
| | 初中 | 1 436 | 38.0% | 94.1% |
| | 中专/技校 | 50 | 1.3% | 95.5% |
| | 高中 | 124 | 3.3% | 98.7% |
| | 大专 | 33 | 0.9% | 99.6% |
| | 本科及以上 | 15 | 0.4% | 100% |
| 母亲文化程度 | 未读过书 | 1 383 | 36.6% | 36.6% |
| | 小学 | 1 679 | 44.4% | 81.0% |
| | 初中 | 633 | 16.7% | 97.7% |
| | 中专/技校 | 32 | 0.8% | 98.6% |
| | 高中 | 35 | 0.9% | 99.5% |
| | 大专 | 13 | 0.3% | 99.8% |
| | 本科及以上 | 6 | 0.2% | 100% |

# 第二节　研究工具

## 一、积极心理资本问卷

积极心理资本问卷（Positive Psychological Capital）由张阔等人于 2010 年研制（张阔，张赛，董颖红，2010）。该问卷共 26 个题目，主要分为自我效能、韧性、乐观、希望 4 个维度，其中 1、2、3、5、7、10、11 等 7

个题目为自我效能感维度，4、6、8、9、12、13、14 等 7 个题目为韧性维度，16、18、20、22、24、26 等 6 个题目为乐观维度，15、17、19、21、23、25 等 6 个题目为希望维度。反向计分题目为 8、10、12、14。该问卷采用 1~7 级计分方式，从 "1" 到 "7" 分别表示 "完全不符合" "不符合" "有点不符合" "说不清" "有点符合" "比较符合" "完全符合"。问卷最终得分越高说明个体的积极心理资本水平越高。在本次调查研究中，总问卷的 Cronbach's α 系数为 0.92。

## 二、自尊量表

自尊量表（Self-Esteem Scale）由 Rosenberg 于 1965 年编制（Zhao，Kong，Wang，2013），共 10 个题目。该量表为单维量表，是目前使用最为广泛的测量青少年学生整体自尊水平的工具之一，在中国青少年学生样本中有良好的信效度。该量表的反向计分题目为 3、5、8、9、10，采用 1~4 级计分方式，从 "1" 到 "4" 分别表示 "非常不符合" "不符合" "符合" "非常符合"。量表的最终得分越高说明个体的自尊水平越高。在本次调查研究中，量表的 Cronbach's α 系数为 0.86。

## 三、健康状况自评量表

健康状况自评量表主要参照李久芬等人的研究（李久芬，陆丽明，喻良文，等，2019），共 1 个题目。在调查问卷中，关于 "您认为自己现在的健康状况如何?"，其回答包括 5 个类别：非常不健康、不健康、一般、比较健康、非常健康。为了便于分析，将自评健康编码为 2 个分类变量，其中回答为 "非常健康" "健康" 的都视为 "健康"，回答为 "一般" "比较不健康" 和 "非常不健康" 的都视为 "不健康"。该量表只有 1 个题项，故未计算量表的 Cronbach's α 系数。

## 四、正负性情绪量表

正负性情绪量表（Positive and Negative Affect Scale）由美国南米得狄斯特大学和 Clark LA 及明尼苏达大学的 Tellegen A 于 1988 年共同编制（张卫东，刁静，Constance，et al.，2004）。该量表主要用来评定个体的情绪状态，共 20 个题项，分为正性情绪和负性情绪 2 个分量表。其中，1、3、5、9、10、12、14、16、17、19 等 10 个题目为正向情绪分量表，2、4、6、7、8、11、13、15、18、20 等 10 个题目为负性情绪分量表。该量表采用 1 ~ 5 级计分方式，从"1"到"4"分别表示"几乎没有""比较少""中等程度""比较多""非常多"。在本次调查研究中，量表的 Cronbach's α 系数为 0.82。

### 五、简易应对方式问卷

简易应对方式问卷（Simplified Coping Style Questionnaire，SCSQ）由解亚宁于 1998 年编制（解亚宁，1998），共 20 个条目，内容涉及人们在日常生活中应对生活事件时可能采取的不同态度和措施。该问卷分为积极应对和消极应对 2 个维度，题目 1 ~ 12 为积极应对维度，题目 13 ~ 20 为消极应对维度。该问卷采用 0 ~ 3 级评分，从"0"到"3"分别表示"不采取""偶尔采取""有时采取""经常采取"。在本次调查研究中，总问卷的 Cronbach's α 系数为 0.84。

### 六、父母关爱缺乏量表

父母关爱缺乏量表（Lack of Parental Care Scale）由范新华等根据 Takahashi 和 Sakamoto 编制的情感关系量表（ARS）修订而成，主要用于测量个体父母关爱缺乏状况。该量表为单维量表，无反向计分。量表共 8 个题目，采用 1 ~ 5 级计分方式，从"1"到"5"分别表示"非常多""比较多""一般""较少""非常少"。量表的最终得分越高说明父母关爱缺乏程度越高（范兴华，方晓义，陈锋菊，2011）。在本次调查研究中，该量表的 Cronbach's α 系数为 0.95。

### 七、粗暴养育量表

粗暴养育量表（Rough Parenting Scale）由 Wang 等人于 2018 年编制（Wang，Wang，2018）。该量表为单维量表，无反向计分，共有 4 个题目，主要采用子女报告的方法来测量粗暴养育。该量表采用 1 ~ 5 级计分方式，从"1"到"5"分别表示"从不这样""很少这样""有时这样""经常这样"

"总是这样"。量表的最终得分越高说明粗暴养育程度越严重。在本次调查研究中，量表的 Cronbach's α 系数为 0.86。

## 八、学校联结量表

学校联结量表（School Connection Scale）由 You 等编制，姜金伟等引进并修订（姜金伟，杨瑱，姜彩虹，2015），主要用于测量学生对学校的联结程度和归属感。该量表为单维量表，无反向计分，共 5 个题目，采用 1～6 级计分方式，从"1"到"6"分别表示"完全不符合""基本不符合""有点不符合""有点符合""基本符合""完全符合"。量表的最终得分越高说明学校联结程度和归属感越高。在本次调查研究中，量表的 Cronbach's α 系数为 0.83。

## 九、师生关系量表

师生关系量表（Teacher-student Relationships Scale）由褚昕宇于 2006 年编订（褚昕宇，2006）。该量表均为反向计分，共 18 个题目，分为师生关系状况、师生接近难易度和师生间地位差异 3 个维度。其中，题目 1、4、7、10、13、16 为师生关系状况维度，题目 2、5、8、11、14、17 为师生接近难易度维度，题目 3、6、9、12、15、18 为师生间地位差异维度。师生关系量表采用 1～5 级计分方式，从"1"到"5"分别表示"完全同意""部分同意""不确定""部分不同意""完全不同意"。量表的最终得分越高说明师生关系越好。在本次调查研究中，量表的 Cronbach's α 系数为 0.93。

## 十、同伴关系量表

同伴关系量表（Peer Relationship Scale）由 Marsh 和 O'Nell 于 1984 年编制，后经陈国鹏等于 1997 年修订（陈国鹏，朱晓岚，叶澜澜，等，1997），有较好的信效度。该量表共 18 个题目，其中，1、2、5、6、9、10、13、14、17 为反向计分题目，采用 1～5 级计分方式，从"1"到"5"分别表示"完全不符合""比较不符合""不确定""比较符合""完全符合"。该量表要求被试根据自己的实际情况作答，量表最终得分越高说明个体的同伴关系状况越好。在本次调查研究中，量表的 Cronbach's α 系数为 0.84。

## 十一、青少年学生生活事件量表

青少年学生生活事件量表（Adolescent Self-Rating Life Events Check List，ASLEC）由刘贤臣于 1999 年编制，代维祝等人于 2010 年修订（代维祝，张卫，李董平，等，2010）。该量表为单维量表，无反向计分，共 16 个题目，主要用于测量青少年学生过去一年经历的压力性生活事件，涉及家庭、学校、人际、个人等领域。量表采用 1~6 级计分方式，从"1"到"6"分别表示"从未发生""发生过但没有影响""发生过但影响不大""发生过但影响中度""发生过且影响重度""发生过且影响极重"。量表最终得分越高说明压力性生活事件越多且越严重。在本次调查研究中，量表的 Cronbach's α 系数为 0.80。

## 十二、社会支持量表

领悟社会支持量表（Perceived Social Support Scale）由 Zimet 等编制（汪向东，王希林，马弘，等，1999），共 12 个题目，分为家庭支持、朋友支持、老师或同学支持 3 个维度，其中题目 3、4、8、11 为家庭支持维度，题目 6、7、9、12 为朋友支持维度，题目 1、2、5、10 为其他支持维度。量表采用 1~7 级计分方式，从"1"到"7"分别表示"非常不同意""相当不同意""有些不同意""不确定""有些同意""相当同意""非常同意"。量表最终得分越高说明个体的社会支持水平越高。在本次调查研究中，总量表的 Cronbach's α 系数为 0.94。

## 十三、生活满意度量表

生活满意度量表（Life Satisfaction Scale）由 Diener，Emmons，Larsen 和 Griffin 于 1985 年编制。该量表为单维量表，无反向计分，共 5 个题目，采用 1~7 级评分方式，从"1"和"7"分别表示"非常不同意""不同意""有些不同意""不同意也不反对""有些同意""同意""非常同意"。量表最终得分越高说明个体的生活满意度水平越高。该量表是测量生活满意度最广泛的工具之一，具有较好的信效度（谢倩，陈谢平，张进辅，等，2011）。在本次调查研究中，量表的 Cronbach's α 系数为 0.79。

### 十四、六项目感恩问卷

六项目感恩问卷（Six Items Gratitude Questionnaire）由 McCullough 等人编制，共 6 个题目。该问卷为单维问卷，其中题目 3、5 为反向计分。该问卷采用 1~7 级计分方式，从"1"到"7"分别表示"非常不同意""相当不同意""有些不同意""不确定""有些同意""相当同意""非常同意"。问卷的最终得分越高说明个体的感恩倾向水平越高。该问卷在以往研究中具有较好的信效度（魏昶，吴慧婷，孔祥娜，等，2011）。在本次调查研究中，问卷的 Cronbach's α 系数为 0.72。

### 十五、学业成就问卷

学业成就问卷由文超等于 2010 年编制（文超，张卫，李董平，等，2010），要求学生对自己在语文、数学、英语 3 门主科中的学业表现进行主观评价。该问卷为单维问卷，无反向计分，共 3 个题目，采用 1~5 级计分方式，从"1"到"5"分别表示"很不好""中等偏下""中等""中等偏上""很好"。问卷的最终得分越高，则表示个体的学业成就水平越高。尽管该调查问卷主要采用主观评估的方法，但现有研究表明，学生对其学业成绩的感知与实际考试成绩密切相关，因此这种主观评估方法也可以提供有效的信息（叶宝娟，胡笑羽，杨强，等，2014）。

### 十六、中文人生意义问卷

中文人生意义问卷（Chinese Meaning in Life Questionnaire，C-MLQ）由 Steger 等于 2006 年编制（戴晓阳，2015），共 10 个题目，分为人生意义体验和人生意义追求 2 个维度，其中题目 1、4、5、6、9 为人生意义体验维度，题目 2、3、7、8、10 为人生意义追求维度，题目 9 为反向计分。该问卷采用 1~7 级计分方式，从"1"到"7"分别表示"非常不同意""基本不同意""有点不同意""不确定""有点同意""基本同意""非常同意"。问卷的最终得分越高说明个体的人生意义越大。在本次调查研究中，问卷的 Cronbach's α 系数为 0.87。

# 第三节　统计方法

## 一、质量控制

第一阶段调研：主要采用"问卷星"网络平台收集调查数据，并从以下几个方面确保问卷数据的真实性及可靠性：

（1）设置问卷中的每道题均为必答题，未完成问卷填写无法提交，后台不记录该问卷的任何数据；

（2）每个微信号或 QQ 号只能作答并提交一次数据，避免重复提交；

（3）根据问卷中总的题目数量，预估最低答题时间，并剔除答题时间 <1 000 秒的问卷数据；

（4）匿名并自愿参与填写调查问卷，在一定程度上消除调查对象的顾虑和确保调查数据的真实性及可靠性。

第二阶段调研：主要采用纸质版问卷收集调查数据，并从以下几个方面确保问卷数据的真实性及可靠性：

（1）剔除规律作答的问卷；

（2）剔除缺失值较多的问卷；

（3）剔除未完成作答的问卷；

（4）剔除未作答的问卷；

（5）对于缺失值较少、未规律作答的问卷，采用"可能值插补缺失值"的方法填补缺失值。

## 二、具体统计方法

本研究的数据统计分析基于研究目的及研究内容，使用 EpiData 3.1 软件包录入纸质问卷数据，使用 Spss 23.0 软件对问卷数据进行整理和统计分析，分析的过程中主要采用描述性统计、T 检验、方差分析、相关分析、回归分析和中介效应检验等分析方法。使用 Mplus 7.4 软件包对农村留守学生和非留守学生的心理资本进行潜在剖面分析，探讨农村留守学生和非留守学生心理资本的潜在类别数，并对 Log Likelihood、AIC、BIC、aBIC、

Entorpy、LMR 和 BLRT 几个指标进行评价。Log Likelihood、AIC、BIC 和 aBIC 的值越小说明模型拟合越好。Entorpy 的取值为 0 ~ 1，当 Entorpy ≥ 0.8 时，表明分类的准确率超过 90%，LMR 和 BLRT 两个指标的 $p < 0.05$，表明 $k$ 个类别的模型显著优于 $k-1$ 个类别的模型（向光璨，陈红，王艳丽，等，2021）。在潜在剖面分析的基础上，对农村留守学生和非留守学生心理资本的潜在类别进行命名，并采用多元 Logistic 回归分析探讨不同人口学特征与心理资本潜在类别的关联。

## 三、共同方法偏差检验

采用 Harman 单因素检验对积极心理资本、自尊、健康状况自评、正负性情绪、简易应对方式、父母关爱缺乏、粗暴养育、学校联结、师生关系、同伴关系、青少年学生生活事件、领悟社会支持、生活满意度、六项目感恩问卷、学业成就和中文人生意义等 16 个量表的所有条目进行因素分析（周浩，龙立荣，2004），结果发现 KMO 值为 0.968，Bartlett 值为 289 354.325，df=10 585，$p < 0.001$，第一个因子的解释率为 20.297%，小于 40% 的临界值，说明不存在明显的共同方法偏差效应（罗杰，周瑗，陈维，等，2014；汤丹丹，温忠麟，2020）。

# 第六章

# 农村留守学生与非留守学生心理资本特点及分析

## 第一节 农村留守学生与非留守学生心理资本特点的比较

### 一、农村留守学生与非留守学生心理资本的总体特点及分析

采用描述性统计和独立样本 $t$ 检验的分析方法对农村留守学生与非留守学生的心理资本及自我效能感、韧性、乐观和希望 4 个维度进行分析。结果如表 6-1 所示。

表 6-1  农村留守学生与非留守学生心理资本的独立样本 $t$ 检验

| 项目 | 农村留守学生（$N=1\,794$） | 农村非留守学生（$N=1\,987$） | $t$ | $p$ |
|---|---|---|---|---|
| 自我效能感 | 4.07±0.90 | 4.14±0.92 | −2.39* | 0.02 |
| 韧性 | 4.49±0.92 | 4.52±0.92 | −1.26 | 0.21 |
| 乐观 | 4.82±0.99 | 4.89±0.99 | −2.14* | 0.03 |
| 希望 | 5.08±1.08 | 5.17±1.09 | −2.42* | 0.02 |
| 心理资本总分 | 4.62±0.81 | 4.68±0.83 | −2.46** | 0.01 |

注：*表示 $p<0.05$，**表示 $p<0.01$，***表示 $p<0.001$，下同。

描述性统计分析结果表明，农村留守学生与非留守学生的心理资本总分及自我效能感、韧性、乐观和希望 4 个维度上的得分均在 4 分以上，说明农村留守学生与非留守学生的心理资本及自我效能感、韧性、乐观和希望均处于中等偏上水平，这与以往的研究结果基本一致（魏军锋，2015；杜柏玲，陈维举，2020）。农村留守学生的心理资本均处于中等偏上水平的

原因可能有以下几点：首先，近年来，国家高度重视农村经济发展，先后出台诸多有效措施助推农村经济的发展，这些措施有利于缩小城乡经济发展差距，并对加强农村基础设施建设、提升公共服务水平、改善农村生产生活条件、提升农村留守学生的幸福感和获得感等都有重要作用。其次，国家高度重视与支持广大偏远地区的教育、经济发展等问题，持续鼓励农民工返乡就业创业，积极关注与重视农村留守学生的生活、学习和身心发展状况。这种强有力、大规模的社会支持性资源能有效帮助农村留守学生缓解不利处境所带来的消极影响，从而有利于农村留守学生构建与培养积极心理资本。此外，农村留守学生在成长与发展过程中经历了较多的压力性生活事件，这些压力性生活事件对磨砺农村留守学生坚强的意志、增强心理反弹能力、提升对未来的希望与信心也有重要作用，再加上国家、社会等各方的支持和帮助，能进一步提升农村留守学生对未来的希望与信心，并乐观处理或积极应对压力性生活事件。综上所述，国家、社会等多方提供的大规模、强有力的社会支持性力量，再加上农村留守学生能够感知或领悟到这种支持性力量并转化为有效应对压力的积极力量，这对农村留守学生的积极心理资本有较好的促进作用。因此，农村留守学生在心理资本及其自我效能感、韧性、乐观和希望上的表现较好。

独立样本 $t$ 检验发现，农村留守学生与非留守学生的心理资本总分及自我效能感、乐观、希望 3 个维度得分有统计学意义（$p<0.05$），韧性维度得分无统计学意义（$p>0.05$），主要表现为：农村留守学生的心理资本总分（$t=-2.46$，$p<0.05$）及自我效能感（$t=-2.39$，$p<0.05$）、乐观（$t=-2.14$，$p<0.05$）和希望（$t=-2.42$，$p<0.05$）维度得分均显著低于农村非留守学生。虽然农村留守学生与非留守学生在韧性维度上的得分（$t=-1.26$，$p>0.05$）不存在显著性差异，但农村留守学生的韧性得分（$4.49\pm0.92$）略低于农村非留守学生（$4.52\pm0.92$）。

描述性统计和独立样本 $t$ 检验结果发现，虽然农村留守学生的心理资本总分及自我效能感、韧性、乐观和希望 4 个维度得分均处于中等偏上水平，但与农村非留守学生相比，农村留守学生的心理资本总分及自我效能感、韧性、乐观和希望 4 个维度得分相对较低。说明农村留守学生的积极心理资本相对较匮乏，也说明亲子分离、依恋关系受损、缺乏父母有效监管和关心关爱的留守生活会给农村留守学生带来较大的压力或挫折，并且在应对压力或挫折的过程中会消耗农村留守学生较多的积极心理资本，因而农村留守学生的积极心理资本相对较少。

## 二、农村留守学生心理资本的潜在剖面分析

### （一）农村留守学生心理资本的潜在剖面模型拟合指标

参照以往研究（郑晓，常韵琪，肖淑娟，等，2020；王秀娜，辛涛，2021；杨娅娟，徐洪吕，王颖，等，2021），对农村留守学生的心理资本依次建立 1~5 个潜在类别（见表 6-2）。结果发现，随着分类数量的增加，AIC、BIC 和 aBIC 不断减少，并且 AIC、BIC 和 aBIC 在类别 1 至类别 3 时下降幅度最大，之后趋于平缓。Entorpy 值在类别 2 和类别 3 时达到最大，并且 LMR 和 BLRT 均达到显著水平（$p<0.001$），类别 5 时 LMR 不显著。因此，根据模型拟合指标，最终确定类别 3 为最优的潜在剖面模型。结合表 6-3 来看，农村留守学生心理资本各潜在类别被试的平均归属概率从 95% 到 96%，表明农村留守学生心理资本潜在类别的分类模型具有较高的可靠性。

155

表 6-2　农村留守学生心理资本的潜在剖面模型拟合指标

| 类别数 | $k$ | Log(L) | AIC | BIC | aBIC | Entorpy | $p$ (LMR) | $p$ (BLRT) | 类别概率 |
|---|---|---|---|---|---|---|---|---|---|
| 1 | 52 | −82 280.93 | 164 665.86 | 164 951.45 | 164 786.25 | | | | |
| 2 | 79 | −77 274.05 | 154 706.09 | 155 139.98 | 154 889.00 | 0.91 | <0.001 | <0.001 | 51.0/49.0 |
| 3 | 106 | −75 698.03 | 151 608.07 | 152 190.24 | 151 853.49 | 0.90 | <0.001 | <0.001 | 22.7/48.7/28.6 |
| 4 | 133 | −75 019.65 | 150 305.29 | 150 613.22 | 56 400.67 | 0.89 | <0.01 | <0.001 | 7.2/34.1/37.5/21.2 |
| 5 | 160 | −74 641.03 | 149 602.05 | 150 480.80 | 149 972.49 | 0.87 | 0.28 | <0.001 | 6.7/12.4/27.6/33.0/20.3 |

表 6-3　农村留守学生心理资本各潜在类别被试的平均归属概率

| 类别 | 类别 C1 | 类别 C2 | 类别 C3 |
|---|---|---|---|
| 类别 C1 | 0.95 | 0.05 | 0.00 |
| 类别 C2 | 0.03 | 0.95 | 0.02 |
| 类别 C3 | 0.00 | 0.04 | 0.96 |

（二）农村留守学生心理资本潜在类别的命名

为了便于分析，根据农村留守学生心理资本的潜在类别分类情况，并参考以往研究，将心理资本量表的自我效能感、韧性、乐观、希望 4 个维度的题目放置在一起（谢家树，魏宇民，ZHU Zhuorong，2019；韦光彬，佘爱，杨迪，2020；郑晓，常韵琪，肖淑娟，等，2020），即题目 1～7 为自我效能感维度，题目 8～14 为韧性维度，题目 15～20 为乐观维度，题目 21～26 为希望维度，并绘制了农村留守学生心理资本的 3 个潜在类别在 26 个题目上的得分情况（见图 6-1）。

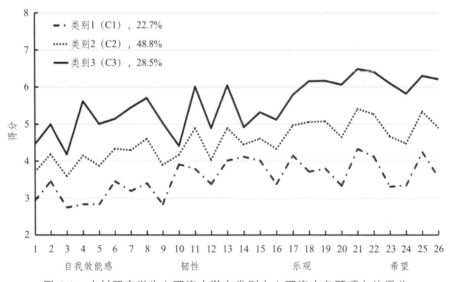

图 6-1　农村留守学生心理资本潜在类别在心理资本各题项上的得分

从图 6-1 中可以看出，与类别 2（C2）和类别 3（C3）相比，类别 1（C1）的自我效能感、韧性、乐观和希望 4 个维度得分均最低，表明该类型的农村留守学生的心理资本水平相对较低，因此，将类别 1（C1）命名为"低心理资本型"，该类型占总人数的 22.7%（408 名）。类别 2（C2）的自我效能感、韧性、乐观和希望 4 个维度得分均次之，表明该类型的农村留守学生的心理资本水平在所有学生中处于中间水平，因此，将类别 2（C2）命名为"中等心理资本型"，该类型占总人数的 48.8%（875 名）。类别 3（C3）的自我效能感、韧性、乐观和希望 4 个维度得分均最高，表明该类型的农村留守学生的心理资本水平相对较高，因此，将类别 3（C3）命名为"高心理资本型"，该类型占总人数的 28.5%（511 名）。

### （三）不同人口学变量对农村留守学生心理资本潜在类别的回归分析

157

在农村留守学生心理资本潜在剖面分析结果的基础上，进一步探讨不同人口学特征与农村留守学生 3 个潜在类别的关联。以农村留守学生心理资本的 3 个潜在类别为因变量，以年龄、性别、是否少数民族、和谁居住、学段、是否独生子女、是否低保家庭、是否技能帮扶家庭、家庭结构学业负担、父母教育期望、身体健康状况等不同人口学特征为自变量，以"高心理资本型"（C3）为参照组进行多元 Logistic 回归分析（见表 6-4），结果发现：年龄、性别、学业负担、父母教育期望、健康状况对"低心理资本型"（C1）农村留守学生有显著影响（$p<0.05$），年龄、学段、学业负担、父母教育期望、健康状况对"中等心理资本型"（C2）农村留守学生有显著影响（$p<0.05$）。说明年龄、性别、学段、学业负担、父母教育期望、健康状况是农村留守学生心理资本潜在类别分组的有效预测变量。

## 三、农村非留守学生心理资本的潜在剖面分析

### （一）农村非留守学生心理资本的潜在剖面模型拟合指标

参考以往的研究（郑晓，常韵琪，肖淑娟，等，2020；王秀娜，辛涛，2021；杨娅娟，徐洪吕，王颖，等，2021），对农村非留守学生的心理资本

表 6-4 农村留守学生心理资本潜在类别的 Logistic 回归分析

| 自变量 | 选项 | 低心理资本型（C1） | | | 中等心理资本型（C2） | | |
|---|---|---|---|---|---|---|---|
| | | B 值 | OR（95%CI） | p 值 | B 值 | OR（95%CI） | p 值 |
| 年龄 | | -0.14 | 0.87（0.78~0.98） | <0.05 | -0.13 | 0.88（0.80~0.96） | <0.01 |
| 性别 | 男 | -0.58 | 0.56（0.40~0.78） | <0.01 | -0.18 | 0.84（0.65~1.08） | 0.18 |
| | 女 | | | | | | |
| 是否少数民族 | 是 | 0.21 | 1.23（0.93~1.64） | 0.15 | 0.21 | 1.23（0.97~1.55） | 0.08 |
| | 否 | | | | | | |
| 和谁居住 | 父母 | 0.27 | 1.31（0.87~1.98） | 0.19 | 0.17 | 1.18（0.84~1.65） | 0.33 |
| | 父亲 | -0.07 | 0.93（0.56~1.55） | 0.78 | -0.18 | 0.84（0.56~1.26） | 0.39 |
| | 母亲 | -0.09 | 0.92（0.60~1.40） | 0.69 | -0.02 | 0.98（0.70~1.38） | 0.92 |
| | 独自居住 | 0.04 | 1.04（0.71~1.53） | 0.84 | 0.004 | 1.00（0.74~1.37） | 0.98 |
| | 爷爷奶奶等 | | | | | | |
| 学段 | 初中 | -0.24 | 0.79（0.35~1.76） | 0.56 | -0.65 | 0.52（0.28~0.99） | <0.05 |
| | 高中 | 0.39 | 1.48（0.91~2.40） | 0.12 | -0.03 | 0.97（0.66~1.43） | 0.88 |
| | 中专 | -0.40 | 0.67（0.39~1.18） | 0.17 | -0.30 | 0.74（0.47~1.16） | 0.19 |
| | 大专 | | | | | | |
| 是否独生子女 | 是 | -0.30 | 0.674（0.34~1.60） | 0.44 | 0.06 | 1.06（0.62~1.83） | 0.83 |
| | 否 | | | | | | |
| 是否低保家庭 | 是 | 0.06 | 1.06（0.66~1.72） | 0.80 | -0.08 | 0.92（0.62~1.37） | 0.68 |
| | 否 | | | | | | |

续表

| 自变量 | 选项 | 低心理资本型（C1） | | | 中等心理资本型（C2） | | |
|---|---|---|---|---|---|---|---|
| | | B值 | OR（95%CI） | p值 | B值 | OR（95%CI） | p值 |
| 是否技能帮扶家庭 | 是 | 0.03 | 1.03（0.74~1.43） | 0.88 | 0.06 | 1.06（0.81~1.38） | 0.67 |
| | 否 | | | | | | |
| 家庭结构 | 单亲家庭 | -0.18 | 0.84（0.53~1.34） | 0.46 | 0.04 | 1.04（0.72~1.50） | 0.85 |
| | 非单亲家庭 | | | | | | |
| 学业负担 | 非常轻 | -0.45 | 1.66（0.26~10.41） | 0.61 | -2.04 | 0.13（0.01~1.18） | 0.07 |
| | 比较轻 | -0.69 | 0.45（0.11~1.75） | 0.17 | -0.93 | 0.39（0.17~0.93） | <0.05 |
| | 一般 | -0.54 | 0.65（0.39~1.07） | <0.05 | -0.04 | 0.96（0.60~1.52） | 0.85 |
| | 比较重 | -0.23 | 0.72（0.44~1.19） | 0.40 | 0.06 | 1.06（0.67~1.68） | 0.82 |
| | 非常重 | | | | | | |
| 父母教育期望 | 现在就不读书了 | 2.46 | 11.66（0.99~137.41） | 0.05 | 0.77 | 2.15（0.18~25.26） | 0.54 |
| | 初中毕业 | 1.74 | 5.68（0.32~100.88） | 0.24 | 0.61 | 1.84（0.16~21.32） | 0.63 |
| | 中专毕业 | 2.23 | 9.28（2.94~29.35） | <0.001 | 0.59 | 1.81（0.61~5.35） | 0.28 |
| | 高中毕业 | 1.60 | 4.96（1.44~17.08） | <0.05 | 0.37 | 1.44（0.44~4.74） | 0.55 |
| | 大专毕业 | 1.34 | 3.83（2.28~6.46） | <0.001 | 0.47 | 1.60（1.08~2.35） | <0.05 |
| | 大学毕业 | 0.80 | 2.22（1.43~3.46） | <0.001 | 0.52 | 1.69（1.23~2.31） | <0.01 |
| | 研究生或博士毕业 | | | | | | |
| 身体健康状况 | 健康 | -1.68 | 0.19（0.14~0.26） | <0.001 | -0.83 | 0.44（0.33~0.58） | <0.001 |
| | 不健康 | | | | | | |

依次建立 1~5 个潜在类别（见表 6-5），结果发现，随着分类数量的增加，AIC、BIC 和 aBIC 不断减少，并且 AIC、BIC 和 aBIC 在类别 1 至类别 3 时下降幅度最大，之后趋于平缓。Entorpy 值在类别 2 和类别 3 时达到最大，并且 LMR 和 BLRT 均达到显著水平（$p<0.001$），类别 5 时 LMR 不显著。因此，根据模型拟合指标，最终确定类别 3 为最优潜在剖面模型。结合表 6-6 来看，农村非留守学生心理资本各潜在类别被试的平均归属概率从 95% 到 97%，表明农村非留守学生心理资本潜在类别的分类模型具有较高的可靠性。

### （二）农村非留守学生心理资本潜在类别的命名

为了便于分析，根据农村非留守学生心理资本的潜在类别分类情况，并参考以往研究，将心理资本量表的自我效能感、韧性、乐观、希望 4 个维度的题目放置在一起（谢家树，魏宇民，ZHU Zhuorong，2019；韦光彬，佘爱，杨迪，2020；郑晓，常韵琪，肖淑娟，等，2020），即题目 1~7 为自我效能感维度，题目 8~14 为韧性维度，题目 15~20 为乐观维度，题目 21~26 为希望维度，并绘制了农村留守学生心理资本的 3 个潜在类别在 26 个题目上的得分情况（见图 6-2）。

表 6-5　农村非留守学生心理资本的潜在剖面模型拟合指标

| 类别数 | $k$ | Log(L) | AIC | BIC | aBIC | Entorpy | $p$ (LMR) | $p$ (BLRT) | 类别概率 |
|---|---|---|---|---|---|---|---|---|---|
| 1 | 52 | -90 933.87 | 181 971.74 | 182 262.65 | 182 097.44 | | | | |
| 2 | 79 | -85 084.06 | 170 326.12 | 170 768.08 | 170 517.09 | 0.92 | <0.001 | <0.001 | 48.9/51.1 |
| 3 | 106 | -83 226.27 | 166 664.53 | 167 257.54 | 166 920.77 | 0.93 | <0.001 | <0.001 | 12.3/51.4/36.4 |
| 4 | 133 | -82 249.84 | 164 765.68 | 165 509.73 | 165 087.18 | 0.90 | <0.01 | <0.001 | 8.4/35.7/37.9/18.0 |
| 5 | 160 | -81 881.18 | 164 082.35 | 164 977.45 | 164 469.13 | 0.87 | 0.12 | <0.001 | 4.8/22.9/31.2/26.6/14.5 |

表6-6　农村非留守学生心理资本各潜在类别被试的平均归属概率

| 类别 | 类别 C1 | 类别 C2 | 类别 C3 |
|------|---------|---------|---------|
| 类别 C1 | 0.95 | 0.05 | 0.00 |
| 类别 C2 | 0.01 | 0.97 | 0.02 |
| 类别 C3 | 0.00 | 0.03 | 0.97 |

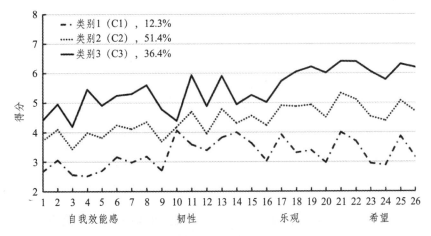

图6-2　农村非留守儿童心理资本潜在类别在抑心理资本项上的得分

从图6-2中可以看出，与类别2（C2）和类别3（C3）相比，类别1（C1）的自我效能感、韧性、乐观和希望4个维度得分均最低，表明该类型的农村非留守学生的心理资本水平相对较低，因此，将类别1（C1）命名为"低心理资本型"，该类型占总人数的12.3%（243名）。类别2（C2）的自我效能感、韧性、乐观和希望4个维度得分均次之，表明该类型的农村非留守学生的心理资本水平在所有学生中处于中间水平，因此，将类别2（C2）命名为"中等心理资本型"，该类型占总人数的51.4%（1 021名）。类别3（C3）的自我效能感、韧性、乐观和希望4个维度得分均最高，表明该类型的农村非留守学生的心理资本水平相对较高，因此，将类别3（C3）命名为"高心理资本型"，该类型占总人数的36.4%（723名）。

### （三）不同人口学变量对农村非留守学生心理资本潜在类别的回归分析

在农村非留守学生心理资本潜在剖面分析结果的基础上，进一步探讨不同人口学特征与农村非留守学生 3 个潜在类别的关联。以农村非留守学生心理资本的 3 个潜在类别为因变量，以年龄、性别、是否少数民族、和谁居住、学段、是否独生子女、是否低保家庭、是否技能帮扶家庭、家庭结构、学业负担、父母教育期望、身体健康状况等不同人口学特征为自变量，以"高心理资本型"（C3）为参照组进行多元 Logistic 回归分析（见表6-7），结果发现：年龄、性别、父母教育期望、健康状况对"低心理资本型"（C1）农村非留守学生有显著影响（$p<0.05$）；性别、独自居住、单亲家庭、学业负担、父母教育期望、健康状况对"中等心理资本型"（C2）农村非留守学生有显著影响（$p<0.05$）。由此说明年龄、性别、独自居住、单亲家庭、学业负担、父母教育期望、健康状况是农村非留守学生心理资本潜在类别分组的有效预测变量。

## 第二节　农村留守学生与非留守学生心理资本在不同性别上的比较

### 一、农村留守学生与非留守学生在不同性别上的人数统计

采用描述性统计分析对农村留守学生与非留守学生在不同性别上的人数进行分析，结果如表 6-8 所示。

从表 6-8 可以看出，在农村留守学生群体中，男生的人数为 480 人，占总人数的 26.76%，女生的人数为 1 314 人，占总人数的 73.24%。在农村非留守学生群体中，男生的人数为 526 人，占总人数的 26.47%，女生的人数为 1 461 人，占总人数的 73.53%。在被调查的农村学生群体中，男生的总人数为 1 006 人，占总调查人数的 26.61%，女生的总人数为 2 775 人，占总调查人数的 73.39%。

表 6-7 农村非留守学生心理资本潜在类别的 Logistic 回归分析

| 自变量 | 选项 | 低心理资本型（C1） | | | 中等心理资本型（C2） | | |
| --- | --- | --- | --- | --- | --- | --- | --- |
| | | B 值 | OR（95%CI） | p 值 | B 值 | OR（95%CI） | p 值 |
| 年龄 | | -0.21 | 0.81（0.72~0.92） | <0.01 | -0.08 | 0.93（0.86~1.00） | 0.05 |
| 性别 | 男 | -0.58 | 0.56（0.38~0.82） | <0.01 | -0.25 | 0.78（0.62~0.99） | <0.05 |
| | 女 | | | | | | |
| 是否少数民族 | 是 | 0.11 | 1.12（0.81~1.55） | 0.49 | 0.10 | 1.10（0.89~1.36） | 0.37 |
| | 否 | | | | | | |
| 和谁居住 | 父母 | 0.33 | 1.39（0.46~4.25） | 0.56 | -0.48 | 0.62（0.32~1.20） | 0.15 |
| | 父亲 | 0.13 | 1.14（0.25~5.22） | 0.86 | -0.16 | 0.85（0.34~2.14） | 0.74 |
| | 母亲 | 0.41 | 1.50（0.40~5.67） | 0.55 | -0.15 | 0.86（0.38~1.97） | 0.73 |
| | 独自居住 | -0.67 | 0.51（0.10~2.71） | 0.43 | -1.99 | 0.14（0.05~0.41） | <0.001 |
| | 爷爷奶奶等 | | | | | | |
| 学段 | 初中 | 0.02 | 1.02（0.41~2.51） | 0.97 | -0.03 | 0.97（0.54~1.74） | 0.92 |
| | 高中 | 0.36 | 1.43（0.84~2.45） | 0.19 | 0.10 | 1.10（0.78~1.54） | 0.58 |
| | 中专 | -0.29 | 0.75（0.41~1.38） | 0.36 | -0.38 | 0.69（0.47~1.01） | 0.06 |
| | 大专 | | | | | | |
| 是否独生子女 | 是 | -0.49 | 0.61（0.21~1.77） | 0.37 | -0.12 | 0.88（0.50~1.57） | 0.67 |
| | 否 | | | | | | |
| 是否低保家庭 | 是 | -0.02 | 0.98（0.59~1.65） | 0.95 | 0.07 | 1.08（0.77~1.51） | 0.68 |
| | 否 | | | | | | |

| 自变量 | 选项 | 低心理资本型（C1） | | | 中等心理资本型（C2） | | |
|---|---|---|---|---|---|---|---|
| | | B值 | OR（95%CI） | p值 | B值 | OR（95%CI） | p值 |
| 是否技能帮扶家庭 | 是 | 0.20 | 1.23（0.85~1.78） | 0.28 | -0.08 | 0.93（0.73~1.18） | 0.54 |
| | 否 | | | | | | |
| 家庭结构 | 单亲家庭 | -0.19 | 0.83（0.39~1.77） | 0.63 | -0.52 | 0.59（0.35~1.00） | <0.05 |
| | 非单亲家庭 | | | | | | |
| 学业负担 | 非常轻 | 0.51 | 1.66（0.26~10.41） | 0.59 | -19.60 | | |
| | 比较轻 | -0.81 | 0.45（0.11~1.75） | 0.25 | 0.20 | 1.23（0.53~2.85） | 0.64 |
| | 一般 | -0.44 | 0.65（0.39~1.07） | 0.09 | 0.58 | 1.79（1.22~2.64） | <0.01 |
| | 比较重 | -0.33 | 0.72（0.44~1.19） | 0.20 | 0.48 | 1.62（1.10~2.40） | <0.05 |
| | 非常重 | | | | | | |
| 父母教育期望 | 现在就不读书了 | 2.64 | 14.05（2.83~69.78） | <0.01 | 1.50 | 0.46（1.11~17.90） | <0.05 |
| | 初中毕业 | 2.17 | 8.74（0.65~117.34） | 0.10 | 0.78 | 2.19（0.19~25.67） | 0.53 |
| | 中专毕业 | 1.45 | 4.26（1.32~13.71） | <0.05 | 0.74 | 2.10（0.93~4.74） | 0.07 |
| | 高中毕业 | 1.42 | 4.16（1.24~13.91） | <0.05 | 0.62 | 1.86（0.68~5.10） | 0.23 |
| | 大专毕业 | 1.35 | 3.87（2.14~6.98） | <0.001 | 0.88 | 2.40（1.71~3.37） | <0.001 |
| | 大学毕业 | 0.90 | 2.45（1.49~4.01） | <0.001 | 0.74 | 2.10（1.59~2.77） | <0.001 |
| | 研究生或博士毕业 | | | | | | |
| 身体健康状况 | 健康 | -1.70 | 0.18（0.13~0.26） | <0.001 | -1.03 | 0.36（0.28~0.46） | <0.001 |
| | 不健康 | | | | | | |

表 6-8　农村留守学生与非留守学生在不同性别上的人数统计

| 项目 | 性别 | 人数 | 百分比 |
|---|---|---|---|
| 农村留守学生<br>（N=1 794） | 男 | 480 | 26.76% |
|  | 女 | 1 314 | 73.24% |
| 农村非留守学生<br>（N=1 987） | 男 | 526 | 26.47% |
|  | 女 | 1 461 | 73.53% |

## 二、农村留守学生与非留守学生心理资本在不同性别上的独立样本 $t$ 检验

采用独立样本 $t$ 检验的分析方法对不同性别农村留守学生与非留守学生的心理资本及自我效能感、韧性、乐观和希望 4 个维度进行分析，结果如表 6-9 所示。

表 6-9　农村留守学生与非留守学生心理资本在不同性别上的独立样本 $t$ 检验

| 项目 | | 农村留守学生（N=1 794） | | | | | 农村非留守学生（N=1 987） | | | | |
|---|---|---|---|---|---|---|---|---|---|---|---|
| | | 自我<br>效能感 | 韧性 | 乐观 | 希望 | 心理资<br>本总分 | 自我<br>效能感 | 韧性 | 乐观 | 希望 | 心理资<br>本总分 |
| 性别 | 男 | 4.28±<br>0.88 | 4.73±<br>0.88 | 4.79±<br>0.98 | 5.08±<br>1.10 | 4.72±<br>0.80 | 4.43±<br>0.88 | 4.81±<br>0.88 | 4.89±<br>0.97 | 5.15±<br>1.09 | 4.82±<br>0.79 |
| | 女 | 3.99±<br>0.89 | 4.39±<br>0.92 | 4.83±<br>1.00 | 5.08±<br>1.08 | 4.58±<br>0.81 | 4.04±<br>0.91 | 4.42±<br>0.91 | 4.89±<br>1.01 | 5.17±<br>1.09 | 4.63±<br>0.84 |
| $t$ | | 5.97*** | 6.80*** | −0.91 | 0.08 | 3.29*** | 8.55*** | 8.45*** | 0.09 | −0.30 | 4.57*** |

农村留守学生的心理资本总分（$t$=3.29，$p$<0.001）及自我效能感（$t$=5.97，$p$<0.001）和韧性（$t$=6.80，$p$<0.001）2 个维度的得分在不同性别上存在显著性差异，具体表现为：农村留守男学生的心理资本总分（4.72±0.80）、效能感得分（4.28±0.88）和韧性得分（4.73±0.88）显著高于女生（4.58±0.81；3.99±0.89；4.39±0.92）；农村留守学生的乐观（$t$=−0.91，$p$>0.05）和希望（$t$=0.08，$p$>0.05）2 个维度的得分在不同性别上不存在显著性差异，但农村留守女学生的乐观得分（4.83±1.00）高于男学生（4.79±0.98），希望得分男生（5.08±1.10）和女生（5.08±1.08）基本一致。

农村非留守学生的心理资本总分（$t=4.57$，$p<0.001$）及自我效能感（$t=8.55$，$p<0.001$）和韧性（$t=8.45$，$p<0.001$）2 个维度的得分在不同性别上存在显著性差异，具体表现为：农村非留守男学生的心理资本总分（4.82±0.79）、效能感得分（4.43±0.88）和韧性得分（4.81±0.88）显著高于女生（4.63±0.84；4.04±0.91；4.42±0.91）；农村非留守学生的乐观（$t=0.09$，$p>0.05$）和希望（$t=-0.30$，$p>0.05$）2 个维度的得分在不同性别上不存在显著性差异，但农村非留守女学生的希望得分（5.17±1.09）高于男学生（5.15±1.09），乐观得分男生（4.89±0.97）和女生（4.89±1.01）基本一致。

独立样本 $t$ 检验结果表明，在农村留守学生和非留守学生群体中，男生的积极心理资本相对较多；与农村非留守学生相比，农村留守学生的积极心理资本相对较少。社会性别角色理论指出，性别角色的差异会造成男女生之间的个性差异，男生具有进取心、抱负、独立等特质，女生具有敏感、理解、热心等特质，这种不同的特质差异会影响男女生的心理功能及社会行为（Hang，Foley，Ming，et al.，2014）。中国传统的封建思想、家庭文化和教育观念也是造成这种差异的重要因素，在广大农村地区，重男轻女的封建思想会导致女生出现自卑、敏感、缺乏韧性等心理特点。此外，农村留守学生在学习与生活中不仅要面临父母分离、缺乏父母的关心关爱、家庭教育缺失、亲子关系和依恋关系受损、学业压力、社会环境适应、人际关系不良等不利处境，还要面对自身身心发展不平衡带来的各种压力，容易出现自卑、焦虑、无助等消极情绪并消耗了大量的积极心理资本，因此，与农村非留守学生相比，农村留守学生的积极心理资本相对较少。

## 第三节　农村留守学生与非留守学生心理资本在不同学段上的比较

### 一、农村留守学生与非留守学生在不同学段上的人数统计

采用描述性统计分析对农村留守学生与非留守学生在不同学段上的人数进行分析，结果如表 6-10 所示。

表 6-10　农村留守学生与非留守学生在不同学段上的人数统计

| 项目 | 性别 | 人数 | 百分比 |
|---|---|---|---|
| 农村留守学生<br>（N=1 794） | 初中 | 188 | 10.48% |
| | 高中 | 605 | 33.72% |
| | 中专 | 209 | 11.65% |
| | 大专 | 792 | 44.15% |
| 农村非留守学生<br>（N=1 987） | 初中 | 200 | 10.07% |
| | 高中 | 604 | 30.40% |
| | 中专 | 241 | 12.13% |
| | 大专 | 942 | 47.41% |

从表 6-10 可以看出，在农村留守学生群体中，初中学生的人数为 188 人，占总人数的 10.48%；高中学生的人数为 605 人，占总人数的 33.72%；中专学生的人数为 209，占总人数的 11.65%；大专学生的人数为 792 人，占总人数的 44.15%。在农村非留守学生群体中，初中学生的人数为 200 人，占总人数的 10.07%；高中学生的人数为 604 人，占总人数的 30.40%；中专学生的人数为 241，占总人数的 12.13%；大专学生的人数为 942 人，占总人数的 47.41%。

## 二、农村留守学生与非留守学生心理资本在不同学段上的独立样本 $t$ 检验

采用单因素方差分析（one-way ANOVA）的方法对不同学段农村留守学生与非留守学生的心理资本及自我效能感、韧性、乐观和希望 4 个维度进行统计分析，结果如表 6-11 所示。

农村留守学生的心理资本总分（$F=3.47$，$p<0.01$）及韧性（$F=4.49$，$p<0.01$）、乐观（$F=4.02$，$p<0.01$）2 个维度在不同学段上存在显著性差异，多重事后检验结果如下：在韧性维度上，农村留守大专学生的韧性得分（4.55±0.90）显著高于中专学生（4.32±0.92）和高中学生（4.44±0.91），农村留守初中学生的韧性得分（4.54±0.97）显著高于中专学生（4.32±0.92）；

168

表 6-11 农村留守学生与非留守学生心理资本在不同学段上的方差分析

| 项目 | 农村留守学生（N=1 794） | | | | | 农村非留守学生（N=1 987） | | | | |
|---|---|---|---|---|---|---|---|---|---|---|
| 学段 | 自我效能感 | 韧性 | 乐观 | 希望 | 心理资本总分 | 自我效能感 | 韧性 | 乐观 | 希望 | 心理资本总分 |
| ①初中 | 4.09±0.95 | 4.54±0.97 | 4.77±1.05 | 5.05±1.21 | 4.61±0.87 | 4.08±0.88 | 4.39±0.89 | 4.79±1.07 | 5.08±1.11 | 4.59±0.83 |
| ②高中 | 3.99±0.91 | 4.44±0.91 | 4.72±1.01 | 4.99±1.03 | 4.54±0.80 | 4.08±0.94 | 4.49±0.97 | 4.79±1.05 | 5.10±1.13 | 4.62±0.86 |
| ③中专 | 4.11±0.93 | 4.32±0.92 | 4.83±1.00 | 5.13±1.04 | 4.59±0.82 | 4.14±0.89 | 4.39±0.89 | 4.78±1.09 | 5.11±1.19 | 4.61±0.87 |
| ④大专 | 4.11±0.87 | 4.55±0.90 | 4.91±0.96 | 5.14±1.07 | 4.58±0.80 | 4.21±0.91 | 4.60±0.89 | 4.99±0.91 | 5.24±1.03 | 4.76±0.79 |
| $F$ | 2.07 | 4.49** | 4.02** | 2.39 | 3.47** | 3.13* | 5.25*** | 7.08*** | 2.68* | 5.67*** |
| Post Hoc | | ③<① ②<④ ③<④ | ②<④ | | ②<④ | ①<④ ②<④ | ①<④ ②<④ ③<④ | ①<④ ②<④ ③<④ | ①<④ ②<④ | ①<④ ②<④ ③<④ |

在乐观维度上，农村留守大专学生的乐观得分（4.91±0.96）显著高于高中学生（4.72±1.01）；在心理资本总分上，农村留守大专学生的心理资本总分（4.68±0.80）显著高于高中学生（4.99±1.08）。农留守学生的自我效能感（$F=2.07$，$p>0.05$）和希望（$F=2.39$，$p>0.05$）2个维度在不同学段上不存在显著性差异，但农村留守大专学生自我效能感得分（4.11±0.87）高于高中学生（3.99±0.91）和初中学生（4.09±0.95），农村留守大专学生的希望得分（5.14±1.07）高于中专学生（5.13±1.04）、高中学生（5.13±1.04）和初中学生（5.05±1.21）。对于农村留守学生来说，大专学生在心理资本总分及自我效能感、韧性、乐观和希望得分上相对较高，而高中学生则相对较低，说明农村留守大专学生的积极心理资本相对较多，而高中学生的积极心理资本相对较少。

农村非留守学生的心理资本总分（$F=5.67$，$p<0.001$）及自我效能感（$F=3.13$，$p<0.05$）、韧性（$F=5.25$，$p<0.001$）、乐观（$F=7.08$，$p<0.001$）和希望（$F=2.68$，$p<0.05$）4个维度存在显著差异，多重事后检验结果如下：在自我效能感维度上，农村非留守大专学生的自我效能感得分（4.21±0.91）显著高于高中学生（4.08±0.94）和初中学生（4.08±0.88）；在韧性维度上，农村非留守大专学生的韧性得分（4.60±0.89）显著高于中专学生（4.39±0.89）、高中学生（4.49±0.97）和初中学生（4.39±0.89）；在乐观维度上，农村非留守大专学生的乐观得分（4.99±0.91）显著高于中专学生（4.78±1.09）、高中学生（4.79±1.05）和初中学生（4.79±1.07）；在希望维度上，农村非留守大专学生的希望得分（5.24±1.03）显著高于高中学生（5.10±1.13）和初中学生（5.08±1.11）；在心理资本总分上，农村非留守大专学生的心理资本总分（4.76±0.79）显著高于中专学生（4.61±0.87）、高中学生（4.62±0.86）和初中学生（4.59±0.83）。对于农村非留守学生来说，大专学生在心理资本总分及自我效能感、韧性、乐观和希望得分上相对较高，而初中学生则相对较低，说明农村非留守大专学生的积极心理资本相对较多，而初中学生的积极心理资本相对较少。

单因素方差分析结果表明，在农村留守学生和非留守学生群体中，大专学生的积极心理资本相对较多，原因可能是：

第一，初中、高中和中专学生正处于身心及学业发展的重要时期，在生活与学习中要同时应对身心发展不平衡、学习压力、升学压力、环境适应等诸多压力性生活事件，而农村留守学生同时也要应对亲子分离、缺乏父母关心关爱等压力，积极心理资本受到严重影响。

第二，心理健康活动月、心理健康讲座、团体心理辅导和心理咨询等为大专学生提供了丰富多样的心理健康课程及活动，不仅让大专学生学会和掌握维持心理健康的有效方法，也能够通过心理咨询的方式让大专学生维持较好的心理健康水平。

第三，大专学生在学习与生活过程中，也许经历过相对较多的不利处境，在应对不利处境的过程中逐渐磨砺了坚强的意志，当再次面临不利处境时，其心理反弹能力较强。另外，大专学生在平时学习、工作、兼职等过程中逐渐学会如何建立与维持良好的人际关系，当自己遭遇不利处境时，能够获得相对较多的社会支持性资源来缓冲不利处境对自己造成的伤害，从而维护较高的身心健康水平。

## 第四节　农村留守学生与非留守学生心理资本在不同健康状况上的比较

### 一、农村留守学生与非留守学生在不同健康状况上的人数统计

采用描述性统计分析对农村留守学生与非留守学生健康状况人数进行分析，结果如表6-12所示。

在农村留守学生群体中，报告身体状况为健康与不健康的人数分别为1 229 人和 565 人，报告身体状况为健康与不健康的人数分别占总人数的68.51%和31.49%。在农村非留守学生群体中，报告身体状况为健康与不健康的人数分别为1 406人和581人,报告身体状况为健康与不健康的人数分别占总人数的70.76%和29.24%。可以看出，在被调查的3 781名农村学生

中，有 1 146 名学生报告身体状况为不健康，说明有 30.31%的农村学生的身体健康状况不佳，并且农村非留守学生报告身体健康状况为不健康的比例（31.49%）高于农村非留守学生（29.24%）。造成这种差异的原因可能是：

第一，农村学生的健康意识有待提高，缺乏有效的体育锻炼以及饮食、睡眠等不规律都会影响农村学生的身体健康状况。

第二，部分农村学生的父母科学意识不强，并且部分父母封建迷信思想严重，当子女生病时不是第一时间送医，而是采用封建迷信中的老办法来驱除疾病，导致子女长时间饱受疾病折磨，严重影响农村学生的身体健康状况。

第三，部分农村学生家庭经济状况相对较差，并且农村医疗设施不健全、医生医术水平有限，无法及时有效地给予患病学生提供更好的医疗救治服务，不利于学生尽快恢复健康。

第四，对于农村留守学生而言，亲子分离、缺乏父母有效监管等留守状况会让农村留守学生患病时无法及时获得医疗救助，从而导致农村留守学生的身体健康不能得到有效保障。

表 6-12　农村留守学生与非留守学生健康状况人数统计

| 项目 | 健康状况 | 人数 | 百分比 |
|---|---|---|---|
| 农村留守学生（N=1 794） | 健康 | 1 229 | 68.51% |
| | 不健康 | 565 | 31.49% |
| 农村非留守学生（N=1 987） | 健康 | 1 406 | 70.76% |
| | 不健康 | 581 | 29.24% |

## 二、农村留守学生与非留守学生心理资本在不同健康状况上的独立样本 $t$ 检验

采用独立样本 $t$ 检验的统计分析方法对不同健康状况农村留守学生与非留守学生的心理资本及自我效能感、韧性、乐观和希望 4 个维度进行分析，结果如表 6-13 所示。

表6-13　农村留守学生与非留守学生心理资本在不同健康状况上的独立样本 $t$ 检验

| 项目 | | 农村留守学生（N=1 794） | | | | | 农村非留守学生（N=1 987） | | | | |
|---|---|---|---|---|---|---|---|---|---|---|---|
| | | 自我效能感 | 韧性 | 乐观 | 希望 | 心理资本总分 | 自我效能感 | 韧性 | 乐观 | 希望 | 心理资本总分 |
| 健康状况 | 健康 | 4.25±0.85 | 4.63±0.89 | 5.00±0.93 | 5.25±1.04 | 4.78±0.77 | 4.30±0.89 | 4.67±0.90 | 5.06±0.94 | 5.33±1.04 | 4.84±0.79 |
| | 不健康 | 3.69±0.89 | 4.16±0.91 | 4.42±1.00 | 4.72±1.09 | 4.25±0.79 | 3.77±0.86 | 4.16±0.86 | 4.49±1.03 | 4.76±1.11 | 4.29±0.80 |
| $t$ | | 12.53*** | 10.42*** | 11.89*** | 9.79*** | 13.52*** | 12.28*** | 11.72*** | 11.99*** | 10.92*** | 14.01*** |

农村留守学生的心理资本总分（ $t$=13.52， $p$<0.001）及自我效能感（ $t$=12.53， $p$<0.001）、韧性（ $t$=10.42， $p$<0.001）、乐观（ $t$=11.89， $p$<0.001）和希望（ $t$=9.79， $p$<0.001）4个维度的得分在不同健康状况上均存在显著性差异，报告身体健康状况为健康的农村留守学生的心理资本总分（4.78±0.77）及自我效能感得分（4.25±0.85）、韧性得分（4.63±0.89）、乐观得分（5.00±0.93）和希望得分（5.00±0.93）均显著高于报告身体健康状况为不健康的学生。

农村非留守学生的心理资本总分（ $t$=14.01， $p$<0.001）及自我效能感（ $t$=12.28， $p$<0.001）、韧性（ $t$=11.72， $p$<0.001）、乐观（ $t$=11.99， $p$<0.001）和希望（ $t$=10.92， $p$<0.001）4个维度的得分在健康状况上存在显著差异，报告身体健康状况为健康的农村非留守学生的心理资本总分（4.84±0.79）及自我效能感得分（4.30±0.89）、韧性得分（4.67±0.90）、乐观得分（5.06±0.94）和希望得分（5.33±1.04）均显著高于报告身体健康状况为不健康的学生。

另外，在报告身体健康状况为健康的农村学生群体中，农村留守学生的心理资本总分及自我效能感、韧性、乐观和希望4个维度上的得分低于农村非留守学生；在报告身体健康状况为不健康的农村学生群体中，农村留守学生的心理资本总分及自我效能感、韧性、乐观和希望4个维度的得分低于农村非留守学生，说明身体健康状况与农村留守学生和非留守学生的积极心理资本有密切关系。

独立样本 $t$ 检验结果表明，在农村留守学生和非留守学生群体中，报告身体状况为健康的学生的积极心理资本相对较多；与农村非留守学生相比，报告身体状况为健康或不健康的农村留守学生的积极心理资本均相对较低。以往研究发现，个体的身体健康水平与心理资本显著正相关，说明个体的身体健康状况会影响其积极心理品质的发展，并且身体健康状况良好的个体，在积极心理资本上表现较好（王逸尘，2017）。对冠心病和原发高血压患者的研究发现，身患疾病会让个体承受较大的身心压力并容易出现焦虑、抑郁等消极情绪，从而降低患者的心理资本水平（王晓琼，2018；王元肖，2020）。可以看出，良好的身体健康水平对构建或培养个体的积极心理资本有重要作用。对农村学生而言，个体意识、父母观念、家庭经济状况、医疗条件等主客观因素都会对患病子女的疾病康复有重要影响。个体的健康意识强烈、父母不迷信、经济情况较好的家庭能给患病子女提供较好的医疗服务。对农村留守学生而言，学业压力、人际关系不良、社会适应困难、亲子分离、家庭功能受损、家庭教育缺失、缺乏父母的关心关爱、亲子关系和依恋关系受损等诸多压力性生活事件都会让农村留守学生感受到较大的心理压力、心理冲突。当农村留守学生身患疾病并缺乏有效的社会支持性资源时，更容易导致其出现焦虑、抑郁、悲观、失望等消极情绪，这既不利于农村留守学生的疾病康复，也不利于培养其积极心理资本和维护身心健康。

## 第五节　农村留守学生与非留守学生心理资本在不同父母教育期望上的比较

### 一、农村留守学生与非留守学生在不同父母教育期望状况上的人数统计

采用描述性统计分析对农村留守学生与非留守学生父母教育期望状况进行分析，结果如表 6-14 所示。

在农村留守学生群体中，报告父母希望自己读完大专及其以上的有 1 731 人，占总人数的 86.49%，大专以下的有 63 人，占总人数的 13.51%。在农村非留守学生群体中，报告父母希望自己读完大专及其以上的有 1 902 人，占总人数的 95.72%，大专以下的有 85 人，占总人数的 4.28%。可以看

出，无论是农村留守学生还是农村非留守学生，父母的教育期望水平均较高，而在农村非留守学生群体中，父母希望子女读完大专以上的学生占比（95.72%）高于农村留守学生（86.49%）。

表 6-14　农村留守学生与非留守学生父母教育期望状况人数统计

| 项目 | 父母教育期望 | 人数 | 百分比 |
|---|---|---|---|
| 农村留守学生<br>（N=1 794） | 辍学 | 6 | 0.33% |
| | 初中毕业 | 4 | 0.22% |
| | 中专毕业 | 30 | 1.67% |
| | 高中毕业 | 23 | 1.28% |
| | 大专毕业 | 426 | 23.75% |
| | 大学毕业 | 1 057 | 58.92% |
| | 硕士及以上毕业 | 248 | 13.82% |
| 农村非留守学生<br>（N=1 987） | 辍学 | 16 | 0.81% |
| | 初中毕业 | 5 | 0.25% |
| | 中专毕业 | 37 | 1.86% |
| | 高中毕业 | 27 | 1.36% |
| | 大专毕业 | 464 | 23.35% |
| | 大学毕业 | 1 126 | 56.67% |
| | 硕士及以上毕业 | 312 | 15.70% |

## 二、农村留守学生与非留守学生心理资本在不同父母教育期望上的方差分析

采用单因素方差分析（one-way ANOVA）的方法对不同父母教育期望农村留守学生与非留守学生的心理资本及自我效能感、韧性、乐观和希望 4 个维度进行分析，结果如表 6-15 所示。

农村留守学生的心理资本总分（$F=5.71$，$p<0.001$）及自我效能感（$F=2.42$，$p<0.05$）、韧性（$F=2.22$，$p<0.05$）、乐观（$F=4.95$，$p<0.001$）和希望（$F=7.82$，$p<0.05$）4 个维度得分在不同父母教育期望上存在显著性差异，多重事后检验结果如下：

表 6-15　农村留守学生与非留守学生心理资本在不同父母教育期望上的方差分析

| 项目 | 农村留守学生（N=1 794） | | | | | 农村非留守学生（N=1 987） | | | | |
|---|---|---|---|---|---|---|---|---|---|---|
| | 自我效能感 | 韧性 | 乐观 | 希望 | 心理资本总分 | 自我效能感 | 韧性 | 乐观 | 希望 | 心理资本总分 |
| ①辍学 | 3.33±1.61 | 4.19±1.23 | 3.89±1.61 | 4.17±1.82 | 3.89±1.42 | 3.79±1.04 | 4.17±1.00 | 4.16±1.57 | 4.42±1.36 | 4.13±1.07 |
| ②初中毕业 | 4.26±0.53 | 4.21±0.34 | 4.88±0.64 | 5.08±1.35 | 4.61±0.65 | 3.26±0.96 | 4.37±1.24 | 4.10±1.15 | 4.63±1.05 | 4.09±0.99 |
| ③中专毕业 | 3.94±1.02 | 4.16±0.98 | 4.58±0.93 | 4.72±1.11 | 4.35±0.86 | 4.04±0.85 | 4.34±0.95 | 4.72±1.05 | 4.93±1.37 | 4.51±0.92 |
| ④高中毕业 | 3.75±0.91 | 4.25±0.94 | 4.51±1.44 | 4.55±1.43 | 4.26±1.05 | 3.76±1.13 | 3.87±0.79 | 4.58±1.00 | 4.64±1.24 | 4.21±0.91 |
| ⑤大专毕业 | 4.02±0.91 | 4.44±0.91 | 4.81±0.99 | 5.02±1.07 | 4.57±0.82 | 4.10±0.90 | 4.51±0.86 | 4.88±0.97 | 5.07±1.07 | 4.64±0.81 |
| ⑥大学毕业 | 4.08±0.87 | 4.49±0.90 | 4.78±0.97 | 5.04±1.07 | 4.60±0.79 | 4.11±0.90 | 4.49±0.92 | 4.85±0.99 | 5.13±1.07 | 4.64±0.81 |
| ⑦硕士毕业 | 4.21±0.90 | 4.63±0.96 | 5.09±0.98 | 5.46±0.99 | 4.84±0.80 | 4.43±0.93 | 4.75±0.97 | 5.14±1.00 | 5.57±1.03 | 4.97±0.82 |
| F | 2.42* | 2.22* | 4.95*** | 7.82*** | 5.71*** | 7.97*** | 6.42*** | 6.14*** | 10.89*** | 10.50*** |
| Post Hoc | ①④⑤⑥<⑦<br>①<⑥ | ③⑤⑥<⑦ | ①③④⑤<br>⑥<⑦<br>①<⑥ | ①③④⑤<br>⑥<⑦<br>①④<⑥<br>④<⑤ | ①③④⑤<br>⑥<⑦<br>①<⑥<br>①<⑤ | ①②③④<br>⑤⑥<⑦<br>②④<⑥<br>②<⑤ | ①③④⑤<br>⑥<⑦<br>④<⑥<br>④<⑤ | ①②③④<br>⑤⑥<⑦<br>①<⑥<br>①<⑤ | ①③④⑤<br>⑥<⑦<br>①④<⑥<br>①④<⑤ | ①②③④<br>⑤⑥<⑦<br>①④<⑥<br>①④<⑤ |

（父母教育期望）

在自我效能感维度上，父母期望子女读完研究生及以上的得分（4.21±0.90）显著高于父母期望读完大学（4.08±0.87）、大专（4.02±0.91）、高中（3.75±0.91）和辍学（3.33±1.61）的得分；父母期望子女读完大学的得分（4.08±0.87）显著高于辍学（3.33±1.61）的得分。

在韧性维度上，父母期望子女读完研究生及以上的得分（4.63±0.96）显著高于父母期望读完大学（4.49±0.90）、大专（4.44±0.91）和中专（4.16±0.98）的得分。

在乐观维度上，父母期望子女读完研究生及以上的得分（5.09±0.98）显著高于父母期望读完大学（4.78±0.97）、大专（4.81±0.99）、高中（4.51±1.44）、中专（4.58±0.93）和辍学（3.89±1.61）的得分；父母期望子女读完大学的得分（4.78±0.97）显著高于辍学（3.89±1.61）的得分。

在希望维度上，父母期望子女读完研究生及以上的得分（5.46±0.99）显著高于父母期望读完大学（5.04±1.07）、大专（5.02±1.07）、高中（4.55±1.43）、中专（4.72±1.11）和辍学（4.17±1.82）的得分；父母期望子女读完大学的得分（5.04±1.07）显著高于读完高中（4.55±1.43）和辍学（4.17±1.82）的得分；父母期望子女读完大专的得分（5.02+1.07）显著高于读完高中（4.55±1.43）的得分。

在心理资本总分上，父母期望子女读完研究生及以上的得分（4.84±0.80）显著高于父母期望读完大学（4.60±0.79）、大专（4.57±0.82）、高中（4.26±1.05）、中专（4.35±0.86）和辍学（3.89±1.42）的得分；父母期望子女读完大学的得分（4.60±0.79）显著高于辍学（3.89±1.42）的得分；父母期望子女读完大专的得分（4.57±0.82）显著高于辍学（3.89±1.42）的得分。

农村非留守学生的心理资本总分（$F=10.50$，$p<0.001$）及自我效能感（$F=7.97$，$p<0.001$）、韧性（$F=6.42$，$p<0.001$）、乐观（$F=6.14$，$p<0.001$）和希望（$F=10.89$，$p<0.001$）4个维度得分在不同父母教育期望上存在显著性差异。多重事后检验结果如下：

在自我效能感维度上，父母期望子女读完研究生及以上的得分（4.43±0.93）显著高于父母期望读完大学（4.11±0.90）、大专（4.10±0.90）、高中（3.76±1.13）、中专（4.04±0.85）、初中（3.26±0.96）和辍学（3.79±1.04）

的得分；父母期望子女读完大学的得分（4.11±0.90）显著高于初中（3.26±0.96）和辍学（3.79±1.04）的得分；父母期望子女读完大专的得分大专（4.10±0.90）显著高于辍学（3.79±1.04）的得分。

在韧性维度上，父母期望子女读完研究生及以上的得分（4.75±0.97）显著高于父母期望读完大学（4.49±0.92）、大专（4.51±0.86）、高中（3.87±0.79）、中专（4.34±0.95）和辍学（4.17±1.00）的得分；父母期望子女读完大学的得分（4.49±0.92）显著高于读完高中（3.87±0.79）的得分；父母期望子女读完大专的得分（4.51±0.86）显著高于读完高中（3.87±0.79）的得分。

在乐观维度上，父母期望子女读完研究生及以上的得分（5.14±1.00）显著高于父母期望读完大学（4.85±0.99）、大专（4.88±0.97）、高中（4.58±1.00）、中专（4.72±1.05）、初中（4.10±1.15）和辍学（4.16±1.57）的得分；父母期望子女读完大学的得分（4.85±0.99）显著高于读完和辍学（4.16±1.57）的得分；父母期望子女读完大专的得分大专（4.88±0.97）显著高于辍学（4.16±1.57）的得分。

177

在希望维度上，父母期望子女读完研究生及以上的得分（5.57±1.03）显著高于父母期望读完大学（5.13±1.07）、大专（5.07±1.07）、高中（4.64±1.24）、中专（4.93±1.37）和辍学（4.42±1.36）的得分；父母期望子女读完大学的得分（5.13±1.07）显著高于读完高中（4.64±1.24）和辍学（4.42±1.36）的得分；父母期望子女读完大专的得分（5.07±1.07）显著高于读完高中（4.64±1.24）和辍学（4.42±1.36）的得分。

在心理资本总分上，父母期望子女读完研究生及以上的得分（4.97±0.82）显著高于父母期望读完大学（4.64±0.81）、大专（4.64±0.81）、高中（4.21±0.91）、中专（4.51±0.92）、初中（4.09±0.99）和辍学（4.13±1.07）的得分；父母期望子女读完大学的得分（4.64±0.81）显著高于读完高中（4.21±0.91）和辍学（4.13±1.07）的得分；父母期望子女读完大专的得分（4.64±0.81）显著高于读完高中（4.21±0.91）和辍学（4.13±1.07）的得分。

单因素方差分析结果表明，农村留守学生与非留守学生的父母教育期望水平均较高，说明无论是农村留守学生还是非留守学生，父母都希望子女在学业上能够有所作为，这可能是受"望子成龙、望女成凤"观念的影响所致。本研究发现，父母的教育期望越高，学生的心理资本及其自我效能感、韧性、乐观和希望 4 个维度上的得分也越高，这说明父母的教育期望与子女的积极心理资本有密切关系。家庭是个体成长与发展的重要场所，父母是个体成长与发展的重要他人，并且父母"望子成龙，望女成凤"的教育观念，足以说明家庭环境、父母期望对子女成长与发展的重要影响。对中学生群体的研究发现，父母的教育期望能显著影响学生的学习投入，说明父母的教育期望对子女的学习与成长有积极的促进作用（刘在花，2015）。一般来说，父母对子女寄予较高的教育期望，便会通过努力创造条件让子女接受更好的教育等方式来增加教育投入，同时也通过督促、鼓励、鞭策等方式来提升对女子教育的参与度，这在一定程度上会让子女感受到被关注和被支持。对留守学生的研究发现，父母的教育期望是留守学生学习表现的保护性资源，父母教育期望不仅对留守学生的学习投入有直接作用，还可以通过父母教育卷入和自我教育期望的作用间接影响留守学生的学习投入，并且父母的教育期望越高，越倾向对子女教育更多的投入和关注，这在一定程度上能够增强子女的学习动力，提高子女的学习自信心（张庆华，杨航，刘方琛，等，2020）。因此，较高的父母教育期望水平不仅有利于掷高对子女的教育关注和教育资源，也有利于提升子女的学业成绩和自我效能感。

## 第六节　农村留守学生心理资本在不同学业负担上的比较

### 一、农村留守与非留守学生在不同学业负担状况上的人数统计

采用描述性统计分析对农村留守学生与非留守学生不同学业负担状况进行分析，结果如表 6-16 所示。

表 6-16　农村留守与非留守学生学业负担状况人数统计

| 项目 | 学业负担状况 | 人数 | 百分比 |
|---|---|---|---|
| 农村留守学生<br>（N=1 794） | 非常轻 | 9 | 0.50% |
|  | 比较轻 | 39 | 2.17% |
|  | 一般 | 829 | 46.21% |

续表

| 项目 | 学业负担状况 | 人数 | 百分比 |
|---|---|---|---|
| 农村留守学生<br>（N=1 794） | 比较重 | 772 | 43.03% |
| | 非常重 | 145 | 8.08% |
| 农村非留守学生<br>（N=1 987） | 非常轻 | 6 | 0.30% |
| | 比较轻 | 31 | 1.56% |
| | 一般 | 992 | 49.92% |
| | 比较重 | 785 | 39.51% |
| | 非常重 | 173 | 8.71% |

在农村留守学生群体中，报告学业负担状况"轻"（包括比较轻、非常轻）的学生人数为 48 人，占总人数的 2.68%；报告学业负担"一般"的学生人数为 829 人，占总人数的 46.21%；报告学业负担"重"（包括比较重、非常重）的学生人数为 917 人，占总人数的 51.11%。在农村非留守学生群体中，报告学业负担状况"轻"（包括比较轻、非常轻）的学生人数为 37 人，占总人数的 1.86%；报告学业负担"一般"的学生人数为 992 人，占总人数的 49.92%；报告学业负担"重"（包括比较重、非常重）的学生人数为 958 人，占总人数的 48.22%。可以看出，无论是农村留守学生还是农村非留守学生，有一半左右的学生均报告自己的学业负担较重。

可以看出，无论是农村留守学生还是非留守学生，一半左右的学生均报告学业负担较重。

## 二、农村留守学生与非留守学生在不同学业负担状况上的独立样本 $t$ 检验

采用独立样本 $t$ 检验对农村留守学生和非留守学生的学业负担状况进行分析，结果如表 6-17 所示：农村留守学生与非留守学生在学业负担上的得分（$t=0.56$，$p>0.05$）不存在显著性差异，并且农村留守学生与非留守学生的学业负担得分基本一致，均为 3.5 分左右，说明农村留守学生与非留守学生的学业负担水平基本一致并整体处于中等水平。

表6-17　农村留守学生与非留守学生在学业负担状况上的独立样本 $t$ 检验

| 项目 | 农村留守学生<br>（ $N$=1 794） | 农村非留守学生<br>（ $N$=1 987） | $t$ | $p$ |
|---|---|---|---|---|
| 学业负担 | 3.56±0.69 | 3.55±0.69 | 0.56 | 0.57 |

以往研究发现，小学生、初中生和高中生的学业负担并非普遍过重或过轻，而是存在多种水平，而多种水平之间存在显著差异，高中生的学业负担高于初中生，初中生的学业负担高于小学生（艾兴，王磊，2016）。学生本身（学习任务、学习时间和学生自身素质）、学生家长（家长的态度与意见）和学校教师（对学业负担的看法和态度）会影响学生对学业负担的感受及体会（吴敏，2009），并且学生承载的学习时间、学习任务在绝对量上超过了学生的身心承载能力，而学生主观感觉学习时间过长、任务过重、效果不佳等都会给个体造成负面的情感体验（艾兴，2015）。另外，在新冠肺炎疫情期间，过重的线上教学任务和繁重的作业任务也会让学生感受到较大的心理压力，从而让学生感受到较大的学业负担。

### 三、农村留守学生与非留守学生心理资本在不同学业负担状况上的方差分析

采用单因素方差分析（one-way ANOVA）的方法对不同学业负担农村留守学生与非留守学生的心理资本及自我效能感、韧性、乐观和希望 4 个维度进行分析，结果如表6-18所示。

农村留守学生的心理资本总分（ $F$=8.72， $p<0.001$ ）及自我效能感（ $F$=12.77， $p<0.001$ ）、韧性（ $F$=10.12， $p<0.001$ ）和乐观（ $F$=6.76， $p<0.001$ ）3 个维度上的得分在不同学业负担上存在显著性差异，希望（ $F$=0.97， $p>0.05$ ）维度得分在不同学业负担上不存在显著性差异，但学业负担越重的留守学生希望得分越低。多重事后检验结果如下：

在自我效能感维度上，学业负担非常重的得分（3.80±1.07）显著低于比较重（3.96±0.89）、一般（4.21±0.84）、比较轻（4.35±1.07）和非常轻（4.59±1.02）的得分；学业负担比较重的得分（3.96±0.89）显著低于一般（4.21±0.84）、比较轻（4.35±1.07）和非常轻（4.59±1.02）的得分。

表6-18 农村留守学生与非留守学生心理资本在不同学业负担上的方差分析

| 项目 | | 农村留守学生（N=1794） | | | | | 农村非留守学生（N=1987） | | | | |
|---|---|---|---|---|---|---|---|---|---|---|---|
| | | 自我效能感 | 韧性 | 乐观 | 希望 | 心理资本总分 | 自我效能感 | 韧性 | 乐观 | 希望 | 心理资本总分 |
| 学业负担 | ①非常轻 | 4.59±1.02 | 4.90±1.62 | 5.00±1.25 | 5.39±1.77 | 4.97±1.21 | 4.00±2.03 | 4.81±1.65 | 4.28±2.30 | 4.22±2.39 | 4.33±2.00 |
| | ②比较轻 | 4.35±1.07 | 4.65±1.12 | 5.05±0.89 | 5.25±1.22 | 4.83±0.96 | 4.18±0.88 | 4.68±0.90 | 5.14±1.12 | 5.34±1.14 | 4.84±0.88 |
| | ③一般 | 4.21±0.84 | 4.61±0.87 | 4.92±0.94 | 5.11±1.05 | 4.71±0.78 | 4.20±0.86 | 4.61±0.88 | 4.93±0.94 | 5.14±1.05 | 4.72±0.79 |
| | ④比较重 | 3.96±0.89 | 4.38±0.89 | 4.75±1.02 | 5.04±1.08 | 4.53±0.80 | 4.11±0.90 | 4.46±0.92 | 4.89±0.98 | 5.20±1.05 | 4.66±0.81 |
| | ⑤非常重 | 3.80±1.07 | 4.24±1.08 | 4.53±1.09 | 5.04±1.19 | 4.40±0.94 | 3.98±1.19 | 4.28±1.09 | 4.68±1.25 | 5.16±1.41 | 4.52±1.07 |
| F | | 12.77*** | 10.12*** | 6.76*** | 0.97 | 8.72*** | 2.85* | 6.28*** | 3.27* | 1.58 | 2.72* |
| Post Hoc | | ①②③④>⑤<br>①②③>④ | ①②③>⑤<br>③>④ | ②③④>⑤<br>③>④ | | ①②③>⑤<br>③②>④ | ③>⑤<br>③>④ | ②③④>⑤<br>③>④ | ②③④>⑤ | | ③④>⑤ |

在韧性维度上，学业负担非常重的得分（4.24±1.08）显著低于一般（4.61±0.87）、比较轻（4.65±1.12）和非常轻（4.90±1.62）的得分；学业负担比较重的得分（4.38±0.89）显著低于一般（4.21±0.84）的得分。

在乐观维度上，学业负担非常重的得分（4.53±1.09）显著低于一般（4.92±0.94）、比较轻（5.05±0.89）和非常轻（5.00±1.25）的得分；学业负担比较重的得分（4.75±1.02）显著低于一般（4.92±0.94）的得分。

在心理资本总分上，学业负担非常重的得分（4.40±0.94）显著低于一般（4.71±0.78）、比较轻（4.83±0.96）和非常轻（4.97±1.21）的得分；学业负担比较重的得分（4.53±0.80）显著低于一般（4.71±0.78）和比较轻（4.83±0.96）的得分。

农村非留守学生的心理资本总分（$F=2.72$，$p<0.05$）和自我效能感（$F=2.85$，$p<0.05$）、韧性（$F=6.28$，$p<0.001$）和乐观（$F=3.27$，$p<0.05$）3 个维度的得分在不同学业负担上存在显著性差异，希望（$F=1.58$，$p>0.05$）维度的得分在不同学业负担上不存在显著性差异。多重事后检验结果如下：

在自我效能感维度上，学业负担非常重的得分（3.98±1.19）显著低于一般（4.20±0.86）的得分，学业负担比较重的得分（4.11±0.90）显著低于一般（4.20±0.86）的得分。

在韧性维度上，学业负担非常重的得分（4.28±1.09）显著低于比较重（4.46±0.92）、一般（4.61±0.88）和比较轻（4.68±0.90）的得分；学业负担比较重的得分（4.46±0.92）显著低于一般（4.21±0.84）的得分。

在乐观维度上，学业负担非常重的得分（4.68±1.25）显著低于比较重（4.89±0.98）、一般（4.93±0.94）和比较轻（5.14±1.12）的得分。

在心理资本总分上，学业负担非常重的得分（4.52±1.074）显著低于比较重（4.66±0.81）和一般（4.72±0.79）的得分。

单因素方差分析结果表明，农村学生的学业负担越重，学生的心理资本及其自我效能感、韧性、乐观和希望 4 个维度上的得分也就越低。并且在学业负担较重的情况下，农村留守学生的心理资本及其自我效能感、韧性、乐观和希望 4 个维度的得分低于农村非留守学生，说明学生的学业负担与积极心理资本有密切关系，并且留守生活会让农村学生同时感受到多重心理负担，从而影响自己的积极心理资本。有研究者指出，过度的教育会给学生带来较大的压力和严重的心理隐患，一方面，过度教育容易造成学生出现厌学、厌食等行为，从而使学业表现较差；另一方面，过度教育会改变学生认知，从而形成焦虑、逆反、冷漠、自控力差、适应能力弱、心理弹性不足能等心理特点（李森有，李红梅，2006）。研究发现，过重的学业负担会使学生的认知能力下降、自我控制力减弱和睡眠质量较差，让学生感受到较大的身心压力，进而导致易怒、焦虑、抑郁等负性情绪的产生（张舒，2018）。并且过重的学业负担会导致学生出现生理改变（如睡眠不足、认知能力下降）和情绪改变（如出现易怒、焦虑），这会严重影响学生的心理健康水平（陈佳琪，2019），不利于维护学生的身心健康和提高学生的学业成绩。此外，新冠肺炎疫情迅速蔓延期间，为做好各项疫情防控工作，各地各学校均纷纷开展网络教学，教师的教学方式、学生的学习方式以及学习环境等变化可能使学生出现学习适应不良、学习负担过重、心理压力较大等状况。对于偏远地区农村家庭的学生而言，由于自身经济条件和网络基础设施不完善等因素的限制，导致学生的学习设备与网络等与学习有关的软硬件无法满足学生的学习需求，在学习过程中可能让他们倍感不适，甚至无法正常开展线上学习等情况出现，因此会导致学生容易出现焦虑、沮丧、情绪低落、自我评价较低等问题。同时，学习环境、学习教材、学习进度及教学方法的改变，会使个体面临的学习困难增多，进而产生学业压力，从而体验到较大的学业负担（宋潮，王建平，2017）。对于农村留守学生而言，他们不仅要面对长期与父母分离、缺乏父母的有效监管和关心关爱的留守生活，还要面对突如其来的新冠肺炎疫情所带来的担忧、害怕、恐慌、焦虑等负性情绪体验，再加上线上学习不适应、过重的学业负担等因素会不断消耗其积极心理资本，心理资本水平必定会受到影响。

## 第七节　农村留守学生与非留守学生心理资本在
其他人口学变量上的比较

### 一、农村留守学生与非留守学生心理资本在是否技能帮扶家庭上
的比较

（一）农村留守学生与非留守学生在是否技能帮扶家庭上的人数
统计

采用描述性统计分析对农村留守学生与非留守学生在是否技能帮扶家庭上的人数进行分析，结果如表 6-19 所示。

表 6-19　农村留守学生与非留守学生在是否技能帮扶家庭上的人数统计

| 项目 | 是否技能帮扶家庭学生 | 人数 | 百分比 |
|---|---|---|---|
| 农村留守学生（N=1794） | 技能帮扶家庭学生 | 557 | 31.05% |
| | 非技能帮扶家庭学生 | 1 237 | 68.95% |
| 农村非留守学生（N=1987） | 技能帮扶家庭学生 | 597 | 30.05% |
| | 非技能帮扶家庭学生 | 1 390 | 69.95% |

在农村留守学生群体中，技能帮扶家庭学生的人数为 557 人，占总人数的 31.05%。在农村非留守学生群体中，技能帮扶家庭学生的人数为 597 人，占总人数的 30.05%。在被调查的农村学生群体中，技能帮扶家庭总人数为 1 154，占总调查人数的 30.52%。

（二）农村留守学生与非留守学生心理资本在否技能帮扶家庭上
的独立样本 t 检验

采用独立样本 t 检验的分析方法对是否技能帮扶家庭农村留守学生与非留守学生的心理资本及自我效能感、韧性、乐观和希望 4 个维度进行分析，结果如表 6-20 所示。

表 6-20  农村留守学生与非留守学生心理资本在是否技能帮扶家庭上的
独立样本 $t$ 检验

| 项目 | | 农村留守学生（N=1 794） | | | | | 农村非留守学生 （N=1 987） | | | | |
|---|---|---|---|---|---|---|---|---|---|---|---|
| | | 自我效能感 | 韧性 | 乐观 | 希望 | 心理资本总分 | 自我效能感 | 韧性 | 乐观 | 希望 | 心理资本总分 |
| 是否技能帮扶家庭 | 是 | 4.07±0.94 | 4.49±0.93 | 4.84±1.01 | 5.12±1.04 | 4.63±0.82 | 4.12±0.92 | 4.50±0.89 | 4.85±1.04 | 5.14±1.13 | 4.65±0.85 |
| | 否 | 4.08±0.88 | 4.48±0.91 | 4.81±0.99 | 5.06±1.10 | 4.61±0.81 | 4.15±0.92 | 4.53±0.93 | 4.91±0.98 | 5.18±1.07 | 4.69±0.82 |
| $t$ | | −0.21 | 0.17 | 0.64 | 1.06 | 0.54 | −0.78 | −0.79 | −1.09 | −0.63 | −0.97 |

农村留守学生的心理资本总分（$t=0.54$，$p>0.05$）及自我效能感（$t=-0.21$，$p>0.05$）、韧性（$t=0.17$，$p>0.05$）、乐观（$t=0.64$，$p>0.05$）和希望（$t=1.06$，$p>0.05$）4 个维度的得分在是否技能帮扶家庭上不存在显著性差异，但技能帮扶家庭学生的心理资本总分（4.63±0.82）及希望（5.12±1.04）、乐观（4.84±1.01）和韧性（4.49±0.93）得分高于非技能帮扶家庭学生，而技能帮扶家庭学生的自我效能感得分（4.07±0.94）低于非技能帮扶家庭学生得分。

农村非留守学生的心理资本总分（$t=-0.97$，$p>0.05$）及自我效能感（$t=-0.78$，$p>0.05$）、韧性（$t=-0.79$，$p>0.05$）、乐观（$t=-1.09$，$p>0.05$）和希望（$t=-0.63$，$p>0.05$）4 个维度的得分在是否技能帮扶家庭上不存在显著性差异，但技能帮扶家庭学生的心理资本总分（4.65±0.85）及希望（5.14±1.13）、乐观（4.85±1.04）、韧性（4.50±0.89）和自我效能感（4.12±0.92）得分均低于非技能帮扶家庭学生得分。

农村技能帮扶家庭的学生作为一类特殊的学生群体，通常面临家庭经济条件相对较差、无稳定收入来源、不良生活事件较多等压力并严重影响其身心健康水平（詹清清，2019）。国家、社会和学校设立的各种资助政策虽然能够为经济困难家庭的学生提供学业及生活上的保障，但经济困难学生的心理问题也应该受到关注与重视（冯如，2019）。对技能帮扶家庭学生进行研究后发现，技能帮扶家庭学生的心理健康状况较差，有 45.35% 的学生在心理健康状况方面不容乐观，并且有 13.95% 的学生存在比较严重的心理问题（曾武祈，谢涛，龚海蓉，等，2018），而技能帮扶家庭学生的心理健康状况主要表现为强迫症状、人际关系敏感、抑郁、焦虑、敌对、恐怖6个因子得分显著高于常模（曾武祈，谢涛，龚海蓉，等，2018），说明技能帮扶家庭学生的心理健康状况不容乐观。

有研究者认为，家庭经济困难学生由于特殊的家庭环境，容易滋生自卑、内向、焦虑等消极情绪，导致他们在心理资本及自我效能感、韧性、乐观、希望等各个维度表现较差，心理资本作为家庭经济困难学生的一种积极心理资本，能帮助他们有效应对各种压力性事件对自己造成的伤害（刘爱楼，2019）。有研究发现，通过减轻技能帮扶家庭学生求学期间面临的经济压力、采取丰富多彩的活动进行干预（如心理讲座、心灵茶座、心理剧表演等）、营造良好的学习氛围和树立良好的价值导向等方式，能有效提高技能帮扶家庭学生的积极心理品质（陈成，2020），从而维护技能帮扶家庭学生的身心健康。因此，个体、家庭和学校应重视学生积极心理品质的培养，个人要积极提升自我效能感、培养乐观精神、对未来的希望感和锤炼良好的心理反弹能力，父母应该采取民主型的家庭教育方式、积极营造和谐的家庭氛围；学校应该建立和谐的校园社会心理环境、完善大学生心理健康教育体系，从而有效提高农村技能帮扶家庭学生的积极心理品质（刘爱楼，2019）。

## 二、农村留守学生与非留守学生心理资本在是否单亲家庭上的比较

### （一）农村留守学生与非留守学生在是否单亲家庭上的人数统计

采用描述性统计分析对农村留守学生与非留守学生在是否单亲家庭上的人数进行分析，结果如表6-21所示。

表6-21　农村留守学生与非留守学生在是否单亲家庭上的人数统计

| 项目 | 是否单亲家庭学生 | 人数 | 百分比 |
| --- | --- | --- | --- |
| 农村留守学生（N=1 794） | 单亲家庭学生 | 224 | 12.49% |
| | 非单亲家庭学生 | 1 570 | 87.51% |
| 农村非留守学生（N=1 987） | 单亲家庭学生 | 167 | 8.40% |
| | 非单亲家庭学生 | 1 820 | 91.60% |

在农村留守学生群体中，单亲家庭学生的人数为 224 人，占总人数的 12.49%。在农村非留守学生群体中，单亲家庭学生的人数为 167 人，占总人数的 8.40%。在被调查的农村学生群体中，单亲家庭学生的总人数为 391 人，占总调查人数的 10.34%。

## （二）农村留守学生与非留守学生心理资本在是否单亲家庭上的独立样本 $t$ 检验

采用独立样本 $t$ 检验的分析方法对是否单亲家庭农村留守学生与非留守学生的心理资本及自我效能感、韧性、乐观和希望 4 个维度进行分析，结果如表 6-22 所示。

表 6-22　农村留守学生与非留守学生心理资本在是否单亲家庭上的独立样本 $t$ 检验

| 项目 | | 农村留守学生（$N$=1 794） | | | | | 农村非留守学生（$N$=1 987） | | | | |
|---|---|---|---|---|---|---|---|---|---|---|---|
| | | 自我效能感 | 韧性 | 乐观 | 希望 | 心理资本总分 | 自我效能感 | 韧性 | 乐观 | 希望 | 心理资本总分 |
| 是否单亲家庭 | 是 | 4.08±0.82 | 4.54±0.82 | 4.82±0.97 | 5.11±1.04 | 4.64±0.73 | 4.03±1.00 | 4.43±0.94 | 4.76±0.94 | 5.06±1.14 | 4.57±0.86 |
| | 否 | 4.07±0.91 | 4.48±0.83 | 4.82±1.00 | 5.08±1.09 | 4.61±0.82 | 4.15±0.91 | 4.53±0.92 | 4.90±1.00 | 5.18±1.09 | 4.69±0.83 |
| $t$ | | 0.06 | 0.98 | -0.04 | 0.47 | 0.44 | -1.72 | -1.44 | -1.80 | -1.28 | -1.83 |

农村留守学生的心理资本总分（$t$=0.44，$p$>0.05）和自我效能感（$t$=0.06，$p$>0.05）、韧性（$t$=0.98，$p$>0.05）、乐观（$t$=-0.04，$p$>0.05）和希望（$t$=0.47，$p$>0.05）4 个维度的得分在是否单亲家庭上不存在显著性差异，但单亲家庭学生心理资本总分（4.64±0.73）及希望（5.11±1.04）、韧性（4.54±0.82）和自我效能感（4.08±0.82）得分均高于非单亲家庭学生，单亲家庭学生乐观（4.82±0.97）得分与非单亲家庭学生基本一致。

农村非留守学生的心理资本总分（$t$=-1.83，$p$>0.05）及自我效能感（$t$=-1.72，$p$>0.05）、韧性（$t$=-1.44，$p$>0.05）、乐观（$t$=-1.80，$p$>0.05）和希望（$t$=-1.28，$p$>0.05）4 个维度的得分在是否单亲家庭上不存在显著性差异，但非单亲家庭学生的心理资本总分（4.69±0.83）及希望（5.18±1.09）、乐观（4.90±1.00）、韧性（4.53±0.92）和自我效能感（4.15±0.91）得分均高于单亲家庭学生。

　　单亲家庭的学生由于缺少来自父母的关心、关爱、支持、情感温暖及理解，容易出现缺乏安全感、自豪感不足、孤僻、自卑、焦虑、抑郁、自伤等心理及行为问题（刘媛，姜潮，林媛，等，2009），与非单亲家庭学生相比，单亲家庭学生的焦虑、孤独倾向、过敏倾向、身体症状、恐怖倾向、冲动倾向 6 个方面以及心理健康总分均显著较高（侯筱菲，毛富强，梁瑞华，等，2011），提示单亲家庭学生的心理健康水平应引起关注。研究发现，单亲家庭的学生容易出现表达抑制，导致学生在人际沟通上受到不良影响、情绪易波动、缺乏自信、渴望被关注被欣赏（邱丽煌，2020）。因此，应该从个体、家庭、学校和社会 4 个方面提高单亲家庭学生的心理健康水平，学生本人应该加强自身建设，学会掌握自我调节策略，避免负面情绪对自己造成较大的伤害；父母应该多给予孩子更多的关心关爱、理解、支持和情感温暖，积极营造良好的家庭氛围；学校应该完善高校心理健康教育体系，强化学生心理健康教育，提高对单亲家庭学生的关注度；社会应该积极组织建设心理健康辅导志愿团队，对单亲家庭的孩子进行心理帮扶，构建或培养单亲家庭子女的积极心理资本和维护其较好的心理健康水平（钟思琪，李佩航，刁佳玺，等，2020）。

# 第七章

## 农村留守学生与非留守学生心理特点的比较及分析

### 第一节　农村留守学生与非留守学生在个体特点上的比较

#### 一、农村留守学生与非留守学生在自尊上的比较

采用独立样本 $t$ 检验的统计分析方法对农村留守学生和非留守学生的自尊进行分析，结果如表 7-1 所示。农村留守学生和非留守学生的自尊得分分别为 2.67 和 2.71，均处于中等偏上水平；农村留守学生与非留守学生的自尊得分存在显著性差异（ $t$=-3.02，$p$<0.01），农村留守学生的自尊得分（2.67±0.45）显著低于非留守学生（2.71±0.44）。

表 7-1　农村留守学生与非留守学生在自尊上的独立样本 $t$ 检验

| 项目 | 农村留守学生（$N$=1 794） | 农村非留守学生（$N$=1 987） | $t$ | $p$ |
|------|------|------|------|------|
| 自尊 | 2.67±0.45 | 2.71±0.44 | -3.02** | 0.003 |

本研究发现，农村留守学生与非留守学生的自尊均处于中等偏上水平，但农村留守学生的自尊水平显著低于非留守学生，这说明农村留守学生对自我能力与价值的认可与评价相对较低。有研究发现，个体、家庭、学校和社会等因素是影响学生自尊发展的重要因素，在所有影响个体自尊发展的因素中，家庭因素的影响较大（卢芳芳，邹佳佳，张进辅，2011），在家庭因素中，父母关系是否和谐、父母的教养方式、父母受教育水平、父母职业和家庭结构等因素可以直接影响个体自尊水平的发展（张丽芳，2007）。家庭社会经济地位也是影响留守学生自尊发展的重要因素，较好的家庭社会经济地位，能够给留守学生提供较丰富的物质、情感和社会资源，有利

于维护留守学生的身心健康和提高自尊水平；而较差的家庭社会经济地位会使整个家庭及留守学生承受较大的经济压力，在生活、学习等方面都会面临诸多困难，这不利于自尊水平的提高（欧阳智，范兴华，2018）。虽然同伴接纳能影响个体自尊水平的发展，但在影响自尊的微系统中，父母对个体自尊的发展起决定性作用（宋静静，佐斌，谭潇，等，2017）。与非留守学生相比，留守学生的自尊水平显著较差，留守学生由于缺乏家庭教育和各种客观原因（如父母与孩子之间的疏远和依恋关系受损等），导致留守学生的各种合理需求无法及时得到满足，从而容易出现各种心理和行为问题（马利军，廖贤灼，2010）。父母双方均外出务工的农村留守学生在自尊水平上相对较差，并且与父母分离时，留守学生的年龄越小自尊水平越差，但父母经常通过电话等方式与留守学生取得联系并给予一定关心关爱，会在一定程度上提高留守学生的自尊水平（程黎，王寅梅，刘玉娟，2012）。对于农村留守学生而言，家庭社会经济地位较低、身心发展不平衡、亲子分离、亲子冲突、家庭教育缺失、学业压力等压力性事件会让自己陷入困境，容易出现自卑、敏感、退缩、焦虑、抑郁、自伤等心理及行为问题，自尊水平相对较低。

## 二、农村留守学生与非留守学生在健康状况上的比较

采用独立样本 $t$ 检验的统计分析方法对农村留守学生和非留守学生的健康状况进行分析，结果如表 7-2 所示。农村留守学生和非留守学生的健康状况得分分别为 3.93 和 3.98，均处于中等偏上水平；农村留守学生与非留守学生在健康状况上不存在显著性差异（$t=-1.69$，$p>0.05$），但农村留守学生的健康状况得分（3.93±0.88）略低于非留守学生（3.98±0.90）。

表 7-2　农村留守学生与非留守学生在健康状况上的独立样本 $t$ 检验

| 项目 | 农村留守学生<br>（$N$=1 794） | 农村非留守学生<br>（$N$=1 987） | $t$ | $p$ |
|---|---|---|---|---|
| 健康状况 | 3.93±0.88 | 3.98±0.90 | -1.69 | 0.093 |

本研究发现，农村留守学生与非留守学生的健康状况处于中等偏上水平，且农村留守学生与非留守学生在健康状况上无显著差异，但与非留守

学生相比，农村留守学生的健康状况得分相对较低，说明农村留守学生的健康状况相对较差。以往研究发现，健康状况是影响个体心理发展的重要因素。在本研究中，虽然农村留守学生与非留守学生的健康状况不存在显著差异，但农村留守学生的健康状况应该引起关注与重视。有研究发现，在学龄前儿童群体中，父母外出务工增加了儿童腹泻发生的风险，并且父母外出务工提高了低龄儿童面临的身体健康风险（马爽，欧阳官祯，王晓华，2020）。对农村 6 ~ 11 岁的儿童进行研究后发现，农村留守儿童比非留守儿童的身体健康状况更差，两者虽然在生长发育、营养状况及常见病患病上的差异不大，但其短期身体健康状况显著差于非留守儿童，并且父母外出务工时间长短、留守类型、留守儿童劳动负担程度、照顾者与留守儿童的关系等因素都会影响留守儿童的身体健康（吴剑明，王薇，石真玉，2015）。对留守学前儿童进行研究后发现，留守学前儿童在生长发育的各指标上均差于非留守学前儿童，在营养摄入与饮食均衡方面，留守学前儿童与非留守学前儿童存在较大差异，且留守学前儿童的营养摄入与饮食均衡较差，而营养因素、体育锻炼、生活常规和家庭状况等因素是影响留守儿童身体健康的重要因素（彭俭，石义杰，高长丰，2014）。研究也发现，留守儿童的营养不良发病率高于非留守儿童，留守儿童沙眼、视力低下等发病率均高于非留守儿童（周遵琴，李森，刘海燕，2015）。可以看出，家庭经济条件较差、亲子分离、健康意识不强、饮食不均衡、营养不良、缺乏体育锻炼等因素都会影响留守儿童的身体健康状况，而年龄较低的留守儿童面临的健康风险因素更多。因此，培养健康意识、制定合理的膳食结构、及时做好预防接种、加强体育锻炼等方式都是提高农村留守学生健康水平的有效措施。

### 三、农村留守学生与非留守学生在正负性情绪上的比较

采用独立样本 $t$ 检验的统计分析方法对农村留守学生和非留守学生的正负性情绪进行分析，结果如表 7-3 所示。农村留守学生和非留守学生的正性情绪（$t$=-1.08，$p$>0.05）和负性情绪（$t$=1.39，$p$>0.05）均没有显著差异，但农村留守学生的正向情绪得分（2.94±0.66）略低于农村非留守学生（2.96±0.65），农村留守学生的负性情绪得分（2.44±0.71）略高于农村非留

191

守学生（2.41±0.72）。

表7-3　农村留守学生与非留守学生在正负性情绪上的独立样本 $t$ 检验

| 项目 | 农村留守学生（$N$=1 794） | 农村非留守学生（$N$=1 987） | $t$ | $p$ |
|---|---|---|---|---|
| 正性情绪 | 2.94±0.66 | 2.96±0.65 | −1.08 | 0.28 |
| 负性情绪 | 2.44±0.71 | 2.41±0.72 | 1.39 | 0.17 |

本研究发现，农村留守学生和非留守学生的正性情绪得分分别为 2.94 和 2.96 分，处于中等偏上水平；农村留守学生和非留守学生的负性情绪得分分别为 2.44 和 2.41 分，处于中等偏低水平，说明农村留守学生与非留守学生的正性情绪较多，负性情绪相对较少。研究发现，亲子分离、适应不良、考试失败、自然灾害、身患疾病等生活中的压力性事件会让学生出现焦虑、忧伤、愤怒等负性情绪（彭小凡，杜昆筑，尹桂玲，等，2020）。对于农村留守学生和非留守学生而言，压力性生活事件是让学生产生负面情绪的重要因素。有研究指出，社会支持会影响压力性生活事件与学生负面情绪之间的关系，也就是说，当学生面对生活中的各种压力或挫折时，如果学生能及时获得有效的社会支持性资源，就能够有效降低自己的负性情绪体验（涂阳军，郭永玉，2011）。此外，心理韧性水平较高的学生面临不利处境时，其心理反弹能力较强，能够有效应对或缓冲不利处境对自己造成的消极影响，从而减轻负面情绪（袁文萍，2018）。可以看出，良好的社会支持性资源和较高的心理韧性水平是个体从容应对不利处境、保持乐观心态及愉悦情绪体验的重要力量和心理特质。近年来，农村基础设施不断完善，居住环境和生活水平等发生了翻天覆地的变化，这种来自党和国家强有力的社会支持性力量，极大改善了农村学生的生活环境、学习环境和生活体验，让农村学生体验到较高的幸福感和满意度，愉快、乐观、希望等正性情绪较多。但身心发展不平衡、学业压力、父母关心关爱缺乏、新冠疫情等因素会让农村学生体验到一定的焦虑、抑郁等负性情绪。

独立样本 $t$ 检验结果表明，虽然农村留守学生与非留守学生的正负性情绪不存在显著性差异，但与农村非留守学生相比，农村留守学生的正性情绪相对较少，负性情绪相对较多。对于农村留守学生而言，在学习与生活过程中面临的家庭经济条件相对较差、亲子分离、缺乏父母关心关爱等风险因素较多，承受的学习与生活压力较大，并且在应对压力与挫折时，容易缺乏有效的社会支持性资源并感受到更多的敏感、自卑、焦虑、抑郁等消极情绪。在个体正负性情绪的影响因素之中，父母的关怀与情感温暖是重要的影响因素。研究发现，父母高质量的关怀与情感温暖能够为个体提供一个温馨、舒适、安全的生活环境，让个体产生更多积极情绪体验，并有效降低悲观、焦虑、抑郁等负面情绪体验（Hazel，Oppenheimer，Technow，et al.，2014）。并且，父母的情感温暖程度越高，学生的正性情绪越高，负性情绪越低，说明父母情感温暖对学生的情绪具有普遍的促进和保护作用（彭小凡，杜昆筑，尹桂玲，等，2020）。而个体的情绪体验和身心健康也有密切的关系，如果个体感受到的正性情绪越多，身心则越健康，如果个体感受到的负性情绪越多，身心发展则会受到制约（陈宁，2014）。对于农村留守学生而言，在学生与生活过程中应对的不利处境相对较多，当缺乏有效的社会支持性资源时容易感受到较多的负性情绪。

193

## 四、农村留守学生与非留守学生在应对方式上的比较

采用独立样本 $t$ 检验的统计分析方法对农村留守学生和非留守学生的应对方式进行分析，结果如表 7-4 所示。农村留守学生和非留守学生的积极应对（ $t=-1.24$，$p>0.05$ ）、消极应对（ $t=0.33$，$p>0.05$ ）和应对方式总分（ $t=-0.59$，$p>0.05$ ）均不存在显著差异，但与农村非流留守学生相比，农村留守学生的积极应对得分略低（ 1.71±0.52 ），消极应对得分略高（ 1.14±0.40 ）。

表 7-4　农村留守学生与非留守学生在应对方式上的独立样本 $t$ 检验

| 项目 | 农村留守学生<br>（ $N$=1 794 ） | 农村非留守学生<br>（ $N$=1 987 ） | $t$ | $p$ |
|---|---|---|---|---|
| 积极应对 | 1.71±0.52 | 1.73±0.53 | -1.24 | 0.22 |
| 消极应对 | 1.14±0.40 | 1.13±0.54 | 0.33 | 0.74 |
| 应对方式 | 1.42±0.40 | 1.43±0.41 | -0.59 | 0.56 |

本研究发现，农村留守学生与非留守学生的积极应对和消极应对得分

为 1.13～1.73，均处于中等偏低水平，说明农村留守学生与非留守学生在应对压力或挫折时缺乏积极有效的应对方式。独立样本 $t$ 检验结果表明，虽然农村留守学生与非留守学生在积极应对、消极应对和应对方式总分上无显著差异，但农村留守学生的积极应对得分比非留守学生略低，而消极应对得分略高。说明与农村非留守学生相比，当遭遇不利处境时，农村留守学生较多采取消极的应对方式而较少采取积极的应对方式。

应对方式是适应环境的一种相对稳定的个体行为和生理特征（Coppens，de，Koolhaas，2010）。研究发现，年龄阶段较低的留守学生在面对压力或挫折时更多采用消极的应对方式（朱焱，胡瑾，余应筠，等，2014），这不仅容易使自己出现焦虑、担忧、失望、抑郁等负性情绪状态，而且还不利于促进自己的身心健康发展（祝路，代鸣，姚宝骏，2019）。与非留守学生相比，留守学生在应对负性生活事件时，更多采用退避、忍耐等消极应对方式（秋丽，王晓娟，杨玉岩，2011）。研究也发现，长期与父母分离的客观实际，会让留守学生无法与父母取得正常的情感联系以及必要的心理支持，当留守学生在学习和生活中遇到新的困难或挫折时，由于不善于与别人沟通、倾诉与寻求帮助，以及缺乏有效的社会支持（如父母的开导、关心和指点等），他们更容易表现出敏感、退缩、不自信、自卑等（周金艳，罗学荣，韦臻，等，2009），从而不利于农村留守学生乐观面对、积极思考并采取积极有效的应对方式来解决问题。

## 第二节　农村留守学生与非留守学生在家庭特点上的比较

### 一、农村留守学生与非留守学生在父母关爱缺乏上的比较

采用独立样本 $t$ 检验的统计分析方法对农村留守学生和非留守学生的父母关爱缺乏进行分析，结果如表 7-5 所示。农村留守学生和非留守学生的父母关爱缺乏（$t=8.14$，$p<0.001$）存在显著差异，并且农村留守学生的父母关爱缺乏得分（2.68±1.02）显著高于农村非留守学生（2.41±0.98）。

表 7-5　农村留守学生与非留守学生在父母关爱缺乏上的独立样本 $t$ 检验

| 项目 | 农村留守学生<br>（$N$=1 794） | 农村非留守学生<br>（$N$=1 987） | $t$ | $p$ |
|---|---|---|---|---|
| 父母关爱缺乏 | 2.68±1.02 | 2.41±0.98 | 8.14** | 0.00 |

本研究发现，农村留守学生和非留守学生的父母关爱缺乏得分分别为 2.68 和 2.41 分，处于中等水平，说明农村留守学生与非留守学生在学习与生活中均存在缺少父母关心和关爱的状况。独立样本 $t$ 检验结果表明，农村留守学生的父母关爱缺乏显著高于农村非留守学生，说明与农村非留守学生相比，农村留守学生的父母关爱缺乏相对较严重。当父母外出务工后，亲子之间会缺少直接互动、父母关爱资源缺失。有研究指出，与非留守学生相比，留守学生感知到的父母关爱相对较少，而父母关爱资源的缺乏，会让留守学生会感受到较大的压力（范兴华，方晓义，黄月胜，等，2018）。此外，父母关爱缺乏与个体的身心健康发展密切相关，缺乏父母的关爱是青少年学生抑郁发生的高风险因素（田录梅，陈光辉，王姝琼，等，2012），并且个体童年期的父母关爱缺乏，可以显著预测成年后的抑郁状况（Lancaste，Rollinson，Hill，2007）。对留守学生群体进行追踪研究后发现，由于在留守生活中缺乏父母的及时关爱与支持，这种父母关爱与支持的缺乏对留守学生的抑郁有即时和延迟的预测作用（范兴华，方晓义，黄月胜，等，2018）。研究也发现，父母关爱缺乏对留守学生的自伤行为有显著正向预测作用，说明父母关爱是孩子成长过程中的一种重要保护性资源。对于留守学生而言，当他们在面对压力时，如果缺乏足够的应对能力或社会支持性资源，就可能采取一些非适应性的应对方式，如自伤行为（向伟，肖汉仕，王玉龙，2019）。因此，父母的关心、爱护和支持，对个体的成长和发展有着不可替代的作用，父母关爱缺乏会使学生的学习、生活与成长陷入不利处境并影响成年后的心理及行动。

## 二、农村留守学生与非留守学生在粗暴养育上的比较

采用独立样本 $t$ 检验的统计分析方法对农村留守学生和非留守学生的父母粗暴养育进行分析，结果如表 7-6 所示。农村留守学生与非留守学生

195

的父亲粗暴养育（$t$=-1.38，$p$>0.05）、母亲粗暴养育（$t$=-0.16，$p$>0.05）及粗暴养育总分（$t$=-0.86，$p$>0.05）均不存在显著差异，但农村留守学生的父亲粗暴养育和粗暴养育总分略低于农村非留守学生。在农村留守学生中，父亲粗暴养育得分（1.58±0.65）略高于母亲粗暴养育（1.56±0.69）；在农村非留守学生中，父亲粗暴养育得分（1.61±0.66）也略高于母亲粗暴养育（1.56±0.66）。

表 7-6　农村留守学生与非留守学生在粗暴养育上的独立样本 $t$ 检验

| 项目 | 农村留守学生<br>（$N$=1 794） | 农村非留守学生<br>（$N$=1 987） | $t$ | $p$ |
|---|---|---|---|---|
| 父亲粗暴养育 | 1.58±0.65 | 1.61±0.66 | -1.38 | 0.17 |
| 母亲粗暴养育 | 1.56±0.69 | 1.56±0.66 | -0.16 | 0.87 |
| 粗暴养育总分 | 1.57±0.58 | 1.58±0.58 | -0.86 | 0.39 |

本研究发现，农村留守学生与非留守学生的父亲粗暴养育、母亲粗暴养育和粗暴养育总分为 1.56 ~ 1.61，处于偏低水平，说明农村留守与非留守学生的父母粗暴养育行为较少。独立样本 $t$ 检验结果表明，虽然农村留守学生与非留守学生在父亲粗暴养育、母亲粗暴养育及粗暴养育总分上均不存在显著差异，但农村非留守学生的父母粗暴养育得分相对较高，说明长期与父母共同生活的状况，在一定程度上增加了父母粗暴养育的可能性，也说明亲子分离的留守生活在一定程度上降低了父母对子女的粗暴养育行为。研究发现，父母的粗暴养育行为对学生的身心发展会产生严重的消极影响，具体表现为：粗暴养育不仅会引发学生的外化问题（如攻击行为、破坏行为、违法行为和物质滥用等）和内化问题（如焦虑、抑郁等），而且也会损害学生的人际功能，造成生理/神经功能紊乱等（王明忠，杜秀秀，周宗奎，2016）。并且学生感受到父母的粗暴养育程度越严重，其抑郁情绪也就越严重（苗甜，王娟娟，宋广文，2018），说明父母的粗暴养育行为会增加学生出现抑郁症状的风险。研究也发现，父母的粗暴养育不仅会对子女的网络成瘾产生显著的不利影响，也会通过非适应性认知的中介作用对网络成瘾产生影响（魏华，朱丽月，何灿，2020）。此外，父母的粗暴养育

既可以直接影响学生的网络攻击行为，也可以通过孝道信念来间接预测其网络攻击行为（康琪，桑青松，魏华，等，2020），说明不良的家庭环境会影响学生的认知，导致学生出现较多的问题行为。对于部分农村家庭而言，父母会通过言语和肢体的粗暴行为来对待或教育子女，促使子女服从自己，并建立家长的权威，但父母秉持的这种"棍棒教育"观念会使子女厌恶和反抗，从而严重影响亲子关系。父母的粗暴养育行为是学生健康成长的危险性因素，但对于农村留守学生来说，父母长期外出务工会在一定程度上减少对子女的粗暴养育行为。

## 第三节　农村留守学生与非留守学生在学校特点上的比较

### 一、农村留守学生与非留守学生在学校联结上的比较

采用独立样本 $t$ 检验的统计分析方法对农村留守学生和非留守学生的学校联结进行分析，结果如表 7-7 所示。农村留守学生与非留守学生在学校联结（$t=-1.10$，$p>0.05$）上不存在显著性差异，但农村留守学生的学校联结得分（4.43±0.89）略低于农村非留守学生（4.46±0.88）。

表 7-7　农村留守学生与非留守学生在学校联结上的独立样本 $t$ 检验

| 项目 | 农村留守学生（$N=1\ 794$） | 农村非留守学生（$N=1\ 987$） | $t$ | $p$ |
|---|---|---|---|---|
| 学校联结 | 4.43±0.89 | 4.46±0.88 | -1.10 | 0.27 |

本研究发现，农村留守学生与非留守学生的学校联结得分分别为 4.43 和 4.46 分，均处于中等偏上水平，说明学校作为个体学习、生活与成长的重要场所，无论是农村留守学生还是非留守学生，都感受到较高的学校归属感、安全高以及对学校的认同感。独立样本 $t$ 检验结果表明，农村留守学生与非留守学生虽然在学校联结得分上不存在显著性差异，但农村留守学生的学校联结得分略低，说明农村留守学生对学校的安全感和归属感略低于农村非留守学生。

以往研究发现，良好的归属感、安全感和认同感不仅能够让学生保持对学习与生活的美好期待，即使遭遇不利处境也能积极乐观应对（姜金伟，杨瑱，姜彩虹，2015），而且还能帮助学生有效调节负性情绪对自身健康的消极影响（向伟，肖汉仕，王玉龙，2019）。研究发现，留守中学生的学校联结水平显著低于非留守中学生，并且学生的学校联结程度越高，体验到的积极情绪也越多，对自己身心健康发展越有利（李蓉，2019）。学校联结对校园欺凌（欺凌/受欺凌）有显著的负向预测作用，说明农村留守学生良好的学校联结水平还可以预防校园欺凌行为（饶苗，2021）。研究也发现，家庭因素是影响学生学校联结程度重要因素，父母的暴力养育行为对子女的学校联结有负向预测作用，并且学校联结能够预测子女的攻击行为（范志潜，2018）。因此，家庭作为学生的第一所学校，父母作为第一任老师，其教养方式、亲子关系、家庭功能、家庭结构等因素都会影响学生的学校联结水平。

## 二、农村留守学生与非留守学生在师生关系上的比较

采用独立样本 $t$ 检验的统计分析方法对农村留守学生和非留守学生的师生关系进行分析，结果如表 7-8 所示。农村留守学生与非留守学生的师生关系状况得分（$t=-2.36$，$p<0.05$）存在显著性差异，并且农村留守学生的师生关系状况得分（3.43±0.80）显著低于农村非留守学生（3.49+0.80）；农村留守学生与非留守学生的师生接近难易度（$t=-1.66$，$p>0.05$）、师生间地位差异（$t=-1.05$，$p>0.05$）和师生关系总分（$t=-1.79$，$p>0.05$）不存在显著性差异，但农村留守学生在师生接近难易度（3.23±0.92）、师生间地位差异（3.74±0.88）和师生关系总分（3.47±0.81）的得分相对较低。

本研究发现，农村留守学生与非留守学生的师生关系状况、师生接近难易度、师生间地位差异和师生关系总分为 3.23~3.77，均处于中等偏上水平，说明农村留守学生与非留守学生都拥有较好的师生关系。独立样本 $t$ 检验结果表明，与农村非留守学生相比，农村留守学生的师生关系状况、师生接近难易度、师生间地位差异和师生关系表现相对较差。

表 7-8　农村留守学生与非留守学生在师生关系上的独立样本 $t$ 检验

| 项目 | 农村留守学生<br>（$N=1\,794$） | 农村非留守学生<br>（$N=1\,987$） | $t$ | $p$ |
|---|---|---|---|---|
| 师生关系状况 | 3.43±0.80 | 3.49±0.80 | $-2.36^*$ | 0.02 |
| 师生接近难易度 | 3.23±0.92 | 3.28±0.92 | $-1.66$ | 0.10 |
| 师生间地位差异 | 3.74±0.88 | 3.77±0.86 | $-1.05$ | 0.29 |
| 师生关系 | 3.47±0.81 | 3.52±0.80 | $-1.79$ | 0.07 |

　　良好的师生关系反映了教师给予学生良好的情感支持，在这种支持下，学生更能接纳自己、亲近老师，并积极参加学校的各种活动，对学校有较好的安全感、归属感和认同感（熊红星，刘凯文，张璟，2020）。留守学生由于缺失家庭环境的完整性和亲子面对面沟通的可能性，其心理发展易受到影响，容易导致留守学生出现人际关系敏感、角色调节水平低等问题，因此人际关系弱于非留守学生（姚恩菊，陈旭，2012）。研究发现，父教缺失的留守学生的师生关系较差，说明父教缺失会制约留守学生师生关系的发展（李晓巍，刘艳，2013）。有研究发现，师生关系能显著预测个体的心理健康（Krane，Karlsson，Ness，et al.，2020），说明良好的师生关系对提高学生的心理健康水平有重要作用。师生关系不仅可以通过心理健康的中介作用间接影响留守学生的学校适应，也可以通过学习投入作用间接影响留守学生的学校适应（熊红星，刘凯文，张璟，2020）。说明留守学生良好的师生关系，可以帮助他们提升学校适应能力，即教师的情感支持有助于留守学生的心理健康及学校适应。研究也发现，留守学生师生关系的冲突性表现较强，而师生关系的冲突性会增加孤独感体验，说明留守生活会影响留守学生与教师之间的关系，而师生关系也会影响其孤独感体验（张建峰，冯德良，2011）。因此，积极营造温暖和谐、平等友爱的学校环境，提升教师对农村留守学生的情感支持和学业支持，培养或构建农村留守学生的积极心理资本，可以帮助农村留守学生学会接纳与表达，与教师建立良好的师生关系，从而提高农村留守学生的学校适应能力和维护较好的身心健康水平。

### 三、农村留守学生和非留守学生在同伴关系上的比较

采用独立样本 $t$ 检验的统计分析方法对农村留守学生和非留守学生的同伴关系进行分析，结果如表 7-9 所示。农村留守学生和非留守学生的同伴关系（$t=-1.60$，$p>0.05$）不存在显著性差异，但农村留守学生的同伴关系得分（3.36±0.49）略低于农村非留守学生（3.39±0.50）。

表 7-9　农村留守学生与非留守学生在同伴关系上的独立样本 $t$ 检验

| 项目 | 农村留守学生<br>（$N$=1 794） | 农村非留守学生<br>（$N$=1 987） | $t$ | $p$ |
|---|---|---|---|---|
| 同伴关系 | 3.36±0.49 | 3.39±0.50 | −1.60 | 0.11 |

本研究发现，农村留守学生与非留守学生的同伴关系得分均在 3 分以上，处于中等偏上水平，说明农村留守学生与非留守学生的同伴关系状况良好。独立样本 $t$ 检验结果表明，农村留守学生与非留守学生的同伴关系不存在显著性差异，但农村留守学生的同伴关系得分略低，说明与农村非留守学生相比，农村留守学生的同伴关系状况相对较差。

在个体成长与发展的过程中，同伴会逐渐成为生命中的"重要他人"，同伴关系是个体生活与学习过程中的重要人际关系，并影响个体的认知、情感、人格和行为（韩善文，2020）。研究发现，与非留守学生相比，留守学生的同伴关系显著较差（罗晓路，李天然，2015），当遭遇压力性生活事件时，留守学生较少寻求同伴的支持与帮助，而是采取发泄情绪和幻想否认的应对方式（张艳，2013）。研究也发现，家庭因素会影响留守学生的同伴关系，父母与子女联系频率更高的留守学生，其同伴关系更好，说明父母的关心关爱可以提高留守学生的同伴关系（彭文波，余月，2018）。在本研究中，农村留守学生与非留守学生同伴关系的差异不显著。Barnes 等人认为，即使个体遭遇较多的不利处境，但不同个体的心理资本及行为表现会存在较大差异（Barnes A.J., Lafavor T.L., Cutuli J.J., et al., 2017），并且长期处于各种不利处境下的个体，会形成一种或多种弹性资源来帮助个体应对各种不利处境（Schetter, C.D., & Dolbier, C., 2011），从而保护个体的积极心理资本。虽然农村留守学生在留守生活中会面临亲子分离、家庭教育缺

失、缺乏父母关心关爱、依恋关系受损等风险因素，并且在留守生活中也会面临学业压力、适应不良等风险因素。但随着风险因素的增加，留守学生的内化问题（自卑、敏感、焦虑等）和外化问题（退缩、自伤等）并非呈线性增加，而是呈几何形式增长（Rauer A.J., Karney B.R., Garvan C.W., et al., 2008）。范兴华等人认为，虽然留守学生所面临的家庭处境更为不利，但这种不利的家庭处境并不一定会阻碍留守学生的积极发展，各种不利的处境也会帮助留守学生培养自立自强、自信进取等心理特质（范兴华，简晶萍，陈锋菊，等，2018）。因此，虽然农村留守学生面临的风险因素最多，但长期处于不利处境下会锻炼他们坚韧不拔的意志力，以帮助他们有效应对生活中的各种不利家庭处境，从而维护其积极的心理资本，而这种积极的心理资本对农村留守学生建立和维护良好的同伴关系有重要作用。

近年来，农村留守学生的生活、学习与身心健康发展持续受到国家、社会的广泛关注与重视，相继出台的诸多有效措施在很大程度上对解决农村留守学生问题起到较好的促进作用，因而农村留守学生感受到较好的被关爱、被尊重、被支持和被理解，再加上部分农民工返乡创业就业，农村留守学生与长期外出务工的父母得以团聚，从而有助于农村留守学生重新与父母建立较好的亲子关系，这在一定程度上能够增强农村留守学生的自尊心与自信心。此外，学校开设的心理健康课程、团体心理辅导、个体心理咨询、心理健康活动、班主任或辅导员定期与学生的谈心谈话等，都在一定程度上让农村留守学生学会如何建立和维持较好的人际关系。

201

## 第四节　农村留守学生与非留守学生在
## 社会特点上的比较

### 一、农村留守学生与非留守学生在压力性生活事件上的比较

采用独立样本 $t$ 检验的统计分析方法对农村留守学生和非留守学生的压力性生活事件进行分析，结果如表 7-10 所示。农村留守学生与非留守学生的压力性生活事件得分（$t=6.61$，$p<0.001$）存在显著性差异，并且农村

留守学生压力性生活事件得分（1.22±0.61）显著高于农村非留守学生
（1.09±0.59）。

表 7-10　农村留守学生与非留守学生在压力性生活事件上的独立样本 *t* 检验

| 项目 | 农村留守学生<br>（*N*=1 794） | 农村非留守学生<br>（*N*=1 987） | *t* | *p* |
|---|---|---|---|---|
| 压力性生活事件 | 1.22±0.61 | 1.09±0.59 | 6.61*** | 0.00 |

　　本研究发现，农村留守学生与非留守学生在压力性生活事件上的得分
均在 1 分左右，处于中等偏低水平，说明农村留守学生与非留守学生在日
常生活与学习中会面临一定程度的压力性生活事件。独立样本 *t* 检验结果表
明，农村留守学生的压力性生活事件得分显著高于农村非留守学生，说明
与农村非留守学生相比，农村留守学生感知到的压力性生活事件明显较多，
这与以往的研究结果基本一致（李新征，张晓丽，胡乃宝，等，2017）。压
力性生活事件不仅会损害学生的能力、关系和自主心理需求的满足，也会
损害学生的外在社会支持资源和内在心理资本（魏昶，罗清华，2017）。研
究发现，留守生活本身就会增加留守学生的心理负担并使留守学生容易出
现负性情绪，当再次遭遇其他一种或多种压力性事件并缺乏有效的社会支
持性资源时，留守学生会感到无助、痛苦并增加自我伤害的概率（徐明津，
万鹏宇，杨新国，2017），这不仅会使留守学生难以培养良好的人际关系并
维持较好的心理健康水平（王辉，刘涛，2018），也会不断消耗留守学生的
积极心理资本，从而降低生活满意度和增加抑郁倾向（付鹏，2019；周相
宜，2021）。研究也发现，留守学生在学习与生活的过程中会遇到较多的日
常烦恼，而这种日常烦恼对留守学生的社会反应和抑郁水平的预测力较高，
说明日常烦恼是留守学生身心健康发展过程中的一种危险性因素（赵景欣，
王焕红，王世风，2010）。对有留守经历的学生群体进行研究后发现，有留
守经历的学生容易感受到压力性生活事件（李晓敏，代嘉幸，魏翠娟，等，
2017），在应对压力性生活事件的过程中容易表现出较高的焦虑水平（李
静，2022），从而威胁有留守经历学生的身心健康（浦静，姜松梅，丁成龙，
2021）。与非留守学生相比，留守学生在学习与生活的过程中所遇到的压力
性生活事件相对较多（李光友，罗太敏，陶芳标，2013）。并且双亲在外、

母亲在外、父母离婚、与父母沟通少的客观实际让留守学生倍感压力，从而制约留守学生的身心健康发展（张睿，冯正直，陈蓉，2015）。因此，家庭、学校和社会应给予留守学生更多的关爱和支持，帮助留守学生更好地应对学习与生活中的压力性生活事件。

## 二、农村留守学生与非留守学生在社会支持上的比较

采用独立样本 $t$ 检验的统计分析方法对农村留守学生和非留守学生的社会支持状况进行分析，结果如表 7-11 所示。农村留守学生与非留守学生的家庭支持（$t=-3.98$，$p<0.001$）、朋友支持（$t=-3.36$，$p<0.001$）、其他支持（$t=-3.54$，$p<0.001$）和社会支持总分（$t=-3.98$，$p<0.001$）存在显著性差异，并且农村留守学生的家庭支持（4.51±1.24）、朋友支持（4.53±1.15）、其他支持（4.29±1.18）和社会支持总分（4.44±1.09）显著低于农村非留守学生。

本研究发现，农村留守学生与非留守学生的家庭支持、朋友支持、其他支持和领悟社会支持得分为 4.29～4.67 分，处于中等偏上水平，说明农村留守学生与非留守学生在学习与生活中感知到较多的社会支持性资源。独立样本 $t$ 检验结果表明，与农村非留守学生相比，农村留守学生的家庭支持、朋友支持、其他支持和领悟社会支持总分均显著较低，说明农村留守学生在日常学习与生活中遭遇到压力性生活事件时，来自家庭、朋友、老师等社会支持性资源相对较少，这与以往的研究结果基本一致（朱建雷，刘金同，王旸，等，2017；宇翔，胡洋，廖珠根，2017；叶一舵，沈成平，丘文福，2017）。

表 7-11　农村留守学生与非留守学生在社会支持上的独立样本 $t$ 检验

| 项目 | 农村留守青少年学生<br>（$N=1\ 794$） | 农村非留守学生<br>（$N=1\ 987$） | $t$ | $p$ |
|---|---|---|---|---|
| 家庭支持 | 4.51±1.24 | 4.67±1.20 | -3.98*** | 0.00 |
| 朋友支持 | 4.53±1.15 | 4.65±1.08 | -3.36*** | 0.00 |
| 其他支持 | 4.29±1.18 | 4.42±1.14 | -3.54*** | 0.00 |
| 社会支持总分 | 4.44±1.09 | 4.58±1.04 | -3.98*** | 0.00 |

社会支持主要由实际社会支持和领悟社会支持两部分组成。实际社会支持是指当个体遭遇压力性生活事件时，个体收到的来自他人提供的实际帮助行为，而领悟社会支持是指个体对收到的实际社会支持的感受和评价，是个体身处压力性生活事件之中时感受到被支持、被尊重、被理解的满意程度和情绪体验（张婷，张大均，2019）。当个体遭遇压力性生活事件并获得实际社会支持时，个体是否觉察和体验到他人的实际帮助行为，以及如何去解读和诠释这种实际帮助行为的作用，对其心理健康水平有更广泛、更重要的影响（连灵，2017）。研究发现，与其他类型的社会支持相比，家人和朋友的支持对提高个体的主观幸福感和维护身心健康的作用更明显、更有效（Sarriera，Bedin，Calza，et al.，2015）。同时，高领悟社会支持的个体能够感知到来自他人的社会支持性力量，从而产生积极的情绪体验和维持较高的幸福感（张婷，张大均，2019）。以往研究发现，农村留守学生的社会支持得分较低，说明农村留守学生在面对不利处境时，其社会支持性资源相对较少（陈世海，黄春梅，张义烈，2016），这也提示应该给农村留守学生提供必要的社会支持性资源。采用 Meta 分析和元分析方法对农村留守学生进行研究后发现，农村留守学生的社会支持相对较差，这也进一步说明农村留守学生在应对压力与挫折时，社会支持性资源的提供很有必要（宇翔，胡洋，廖珠根，2017；叶一舵，沈成平，丘文福，2017）。与非留守学生相比，留守学生的社会支持总体水平及其家庭支持、同伴支持和其他支持均显著较低，说明留守学生所具备的社会支持性资源相对较差（朱建雷，刘金同，王旸，等，2017）。因此，家庭、学校和社会各方应该关注与重视农村留守学生的社会支持性资源，在农村留守学生面临不利处境时，应及时提供必要的社会支持性资源，帮助农村留守学生更好地应对不利处境。

## 第五节　农村留守学生与非留守学生在其他特点上的比较

### 一、农村留守学生与非留守学生在生活满意度上的比较

采用独立样本 $t$ 检验的统计分析方法对农村留守学生和非留守学生的生活满意度进行分析，结果如表 7-12 所示。农村留守学生与非留守学生的

生活满意度得分（*t*=-1.52，*p*>0.05）不存在显著性差异，但农村留守学生的生活满意度得分（3.57±1.08）低于农村非留守学生（3.63±1.06）。

表 7-12　农村留守学生与非留守学生在生活满意度上的独立样本 *t* 检验

| 项目 | 农村留守学生<br>（*N*=1 794） | 农村非留守学生<br>（*N*=1 987） | *t* | *p* |
|---|---|---|---|---|
| 生活满意度 | 3.57±1.08 | 3.63±1.06 | -1.52 | 0.13 |

本研究发现，农村留守学生与非留守学生的生活满意度得分分别为3.57 和 3.63，处于中等偏上水平，说明农村留守学生与非留守学生生活满意度较好。独立样本 *t* 检验结果表明，农村留守学生与非留守学生的生活满意度差异不显著，但农村留守学生的生活满意度得分较低，这与以往的研究结果基本一致（宋淑娟，廖运生，2008；贾月辉，葛杰，姚业祥，等，2021）。研究发现，留守学生的友谊满意度、家庭满意度、学校满意度、学业满意度、自由满意度、环境满意度得分均显著较低（张晓丽，李新征，胡乃宝，等，2019），并且外出务工的父母与孩子的联系频率、团聚频率都会影响留守学生的生活满意度（邵红红，张璐，冯喜珍，2016）。研究也发现，留守学生和非留守学生在生活满意度上的差异不显著，并且留守学生的生活满意度受到不同看护人、不同团聚频率和不同联系频率的影响，有父母其中一方照顾、父母经常回家和经常与孩子联系的情况下，留守学生的生活满意度显著较高（宋淑娟，廖运生，2008）。

在本研究中，农村留守学生与非留守学生的生活满意度不存在显著性差异，并且均处于中等偏上水平，原因可能是：国家对贵州社会经济的发展给予了高度重视和政策支持，并积极出台诸多举措助推农村基础设施的完善和社会经济的发展，这在一定程度上提高了农村学生的生活满意度。本研究也发现，农村留守学生的生活满意度得分相对较低，原因可能是：农村留守学生正处于青春期，其身心发展不平衡会给自己带来较大压力，在生活与学习过程中会体验到更多的负性情绪。此外，农村留守学生由于长期与父母分离，得不到父母的关心和照顾，导致亲子关系和依恋关系受损，自卑、敏感、焦虑等负面情绪较多，生活满意度较低。

## 二、农村留守学生与非留守学生在感恩上的比较

采用独立样本 $t$ 检验的统计分析方法对农村留守学生和非留守学生的感恩进行分析，结果如表 7-13 所示。农村留守学生与非留守学生的感恩得分（$t=-0.37$，$p>0.05$）不存在显著性差异，但农村留守学生的感恩得分略低。

表 7-13　农村留守学生与非留守学生在感恩上的独立样本 $t$ 检验

| 项目 | 农村留守学生<br>（$N=1\ 794$） | 农村非留守学生<br>（$N=1\ 987$） | $t$ | $p$ |
|---|---|---|---|---|
| 感恩 | 4.74±0.69 | 4.75±0.69 | -0.37 | 0.71 |

本研究发现，农村留守学生与非留守学生的感恩得分均为 4 分以上，处于中等偏上水平，说明农村留守学生与非留守学生的感恩水平较高，这与以往的研究结果基本一致（赵小云，崔斌，2021）。独立样本 $t$ 检验结果发现，农村留守学生与非留守学生的感恩得分不存在显著性差异，但农村留守学生的感恩得分稍低。以往研究表明，感恩是与心理健康息息相关的积极心理品质，一方面，感恩能优化学生应对压力或挫折的方式，从而增强应对能力，直接保护学生免遭伤害（Lurdes，Cirenia，Sergio，et al.，2019）；另一方面，感恩可以帮助学生体验到更多的积极情绪（王文超，伍新春，2020），从而减少焦虑、抑郁、敌意和愤怒等心理问题（Wood，Joseph，Maltby，2008）。研究发现，留守学生与非留守学生的感恩品质处于较高水平，并且非留守学生的感恩品质优于留守学生（林锐鑫，2017）。虽然大部分留守学生具有感恩他人的意识，但其感恩意识低于非留守学生（李霞，2012），说明留守生活会在一定程度上对农村留守学生的感恩倾向产生消极影响。有研究指出，父子关系、母子关系可以负向预测农村留守学生的孤独感和抑郁，并且感恩在父子关系、母子关系与孤独感、抑郁的关系中起部分中介作用和调节作用（范志宇，吴岩，2020），说明良好的父子关系和母子关系对农村留守学生的感恩及心理健康均有重要作用。在本研究中，农村留守与非留守学生的感恩处于中等偏上水平，并且感恩不存在显著性差异，原因可能是随着农村基础设施的不断完善和社会经济的不断发展，

农村的教育水平也得到相应提高，良好的农村教育水平在一定程度上培养了农村留守学生较好的感恩意识，并且社会各界从经济、物质、精神等方面给予农村留守学生大量的支持性力量，这也有效提高了农村留守学生的感恩意识及感恩倾向。

## 三、农村留守学生与非留守学生在学业成就上的比较

采用独立样本 $t$ 检验的统计分析方法对农村留守学生和非留守学生的学业成就进行分析，结果如表 7-14 所示。农村留守学生与非留守学生的学业成就得分（ $t=-0.87$ ， $p>0.05$ ）不存在显著性差异，但农村留守学生的学业成就得分（2.39±0.67）略低于农村非留守学生（2.41±0.69）。

表 7-14　农村留守学生与非留守学生在学业成就上的独立样本 $t$ 检验

| 项目 | 农村留守学生<br>（ $N$=1 794 ） | 农村非留守学生<br>（ $N$=1 987 ） | $t$ | $p$ |
|---|---|---|---|---|
| 学业成就 | 2.39±0.67 | 2.41±0.69 | -0.87 | 0.38 |

本研究发现，农村留守学生与非留守学生的学业成就得分均为 2.5 分左右，处于中等偏低水平，说明农村留守学生和非留守学生的学业成就不容乐观，并且农村留守学生的学业成就应引起关注与重视。独立样本 $t$ 检验结果表明，农村留守学生与非留守学生的学业成就不存在显著性差异，但农村留守学生的学业成就得分稍低，这与以往的研究结果不一致（赵丹，2017）。以往研究发现，留守学生与非留守学生的学业成就存在显著性差异，并且留守学生的学业成就显著较低（赵丹，2017）。本研究发现，农村留守学生的学业成就得分较低，原因可能是：第一，与城市教育资源和教育水平相比，农村教育资源缺乏、教育水平偏低，城乡之间的教育差距仍然存在；第二，父母长期外出务工，导致家庭教育氛围减弱或缺失，父母无法对子女的教育进行有效督促或指导，难以培养子女良好的学习习惯；第三，农村留守学生饱受较多压力性生活事件（如身心发展不平衡、学业压力、亲子关系受损、新冠肺炎疫情等），消极情绪往往较多，最终导致农村留守学生丧失学习兴趣，缺乏学习动机，无法专注于完成学习任务。

## 四、农村留守学生与非留守学生在人生意义上的比较

采用独立样本 $t$ 检验的统计分析方法对农村留守学生和非留守学生的人生意义进行分析，结果如表 7-15 所示。农村留守学生与非留守学生的人生意义追寻（$t=0.11$，$p>0.05$）和人生意义总分（$t=-1.64$，$p>0.05$）不存在显著性差异，但农村留守学生的人生意义得分略低；农村留守与非留守学生的人生意义体验（$t=-2.84$，$p<0.01$）存在显著性差异，并且农村留守学生的人生意义体验得分显著低于农村非留守学生。

表 7-15　农村留守学生与非留守学生在人生意义上的独立样本 $t$ 检验

| 项目 | 农村留守学生（$N$=1 794） | 农村非留守学生（$N$=1 987） | $t$ | $p$ |
|---|---|---|---|---|
| 人生意义体验 | 4.49±1.11 | 4.59±1.12 | -2.84** | 0.01 |
| 人生意义追寻 | 4.91±1.07 | 4.91±1.05 | 0.11 | 0.91 |
| 人生意义 | 4.70±0.92 | 4.75±0.93 | -1.64 | 0.10 |

本研究发现，农村留守学生与非留守学生的人生意义体验、人生意义追寻和人生意义得分为 4.49~4.91 分，处于中等偏上水平，说明农村留守学生与非留守学生都拥有较高的人生目标与人生追求。独立样本 $t$ 检验结果表明，农村留守学生与非留守学生的人生意义追寻和人生意义总分不存在显著性差异，但农村留守学生的得分均低于非留守学生。研究发现，留守与非留守初中生的人生意义体验、人生意义追寻和人生意义总分不存在显著性差异，但非留守初中生的得分较高（邓绍宏，2018；黄欢欢，2018）。说明与非留守学生相比，留守学生对自己的人生目标、使命感等认识和理解相对较弱。生命意义对个体的良好发展有不可忽视的重要作用，并且可以通过多种措施提高个体的生命意义感。有研究指出，可以通过提高留守学生的家庭支持力度，给予留守学生更多的关心与关爱，增强留守学生的心理安全感，从而促使留守学生提高自身的人生意义感（王素勤，2017）。也可以通过提高父母与子女的沟通频率与交流水平，鼓励子女对生活的积极探索和创造，在子女面临不利处境时，给予子女正确的引导和较好的情感支持，让子女感受到父母的鼓励、理解与支持，从而增强子女的人生意义

感（黄欢欢，2018）。

有研究指出，坚韧人格是维护个体积极心理状态的重要保护性因素，对提高人生意义有重要作用，因此，可以通过培养留守学生的坚韧人格来提高其人生意义感（董泽松，祁慧，2014）。研究还发现，乐观在农村留守初中生社会支持与生命意义感之间存在部分中介效应，说明社会支持与乐观对提高个体的生命意义有较好的促进作用（余欣欣，邓丽梅，2019）。此外，压力性生活事件对个体的生命意义感有显著的负向预测作用，而较低的生命意义感又会预测其抑郁水平，因此，家庭、学校和社会各界要多给予农村留守学生相应的关心与支持，提高农村留守学生的生命意义感和心理健康水平（夏慧铃，马智群，2018）。

在本研究中，农村留守学生与非留守学生的人生意义均处于中等偏上水平，虽然两者之间不存在显著差异，但农村留守学生的人生意义得分较低。被留守的现状让留守学生遭遇到诸多困难和感受到较多负面情绪，导致留守学生较难找寻到自己的目标和使命。在对农村留守学生的走访调研中也发现，大部分农村留守学生学业成绩较差，对未来感到迷茫，缺失奋斗目标和方向，甚至未曾思考过自己的理想或人生目标。因此，通过提高农村留守学生的社会支持水平、增强家庭复原力、减少压力性生活事件、培养积极的心理资本等方式，能够提高农村留守学生的生命意义感。

# 第八章

## 农村留守学生与非留守学生心理资本的影响因素分析

### 第一节　个体因素对农村留守学生与非留守学生心理资本的影响

#### 一、健康状况对农村留守学生和非留守学生心理资本的影响

如表 8-1 所示，以性别、年龄和学段为控制变量，对农村学生的健康状况、心理资本及其自我效能、韧性、乐观、希望 4 个维度进行相关分析，结果发现：农村学生的健康状况与心理资本（$r$=0.35，$p$<0.001）、自我效能（$r$=0.31，$p$<0.001）、韧性（$r$=0.28，$p$<0.001）、乐观（$r$=0.31，$p$<0.001）和希望（$r$=0.30，$p$<0.001）的正相关关系有统计学意义。

表 8-1　健康状况与心理资本及其维度的相关分析

| 个体因素 | 心理资本 | 自我效能 | 韧性 | 乐观 | 希望 |
|---|---|---|---|---|---|
| 健康状况 | 0.35*** | 0.31*** | 0.28*** | 0.31*** | 0.30*** |

以健康状况为预测变量，心理资本及其自我效能、韧性、乐观、希望 4 个维度为因变量，性别、年龄和学段为控制变量进行线性回归分析，结果如表 8-2 所示。

表 8-2　健康状况对心理资本及其维度的线性回归分析

| 是否留守 | 因变量 | 预测变量 | $R^2$ | 调整后的 $R^2$ | $F$ 值 | 标准化系数（Bate） | $t$ | $p$ |
|---|---|---|---|---|---|---|---|---|
| 是 | 心理资本 | 健康状况 | 0.14 | 0.13 | 70.48 | 0.35 | 15.93 | $p$<0.001 |
| | 自我效能 | | 0.12 | 0.11 | 58.50 | 0.30 | 13.57 | $p$<0.001 |
| | 韧性 | | 0.10 | 0.10 | 48.00 | 0.26 | 11.43 | $p$<0.001 |

续表

| 是否<br>留守 | 因变量 | 预测变量 | $R^2$ | 调整后的<br>$R^2$ | $F$ 值 | 标准化系<br>数（Bate） | $t$ | $p$ |
|---|---|---|---|---|---|---|---|---|
| 是 | 乐观 | 健康状况 | 0.10 | 0.10 | 51.65 | 0.31 | 13.93 | $p<0.001$ |
| | 希望 | | 0.09 | 0.09 | 44.92 | 0.30 | 13.09 | $p<0.001$ |
| 否 | 心理资本 | 健康状况 | 0.15 | 0.15 | 85.48 | 0.35 | 16.73 | $p<0.001$ |
| | 自我效能 | | 0.14 | 0.14 | 80.88 | 0.30 | 14.43 | $p<0.001$ |
| | 韧性 | | 0.13 | 0.13 | 73.15 | 0.29 | 13.55 | $p<0.001$ |
| | 乐观 | | 0.10 | 0.10 | 54.48 | 0.30 | 13.84 | $p<0.001$ |
| | 希望 | | 0.10 | 0.10 | 53.84 | 0.30 | 13.83 | $p<0.001$ |

在农村留守学生群体中，健康状况对心理资本（$\beta=0.35$，$p<0.001$）、自我效能（$\beta=0.30$，$p<0.001$）、韧性（$\beta=0.26$，$p<0.001$）、乐观（$\beta=0.31$，$p<0.001$）和希望（$\beta=0.30$，$p<0.001$）的正向预测作用有统计学意义，并分别解释了14%、12%、10%、10%和9%的方差。

在农村非留守学生群体中，健康状况对心理资本（$\beta=0.35$，$p<0.001$）、自我效能（$\beta=0.30$，$p<0.001$）、韧性（$\beta=0.29$，$p<0.001$）、乐观（$\beta=0.30$，$p<0.001$）和希望（$\beta=0.30$，$p<0.001$）的正向预测作用有统计学意义，并分别解释了15%、14%、13%、10%和10%的方差。

## 二、自尊对农村留守学生和非留守学生心理资本的影响

如表 8-3 所示，以性别、年龄和学段为控制变量，对农村学生的自尊、心理资本及其自我效能、韧性、乐观、希望 4 个维度进行相关分析，结果发现：农村学生的自尊与心理资本（$r=0.67$，$p<0.001$）、自我效能（$r=0.61$，$p<0.001$）、韧性（$r=0.56$，$p<0.001$）、乐观（$r=0.56$，$p<0.001$）和希望（$r=0.53$，$p<0.001$）的正相关关系有统计学意义。

表 8-3　自尊与心理资本及其维度的相关分析

| 个体因素 | 心理资本 | 自我效能 | 韧性 | 乐观 | 希望 |
|---|---|---|---|---|---|
| 自尊 | 0.67*** | 0.61*** | 0.56*** | 0.56*** | 0.53*** |

以自尊为预测变量，心理资本及其自我效能、韧性、乐观、希望 4 个

维度为因变量，性别、年龄和学段为控制变量进行线性回归分析，结果如表8-4所示。

表 8-4　自尊对心理资本及其维度的线性回归分析

| 是否留守 | 因变量 | 预测变量 | $R^2$ | 调整后的$R^2$ | F值 | 标准化系数（Bate） | $t$ | $p$ |
|---|---|---|---|---|---|---|---|---|
| 是 | 心理资本 | 自尊 | 0.46 | 0.46 | 376.30 | 0.68 | 38.21 | $p<0.001$ |
| | 自我效能 | | 0.39 | 0.38 | 280.97 | 0.61 | 32.41 | $p<0.001$ |
| | 韧性 | | 0.34 | 0.34 | 234.48 | 0.57 | 29.22 | $p<0.001$ |
| | 乐观 | | 0.32 | 0.32 | 212.17 | 0.57 | 28.84 | $p<0.001$ |
| | 希望 | | 0.26 | 0.26 | 158.73 | 0.52 | 24.99 | $p<0.001$ |
| 否 | 心理资本 | 自尊 | 0.47 | 0.46 | 431.29 | 0.67 | 40.33 | $p<0.001$ |
| | 自我效能 | | 0.41 | 0.40 | 338.09 | 0.61 | 34.43 | $p<0.001$ |
| | 韧性 | | 0.35 | 0.35 | 262.70 | 0.56 | 30.09 | $p<0.001$ |
| | 乐观 | | 0.33 | 0.33 | 239.89 | 0.57 | 30.40 | $p<0.001$ |
| | 希望 | | 0.31 | 0.30 | 217.96 | 0.55 | 28.99 | $p<0.001$ |

在农村留守学生群体中，自尊对心理资本（$\beta=0.68$，$p<0.001$）、自我效能（$\beta=0.61$，$p<0.001$）、韧性（$\beta=0.57$，$p<0.001$）、乐观（$\beta=0.57$，$p<0.001$）和希望（$\beta=0.52$，$p<0.001$）的正向预测作用有统计学意义，并分别解释了46%、39%、34%、32%和26%的方差。

在农村非留守学生群体中，自尊对心理资本（$\beta=0.67$，$p<0.001$）、自我效能（$\beta=0.61$，$p<0.001$）、韧性（$\beta=0.56$，$p<0.001$）、乐观（$\beta=0.57$，$p<0.001$）和希望（$\beta=0.55$，$p<0.001$）的正向预测作用有统计学意义，并分别解释了47%、41%、35%、33%和31%的方差。

## 三、正性情绪对农村留守学生和非留守学生心理资本的影响

如表 8-5 所示，以性别、年龄和学段为控制变量，对农村学生的正性情绪、心理资本及其自我效能、韧性、乐观、希望 4 个维度进行相关分析，结果发现：农村学生的正性情绪与心理资本（$r=0.62$，$p<0.001$）、自我效能（$r=0.54$，$p<0.001$）、韧性（$r=0.45$，$p<0.001$）、乐观（$r=0.54$，$p<0.001$）和

希望（ $r$=0.54，$p$<0.001 ）的正相关关系有统计学意义。

表 8-5　正性情绪与心理资本及其维度的相关分析

| 个体因素 | 心理资本 | 自我效能 | 韧性 | 乐观 | 希望 |
|---|---|---|---|---|---|
| 正性情绪 | 0.62*** | 0.54*** | 0.45*** | 0.54*** | 0.54*** |

以正性情绪为预测变量，心理资本及其自我效能、韧性、乐观、希望 4 个维度为因变量，性别、年龄和学段为控制变量进行线性回归分析，结果如表 8-6 所示。

表 8-6　正性情绪对心理资本及其维度的线性回归分析

| 是否留守 | 因变量 | 预测变量 | $R^2$ | 调整后的 $R^2$ | $F$ 值 | 标准化系数（Bate） | $t$ | $p$ |
|---|---|---|---|---|---|---|---|---|
| 是 | 心理资本 | 正性情绪 | 0.39 | 0.39 | 282.83 | 0.62 | 33.04 | $p$<0.001 |
| | 自我效能 | | 0.30 | 0.30 | 194.08 | 0.53 | 26.67 | $p$<0.001 |
| | 韧性 | | 0.22 | 0.22 | 128.64 | 0.44 | 21.05 | $p$<0.001 |
| | 乐观 | | 0.30 | 0.30 | 190.95 | 0.55 | 27.34 | $p$<0.001 |
| | 希望 | | 0.28 | 0.28 | 175.58 | 0.53 | 26.30 | $p$<0.001 |
| 否 | 心理资本 | 正性情绪 | 0.39 | 0.39 | 322.75 | 0.61 | 34.70 | $p$<0.001 |
| | 自我效能 | | 0.34 | 0.34 | 253.39 | 0.54 | 29.39 | $p$<0.001 |
| | 韧性 | | 0.24 | 0.24 | 153.81 | 0.44 | 22.16 | $p$<0.001 |
| | 乐观 | | 0.29 | 0.29 | 201.94 | 0.53 | 27.82 | $p$<0.001 |
| | 希望 | | 0.31 | 0.31 | 223.32 | 0.55 | 29.36 | $p$<0.001 |

213

在农村留守学生群体中，正性情绪对心理资本（ $\beta$=0.62，$p$<0.001 ）、自我效能（ $\beta$=0.53，$p$<0.001 ）、韧性（ $\beta$=0.44，$p$<0.001 ）、乐观（ $\beta$=0.55，$p$<0.001 ）和希望（ $\beta$=0.53，$p$<0.001 ）的正向预测作用有统计学意义，并分别解释了 39%、30%、22%、30% 和 28% 的方差。

在农村非留守学生群体中，正性情绪对心理资本（ $\beta$=0.61，$p$<0.001 ）、自我效能（ $\beta$=0.54，$p$<0.001 ）、韧性（ $\beta$=0.44，$p$<0.001 ）、乐观（ $\beta$=0.53，$p$<0.001 ）和希望（ $\beta$=0.55，$p$<0.001 ）的正向预测作用有统计学意义，并分别解释了 39%、34%、24%、29% 和 31% 的方差。

## 四、负性情绪对农村留守学生和非留守学生心理资本的影响

如表 8-7 所示，以性别、年龄和学段为控制变量，对农村学生的负性情绪、心理资本及其自我效能、韧性、乐观、希望 4 个维度进行相关分析，结果发现：农村学生的负性情绪与心理资本（$r=-0.44$，$p<0.001$）、自我效能（$r=-0.40$，$p<0.001$）、韧性（$r=-0.49$，$p<0.001$）、乐观（$r=-0.34$，$p<0.001$）和希望（$r=-0.26$，$p<0.001$）的负相关关系有统计学意义。

表 8-7 负性情绪与心理资本及其维度的相关分析

| 个体因素 | 心理资本 | 自我效能 | 韧性 | 乐观 | 希望 |
|---|---|---|---|---|---|
| 负性情绪 | -0.44*** | -0.40*** | -0.49*** | -0.34*** | -0.26*** |

以负性情绪为预测变量，心理资本及其自我效能、韧性、乐观、希望 4 个维度为因变量，性别、年龄和学段为控制变量进行线性回归分析，结果如表 8-8 所示。

表 8-8 负性情绪对心理资本及其维度的线性回归分析

| 是否留守 | 因变量 | 预测变量 | $R^2$ | 调整后的 $R^2$ | $F$ 值 | 标准化系数（Bate） | $t$ | $p$ |
|---|---|---|---|---|---|---|---|---|
| 是 | 心理资本 | 负性情绪 | 0.19 | 0.19 | 103.94 | -0.42 | -19.64 | $p<0.001$ |
| | 自我效能 | | 0.17 | 0.17 | 91.39 | -0.39 | -17.64 | $p<0.001$ |
| | 韧性 | | 0.26 | 0.26 | 157.39 | -0.49 | -23.55 | $p<0.001$ |
| | 乐观 | | 0.12 | 0.12 | 61.92 | -0.34 | -15.24 | $p<0.001$ |
| | 希望 | | 0.05 | 0.05 | 25.34 | -0.23 | -9.66 | $p<0.001$ |
| 否 | 心理资本 | 负性情绪 | 0.22 | 0.22 | 140.32 | -0.45 | -22.22 | $p<0.001$ |
| | 自我效能 | | 0.21 | 0.21 | 131.80 | -0.41 | -20.04 | $p<0.001$ |
| | 韧性 | | 0.28 | 0.28 | 195.38 | -0.49 | -25.48 | $p<0.001$ |
| | 乐观 | | 0.13 | 0.12 | 70.76 | -0.34 | -16.00 | $p<0.001$ |
| | 希望 | | 0.09 | 0.09 | 51.69 | -0.29 | -13.52 | $p<0.001$ |

在农村留守学生群体中，负性情绪对心理资本（$\beta=-0.42$，$p<0.001$）、自我效能（$\beta=-0.39$，$p<0.001$）、韧性（$\beta=-0.49$，$p<0.001$）、乐观（$\beta=-0.34$，$p<0.001$）和希望（$\beta=-0.23$，$p<0.001$）的负向预测作用有统计学意义，并分别解释了 19%、17%、26%、12% 和 5% 的方差。

在农村非留守学生群体中，负性情绪对心理资本（$\beta$=-0.45，$p$<0.001）、自我效能（$\beta$=-0.41，$p$<0.001）、韧性（$\beta$=-0.49，$p$<0.001）、乐观（$\beta$=-0.34，$p$<0.001）和希望（$\beta$=-0.29，$p$<0.001）的负向预测作用有统计学意义，并分别解释了 22%、21%、28%、13%和 9%的方差。

## 五、积极应对对农村留守学生和非留守学生心理资本的影响

如表 8-9 所示，以性别、年龄和学段为控制变量，对农村学生的积极应对、心理资本及其自我效能、韧性、乐观、希望 4 个维度进行相关分析，结果发现：农村学生的积极应对与心理资本（$r$=0.53，$p$<0.001）、自我效能（$r$=0.44，$p$<0.001）、韧性（$r$=0.37，$p$<0.001）、乐观（$r$=0.50，$p$<0.001）和希望（$r$=0.47，$p$<0.001）的正相关关系有统计学意义。

表 8-9　积极应对与心理资本及其维度的相关分析

| 个体因素 | 心理资本 | 自我效能 | 韧性 | 乐观 | 希望 |
|---|---|---|---|---|---|
| 积极应对 | 0.53*** | 0.44*** | 0.37*** | 0.50*** | 0.47*** |

以积极应对为预测变量，心理资本及其自我效能、韧性、乐观、希望 4 个维度为因变量，性别、年龄和学段为控制变量进行线性回归分析，结果如表 8-10 所示。

表 8-10　积极应对对心理资本及其维度的线性回归分析

| 是否留守 | 因变量 | 预测变量 | $R^2$ | 调整后的 $R^2$ | $F$ 值 | 标准化系数（Bate） | $t$ | $p$ |
|---|---|---|---|---|---|---|---|---|
| 是 | 心理资本 | 积极应对 | 0.30 | 0.29 | 187.46 | 0.54 | 26.74 | $p$<0.001 |
| | 自我效能 | | 0.23 | 0.22 | 129.91 | 0.45 | 21.48 | $p$<0.001 |
| | 韧性 | | 0.16 | 0.16 | 85.02 | 0.36 | 16.56 | $p$<0.001 |
| | 乐观 | | 0.25 | 0.25 | 147.17 | 0.50 | 23.95 | $p$<0.001 |
| | 希望 | | 0.22 | 0.22 | 126.50 | 0.47 | 22.28 | $p$<0.001 |
| 否 | 心理资本 | 积极应对 | 0.30 | 0.30 | 209.62 | 0.53 | 27.63 | $p$<0.001 |
| | 自我效能 | | 0.22 | 0.22 | 139.46 | 0.42 | 20.76 | $p$<0.001 |
| | 韧性 | | 0.19 | 0.19 | 113.34 | 0.38 | 18.35 | $p$<0.001 |
| | 乐观 | | 0.26 | 0.26 | 172.47 | 0.50 | 25.65 | $p$<0.001 |
| | 希望 | | 0.23 | 0.23 | 150.35 | 0.48 | 23.94 | $p$<0.001 |

在农村留守学生群体中，积极应对对心理资本（$\beta=0.54$，$p<0.001$）、自我效能（$\beta=0.45$，$p<0.001$）、韧性（$\beta=0.36$，$p<0.001$）、乐观（$\beta=0.50$，$p<0.001$）和希望（$\beta=0.47$，$p<0.001$）的正向预测作用有统计学意义，并分别解释了30%、23%、16%、25%和22%的方差。

在农村非留守学生群体中，积极应对对心理资本（$\beta=0.53$，$p<0.001$）、自我效能（$\beta=0.42$，$p<0.001$）、韧性（$\beta=0.38$，$p<0.001$）、乐观（$\beta=0.50$，$p<0.001$）和希望（$\beta=0.48$，$p<0.001$）的正向预测作用有统计学意义，并分别解释了30%、22%、19%、26%和23%的方差。

### 六、消极应对对农村留守学生和非留守学生心理资本的影响

如表 8-11 所示，以性别、年龄和学段为控制变量，对农村学生的消极应对、心理资本及其自我效能、韧性、乐观、希望 4 个维度进行相关分析，结果发现：农村学生的消极应对与心理资本（$r=-0.14$，$p<0.001$）、自我效能（$r=-0.13$，$p<0.001$）、韧性（$r=-0.20$，$p<0.001$）、乐观（$r=-0.07$，$p<0.001$）和希望（$r=-0.10$，$p<0.001$）的负相关关系有统计学意义。

表 8-11　消极应对与心理资本及其维度的相关分析

| 个体因素 | 心理资本 | 自我效能 | 韧性 | 乐观 | 希望 |
|---|---|---|---|---|---|
| 消极应对 | -0.14*** | -0.13*** | -0.20*** | -0.07*** | -0.10*** |

以消极应对为预测变量，心理资本及其自我效能、韧性、乐观、希望 4 个维度为因变量，性别、年龄和学段为控制变量进行线性回归分析，结果如表 8-12 所示。

表 8-12　消极应对对心理资本及其维度的线性回归分析

| 是否留守 | 因变量 | 预测变量 | $R^2$ | 调整后的 $R^2$ | F 值 | 标准化系数（Bate） | t | p |
|---|---|---|---|---|---|---|---|---|
| 是 | 心理资本 | 消极应对 | 0.04 | 0.03 | 16.07 | -0.15 | -6.24 | $p<0.001$ |
| | 自我效能 | | 0.04 | 0.04 | 18.28 | -0.12 | -5.11 | $p<0.001$ |
| | 韧性 | | 0.08 | 0.08 | 37.61 | -0.22 | -9.51 | $p<0.001$ |
| | 乐观 | | 0.01 | 0.01 | 4.98 | -0.07 | -2.90 | $p<0.001$ |
| | 希望 | | 0.01 | 0.01 | 5.66 | -0.09 | -3.87 | $p<0.001$ |

续表

| 是否留守 | 因变量 | 预测变量 | $R^2$ | 调整后的 $R^2$ | $F$ 值 | 标准化系数（Bate） | $t$ | $p$ |
|---|---|---|---|---|---|---|---|---|
| 否 | 心理资本 | 消极应对 | 0.05 | 0.05 | 24.31 | -0.14 | -6.47 | $p<0.001$ |
| | 自我效能 | | 0.07 | 0.07 | 37.51 | -0.14 | -6.59 | $p<0.001$ |
| | 韧性 | | 0.08 | 0.08 | 42.18 | -0.18 | -8.11 | $p<0.001$ |
| | 乐观 | | 0.02 | 0.01 | 8.20 | -0.07 | -2.95 | $p<0.001$ |
| | 希望 | | 0.02 | 0.02 | 11.05 | -0.11 | -4.70 | $p<0.001$ |

在农村留守学生群体中，消极应对对心理资本（$\beta$=-0.15，$p<0.001$）、自我效能（$\beta$=-0.12，$p<0.001$）、韧性（$\beta$=-0.22，$p<0.001$）、乐观（$\beta$=-0.07，$p<0.001$）和希望（$\beta$=-0.09，$p<0.001$）的负向预测作用有统计学意义，并分别解释了4%、4%、8%、1%和1%的方差。

在农村非留守学生群体中，消极应对对心理资本（$\beta$=-0.14，$p<0.001$）、自我效能（$\beta$=-0.14，$p<0.001$）、韧性（$\beta$=-0.18，$p<0.001$）、乐观（$\beta$=-0.07，$p<0.001$）和希望（$\beta$=-0.11，$p<0.001$）的负向预测作用有统计学意义，并分别解释了5%、7%、8%、2%和2%的方差。

## 第二节　家庭因素对农村留守学生与非留守学生心理资本的影响

### 一、父母教育期望对农村留守学生和非留守学生心理资本的影响

如表8-13所示，以性别、年龄和学段为控制变量，对农村学生的父母教育期望、心理资本及其自我效能、韧性、乐观、希望4个维度进行相关分析，结果发现：农村学生的父母教育期望与心理资本（$r$=0.14，$p<0.001$）、自我效能（$r$=0.10，$p<0.001$）、韧性（$r$=0.10，$p<0.001$）、乐观（$r$=0.11，$p<0.001$）和希望（$r$=0.15，$p<0.001$）的正相关关系有统计学意义。

以父母教育期望为预测变量，心理资本及其自我效能、韧性、乐观、希望4个维度为因变量，性别、年龄和学段为控制变量进行线性回归分析，结果如表8-14所示。

217

表 8-13　父母教育期望与心理资本及其维度的相关分析

| 家庭因素 | 心理资本 | 自我效能 | 韧性 | 乐观 | 希望 |
|---|---|---|---|---|---|
| 父母教育期望 | 0.14*** | 0.10*** | 0.10*** | 0.11*** | 0.15*** |

表 8-14　父母教育期望对心理资本及其维度的线性回归分析

| 是否留守 | 因变量 | 预测变量 | $R^2$ | 调整后的 $R^2$ | $F$ 值 | 标准化系数（Bate） | $t$ | $p$ |
|---|---|---|---|---|---|---|---|---|
| 是 | 心理资本 | 父母教育期望 | 0.03 | 0.03 | 13.60 | 0.13 | 5.41 | $p<0.001$ |
| | 自我效能 | | 0.03 | 0.03 | 14.81 | 0.09 | 3.54 | $p<0.001$ |
| | 韧性 | | 0.04 | 0.04 | 17.85 | 0.09 | 3.71 | $p<0.001$ |
| | 乐观 | | 0.02 | 0.02 | 7.95 | 0.11 | 4.50 | $p<0.001$ |
| | 希望 | | 0.02 | 0.02 | 10.86 | 0.14 | 5.98 | $p<0.001$ |
| 否 | 心理资本 | 父母教育期望 | 0.05 | 0.05 | 24.29 | 0.14 | 6.46 | $p<0.001$ |
| | 自我效能 | | 0.06 | 0.06 | 33.21 | 0.12 | 5.20 | $p<0.001$ |
| | 韧性 | | 0.06 | 0.06 | 30.46 | 0.10 | 4.59 | $p<0.001$ |
| | 乐观 | | 0.02 | 0.02 | 12.44 | 0.11 | 5.05 | $p<0.001$ |
| | 希望 | | 0.03 | 0.03 | 17.11 | 0.15 | 6.78 | $p<0.001$ |

在农村留守学生群体中，父母教育期望对心理资本（$\beta=0.13$，$p<0.001$）、自我效能（$\beta=0.09$，$p<0.001$）、韧性（$\beta=0.09$，$p<0.001$）、乐观（$\beta=0.11$，$p<0.001$）和希望（$\beta=0.14$，$p<0.001$）的正向预测作用有统计学意义，并分别解释了 3%、3%、4%、2% 和 2% 的方差。

在农村非留守学生群体中，父母教育期望对心理资本（$\beta=0.14$，$p<0.001$）、自我效能（$\beta=0.12$，$p<0.001$）、韧性（$\beta=0.10$，$p<0.001$）、乐观（$\beta=0.11$，$p<0.001$）和希望（$\beta=0.15$，$p<0.001$）的正向预测作用有统计学意义，并分别解释了 5%、6%、6%、2% 和 3% 的方差。

## 二、父母关爱缺乏对农村留守学生和非留守学生心理资本的影响

如表 8-15 所示，以性别、年龄和学段为控制变量，对农村学生的父母关爱缺乏、心理资本及其自我效能、韧性、乐观、希望 4 个维度进行相关分析，结果发现：农村学生的父母关爱缺乏与心理资本（$r=-0.39$，$p<0.001$）、

自我效能（$r=-0.34$，$p<0.001$）、韧性（$r=-0.29$，$p<0.001$）、乐观（$r=-0.34$，$p<0.001$）和希望（$r=-0.33$，$p<0.001$）的负相关关系有统计学意义。

表 8-15　父母关爱缺乏与心理资本及其维度的相关分析

| 家庭因素 | 心理资本 | 自我效能 | 韧性 | 乐观 | 希望 |
|---|---|---|---|---|---|
| 父母关爱缺乏 | -0.39*** | -0.34*** | -0.29*** | -0.34*** | -0.33*** |

以父母关爱缺乏为预测变量，心理资本及其自我效能、韧性、乐观、希望 4 个维度为因变量，性别、年龄和学段为控制变量进行线性回归分析，结果如表 8-16 所示。

表 8-16　父母关爱缺乏对心理资本及其维度的线性回归分析

| 是否留守 | 因变量 | 预测变量 | $R^2$ | 调整后的 $R^2$ | $F$ 值 | 标准化系数（Bate） | $t$ | $p$ |
|---|---|---|---|---|---|---|---|---|
| 是 | 心理资本 | 父母关爱缺乏 | 0.13 | 0.13 | 65.36 | -0.34 | -15.28 | $p<0.001$ |
| | 自我效能 | | 0.11 | 0.11 | 57.23 | -0.30 | -13.34 | $p<0.001$ |
| | 韧性 | | 0.09 | 0.09 | 44.90 | -0.25 | -10.89 | $p<0.001$ |
| | 乐观 | | 0.10 | 0.10 | 50.31 | -0.31 | -13.73 | $p<0.001$ |
| | 希望 | | 0.08 | 0.08 | 38.64 | -0.28 | -12.10 | $p<0.001$ |
| 否 | 心理资本 | 父母关爱缺乏 | 0.20 | 0.20 | 125.53 | -0.42 | -20.88 | $p<0.001$ |
| | 自我效能 | | 0.18 | 0.18 | 110.52 | -0.37 | -17.91 | $p<0.001$ |
| | 韧性 | | 0.16 | 0.16 | 92.32 | -0.34 | -16.02 | $p<0.001$ |
| | 乐观 | | 0.14 | 0.14 | 79.77 | -0.36 | -17.08 | $p<0.001$ |
| | 希望 | | 0.15 | 0.14 | 83.94 | -0.37 | -17.62 | $p<0.001$ |

在农村留守学生群体中，父母关爱缺乏对心理资本（$\beta=-0.34$，$p<0.001$）、自我效能（$\beta=-0.30$，$p<0.001$）、韧性（$\beta=-0.25$，$p<0.001$）、乐观（$\beta=-0.31$，$p<0.001$）和希望（$\beta=-0.28$，$p<0.001$）的负向预测作用有统计学意义，并分别解释了 13%、11%、9%、10% 和 8% 的方差。

在农村非留守学生群体中，父母关爱缺乏对心理资本（$\beta=-0.42$，$p<0.001$）、自我效能（$\beta=-0.37$，$p<0.001$）、韧性（$\beta=-0.34$，$p<0.001$）、乐观（$\beta=-0.36$，$p<0.001$）和希望（$\beta=-0.37$，$p<0.001$）的负向预测作用有统计学

意义，并分别解释了 20%、18%、16%、14%和 15%的方差。

## 三、父母粗暴养育对农村留守学生和非留守学生心理资本的影响

如表 8-17 所示，以性别、年龄和学段为控制变量，对农村学生的父母粗暴养育、心理资本及其自我效能、韧性、乐观、希望 4 个维度进行相关分析，结果发现：农村学生的父母粗暴养育与心理资本（$r$=-0.22，$p$<0.001）、自我效能（$r$=-0.19，$p$<0.001）、韧性（$r$=-0.20，$p$<0.001）、乐观（$r$=-0.19，$p$<0.001）和希望（$r$=-0.17，$p$<0.001）的负相关关系有统计学意义。

表 8-17　父母粗暴养育与心理资本及其维度的相关分析

| 家庭因素 | 心理资本 | 自我效能 | 韧性 | 乐观 | 希望 |
|---|---|---|---|---|---|
| 父母粗暴养育 | -0.22*** | -0.19*** | -0.20*** | -0.19*** | -0.17*** |

以父母粗暴养育为预测变量，心理资本及其自我效能、韧性、乐观、希望 4 个维度为因变量，性别、年龄和学段为控制变量进行线性回归分析，结果如表 8-18 所示。

表 8-18　父母粗暴养育对心理资本及其维度的线性回归分析

| 是否留守 | 因变量 | 预测变量 | $R^2$ | 调整后的 $R^2$ | $F$ 值 | 标准化系数（Bate） | $t$ | $p$ |
|---|---|---|---|---|---|---|---|---|
| 是 | 心理资本 | 父母粗暴养育 | 0.06 | 0.06 | 30.11 | -0.22 | -9.72 | $p$<0.001 |
| | 自我效能 | | 0.07 | 0.07 | 32.08 | -0.21 | -8.94 | $p$<0.001 |
| | 韧性 | | 0.07 | 0.07 | 32.32 | -0.19 | -8.36 | $p$<0.001 |
| | 乐观 | | 0.04 | 0.04 | 19.57 | -0.19 | -8.15 | $p$<0.001 |
| | 希望 | | 0.03 | 0.03 | 14.08 | -0.16 | -6.97 | $p$<0.001 |
| 否 | 心理资本 | 父母粗暴养育 | 0.07 | 0.07 | 39.53 | -0.22 | -10.06 | $p$<0.001 |
| | 自我效能 | | 0.08 | 0.08 | 42.94 | -0.18 | -8.00 | $p$<0.001 |
| | 韧性 | | 0.09 | 0.08 | 45.83 | -0.20 | -8.92 | $p$<0.001 |
| | 乐观 | | 0.05 | 0.05 | 25.03 | -0.19 | -8.67 | $p$<0.001 |
| | 希望 | | 0.04 | 0.04 | 22.73 | -0.19 | -8.26 | $p$<0.001 |

在农村留守学生群体中，父母粗暴养育对心理资本（$\beta$=-0.22，$p$<0.001）、

自我效能（$\beta$=-0.21，$p<0.001$）、韧性（$\beta$=-0.19，$p<0.001$）、乐观（$\beta$=-0.19，$p<0.001$）和希望（$\beta$=-0.16，$p<0.001$）的负向预测作用有统计学意义，并分别解释了 6%、7%、7%、4% 和 3% 的方差。

在农村非留守学生群体中，父母粗暴养育对心理资本（$\beta$=-0.22，$p<0.001$）、自我效能（$\beta$=-0.18，$p<0.001$）、韧性（$\beta$=-0.20，$p<0.001$）、乐观（$\beta$=-0.19，$p<0.001$）和希望（$\beta$=-0.19，$p<0.001$）的负向预测作用有统计学意义，并分别解释了 7%、8%、9%、5% 和 4% 的方差。

## 第三节　学校因素对农村留守学生与非留守学生心理资本的影响

### 一、学校联结对农村留守学生和非留守学生心理资本的影响

如表 8-19 所示，以性别、年龄和学段为控制变量，对农村学生的学校联结、心理资本及其自我效能、韧性、乐观、希望 4 个维度进行相关分析，结果发现：农村学生的学校联结与心理资本（$r$=0.62，$p<0.001$）、自我效能（$r$=0.52，$p<0.001$）、韧性（$r$=0.46，$p<0.001$）、乐观（$r$=0.58，$p<0.001$）和希望（$r$=0.53，$p<0.001$）的正相关关系有统计学意义。

表 8-19　学校联结与心理资本及其维度的相关分析

| 学校因素 | 心理资本 | 自我效能 | 韧性 | 乐观 | 希望 |
|---|---|---|---|---|---|
| 学校联结 | 0.62*** | 0.52*** | 0.46*** | 0.58*** | 0.53*** |

以学校联结为预测变量，心理资本及其自我效能、韧性、乐观、希望 4 个维度为因变量，性别、年龄和学段为控制变量进行线性回归分析，结果如表 8-20 所示。

表 8-20　学校联结对心理资本及其维度的线性回归分析

| 是否留守 | 因变量 | 预测变量 | $R^2$ | 调整后的 $R^2$ | $F$ 值 | 标准化系数（Bate） | $t$ | $p$ |
|---|---|---|---|---|---|---|---|---|
| 是 | 心理资本 | 学校联结 | 0.36 | 0.36 | 250.07 | 0.59 | 31.02 | $p<0.001$ |
| | 自我效能 | | 0.25 | 0.25 | 151.52 | 0.48 | 23.36 | $p<0.001$ |

| 是否留守 | 因变量 | 预测变量 | $R^2$ | 调整后的 $R^2$ | $F$ 值 | 标准化系数（Bate） | $t$ | $p$ |
|---|---|---|---|---|---|---|---|---|
| 是 | 韧性 | 学校联结 | 0.21 | 0.21 | 119.40 | 0.43 | 20.18 | $p<0.001$ |
| | 乐观 | | 0.33 | 0.33 | 221.48 | 0.57 | 29.48 | $p<0.001$ |
| | 希望 | | 0.24 | 0.24 | 138.60 | 0.48 | 23.33 | $p<0.001$ |
| 否 | 心理资本 | 学校联结 | 0.43 | 0.43 | 371.25 | 0.64 | 37.32 | $p<0.001$ |
| | 自我效能 | | 0.33 | 0.33 | 248.90 | 0.54 | 29.10 | $p<0.001$ |
| | 韧性 | | 0.27 | 0.27 | 181.21 | 0.47 | 24.40 | $p<0.001$ |
| | 乐观 | | 0.35 | 0.35 | 262.11 | 0.58 | 31.82 | $p<0.001$ |
| | 希望 | | 0.32 | 0.32 | 235.97 | 0.56 | 30.20 | $p<0.001$ |

在农村留守学生群体中，学校联结对心理资本（$\beta=0.59$，$p<0.001$）、自我效能（$\beta=0.48$，$p<0.001$）、韧性（$\beta=0.43$，$p<0.001$）、乐观（$\beta=0.57$，$p<0.001$）和希望（$\beta=0.48$，$p<0.001$）的正向预测作用有统计学意义，并分别解释了36%、25%、21%、33%和24%的方差。

在农村非留守学生群体中，学校联结对心理资本（$\beta=0.64$，$p<0.001$）、自我效能（$\beta=0.54$，$p<0.001$）、韧性（$\beta=0.47$，$p<0.001$）、乐观（$\beta=0.58$，$p<0.001$）和希望（$\beta=0.56$，$p<0.001$）的正向预测作用有统计学意义，并分别解释了43%、33%、27%、35%和32%的方差。

## 二、师生关系对农村留守学生和非留守学生心理资本的影响

如表 8-21 所示，以性别、年龄和学段为控制变量，对农村学生的师生关系、心理资本及其自我效能、韧性、乐观、希望 4 个维度进行相关分析，结果发现：农村学生的师生关系与心理资本（$r=0.44$，$p<0.001$）、自我效能（$r=0.37$，$p<0.001$）、韧性（$r=0.38$，$p<0.001$）、乐观（$r=0.37$，$p<0.001$）和希望（$r=0.35$，$p<0.001$）的正相关关系有统计学意义。

表 8-21　师生关系与心理资本及其维度的相关分析

| 学校因素 | 心理资本 | 自我效能 | 韧性 | 乐观 | 希望 |
|---|---|---|---|---|---|
| 师生关系 | 0.44*** | 0.37*** | 0.38*** | 0.37*** | 0.35*** |

以师生关系为预测变量，心理资本及其自我效能、韧性、乐观、希望 4 个维度为因变量，性别、年龄和学段为控制变量进行线性回归分析，结果如表 8-22 所示。

表 8-22　师生关系对心理资本及其维度的线性回归分析

| 是否留守 | 因变量 | 预测变量 | $R^2$ | 调整后的 $R^2$ | F 值 | 标准化系数（Bate） | t | p |
|---|---|---|---|---|---|---|---|---|
| 是 | 心理资本 | 师生关系 | 0.21 | 0.20 | 115.19 | 0.44 | 20.74 | $p<0.001$ |
| | 自我效能 | | 0.16 | 0.16 | 83.65 | 0.37 | 16.76 | $p<0.001$ |
| | 韧性 | | 0.19 | 0.18 | 101.62 | 0.40 | 18.40 | $p<0.001$ |
| | 乐观 | | 0.15 | 0.15 | 76.94 | 0.38 | 17.16 | $p<0.001$ |
| | 希望 | | 0.11 | 0.11 | 57.79 | 0.34 | 14.92 | $p<0.001$ |
| 否 | 心理资本 | 师生关系 | 0.21 | 0.21 | 131.36 | 0.43 | 21.42 | $p<0.001$ |
| | 自我效能 | | 0.18 | 0.18 | 111.46 | 0.37 | 18.01 | $p<0.001$ |
| | 韧性 | | 0.17 | 0.17 | 104.64 | 0.36 | 17.43 | $p<0.001$ |
| | 乐观 | | 0.14 | 0.14 | 81.00 | 0.36 | 17.22 | $p<0.001$ |
| | 希望 | | 0.15 | 0.14 | 84.73 | 0.37 | 17.71 | $p<0.001$ |

在农村留守学生群体中，师生关系对心理资本（$\beta=0.44$，$p<0.001$）、自我效能（$\beta=0.37$，$p<0.001$）、韧性（$\beta=0.40$，$p<0.001$）、乐观（$\beta=0.38$，$p<0.001$）和希望（$\beta=0.34$，$p<0.001$）的正向预测作用有统计学意义，并分别解释了 21%、16%、19%、15% 和 11% 的方差。

在农村非留守学生群体中，师生关系对心理资本（$\beta=0.43$，$p<0.001$）、自我效能（$\beta=0.37$，$p<0.001$）、韧性（$\beta=0.36$，$p<0.001$）、乐观（$\beta=0.36$，$p<0.001$）和希望（$\beta=0.37$，$p<0.001$）的正向预测作用有统计学意义，并分别解释了 21%、18%、17%、14% 和 15% 的方差。

### 三、同伴关系对农村留守学生和非留守学生心理资本的影响

如表 8-23 所示，以性别、年龄和学段为控制变量，对农村学生的同伴关系、心理资本及其自我效能、韧性、乐观、希望 4 个维度进行相关分析，结果发现：农村学生的同伴关系与心理资本（$r=0.47$，$p<0.001$）、自我效能

（$r$=0.43，$p<0.001$）、韧性（$r$=0.38，$p<0.001$）、乐观（$r$=0.41，$p<0.001$）和希望（$r$=0.37，$p<0.001$）的正相关关系有统计学意义。

表 8-23　同伴关系与心理资本及其维度的相关分析

| 学校因素 | 心理资本 | 自我效能 | 韧性 | 乐观 | 希望 |
|---|---|---|---|---|---|
| 同伴关系 | 0.47*** | 0.43*** | 0.38*** | 0.41*** | 0.37*** |

以同伴关系为预测变量，心理资本及其自我效能、韧性、乐观、希望 4 个维度为因变量，性别、年龄和学段为控制变量进行线性回归分析，结果如表 8-24 所示。

表 8-24　同伴关系对心理资本及其维度的线性回归分析

| 是否留守 | 因变量 | 预测变量 | $R^2$ | 调整后的 $R^2$ | $F$ 值 | 标准化系数（Bate） | $t$ | $p$ |
|---|---|---|---|---|---|---|---|---|
| 是 | 心理资本 | 同伴关系 | 0.22 | 0.22 | 128.30 | 0.46 | 21.95 | $p<0.001$ |
| | 自我效能 | | 0.20 | 0.19 | 108.13 | 0.41 | 19.40 | $p<0.001$ |
| | 韧性 | | 0.15 | 0.15 | 81.65 | 0.35 | 16.16 | $p<0.001$ |
| | 乐观 | | 0.17 | 0.17 | 92.63 | 0.41 | 18.89 | $p<0.001$ |
| | 希望 | | 0.13 | 0.13 | 68.57 | 0.36 | 16.30 | $p<0.001$ |
| 否 | 心理资本 | 同伴关系 | 0.25 | 0.25 | 166.02 | 0.48 | 24.36 | $p<0.001$ |
| | 自我效能 | | 0.24 | 0.23 | 152.80 | 0.43 | 21.94 | $p<0.001$ |
| | 韧性 | | 0.21 | 0.20 | 127.94 | 0.40 | 19.81 | $p<0.001$ |
| | 乐观 | | 0.18 | 0.18 | 108.97 | 0.41 | 20.17 | $p<0.001$ |
| | 希望 | | 0.15 | 0.15 | 86.31 | 0.37 | 17.88 | $p<0.001$ |

在农村留守学生群体中，同伴关系对心理资本（$\beta$=0.46，$p<0.001$）、自我效能（$\beta$=0.41，$p<0.001$）、韧性（$\beta$=0.35，$p<0.001$）、乐观（$\beta$=0.41，$p<0.001$）和希望（$\beta$=0.36，$p<0.001$）的正向预测作用有统计学意义，并分别解释了 22%、20%、15%、17%和 13%的方差。

在农村非留守学生群体中，同伴关系对心理资本（$\beta$=0.48，$p<0.001$）、自我效能（$\beta$=0.43，$p<0.001$）、韧性（$\beta$=0.40，$p<0.001$）、乐观（$\beta$=0.41，$p<0.001$）和希望（$\beta$=0.37，$p<0.001$）的正向预测作用有统计学意义，并分

别解释了 25%、24%、21%、18%和 15%的方差。

## 四、学业负担对农村留守学生和非留守学生心理资本的影响

如表 8-25 所示，以性别、年龄和学段为控制变量，对农村学生的学业负担、心理资本及其自我效能、韧性、乐观、希望 4 个维度进行相关分析，结果发现：农村学生的学业负担与心理资本（$r=-0.10$，$p<0.001$）、自我效能（$r=-0.12$，$p<0.001$）、韧性（$r=-0.13$，$p<0.001$）和乐观（$r=-0.09$，$p<0.001$）的负相关关系有统计学意义，与希望（$r=-0.02$，$p>0.05$）的负相关关系无统计学意义。

表 8-25　学业负担与心理资本及其维度的相关分析

| 学校因素 | 心理资本 | 自我效能 | 韧性 | 乐观 | 希望 |
|---|---|---|---|---|---|
| 学业负担 | -0.10*** | -0.12*** | -0.13*** | -0.09*** | -0.02 |

以学业负担为预测变量，心理资本及其自我效能、韧性、乐观、希望 4 个维度为因变量，性别、年龄和学段为控制变量进行线性回归分析，结果如表 8-26 所示。

表 8-26　学业负担对心理资本及其维度的线性回归分析

| 是否留守 | 因变量 | 预测变量 | $R^2$ | 调整后的 $R^2$ | F 值 | 标准化系数（Bate） | t | p |
|---|---|---|---|---|---|---|---|---|
| 是 | 心理资本 | 学业负担 | 0.03 | 0.03 | 15.10 | -0.14 | -5.93 | $p<0.001$ |
| | 自我效能 | | 0.05 | 0.05 | 24.68 | -0.17 | -7.14 | $p<0.001$ |
| | 韧性 | | 0.05 | 0.05 | 24.53 | -0.15 | -6.30 | $p<0.001$ |
| | 乐观 | | 0.02 | 0.02 | 9.56 | -0.12 | -5.16 | $p<0.001$ |
| | 希望 | | 0.01 | 0.004 | 2.74 | -0.04 | -1.84 | $p<0.001$ |
| 否 | 心理资本 | 学业负担 | 0.03 | 0.03 | 15.74 | -0.07 | -2.91 | $p<0.001$ |
| | 自我效能 | | 0.06 | 0.05 | 28.77 | -0.07 | -3.19 | $p<0.001$ |
| | 韧性 | | 0.06 | 0.06 | 31.31 | -0.11 | -4.93 | $p<0.001$ |
| | 乐观 | | 0.02 | 0.01 | 7.89 | -0.06 | -2.74 | $p<0.001$ |
| | 希望 | | 0.01 | 0.01 | 5.51 | -0.01 | 0.39 | $p<0.001$ |

在农村留守学生群体中，学业负担对心理资本（$\beta=-0.14$，$p<0.001$）、

自我效能（$\beta$=-0.17，$p<0.001$）、韧性（$\beta$=-0.15，$p<0.001$）、乐观（$\beta$=-0.12，$p<0.001$）和希望（$\beta$=-0.04，$p<0.001$）的负向预测作用有统计学意义，并分别解释了 3%、5%、5%、2% 和 1% 的方差。

在农村非留守学生群体中，学业负担对心理资本（$\beta$=-0.07，$p<0.001$）、自我效能（$\beta$=-0.07，$p<0.001$）、韧性（$\beta$=-0.11，$p<0.001$）、乐观（$\beta$=-0.06，$p<0.001$）和希望（$\beta$=-0.01，$p<0.001$）的负向预测作用有统计学意义，并分别解释了 3%、6%、6%、2% 和 1% 的方差。

# 第四节 社会因素对农村留守学生与非留守学生心理资本的影响

## 一、压力性生活事件对农村留守学生和非留守学生心理资本的影响

如表 8-27 所示，以性别、年龄和学段为控制变量，对农村学生的压力性生活事件、心理资本及其自我效能、韧性、乐观、希望 4 个维度进行相关分析，结果发现：农村学生的压力性生活事件与心理资本（$r$=-0.28，$p<0.001$）、自我效能（$r$=-0.26，$p<0.001$）、韧性（$r$=-0.29，$p<0.001$）、乐观（$r$=-0.23，$p<0.001$）和希望（$r$=-0.18，$p<0.001$）的负相关关系有统计学意义。

表 8-27 压力性生活事件与心理资本及其维度的相关分析

| 社会因素 | 心理资本 | 自我效能 | 韧性 | 乐观 | 希望 |
|---|---|---|---|---|---|
| 压力性生活事件 | -0.28*** | -0.26*** | -0.29*** | -0.23*** | -0.18*** |

以压力性生活事件为预测变量，心理资本及其自我效能、韧性、乐观、希望 4 个维度为因变量，性别、年龄和学段为控制变量进行线性回归分析，结果如表 8-28 所示。

在农村留守学生群体中，压力性生活事件对心理资本（$\beta$=-0.27，$p<0.001$）、自我效能（$\beta$=-0.26，$p<0.001$）、韧性（$\beta$=-0.29，$p<0.001$）、乐观（$\beta$=-0.23，$p<0.001$）和希望（$\beta$=-0.15，$p<0.001$）的负向预测作用有统计学意义，并分别解释了 9%、9%、11%、6% 和 3% 的方差。

表 8-28　压力性生活事件对心理资本及其维度的线性回归分析

| 是否留守 | 因变量 | 预测变量 | $R^2$ | 调整后的 $R^2$ | $F$ 值 | 标准化系数（Bate） | $t$ | $p$ |
|---|---|---|---|---|---|---|---|---|
| 是 | 心理资本 | 压力性生活事件 | 0.09 | 0.09 | 43.47 | -0.27 | -12.13 | $p<0.001$ |
| | 自我效能 | | 0.09 | 0.09 | 45.57 | -0.26 | -11.51 | $p<0.001$ |
| | 韧性 | | 0.11 | 0.11 | 57.69 | -0.29 | -12.97 | $p<0.001$ |
| | 乐观 | | 0.06 | 0.06 | 27.64 | -0.23 | -9.92 | $p<0.001$ |
| | 希望 | | 0.03 | 0.03 | 12.54 | -0.15 | -6.51 | $p<0.001$ |
| 否 | 心理资本 | 压力性生活事件 | 0.11 | 0.10 | 58.84 | -0.28 | -13.28 | $p<0.001$ |
| | 自我效能 | | 0.11 | 0.11 | 62.66 | -0.25 | -11.79 | $p<0.001$ |
| | 韧性 | | 0.13 | 0.13 | 71.66 | -0.28 | -13.34 | $p<0.001$ |
| | 乐观 | | 0.07 | 0.06 | 34.49 | -0.23 | -10.61 | $p<0.001$ |
| | 希望 | | 0.05 | 0.05 | 27.02 | -0.20 | -9.23 | $p<0.001$ |

在农村非留守学生群体中，压力性生活事件对心理资本（$\beta$=-0.28，$p<0.001$）、自我效能（$\beta$=-0.25，$p<0.001$）、韧性（$\beta$=-0.28，$p<0.001$）、乐观（$\beta$=-0.23，$p<0.001$）和希望（$\beta$=-0.20，$p<0.001$）的负向预测作用有统计学意义，并分别解释了 11%、11%、13%、7% 和 5% 的方差。

## 二、社会支持对农村留守学生和非留守学生心理资本的影响

如表 8-29 所示，以性别、年龄和学段为控制变量，对农村学生的社会支持、心理资本及其自我效能、韧性、乐观、希望 4 个维度进行相关分析，结果发现：农村学生的社会支持与心理资本（$r$=0.53，$p<0.001$）、自我效能（$r$=0.46，$p<0.001$）、韧性（$r$=0.38，$p<0.001$）、乐观（$r$=0.51，$p<0.001$）和希望（$r$=0.44，$p<0.001$）的正相关关系有统计学意义。

表 8-29　社会支持与心理资本及其维度的相关分析

| 社会因素 | 心理资本 | 自我效能 | 韧性 | 乐观 | 希望 |
|---|---|---|---|---|---|
| 社会支持 | 0.53*** | 0.46*** | 0.38*** | 0.51*** | 0.44*** |

以社会支持为预测变量，心理资本及其自我效能、韧性、乐观、希望 4 个维度为因变量，性别、年龄和学段为控制变量进行线性回归分析，结果如

表 8-30 所示。

表 8-30　社会支持对心理资本及其维度的线性回归分析

| 是否留守 | 因变量 | 预测变量 | $R^2$ | 调整后的 $R^2$ | F 值 | 标准化系数（Bate） | $t$ | $p$ |
|---|---|---|---|---|---|---|---|---|
| 是 | 心理资本 | 社会支持 | 0.27 | 0.27 | 166.74 | 0.51 | 25.17 | $p<0.001$ |
| | 自我效能 | | 0.22 | 0.21 | 123.30 | 0.44 | 20.87 | $p<0.001$ |
| | 韧性 | | 0.16 | 0.16 | 83.55 | 0.36 | 16.39 | $p<0.001$ |
| | 乐观 | | 0.25 | 0.25 | 150.08 | 0.50 | 34.19 | $p<0.001$ |
| | 希望 | | 0.17 | 0.17 | 90.04 | 0.41 | 18.74 | $p<0.001$ |
| 否 | 心理资本 | 社会支持 | 0.32 | 0.32 | 236.91 | 0.55 | 29.49 | $p<0.001$ |
| | 自我效能 | | 0.26 | 0.26 | 178.00 | 0.47 | 24.03 | $p<0.001$ |
| | 韧性 | | 0.21 | 0.20 | 128.31 | 0.40 | 19.84 | $p<0.001$ |
| | 乐观 | | 0.28 | 0.28 | 189.04 | 0.52 | 26.90 | $p<0.001$ |
| | 希望 | | 0.23 | 0.23 | 145.92 | 0.47 | 23.57 | $p<0.001$ |

在农村留守学生群体中，社会支持对心理资本（$\beta=0.51$，$p<0.001$）、自我效能（$\beta=0.44$，$p<0.001$）、韧性（$\beta=0.36$，$p<0.001$）、乐观（$\beta=0.50$，$p<0.001$）和希望（$\beta=0.41$，$p<0.001$）的正向预测作用有统计学意义，并分别解释了27%、22%、16%、25%和17%的方差。

在农村非留守学生群体中，社会支持对心理资本（$\beta=0.55$，$p<0.001$）、自我效能（$\beta=0.47$，$p<0.001$）、韧性（$\beta=0.40$，$p<0.001$）、乐观（$\beta=0.52$，$p<0.001$）和希望（$\beta=0.47$，$p<0.001$）的正向预测作用有统计学意义，并分别解释了32%、26%、21%、28%和23%的方差。

## 第五节　心理资本对农村留守学生与非留守学生心理特点的影响

### 一、心理资本对农村留守学生和非留守学生生活满意度的影响

如表 8-31 所示，以性别、年龄和学段为控制变量，对农村学生的生活满意度、心理资本及其自我效能、韧性、乐观、希望 4 个维度进行相关分

析，结果发现：农村学生的心理资本（$r=0.39$，$p<0.001$）、自我效能（$r=0.36$，$p<0.001$）、韧性（$r=0.27$，$p<0.001$）、乐观（$r=0.36$，$p<0.001$）和希望（$r=0.33$，$p<0.001$）与生活满意度的正相关关系有统计学意义。

表 8-31　心理资本及其维度与生活满意度的相关分析

| 因素 | 心理资本 | 自我效能 | 韧性 | 乐观 | 希望 |
|---|---|---|---|---|---|
| 生活满意度 | 0.39*** | 0.36*** | 0.27*** | 0.36*** | 0.33*** |

以心理资本及其自我效能、韧性、乐观、希望 4 个维度为预测变量，生活满意度为因变量，性别、年龄和学段为控制变量进行线性回归分析，结果如表 8-32 所示。

表 8-32　心理资本及其维度对生活满意度的线性回归分析

| 是否留守 | 因变量 | 预测变量 | $R^2$ | 调整后的 $R^2$ | $F$ 值 | 标准化系数（Bate） | $t$ | $p$ |
|---|---|---|---|---|---|---|---|---|
| 是 | 生活满意度 | 心理资本 | 0.14 | 0.14 | 72.23 | 0.37 | 16.72 | $p<0.001$ |
| | | 自我效能 | 0.13 | 0.12 | 63.66 | 0.35 | 15.66 | $p<0.001$ |
| | | 韧性 | 0.06 | 0.06 | 30.39 | 0.25 | 10.62 | $p<0.001$ |
| | | 乐观 | 0.12 | 0.12 | 60.58 | 0.34 | 15.27 | $p<0.001$ |
| | | 希望 | 0.09 | 0.09 | 45.34 | 0.30 | 13.13 | $p<0.001$ |
| 否 | 生活满意度 | 心理资本 | 0.17 | 0.17 | 104.73 | 0.42 | 20.22 | $p<0.001$ |
| | | 自我效能 | 0.15 | 0.14 | 83.87 | 0.39 | 18.04 | $p<0.001$ |
| | | 韧性 | 0.09 | 0.09 | 47.33 | 0.36 | 13.42 | $p<0.001$ |
| | | 乐观 | 0.15 | 0.15 | 86.15 | 0.38 | 18.30 | $p<0.001$ |
| | | 希望 | 0.13 | 0.13 | 73.31 | 0.36 | 16.84 | $p<0.001$ |

229

在农村留守学生群体中，心理资本（$\beta=0.37$，$p<0.001$）、自我效能（$\beta=0.35$，$p<0.001$）、韧性（$\beta=0.25$，$p<0.001$）、乐观（$\beta=0.34$，$p<0.001$）和希望（$\beta=0.30$，$p<0.001$）对生活满意度的正向预测作用有统计学意义，并分别解释了生活满意度 14%、13%、6%、12%和 9%的方差。

在农村非留守学生群体中，心理资本（$\beta=0.42$，$p<0.001$）、自我效能（$\beta=0.39$，$p<0.001$）、韧性（$\beta=0.30$，$p<0.001$）、乐观（$\beta=0.38$，$p<0.001$）

和希望（$\beta=0.36$，$p<0.001$）对生活满意度的正向预测作用有统计学意义，并分别解释了生活满意度 17%、15%、9%、15%和 13%的方差。

## 二、心理资本对农村留守学生和非留守学生感恩的影响

如表 8-33 所示，以性别、年龄和学段为控制变量，对农村学生的感恩、心理资本及其自我效能、韧性、乐观、希望 4 个维度进行相关分析，结果发现：农村学生的心理资本（$r=0.34$，$p<0.001$）、自我效能（$r=0.25$，$p<0.001$）、韧性（$r=0.13$，$p<0.001$）、乐观（$r=0.39$，$p<0.001$）和希望（$r=0.34$，$p<0.001$）与感恩的正相关关系有统计学意义。

表 8-33　心理资本及其维度与感恩的相关分析

| 因素 | 心理资本 | 自我效能 | 韧性 | 乐观 | 希望 |
|---|---|---|---|---|---|
| 感恩 | 0.34*** | 0.25*** | 0.13*** | 0.39*** | 0.34*** |

以心理资本及其自我效能、韧性、乐观、希望 4 个维度为预测变量，感恩为因变量，性别、年龄和学段为控制变量进行线性回归分析，结果如表 8-34 所示。

表 8-34　心理资本及其维度对感恩的线性回归分析

| 是否留守 | 因变量 | 预测变量 | $R^2$ | 调整后的 $R^2$ | $F$ 值 | 标准化系数（Bate） | $t$ | $p$ |
|---|---|---|---|---|---|---|---|---|
| 是 | 感恩 | 心理资本 | 0.12 | 0.12 | 62.04 | 0.35 | 15.69 | $p<0.001$ |
| | | 自我效能 | 0.07 | 0.07 | 32.15 | 0.26 | 11.26 | $p<0.001$ |
| | | 韧性 | 0.02 | 0.02 | 8.05 | 0.13 | 5.52 | $p<0.001$ |
| | | 乐观 | 0.17 | 0.17 | 90.11 | 0.41 | 18.93 | $p<0.001$ |
| | | 希望 | 0.12 | 0.12 | 60.45 | 0.34 | 15.49 | $p<0.001$ |
| 否 | 感恩 | 心理资本 | 0.11 | 0.11 | 63.08 | 0.33 | 15.51 | $p<0.001$ |
| | | 自我效能 | 0.07 | 0.07 | 35.41 | 0.25 | 11.42 | $p<0.001$ |
| | | 韧性 | 0.02 | 0.02 | 11.84 | 0.14 | 6.06 | $p<0.001$ |
| | | 乐观 | 0.15 | 0.14 | 83.85 | 0.38 | 17.98 | $p<0.001$ |
| | | 希望 | 0.18 | 0.18 | 65.92 | 0.34 | 15.87 | $p<0.001$ |

在农村留守学生群体中，心理资本（$\beta=0.35$，$p<0.001$）、自我效能（$\beta=0.26$，$p<0.001$）、韧性（$\beta=0.13$，$p<0.001$）、乐观（$\beta=0.41$，$p<0.001$）和希望（$\beta=0.34$，$p<0.001$）对感恩的正向预测作用有统计学意义，并分别解释了生活满意度 12%、7%、2%、17% 和 12% 的方差。

在农村非留守学生群体中，心理资本（$\beta=0.33$，$p<0.001$）、自我效能（$\beta=0.25$，$p<0.001$）、韧性（$\beta=0.14$，$p<0.001$）、乐观（$\beta=0.38$，$p<0.001$）和希望（$\beta=0.34$，$p<0.001$）对感恩的正向预测作用有统计学意义，并分别解释了生活满意度 11%、7%、2%、15% 和 18% 的方差。

### 三、心理资本对农村留守学生和非留守学生学业成就的影响

如表 8-35 所示，以性别、年龄和学段为控制变量，对农村学生的学业成就、心理资本及其自我效能、韧性、乐观、希望 4 个维度进行相关分析，结果发现：农村学生的心理资本（$r=0.33$，$p<0.001$）、自我效能（$r=0.34$，$p<0.001$）、韧性（$r=0.23$，$p<0.001$）、乐观（$r=0.25$，$p<0.001$）和希望（$r=0.28$，$p<0.001$）与学业成就的正相关关系有统计学意义。

表 8-35　心理资本及其维度与学业成就的相关分析

| 因素 | 心理资本 | 自我效能 | 韧性 | 乐观 | 希望 |
|---|---|---|---|---|---|
| 学业成就 | 0.33*** | 0.34*** | 0.23*** | 0.25*** | 0.28*** |

以心理资本及其自我效能、韧性、乐观、希望 4 个维度为预测变量，学业成就为因变量，性别、年龄和学段为控制变量进行线性回归分析，结果如表 8-36 所示。

表 8-36　心理资本及其维度对学业成就的线性回归分析

| 是否留守 | 因变量 | 预测变量 | $R^2$ | 调整后的 $R^2$ | $F$ 值 | 标准化系数（Bate） | $t$ | $p$ |
|---|---|---|---|---|---|---|---|---|
| 是 | 学业成就 | 心理资本 | 0.12 | 0.12 | 63.32 | 0.32 | 14.39 | $p<0.001$ |
| | | 自我效能 | 0.13 | 0.12 | 63.88 | 0.32 | 14.46 | $p<0.001$ |
| | | 韧性 | 0.07 | 0.07 | 33.22 | 0.22 | 9.45 | $p<0.001$ |
| | | 乐观 | 0.09 | 0.09 | 44.04 | 0.26 | 11.47 | $p<0.001$ |
| | | 希望 | 0.10 | 0.09 | 47.11 | 0.27 | 11.98 | $p<0.001$ |

| 是否留守 | 因变量 | 预测变量 | $R^2$ | 调整后的$R^2$ | $F$值 | 标准化系数（Bate） | $t$ | $p$ |
|---|---|---|---|---|---|---|---|---|
| 否 | 学业成就 | 心理资本 | 0.13 | 0.13 | 71.71 | 0.33 | 15.57 | $p<0.001$ |
| | | 自我效能 | 0.14 | 0.14 | 81.84 | 0.36 | 16.80 | $p<0.001$ |
| | | 韧性 | 0.08 | 0.08 | 41.12 | 0.25 | 11.07 | $p<0.001$ |
| | | 乐观 | 0.07 | 0.07 | 39.21 | 0.23 | 10.72 | $p<0.001$ |
| | | 希望 | 0.10 | 0.10 | 57.40 | 0.29 | 13.65 | $p<0.001$ |

在农村留守学生群体中，心理资本（$\beta=0.32$，$p<0.001$）、自我效能（$\beta=0.32$，$p<0.001$）、韧性（$\beta=0.22$，$p<0.001$）、乐观（$\beta=0.26$，$p<0.001$）和希望（$\beta=0.27$，$p<0.001$）对学业成就的正向预测作用有统计学意义，并分别解释了生活满意度12%、13%、7%、9%和10%的方差。

在农村非留守学生群体中，心理资本（$\beta=0.33$，$p<0.001$）、自我效能（$\beta=0.36$，$p<0.001$）、韧性（$\beta=0.25$，$p<0.001$）、乐观（$\beta=0.23$，$p<0.001$）和希望（$\beta=0.29$，$p<0.001$）对学业成就的正向预测作用有统计学意义，并分别解释了生活满意度13%、14%、8%、7%和10%的方差。

### 四、心理资本对农村留守学生和非留守学生人生意义的影响

如表8-37所示，以性别、年龄和学段为控制变量，对农村学生的人生意义、心理资本及其自我效能、韧性、乐观、希望4个维度进行相关分析，结果发现：农村学生的心理资本（$r=0.39\sim0.65$，$p<0.001$）、自我效能（$r=0.30\sim0.52$，$p<0.001$）、韧性（$r=0.22\sim0.45$，$p<0.001$）、乐观（$r=0.35\sim0.52$，$p<0.001$）和希望（$r=0.42\sim0.68$，$p<0.001$）与人生意义体验、人生意义追寻和人生意义的正相关关系有统计学意义。

表8-37　心理资本及其维度与人生意义的相关分析

| 因素 | 心理资本 | 自我效能 | 韧性 | 乐观 | 希望 |
|---|---|---|---|---|---|
| 人生意义 | 0.61*** | 0.49*** | 0.40*** | 0.51*** | 0.65*** |
| 人生意义追寻 | 0.39*** | 0.30*** | 0.22*** | 0.35*** | 0.42*** |
| 人生意义体验 | 0.65*** | 0.52*** | 0.45*** | 0.52*** | 0.68*** |

以心理资本及其自我效能、韧性、乐观、希望 4 个维度为预测变量，人生意义为因变量，性别、年龄和学段为控制变量进行线性回归分析，结果如表 8-38 所示。

表 8-38　心理资本及其维度对人生意义的线性回归分析

| 是否留守 | 因变量 | 预测变量 | $R^2$ | 调整后的 $R^2$ | $F$ 值 | 标准化系数（Bate） | $t$ | $p$ |
|---|---|---|---|---|---|---|---|---|
| 是 | 人生意义 | 心理资本 | 0.37 | 0.37 | 264.02 | 0.61 | 32.31 | $p<0.001$ |
| | | 自我效能 | 0.23 | 0.23 | 134.69 | 0.48 | 22.99 | $p<0.001$ |
| | | 韧性 | 0.16 | 0.15 | 81.83 | 0.39 | 17.83 | $p<0.001$ |
| | | 乐观 | 0.26 | 0.26 | 154.45 | 0.50 | 24.64 | $p<0.001$ |
| | | 希望 | 0.40 | 0.40 | 301.26 | 0.63 | 34.52 | $p<0.001$ |
| 否 | 人生意义 | 心理资本 | 0.39 | 0.39 | 315.79 | 0.63 | 35.13 | $p<0.001$ |
| | | 自我效能 | 0.25 | 0.25 | 167.32 | 0.51 | 24.41 | $p<0.001$ |
| | | 韧性 | 0.17 | 0.17 | 100.50 | 0.41 | 19.52 | $p<0.001$ |
| | | 乐观 | 0.27 | 0.27 | 182.83 | 0.51 | 26.59 | $p<0.001$ |
| | | 希望 | 0.44 | 0.44 | 395.78 | 0.66 | 39.99 | $p<0.001$ |

在农村留守学生群体中，心理资本（$\beta=0.61$，$p<0.001$）、自我效能（$\beta=0.48$，$p<0.001$）、韧性（$\beta=0.39$，$p<0.001$）、乐观（$\beta=0.50$，$p<0.001$）和希望（$\beta=0.63$，$p<0.001$）对人生意义的正向预测作用有统计学意义，并分别解释了生活满意度 37%、23%、16%、26%和40%的方差。

在农村非留守学生群体中，心理资本（$\beta=0.63$，$p<0.001$）、自我效能（$\beta=0.51$，$p<0.001$）、韧性（$\beta=0.41$，$p<0.001$）、乐观（$\beta=0.51$，$p<0.001$）和希望（$\beta=0.66$，$p<0.001$）对人生意义的正向预测作用有统计学意义，并分别解释了生活满意度 39%、25%、17%、27%和 44%的方差。

# 第九章

## 农村留守学生与非留守学生心理资本的中介效应

  积极心理学是当前心理学研究的重要趋势，强调心理学应关注和研究人的积极心理品质。受积极心理学的影响，研究农村留守学生在不利处境中的积极心理品质也逐渐成为当前心理学研究的重要内容。生活满意度作为积极心理学研究的核心内容和衡量个体心理健康水平的重要指标，主要是指个体对目前生活状态与生活质量的主观评价和满意程度（Kim, Moon, Yoo, et al., 2020）。研究发现，生活满意度较高的留守学生会表现出较多的亲社行为和较低的情绪行为问题（王新柳，叶青青，叶子健，等，2012）；生活满意度较低的留守学生在人际关系、学习动力、社会适应等方面的表现相对较差（魏昶，喻承甫，洪小祝，等，2015）。由此可见，生活满意度对农村留守学生的健康及发展有重要作用。

  生物—社会—认知理论模型认为，生活满意度是个体因素与环境因素共同作用的结果（Lyons M. D., Huebner E. S., Hills K. J., et al., 2013）。根据生物—社会—认知理论模型的观点进行推测，个体（健康状况、自尊、正性情绪、负性情绪、积极应对）、家庭（父母关系缺乏、父母粗暴养育）、学校（学校联结、师生关系、学业负担）和社会（压力性生活事件、社会支持）等因素的共同作用可能会影响农村留守学生的生活满意度，而农村留守学生的心理资本在个体、家庭、学校、社会等因素与生活满意度的关系中可能起着重要作用。因此，本研究以个体、家庭、学校和社会等因素为自变量，心理资本为中介变量，生活满意度为结果变量，性别、学段与年龄为控制变量，探讨心理资本在个体、家庭、学校和社会等因素与生活满意度之间的中介作用。

## 第一节　心理资本在个体特点与生活满意度之间的中介效应

### 一、心理资本在健康状况与生活满意度之间的中介效应

由于各变量之间有显著的相关关系，可能会存在多重共线性问题影响中介效应检验的结果（颜军，钱凯娟，陶宝乐，等，2022）。参考以往研究，如果 VIF≥5 或 VIF≥10，则表示自变量之间存在严重的共线性问题（杨梅，肖静，蔡辉，2012；董及美，周晨，侯亚楠，等，2020）。以农村留守学生和非留守学生的健康状况、心理资本为自变量，以生活满意度为因变量，对数据进行共线性诊断。诊断结果显示，Tolerance 容差值（0.88，0.88）均大于 0.1，VIF 值（1.14，1.14）均小于 5，因此，自变量之间不存在多重共线性问题。

分别对农村留守学生和非留守学生的心理资本进行中介效应检验，以农村留守学生和非留守学生的健康状况为预测变量，心理资本为中介变量，生活满意度为结果变量，性别、年龄和学段为控制变量，构建中介效应模型图（见图 9-1）。使用 SPSS 宏程序 Process 中的模型 4 和 Bootstrap 法重复抽样 5 000 次，对中介效应 95% 置信区间进行估计，结果如表 9-1 所示。农村留守学生和非留守学生心理资本中介效应的 95% 置信区间不包含 0，说明农村留守学生和非留守学生的心理资本在健康状况对生活满意度的作用中有显著的完全中介效应和部分中介效应。中介效应值分别为 0.15 和 0.16，占总效应值的 71.40% 和 69.60%。

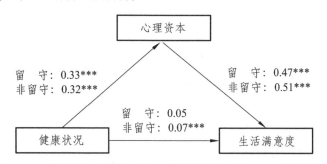

图 9-1　心理资本在健康状况与生活满意度之间的中介效应模型图

表 9-1　心理资本在健康状况与生活满意度之间的中介效应检验

| 是否留守 | 路径 | 效应值 | Boot 标准误 | 95%置信区间 下限 | 95%置信区间 上限 | 相对效应值 |
|---|---|---|---|---|---|---|
| 农村留守学生（N=1 794） | 健康状况→生活满意度直接效应 | 0.05 | 0.03 | -0.003 | 0.11 | 28.60% |
| | 健康状况→心理资本→生活满意度中介效应 | 0.15 | 0.02 | 0.12 | 0.18 | 71.40% |
| | 健康状况→生活满意度总效应 | 0.21 | 0.03 | 0.12 | 0.26 | |
| 农村非留守学生（N=1 987） | 健康状况→生活满意度直接效应 | 0.07 | 0.03 | 0.02 | 0.12 | 30.40% |
| | 健康状况→心理资本→生活满意度中介效应 | 0.16 | 0.02 | 0.14 | 0.19 | 69.60% |
| | 健康状况→生活满意度总效应 | 0.23 | 0.03 | 0.18 | 0.28 | |

农村留守学生的健康状况对生活满意度的直接作用不显著，但心理资本的间接作用显著，说明农村留守学生的健康状况对生活满意度的影响主要是通过心理资本的中介作用来实现的。由于农村留守学生家庭经济条件相对较差，父母不得不选择外出务工以缓解家庭经济压力。有研究发现，个体的身体健康状况对生活满意度有显著的预测作用（李兆良，2009；刘欣，郭礼平，燕雨晴，等，2011；王春媛，2015）。亲子分离、家庭教育缺失、父母关心关爱减少或缺失等状况不仅让农村留守学生感受到较大的心理压力并导致自卑、敏感、焦虑、抑郁、自伤等心理及行为问题，同时也让农村留守学生的身体健康状况在生活中面临较多的威胁或风险因素，如膳食营养不均衡（林如娇，冯荣钻，农善文，等，2015）、发育迟缓（何敏肖，2020）、疫苗接种率和疫苗接种及时率较低（郝鹏飞，秦利利，徐浩，等，2012）、患病率（史沙沙，崔文香，2012）和意外伤害率较高（黄莹，汤萌，李学美，等，2016）等。当农村留守学生身患疾病时，由于父母远在他乡，因而无法及时获得父母的关心和照顾，长时间的疾病折磨会严重消耗农村留守学生的积极心理资本（王逸尘，2017），并容易出现对未来悲观失望、无助、孤独、抗压力能力弱、自信心不足等特点（李俊玲，李铿，2017），从而降低农村留守学生的生活满意度（安蓉，仇朝晖，2016）。反

之，如果农村留守学生面临的影响身体健康状况的风险因素较少，身心健康状况良好，或者在身患疾病时，照顾者、父母、朋友等社会支持性资源较多，并且能及时获得照顾者、父母、朋友等社会支持性力量的帮助并及时获得医疗救助，这不仅有利于农村留守学生的疾病康复，还能够帮助农村留守学生在留守生活中逐渐形成自信、乐观、希望等积极心理品质，从而提高自身的心理资本水平（程建伟，郭凯迪，高磊，2021），而较高的心理资本水平会让农村留守学生对当下的学习与生活感受到较高的满意度，对未来的学习与生活充满希望（杨新国，徐明津，陆佩岩，等，2014）。

农村非留守学生的健康状况对生活满意度的直接作用显著，心理资本的间接作用也显著，说明农村非留守学生的健康状况不仅可以直接影响生活满意度，还可以通过心理资本的中介作用间接影响生活满意度。以往研究发现，身体健康状况对个体的生活满意度有直接的预测作用（李兆良，2009；刘欣，郭礼平，燕雨晴，等，2011；王春媛，2015）。对于农村非留守学生而言，他们面临的影响身体健康的风险因素较少，当他们身患疾病时能够及时获得父母的关心关爱和照顾，并且在父母的帮助下能够及时获得较好的医疗救治，这不仅有利于农村非留守学生疾病康复和提高生活满意度（詹婧，赵越，2018；王旭，张勇，李张玉，2021），也能够培养农村非留守学生应对疾病的信心、勇气和心理反弹能力，从而提高自己的心理资本水平（程建伟，郭凯迪，高磊，2021），进而提升生活满意度（梁永锋，刘少锋，何昭红，2016）。反之，如果农村非留守学生面临的影响身体健康状况的风险因素较多，或者当农村非留守学生身患疾病时，父母未能及时给予关心关爱和提供及时的医疗救治服务，导致患病子女长时间饱受疾病折磨。这不仅会直接影响子女的生活满意度，而且也会消耗子女的积极心理资本，并容易出现焦虑、抑郁等负面情绪（王元肖，2020），进而降低子女的生活满意度。

## 二、心理资本在自尊与生活满意度之间的中介效应检验

由于各变量之间有显著的相关关系，可能会存在多重共线性问题影响

中介效应检验结果（颜军，钱凯娟，陶宝乐，等，2020），参考以往研究，如果 VIF≥5 或 VIF≥10，则表示自变量之间存在严重的共线性问题（杨梅，肖静，蔡辉，2012；董及美，周晨，侯亚楠，等，2020）。以农村留守学生和非留守学生的自尊、心理资本为自变量，以生活满意度为因变量，对数据进行共线性诊断。诊断结果显示，Tolerance 容差值（0.54，0.54）均大于 0.1，VIF 值（1.85，1.85）均小于 5，因此，自变量之间不存在多重共线性问题。

分别对农村留守学生和非留守学生的心理资本进行中介效应检验，以农村留守学生和非留守学生的自尊为预测变量，心理资本为中介变量，生活满意度为结果变量，性别、年龄和学段为控制变量，构建中介效应模型图（见图 9-2）。使用 SPSS 宏程序 Process 中的模型 4 和 Bootstrap 法重复抽样 5 000 次，对中介效应 95%置信区间进行估计，结果如表 9-2 所示。农村留守学生和非留守学生心理资本中介效应的 95%置信区间不包含 0，说明农村留守学生和非留守学生的心理资本在自尊对生活满意度的作用中均有显著的部分中介效应，中介效应值分别为 0.34 和 0.52，占总效应值的 36.60% 和 59.80%。

农村留守学生和非留守学生的自尊对生活满意度的直接作用显著，心理资本的间接作用也显著，说明农村留守学生和非留守学生的自尊可以直接影响生活满意度，也可以通过心理资本的中介作用间接影响生活满意度。值得关注的是，一方面，农村留守学生与非留守学生的自尊对生活满意度的直接效应值分别为 0.59 和 0.35，说明农村留守学生的自尊对生活满意度的影响相对较大；另一方面，农村留守学生与非留守学生的心理资本在自尊与生活满意度之间的中介效应量占总效应量的 36.6% 和 59.8%，说明与农村非留守学生相比，农村留守学生的自尊通过心理资本间接影响生活满意度的作用相对较小。说明农村留守学生与非留守学生自尊对生活满意度的直接作用，以及心理资本在自尊与生活满意度之间的间接作用存在一定差异。

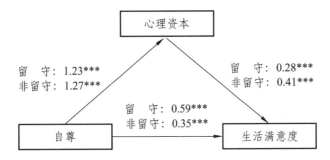

图 9-2　心理资本在自尊与生活满意度之间的中介效应模型图

表 9-2　心理资本在自尊与生活满意度之间的中介效应检验

| 是否留守 | 路径 | 效应值 | Boot 标准误 | 95%置信区间 | | 相对效应值 |
|---|---|---|---|---|---|---|
| | | | | 下限 | 上限 | |
| 农村留守学生（N=1 794） | 自尊→生活满意度直接效应 | 0.59 | 0.07 | 0.45 | 0.73 | 63.40% |
| | 自尊→心理资本→生活满意度中介效应 | 0.34 | 0.06 | 0.23 | 0.45 | 36.60% |
| | 自尊→生活满意度总效应 | 0.93 | 0.05 | 0.82 | 1.03 | |
| 农村非留守学生（N=1 987） | 自尊→生活满意度直接效应 | 0.35 | 0.07 | 0.22 | 0.49 | 40.20% |
| | 自尊→心理资本→生活满意度中介效应 | 0.52 | 0.05 | 0.42 | 0.62 | 59.80% |
| | 自尊→生活满意度总效应 | 0.87 | 0.05 | 0.77 | 0.97 | |

　　自尊是农村学生重要的心理资本（李白璐，边玉芳，2016），可以有效提高农村学生应对压力或挫折的能力。并且自尊作为生活满意度最可靠、最有力的预测指标（Simsek，2013），对提高农村学生的生活满意度有重要的作用。有研究指出，自尊水平较高的农村学生往往对自我的能力与价值有更积极的态度、更全面的认识和更客观的评价，在面对压力性生活事件时，农村学生能够过滤掉更多的负面信息（常丽，杜建政，2007），缓冲压力性生活事件给自己造成的严重伤害，能够保持积极的态度和较高的自信水平，从而拥有较高的生活满意度（张春妹，丁一鸣，陈雪，等，2020）。此外，自尊的发展对农村学生的身心健康及良好发展有较好的增益作用（Neff，2009）。自尊水平较高的农村学生在应对压力性生活事件时往往拥

有较高的自信水平和较强的心理反弹能力（王保健，2017），对未来满怀希望并表现出积极的心理状态（徐礼平，邝宏达，2017），从而维护较高的生活满意度。反之，自尊水平较低的农村学生会消极评价自己的能力与价值，在应对压力性生活事件时难以缓冲压力性生活事件对自己造成的伤害（牟晓红，刘儒德，庄鸿娟，等，2016；贾士昱，刘建平，叶宝娟，2018），容易出现较多的消极情绪并降低生活满意度。同时，较低的自尊水平也不断消耗农村学生的积极心理资本，致使积极心理资本匮乏，从而降低生活满意度（黄明明，陈丽萍，2020）。在本研究中，农村留守学生的自尊对生活满意度的直接影响相对较大，而农村非留守学生的自尊对生活满意度的直接影响相对较小，这说明与农村非留守学生相比，较高的自尊水平可以直接有效地提升其生活满意度水平，这一研究结果提示我们，增强农村留守学生的自尊水平，可以有效提升其生活满意度水平。

### 三、心理资本在正性情绪与生活满意度之间的中介效应检验

由于各变量之间存在显著的相关关系，可能会存在多重共线性问题影响中介效应检验的结果（颜军，钱凯娟，陶宝乐，等，2022），参考以往研究，如果 VIF≥5 或 VIF≥10，则表示自变量之间存在严重的共线性问题（杨梅，肖静，蔡辉，2012；董及美，周晨，侯亚楠，等，2020）。以农村留守学生和非留守学生的正性情绪、心理资本为自变量，以生活满意度为因变量，对数据进行共线性诊断。诊断结果显示，Tolerance 容差值（0.62，0.62）均大于 0.1，VIF 值（1.62，1.62）均小于 5，因此，自变量之间不存在多重共线性问题。

分别对农村留守学生和非留守学生的心理资本进行中介效应检验，以农村留守学生和非留守学生的正性情绪为预测变量，心理资本为中介变量，生活满意度为结果变量，性别、年龄和学段为控制变量，构建中介效应模型图（见图 9-3）。使用 SPSS 宏程序 Process 中的模型 4 和 Bootstrap 法重复抽样 5 000 次，对中介效应 95%置信区间进行估计，结果如表 9-3 所示。农村留守学生和非留守学生心理资本中介效应的 95%置信区间不包含 0，说明农村留守学生和非留守学生的心理资本在正性情绪对生活满意度的作用中均有显著的部分中介效应，中介效应值分别为 0.29 和 0.33，占总效应值

的 56.90% 和 58.90%。

本研究发现，农村留守学生和非留守学生的正性情绪对生活满意度的直接作用显著，心理资本的间接作用也显著，说明农村留守学生和非留守学生的正性情绪可以直接影响生活满意度，也可以通过心理资本的中介作用间接影响生活满意度。值得关注的是，农村留守学生与非留守学生的正性情绪对心理资本的效应值分别为 0.75 和 0.78，说明正性情绪对农村留守学生和非留守学生心理资本的影响较大。这也进一步说明积极正性的情绪体验是维持农村留守学生和非留守学生较高生活满意度的重要因素。

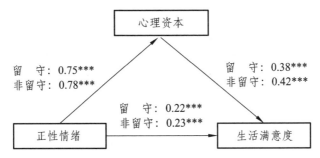

图 9-3　心理资本在正性情绪与生活满意度之间的中介效应模型图

表 9-3　心理资本在正性情绪与生活满意度之间的中介效应检验

| 是否留守 | 路径 | 效应值 | Boot标准误 | 95%置信区间 | | 相对效应值 |
|---|---|---|---|---|---|---|
| | | | | 下限 | 上限 | |
| 农村留守学生（N=1 794） | 正性情绪→生活满意度直接效应 | 0.22 | 0.05 | 0.13 | 0.31 | 43.10% |
| | 正性情绪→心理资本→生活满意度中介效应 | 0.29 | 0.03 | 0.23 | 0.34 | 56.90% |
| | 正性情绪→生活满意度总效应 | 0.51 | 0.04 | 0.44 | 0.58 | |
| 农村非留守学生（N=1 987） | 正性情绪→生活满意度直接效应 | 0.23 | 0.04 | 0.15 | 0.32 | 41.10% |
| | 正性情绪→心理资本→生活满意度中介效应 | 0.33 | 0.03 | 0.27 | 0.39 | 58.90% |
| | 正性情绪→生活满意度总效应 | 0.56 | 0.03 | 0.50 | 0.63 | |

正性情绪，又被称为积极情绪，是个人对有意义的事情的一种独特的、即时的反应，是一种暂时的开心与快乐（张娟，梁英豪，苏志强，等，2015），

与个体的心理健康及生活满意度有密切关系。农村学生在生活、学习与个人成长过程中如果体验到的正性情绪越多,他们就越能够与他人建立或维持较好的人际关系(李志勇,吴明证,王大鹏,2014),从而拥有丰富的社会支持性资源,当遭遇生活、学习和个人成长过程中的压力或挫折时,这种丰富的社会支持性资源有助于农村学生用积极的眼光和心态去应对并保持乐观自信的心态,从而有利于维护自己的生活满意度(牛更枫,鲍娜,周宗奎,等,2015)。并且,农村学生体验的正性情绪越多,他们在学习、生活与个人成长过程中总会满怀希望与信心,从而有利于培养或建构积极的心理资本(刘鸿芹,杨希,张锐,等,2019),并提升社会适应能力(王振宏,吕薇,杜娟,等,2011)。此外,当农村学生在学习、生活与个人成长过程中体验到较多的积极情绪时,他们能够从学习、生活与个人成长过程中发现更多美好的事物(罗军,王燕菲,禹玉兰,2012),从而提高自己的生活满意度(刘雪贞,刘华民,张倩倩,等,2019)。反之,当农村学生感受到的正性情绪较少时,感受到的负性情绪可能就较多,在学习、生活与个人成长过程中面临不利处境时可能会缺乏信心,对未来悲观失望,从而降低自己的生活满意度。同时,较少的正性情绪也不利于农村学生构建或培养积极的心理资本(刘鸿芹,杨希,张锐,等,2019),从而无法维持较好的生活满意度。

### 四、心理资本在负性情绪与生活满意度之间的中介效应检验

由于各变量之间存在显著的相关关系,可能会存在多重共线性问题影响中介效应检验结果(颜军,钱凯娟,陶宝乐,等,2022),参考以往研究,如果 VIF ≥ 5 或 VIF ≥ 10,则表示自变量之间存在严重的共线性问题(杨梅,肖静,蔡辉,2012;董及美,周晨,侯亚楠,等,2020)。以农村留守学生和非留守学生的负性情绪、心理资本为自变量,以生活满意度为因变量,对数据进行共线性诊断。诊断结果显示,Tolerance 容差值(0.80,0.80)均大于 0.1,VIF 值(1.25,1.25)均小于 5,因此,自变量之间不存在多重共线性问题。

分别对农村留守学生和非留守学生的心理资本进行中介效应检验,以

农村留守学生和非留守学生的负性情绪为预测变量，心理资本为中介变量，生活满意度为结果变量，性别、年龄和学段为控制变量，构建中介效应模型图（见图 9-4）。使用 SPSS 宏程序 Process 中的模型 4 和 Bootstrap 法重复抽样 5 000 次，对中介效应 95% 置信区间进行估计，结果如表 9-4 所示。农村留守学生和非留守学生心理资本中介效应的 95% 置信区间不包含 0，说明农村留守学生和非留守学生的心理资本在负性情绪对生活满意度的作用中有显著的部分中介效应和完全中介效应，中介效应值分别为-0.22 和-0.27，占总效应值的 71.00%和 87.10%。

农村留守学生的负性情绪对生活满意度的直接作用显著，心理资本的间接作用也显著，说明农村留守学生的负性情绪不仅可以直接影响生活满意度，还可以通过心理资本的中介作用间接影响生活满意度。负性情绪又称消极情绪，是一种包括恐惧、抑郁等在内的不愉快情绪状态的主观体验（袁文萍，马磊，2020）。亲子分离、缺乏父母关心关爱、学习与生活压力等事件会让农村留守学生出现孤独、沮丧、生气、心烦、烦躁、担忧、焦虑、抑郁等消极情绪（池瑾，胡心怡，申继亮，2008）。以往研究发现，负性情绪与生活满意度显著负相关，并且对生活满意度有显著的负向预测作用（陈海燕，李红政，王骞，等，2018）。因此，负性情绪体验会降低农村留守学生的生活满意度。当农村留守学生长期处于负性情绪状况时，则不利于培养与构建积极的心理资本（梁毅，车小艳，杨菊凤，2020）。具体来说，负性情绪体验会缩小农村留守学生的注意范围，导致认知灵活性下降，不利于有效构建和利用自身积极的心理资本去应对压力性生活事件，从而降低了生活满意度（袁文萍，马磊，2020）。反之，负性情绪较少的农村留守学生在生活中较少体验到焦虑、抑郁、孤独、害怕等情绪体验（张莉，罗学荣，孟软何，2010），在学习与生活中能够用积极的眼光和心态去应对压力或挫折，并保持乐观自信的心态，从而有利于维护自己的生活满意度（牛更枫，鲍娜，周宗奎，等，2015），同时较少的负性情绪体验有助于农村留守学生产生培养或建构积极的心理资本（刘鸿芹，杨希，张锐，等，2019）和提升社会适应能力（王振宏，吕薇，杜娟，等，2011），从而达到维持较高生活满意度水平的目的。

243

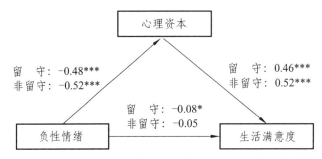

图 9-4　心理资本在负性情绪与生活满意度之间的中介效应模型图

表 9-4　心理资本在负性情绪与生活满意度之间的中介效应检验

| 是否留守 | 路径 | 效应值 | Boot标准误 | 95%置信区间 | | 相对效应值 |
| --- | --- | --- | --- | --- | --- | --- |
| | | | | 下限 | 上限 | |
| 农村留守学生（N=1 794） | 负性情绪→生活满意度直接效应 | -0.08 | 0.04 | -0.16 | -0.01 | 29.00% |
| | 负性情绪→心理资本→生活满意度中介效应 | -0.22 | 0.02 | -0.27 | -0.18 | 71.00% |
| | 负性情绪→生活满意度总效应 | -0.31 | 0.04 | -0.37 | -0.24 | |
| 农村非留守学生（N=1 987） | 负性情绪→生活满意度直接效应 | -0.05 | 0.03 | -0.11 | 0.02 | 12.90% |
| | 负性情绪→心理资本→生活满意度中介效应 | -0.27 | 0.02 | -0.31 | -0.23 | 87.10% |
| | 负性情绪→生活满意度总效应 | -0.31 | 0.03 | -0.38 | -0.25 | |

农村非留守学生的负性情绪对生活满意度的直接作用不显著，心理资本的间接作用显著，说明农村非留守学生的负性情绪对生活满意度的作用主要是通过心理资本的中介作用来实现的。与农村留守学生相比，农村非留守学生在生活与学习中较少面临亲子分离、缺乏父母关心关爱等压力性生活事件，较少出现自卑、焦虑、抑郁、孤独、无助、担忧等消极情绪体验（周宗奎，孙晓军，赵冬梅，等，2005；张莉，罗学荣，孟软何，2010）。当面临压力或挫折时，他们能够及时获得家人、朋友、同学的支持、关心和帮助，这些社会性资源能够有效缓解压力或挫折对自己造成的伤害（范兴华，何苗，陈锋菊，2016）。因此，与农村留守学生相比较，由于生活处境的不同以及压力性生活事件相对较少，农村非留守学生的负性情绪并不

能直接对其生活满意度产生影响。生物-社会-认知理论模型认为,生活满意度是个体外部环境因素和内部认知因素共同作用的结果(Lyons,Huebner,Hills,et al.,2013),因此,与农村留守学生相比,在家庭风险因素相对较少的情况下,内部认知因素对农村非留守学生生活满意度的影响就显得极为重要。自我系统理论认为,外部环境因素虽然会直接影响个体的身心发展,但真正起作用的还是个体的内部认知系统(陈艳红,程刚,关雨生,等,2014),说明农村非留守学生的负性情绪主要是通过内部认知因素间接对生活满意度产生影响的。虽然与农村留守学生相比,农村非留守学生在学习与生活中面临的压力性生活事件相对较少,但身心发展不平衡、人际关系不良、环境适应等压力也会让农村非留守学生感受到压力与冲突。自我损耗理论指出,人的积极心理资本是有限的,各种压力与挫折会消耗个体的积极心理资本,并导致心理资本水平下降(熊俊梅,海曼,黄飞,等,2020)。当再次面临压力或挫折时,农村非留守学生难以保持积极的态度和较高的自信水平(张春妹,丁一鸣,陈雪,等,2020),进而降低生活满意度。

## 五、心理资本在积极应对与生活满意度之间的中介效应检验

由于各变量之间存在显著的相关关系,可能会存在多重共线性问题影响中介效应检验结果(颜军,钱凯娟,陶宝乐,等,2022),参考以往研究,如果 VIF≥5 或 VIF≥10,则表示自变量之间存在严重的共线性问题(杨梅,肖静,蔡辉,2012;董及美,周晨,侯亚楠,等,2020)。以农村留守学生和非留守学生的积极应对、心理资本为自变量,以生活满意度为因变量,对数据进行共线性诊断。诊断结果显示,Tolerance 容差值(0.72,0.72)均大于 0.1,VIF 值(1.40,1.40)均小于 5,因此,自变量之间不存在多重共线性问题。

分别对农村留守学生和非留守学生的心理资本进行中介效应检验,以农村留守学生和非留守学生的积极应对为预测变量,心理资本为中介变量,生活满意度为结果变量,性别、年龄和学段为控制变量,构建中介效应模型图(见图 9-5)。使用 SPSS 宏程序 Process 中的模型 4 和 Bootstrap 法重复抽样 5 000 次,对中介效应 95% 置信区间进行估计,结果如表 9-5 所示。农

村留守学生和非留守学生心理资本中介效应的 95%置信区间不包含 0，说明农村留守学生和非留守学生的心理资本在积极应对与生活满意度的作用中均有显著的部分中介效应，中介效应值分别为 0.35 和 0.39，占总效应值的 61.40%和 67.20%。

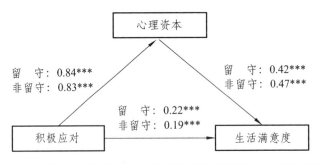

图 9-5　心理资本在积极应对与生活满意度之间的中介效应模型图

表 9-5　心理资本在积极应对与生活满意度之间的中介效应检验

| 是否留守 | 路径 | 效应值 | Boot标准误 | 95%置信区间 | | 相对效应值 |
|---|---|---|---|---|---|---|
| | | | | 下限 | 上限 | |
| 农村留守学生（N=1 794） | 积极应对→生活满意度直接效应 | 0.22 | 0.05 | 0.11 | 0.32 | 38.60% |
| | 积极应对→心理资本→生活满意度中介效应 | 0.35 | 0.03 | 0.28 | 0.42 | 61.40% |
| | 积极应对→生活满意度总效应 | 0.57 | 0.05 | 0.47 | 0.66 | |
| 农村非留守学生（N=1 987） | 积极应对→生活满意度直接效应 | 0.19 | 0.05 | 0.10 | 0.29 | 22.80% |
| | 积极应对→心理资本→生活满意度中介效应 | 0.39 | 0.03 | 0.33 | 0.45 | 67.20% |
| | 积极应对→生活满意度总效应 | 0.58 | 0.04 | 0.49 | 0.67 | |

　　农村留守学生和非留守学生的积极应对对生活满意度的直接作用显著，心理资本的间接作用也显著，说明农村留守学生和非留守学生的积极应对可以直接影响其生活满意度，也可以通过心理资本的中介作用间接影响生活满意度。以往研究发现，农村留守学生与非留守学生在面临压力或挫折时所采取的应对方式或策略会存在一定差异。一般来说，留守学生在面对压力或挫折时更多采用消极的应对方式，如退缩、自责、回避、压抑、

幻想等，而较少采用问题解决以及主动寻求家人、朋友、老师的帮助等方式（祝路，代鸣，姚宝骏，2019），而非留守学生在面对压力或挫折时则更多采用积极的应对方式，如问题解决、求助等（方佳燕，2011）。有研究也证实，与非留守学生相比，留守学生在面对压力或挫折时采用积极应对方式的相对较少（谢履羽，连榕，2020），这说明留守生活会影响学生应对不利处境的方式或策略。

对于农村留守和非留守学生而言，在面对不利处境时，采用问题解决、求助等积极的应对方式不仅有助于防止焦虑、压抑、抑郁、抱怨等负面情绪的产生（Patzelt，Shepherd，2011），也有助于及时获得家人、朋友和老师等社会支持性力量的支持与帮助，这对农村留守学生和非留守学生及时解决问题和缓解心理压力，从而维护较高的生活满意度有非常重要的作用（牟晓红，刘儒德，庄鸿娟，2016）。同时，农村留守学生与非留守学生采用问题解决、求助等积极成熟的方式去应对压力或挫折时，能够较好地促使问题得以解决，并让农村留守和非留守学生保持较好的自我效能感，增强其应对压力或挫折时的信心、勇气和韧性，从而较好地维护自己的积极心理资本（王钢，张大均，2017），进而提高生活满意度（贾旖璠，白学军，张志杰，等，2021；张玲玲，蒋薇薇，谢莉，2022；马文燕，高朋，黄大炜，邹维兴，2022）。反之，在面对不利处境时，农村留守学生和非留守学生采用退缩、自责、回避、压抑、幻想等消极的应对方式或策略，容易产生焦虑、抑郁、烦躁等消极情绪体验，这既不利于农村留守学生和非留守学生及时获得家人、老师和朋友的支持与帮助，也不利于解决问题。长期处于问题难以解决的状态或承受较大的心理压力，容易降低农村留守学生和非留守学生的生活满意度（张晓丽，李新征，胡乃宝，等，2019）。同时，采用退缩、自责、回避、压抑、幻想等消极的应对方式或策略，容易让农村留守学生和非留守学生丧失应对压力或挫折的信心和勇气，导致积极心理资本受到损伤（李玲淋，2019），在遭遇新的困难或挫折时，农村留守学生和非留守学生因无法调用更多的积极心理资本加以应对，进而容易出现焦虑、抑郁、失落等消极情绪，并降低生活满意度（贾旖璠，白学军，张志杰，等，2021；张玲玲，蒋薇薇，谢莉，2022；马文燕，高朋，黄大炜，邹维兴，2022）。

## 第二节　心理资本在家庭特点与生活满意度之间的中介效应

### 一、心理资本在父母关爱缺乏与生活满意度之间的中介效应检验

由于各变量之间存在显著的相关关系，可能会存在多重共线性问题影响中介效应检验的结果（颜军，钱凯娟，陶宝乐，等，2022），参考以往研究，如果 VIF≥5 或 VIF≥10，则表示自变量之间存在严重的共线性问题（杨梅，肖静，蔡辉，2012；董及美，周晨，侯亚楠，等，2020）。以农村留守学生和非留守学生的父母关爱缺乏、心理资本为自变量，以生活满意度为因变量，对数据进行共线性诊断。诊断结果显示，Tolerance 容差值（0.84，0.84）均大于 0.1，VIF 值（1.19，1.19）均小于 5，因此，自变量之间不存在多重共线性问题。

分别对农村留守学生和非留守学生的心理资本进行中介效应检验，以农村留守学生和非留守学生的父母关爱缺乏为预测变量，心理资本为中介变量，生活满意度为结果变量，性别、年龄和学段为控制变量，构建中介效应模型图（见图 9-6）。使用 SPSS 宏程序 Process 中的模型 4 和 Bootstrap 法重复抽样 5 000 次，对中介效应 95%置信区间进行估计，结果如表 9-6 所示。农村留守学生和非留守学生心理资本中介效应的 95%置信区间不包含 0，说明农村留守学生和非留守学生的心理资本在父母关爱缺乏对生活满意度的作用中均有显著的完全中介效应，中介效应值分别为-0.10 和-0.15，占总效应值的 24.40%和 41.70%。

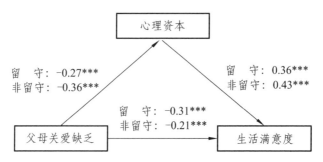

图 9-6　心理资本在父母关爱缺乏与生活满意度之间的中介效应模型图

表 9-6　心理资本在父母关爱缺乏与生活满意度之间的中介效应检验

| 是否留守 | 路径 | 效应值 | Boot 标准误 | 95%置信区间 下限 | 95%置信区间 上限 | 相对效应值 |
|---|---|---|---|---|---|---|
| 农村留守学生（N=1 794） | 父母关爱缺乏→生活满意度直接效应 | -0.31 | 0.02 | -0.36 | -0.26 | 75.60% |
| | 父母关爱缺乏→心理资本→生活满意度中介效应 | -0.10 | 0.01 | -0.12 | -0.08 | 24.40% |
| | 父母关爱缺乏→生活满意度总效应 | -0.41 | 0.02 | -0.45 | -0.36 | |
| 农村非留守学生（N=1 987） | 父母关爱缺乏→生活满意度直接效应 | -0.21 | 0.02 | -0.25 | -0.16 | 58.30% |
| | 父母关爱缺乏→心理资本→生活满意度中介效应 | -0.15 | 0.01 | -0.18 | -0.13 | 41.70% |
| | 父母关爱缺乏→生活满意度总效应 | -0.36 | 0.02 | -0.41 | -0.31 | |

农村留守学生和非留守学生的父母关爱缺乏对生活满意度的直接作用显著，心理资本的间接作用也显著，说明农村留守学生和非留守学生的父母关爱缺乏可以直接影响生活满意度，也可以通过心理资本的中介作用间接影响生活满意度。值得关注的是，农村留守学生与非留守学生父母关爱缺乏对生活满意度的直接效应值分别为-0.31 和-0.21，说明与农村非留守学生相比，农村留守学生的父母关爱缺乏对其生活满意度的影响相对较大。

家庭作为农村学生学习与生活的重要场所，父母作为农村学生的重要他人，对农村学生的健康成长影响较大。生态系统理论指出，作为微观系统的家庭环境与个体的身心发展有最为直接和最为密切的关系（俞国良，李建良，王勍，2018），因此，良好的家庭环境不仅能维护个体的身心健康，而且也能为个体的未来发展保驾护航。一般而言，如果农村学生生活在一个温馨、和谐，以及亲子关系、依恋关系较好的家庭环境中，其身心健康水平相对较高。但与农村非留守学生相比，农村留守学生的家庭环境较为不利。对于农村留守学生而言，父母外出务工、亲子之间缺少直接互动、身体和情感上的照料不足、感知到的父母关爱和情感联系更少等压力，会使农村留守学生对父母关爱的需求更为强烈（Li，Zhong，Chen，et al.，2015），当对父母关爱的需求得不到满足时，容易产生焦虑、抑郁、孤独等消极情绪体验（El-Kawaz，Mahmoud，Ali，2011），从而降低生活满意度（陈志英，2020；凌宇，胡惠南，陆娟芝，等，2020）。在本研究中，通过实地走访调研了解农村留守学生的家庭、学习等情况后发现，农村留守学生由于父母外出务工，较少获得父母的直接沟通、关心、指导与关爱，家庭处境非常不利，这让农村留守儿童感受到较大的心理压力，其生活满意度不容乐观。

有研究指出，父母关爱缺乏不仅是农村留守学生焦虑、抑郁等消极情绪的预测因子（范兴华，方晓义，黄月胜，等，2018），对留守学生的自伤行为也具有显著的预测作用（向伟，肖汉仕，王玉龙，2019），这说明父母关爱缺乏的状况会让农村留守学生的学习、生活和个人成长陷入不利处境。长期缺乏父母关心关爱、家庭教育缺失、监管不严等状况，会让农村留守学生较难感受到家庭的温暖，以及家庭教育对自己成长的重要作用。有研究发现，父母的教养方式与心理资本显著相关，对心理资本有显著的预测作用（刘相英，2016），说明父母对待子女的态度、关爱、教育方式等都会影响其心理资本水平的发展。换言之，长期缺少父母的关心关爱、家庭教育缺失或者不良的家庭教养方式，不利于农村学生培养或构建积极的心理资本（黄任之，2020）。当农村学生遭遇不利处境时，较少的积极心理资本难以帮助他们更好地应对不利处境并保持乐观、自信的心态，其生活满意度必定会受到影响（范兴华，范志宇，2020）。反之，农村学生的父母关爱水平较高、家庭教育恰当、家庭氛围温馨和谐等状况会让其感受到较多的积极情绪，他们在学习、生活和个人成长过程中不仅会保持较高的生活满意度水平，而且还能够对未来充满乐观和希望，当遭遇不利处境时，丰富的社会支持性资源有助于农村学生学会更好地应对困境并提升自我效能感，从而维护、培养或构建积极的心理资本，并有效提升其生活满意度水平（贾旖瑶，白学军，张志杰，等，2021；张玲玲，蒋薇薇，谢莉，2022）。对于农村非留守学生而言，在学习、生活和个人成长过程中与父母直接沟通的机会较多，较少出现父母关爱缺乏的状况，因此，父母关爱缺乏对其生活满意度的影响相对较小。对于农村留守学生而言，长期处于父母关爱缺乏的状况会让其感受到孤独、无助、抑郁和焦虑等负性情绪，不仅不利于与他人建立或保持良好的人际关系，构建或培养积极的心理资本，也不利于提高其生活满意度水平（范兴华，范志宇，2020）。

## 二、心理资本在父母粗暴养育与生活满意度之间的中介效应检验

由于各变量之间存在显著的相关关系，可能会存在多重共线性问题影响中介效应检验的结果（颜军，钱凯娟，陶宝乐，等，2022），参考以往研究，如果 VIF≥5 或 VIF≥10，则表示自变量之间存在严重的共线性问题（杨梅，肖静，蔡辉，2012；董及美，周晨，侯亚楠，等，2020）。以农村留守学生和非留守学生的父母粗暴养育、心理资本为自变量，以生活满意度为因变量，对数据进行共线性诊断，诊断结果显示，Tolerance 容差值（0.95，0.95）均大于 0.1，VIF 值（1.05，1.05）均小于 5，因此，自变量之间不存在多重共线性问题。

分别对农村留守学生和非留守学生的心理资本进行中介效应检验，以农村留守学生和非留守学生的父母粗暴养育为预测变量，心理资本为中介变量，生活满意度为结果变量，性别、年龄和学段为控制变量，构建中介效应模型图（见图 9-7）。使用 SPSS 宏程序 Process 中的模型 4 和 Bootstrap 法重复抽样 5 000 次，对中介效应 95%置信区间进行估计，结果如表 9-7 所示。农村留守学生和非留守学生心理资本中介效应的 95%置信区间不包含 0，说明农村留守学生和非留守学生的心理资本在父母粗暴养育对生活满意度的作用中均有显著的部分中介效应，中介效应值分别为-0.15 和-0.16，占总效应值的 71.40%和 66.70%。

农村留守学生和非留守学生的父母粗暴养育对生活满意度的直接作用显著，心理资本的间接作用也显著，说明农村留守学生和非留守学生的父母粗暴养育可以直接影响生活满意度，也可以通过心理资本的中介作用间接影响生活满意度。父母粗暴养育是指父母对子女的粗暴行为、粗暴情感和粗暴态度（王明忠，王静，王保英，等，2020）。一般而言，父母粗暴养育会受到父母（如父母人格特质、父母认知、父母被养经历等）、儿童（如儿童气质类型等）、家庭（如亲子关系、夫妻关系等）等因素的影响（王明忠，杜秀秀，周宗奎，2016）。父母的粗暴养育不仅会导致子女出现如攻击、破坏、违法、自伤等外在问题行为和焦虑、抑郁、敏感、自卑等内在问题行为（苗甜，王娟娟，宋广文，2018），而且也会损害子女的人际功能，造成生理/神经功能紊乱，从而降低身心健康水平（王明忠，杜秀秀，周宗奎，

251

2016），並嚴重影響子女的生活滿意度。此外，父母的粗暴養育行為一方面
會破壞親子關係，可能使子女對父母和自己形成消極的內部表徵，進而在
家庭外的交往中缺乏自信以及對他人的信任；另一方面會破壞子女的親子
聯接感和情緒安全感，從而對學業成績造成不利影響（王明忠，王靜，王
保英，等，2020），進而制約子女的自我效能感、自信和樂觀等積極心理品
質的發展，並最終影響子女的生活滿意度水平。

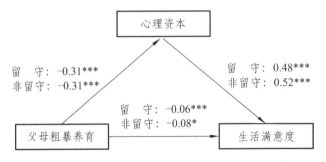

图 9-7　心理資本在父母粗暴養育與生活滿意度之間的中介效應模型圖

表 9-7　心理資本在父母粗暴養育與生活滿意度之間的中介效應檢驗

| 是否留守 | 路徑 | 效應值 | Boot標準誤 | 95%置信區間 下限 | 95%置信區間 上限 | 相對效應值 |
|---|---|---|---|---|---|---|
| 農村留守學生（N=1 794） | 父母粗暴養育→生活滿意度直接效應 | -0.06 | 0.04 | -0.14 | 0.02 | 28.60% |
| | 父母粗暴養育→心理資本→生活滿意度中介效應 | -0.15 | 0.02 | -0.09 | -0.11 | 71.40% |
| | 粗暴養育→生活滿意度總效應 | -0.21 | 0.04 | -0.30 | -0.13 | |
| 農村非留守學生（N=1 987） | 粗暴養育→生活滿意度直接效應 | -0.08 | 0.04 | -0.15 | -0.0002 | 33.30% |
| | 粗暴養育→心理資本→生活滿意度中介效應 | -0.16 | 0.02 | -0.21 | -0.12 | 66.70% |
| | 粗暴養育→生活滿意度總效應 | -0.24 | 0.04 | -0.32 | -0.16 | |

反之，較低的父母粗暴養育水平能夠讓農村學生感受到父母的關心和
愛護，能夠感受到家庭的支持與理解、溫暖與和諧、平等與友愛，在學習、
生活和個人成長過程中不僅可以體驗到更多的積極情緒和較少的消極情緒
（苗甜，王娟娟，宋廣文，2018），從而提升情緒適應能力（陳茜，2022），
有利於幫助農村學生擁有較高的生活滿意度（佘壯，肖君政，牛亏環，江

光荣，2019；张兴慧，刘丽琼，刘海燕，刘宁，2021）。并且良好且温馨的家庭氛围，以及父母较少的粗暴养育行为不仅能够降低子女的学业拖延水平（岳鹏飞，胡文丽，张敏，2021；岳鹏飞，胡文丽，张嘉鑫，等，2022）、提高学习投入（张妮，2021）并改善学业成绩（王明忠，王静，王保英，等，2020），还有助于农村学生对个人未来发展也充满自信、乐观和希望，并努力追寻自己人生价值和人生意义（邓慧颖，孔繁昌，2021）。即使遭遇不利处境，其丰富的社会支持性资源也有助于农村学生更好地应对不利处境，从而维护自身积极的心理资本，并提高生活满意度水平。

## 第三节　心理资本在学校特点与生活满意度之间的中介效应

### 一、心理资本在学校联结与生活满意度之间的中介效应检验

由于各变量之间存在显著的相关关系，可能会存在多重共线性问题影响中介效应检验结果（颜军，钱凯娟，陶宝乐，等，2022），参考以往研究，如果 VIF≥5 或 VIF≥10，则表示自变量之间存在严重的共线性问题（杨梅，肖静，蔡辉，2012；董及美，周晨，侯亚楠，等，2020）。以农村留守学生和非留守学生的学校联结、心理资本为自变量，以生活满意度为因变量，对数据进行共线性诊断。诊断结果显示，Tolerance 容差值（0.62，0.62）均大于 0.1，VIF 值（1.62，1.62）均小于 5，因此，自变量之间不存在多重共线性问题。

分别对农村留守学生和非留守学生的心理资本进行中介效应检验，以农村留守学生和非留守学生的学校联结为预测变量，心理资本为中介变量，生活满意度为结果变量，性别、年龄和学段为控制变量，构建中介效应模型图（见图 9-8）。使用 SPSS 宏程序 Process 中的模型 4 和 Bootstrap 法重复抽样 5 000 次，对中介效应 95%置信区间进行估计，结果如表 9-8 所示。农村留守学生和非留守学生心理资本中介效应的 95%置信区间不包含 0，说明农村留守学生和非留守学生的心理资本在学校联结对生活满意度的作用

中均有显著的部分中介效应，中介效应值分别为 0.19 和 0.23，占总效应值的 48.70%和 52.30%。

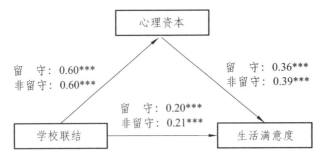

图 9-8　心理资本在学校联结与生活满意度之间的中介效应模型图

表 9-8　心理资本在学校联结与生活满意度之间的中介效应检验

| 是否留守 | 路径 | 效应值 | Boot 标准误 | 95%置信区间 | | 相对效应值 |
|---|---|---|---|---|---|---|
| | | | | 下限 | 上限 | |
| 农村留守学生（N=1 794） | 学校联结→生活满意度直接效应 | 0.20 | 0.03 | 0.14 | 0.27 | 51.30% |
| | 学校联结→心理资本→生活满意度中介效应 | 0.19 | 0.02 | 0.15 | 0.24 | 48.70% |
| | 学校联结→生活满意度总效应 | 0.39 | 0.03 | 0.34 | 0.45 | |
| 农村非留守学生（N=1 987） | 学校联结→生活满意度直接效应 | 0.21 | 0.03 | 0.15 | 0.27 | 47.70% |
| | 学校联结→心理资本→生活满意度中介效应 | 0.23 | 0.02 | 0.19 | 0.28 | 52.30% |
| | 学校联结→生活满意度总效应 | 0.44 | 0.03 | 0.39 | 0.49 | |

　　农村留守学生和非留守学生的学校联结对生活满意度的直接作用显著，心理资本的间接作用也显著，说明农村留守学生和非留守学生的学校联结可以直接影响生活满意度，也可以通过心理资本的中介作用间接影响生活满意度。学校作为农村学生除家庭之外的重要生活、学习场所，对农村学生的身心健康发展也有着重要的影响。学校联结反映了学生对学校的安全感、归属感和认同感，以及获得学校的关怀与支持（殷颢文，贾林祥，孙配贞，2019）。良好的学校联结能够让学生感受到对学校的归属感和安全感，并建立良好的师生关系和同伴关系，一方面促使学生愿意参与学校举办的各项活动，并容易获得老师和同学的关注与支持（殷颢文，贾林祥，

2014）；另一方面有助于激发学生对学习的兴趣、动力和期望（姜金伟，杨瑱，姜彩虹，2015），从而有效提高学业成绩（叶苑秀，喻承甫，张卫，2017）。有研究发现，学业联结对个体的抑郁等负面情绪有缓冲作用，能帮助个体积极应对压力事件并提高生活满意度（Abigail，Rhiannon，Alan，et al.，2012）。因此，对于农村学生而言，良好的学校联结水平不仅有利于他们更好地融入学校生活、建立良好的人际关系和提高学业成就，而且还可以提高学生的自我效能感，在学习与生活中对未来充满期望，从而提高生活满意度水平。此外，良好的学校联结能够帮助农村学生在学习与生活中培养或构建积极的心理资本（陈秀珠，赖伟平，麻海芳，2017；曹琴，2019），并有效提高生活满意度。反之，不良的学校联结会让农村学生较难感受到对学校的安全感、归属感和认同感（殷颢文，贾林祥，孙配贞，2019），这对农村学生建立与维持良好的人际关系（殷颢文，贾林祥，孙配贞，2019）、提高学业成就（叶苑秀，喻承甫，张卫，2017）和生活满意度都有较大的限制作用（2021，朱晓雨）。同时，不良的学校联结会让学生感受到较强的孤独感和疏离感（杨青，易礼兰，宋薇，2016），容易出现焦虑、抑郁、烦躁等消极情绪体验，不利学生寻找属于自己的人生意义与人生价值（邓绍宏，2018），在遭遇不利处境时，难以保持乐观、自信的心态，从而影响生活满意度。

255

因此对于农村学生而言，较好的学校联结水平，一方面能够提高其生活满意度，另一方面也能通过积累积极的心理资本，间接提高生活满意度。因此，学校应该贯彻以学生为中心的发展理念，积极通过各种措施，提高学生对学校的认同感、归属感和安全感，让学校成为学生除家庭之外的第二个学习、生活与成长的重要场所。任课教师和班主任应加强与学生的沟通、交流，对面临困境的学生提供有效帮助，协助学生解决问题，提高学生的生活满意度水平。

## 二、心理资本在师生关系与生活满意度之间的中介效应检验

由于各变量之间存在显著的相关关系，可能存在多重共线性问题影响中介效应检验的结果（颜军，钱凯娟，陶宝乐，等，2022），参考以往研究，

如果 VIF≥5 或 VIF≥10，则表示自变量之间存在严重的共线性问题（杨梅，肖静，蔡辉，2012；董及美，周晨，侯亚楠，等，2020）。以农村留守学生和非留守学生的师生关系、心理资本为自变量，以生活满意度为因变量，对数据进行共线性诊断。诊断结果显示，Tolerance 容差值（0.81，0.81）均大于 0.1，VIF 值（1.24，1.24）均小于 5，因此，自变量之间不存在多重共线性问题。

分别对农村留守学生和非留守学生的心理资本进行中介效应检验，以农村留守学生和非留守学生的师生关系为预测变量，心理资本为中介变量，生活满意度为结果变量，性别、年龄和学段为控制变量，构建中介效应模型图（见图 9-9）。使用 SPSS 宏程序 Process 中的模型 4 和 Bootstrap 法重复抽样 5 000 次，对中介效应 95%置信区间进行估计，结果如表 9-9 所示。农村留守学生和非留守学生心理资本中介效应的 95%置信区间不包含 0，说明农村留守学生和非留守学生的心理资本在师生关系对生活满意度的作用中均有显著的部分中介效应，中介效应值分别为 0.19 和 0.21，占总效应值的 52.80%和 53.80%。

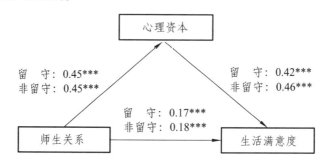

图 9-9　心理资本在师生关系与生活满意度之间的中介效应模型图

表 9-9　心理资本在师生关系与生活满意度之间的中介效应检验

| 是否留守 | 路径 | 效应值 | Boot 标准误 | 95%置信区间 下限 | 95%置信区间 上限 | 相对效应值 |
|---|---|---|---|---|---|---|
| 农村留守学生（N=1 794） | 师生关系→生活满意度直接效应 | 0.17 | 0.03 | 0.11 | 0.23 | 47.20% |
| | 师生关系→心理资本→生活满意度中介效应 | 0.19 | 0.02 | 0.15 | 0.22 | 52.80% |
| | 师生关系→生活满意度总效应 | 0.36 | 0.03 | 0.29 | 0.42 | |

续表

| 是否留守 | 路径 | 效应值 | Boot 标准误 | 95%置信区间 | | 相对效应值 |
|---|---|---|---|---|---|---|
| | | | | 下限 | 上限 | |
| 农村非留守学生（N=1 987） | 师生关系→生活满意度直接效应 | 0.18 | 0.03 | 0.12 | 0.24 | 46.20% |
| | 师生关系→心理资本→生活满意度中介效应 | 0.21 | 0.02 | 0.17 | 0.24 | 53.80% |
| | 师生关系→生活满意度总效应 | 0.39 | 0.03 | 0.33 | 0.44 | |

农村留守学生和非留守学生的师生关系对生活满意度的直接作用显著，心理资本的间接作用也显著，说明农村留守学生和非留守学生的师生关系可以直接影响生活满意度，也可以通过心理资本的中介作用间接影响生活满意度。师生关系是农村学生提高学校适应能力，增强对学校的安全感、归属感和认同感的一种重要的人际关系（陈英敏，李迎丽，肖胜，等，2019）。良好的师生关系条件下，教师在教育教学过程中会积极引导、鼓励和支持学生参与课堂教学活动，提高学生的课堂积极性和主动性，在生活中会给身处不利处境的学生提供必要的情感支持和实际帮助，引导学生敢于面对不利处境，从而提高学生应对不利处境的勇气（周文叶，边国霞，文艺，2020）。拥有良好师生关系的学生对学校生活则会抱有主动、积极的态度，愿意融入学校并享受学校生活，容易与他人建立与维持良好的人际关系，并对学习、生活及个人发展充满自信、乐观与希望，从而提高生活满意度（李晓巍，刘艳，2013；郭明佳，刘儒德，甄瑞，等，2017）。并且，良好的师生关系能够增强师生之间的互动与交流，缓解压力或挫折带给学生的消极影响，从而提高学生适应校园生活的能力和学习的动力，增强自我价值感，建构更多的积极心理资本（彭溪，20115），进而维持较高的生活满意度水平。反之，不良的师生关系会让学生在学校中感受到人际冲突与压力，一方面会影响农村学生对学校的安全感、归属感和认同感，并降低生活满意度（Abigail，Rhiannon，Alan，et al.，2012），另一方面会影响农村学生培养积极、乐观、自信和坚韧等积极品质（彭溪，2020），进而间接降低生活满意度（范兴华，余思，彭佳，等，2017）。

257

### 三、心理资本在学业负担与生活满意度之间的中介效应检验

由于各变量之间存在显著的相关关系，可能存在多重共线性问题影响中介效应检验结果（颜军，钱凯娟，陶宝乐，等，2022），参考以往研究，如果 VIF≥5 或 VIF≥10，则表示自变量之间存在严重的共线性问题（杨梅，肖静，蔡辉，2012；董及美，周晨，侯亚楠，等，2020）。以农村留守学生和非留守学生的学业负担、心理资本为自变量，以生活满意度为因变量，对数据进行共线性诊断。诊断结果显示，Tolerance 容差值（0.99，0.99）均大于 0.1，VIF 值（1.01，1.01）均小于 5，因此，自变量之间不存在多重共线性问题。

分别对农村留守学生和非留守学生的心理资本进行中介效应检验，以农村留守学生和非留守学生的学业负担为预测变量，心理资本为中介变量，生活满意度为结果变量，性别、年龄和学段为控制变量，构建中介效应模型图（见图 9-10）。使用 SPSS 宏程序 Process 中的模型 4 和 Bootstrap 法重复抽样 5 000 次，对中介效应 95%置信区间进行估计，结果如表 9-10 所示。农村留守学生和非留守学生心理资本中介效应的 95%置信区间不包含 0，说明农村留守学生和非留守学生的心理资本在学业负担对生活满意度的作用中均有显著的部分中介效应，中介效应值分别为-0.07 和-0.04，占总效应值的 21.20%和 13.30%。

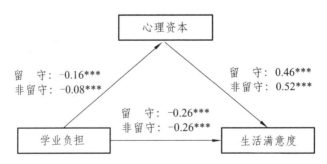

图 9-10 心理资本在学业负担与生活满意度之间的中介效应模型图

表 9-10　心理资本在学业负担与生活满意度之间的中介效应检验

| 是否留守 | 路径 | 效应值 | Boot 标准误 | 95%置信区间 | | 相对效应值 |
| --- | --- | --- | --- | --- | --- | --- |
| | | | | 下限 | 上限 | |
| 农村留守学生（N=1 794） | 学业负担→生活满意度直接效应 | -0.26 | 0.03 | -0.32 | -0.19 | 78.80% |
| | 学业负担→心理资本→生活满意度中介效应 | -0.07 | 0.01 | -0.11 | -0.05 | 21.20% |
| | 学业负担→生活满意度总效应 | -0.33 | 0.04 | -0.40 | -0.26 | |
| 农村非留守学生（N=1 987） | 学业负担→生活满意度直接效应 | -0.26 | 0.03 | -0.32 | -0.20 | 86.70% |
| | 学业负担→心理资本→生活满意度中介效应 | -0.04 | 0.02 | -0.07 | -0.01 | 13.30% |
| | 学业负担→生活满意度总效应 | -0.30 | 0.03 | -0.37 | -0.23 | |

　　农村留守学生和非留守学生的学业负担对生活满意度的直接作用显著，心理资本的间接作用也显著，说明农村留守学生和非留守学生的学业负担可以直接影响生活满意度，也可以通过心理资本的中介作用间接影响生活满意度。学业负担是学生在学习过程中由于过多的学习任务而引起的一种主观感受（罗生全，2015），过重的学业负担会让学生感受到较大的学业压力，容易出现学业倦怠（张俊涛，陈毅文，2010），并降低生活满意度（徐双媛，孙崇勇，高春阳，等，2016）。当学生感知到较大的学业负担时，容易产生不安、焦虑、抑郁等消极情绪，这不仅会影响学生社会适应能力的发展，也会导致学生缺乏学习兴趣和丧失学习信心（艾兴，2015），从而不利于学生积极心理资本的发展（刘丹，2011；刘丽丽，2018），进而减低生活满意度。反之，较少的学业负担则会让学生在学习的过程中持续保持对学习的兴趣和热情（罗生全，2015），并有效维护自己的生活满意度（钟茜莎，2016）。同时，这种对学习的兴趣和热情能够让学生增加学业投入并获得较高的学业成就，从而增强学生的自我效能感，培养学生乐观、自信、希望的积极品质（叶宝娟，胡笑羽，杨强，等，2014），并间接提高学生的生活满意度。

## 第四节　心理资本在社会特点与生活满意度之间的中介效应

### 一、心理资本在压力性生活事件与生活满意度之间的中介效应检验

由于各变量之间存在显著的相关关系，可能会存在多重共线性问题影响中介效应检验的结果（颜军，钱凯娟，陶宝乐，等，2022），参考以往研究，如果 VIF≥5 或 VIF≥10，则表示自变量之间存在严重的共线性问题（杨梅，肖静，蔡辉，2012；董及美，周晨，侯亚楠，等，2020）。以农村留守学生和非留守学生的压力性生活事件、心理资本为自变量，以生活满意度为因变量，对数据进行共线性诊断。诊断结果显示，Tolerance 容差值（0.92，0.92）均大于 0.1，VIF 值（1.09，1.09）均小于 5，因此，自变量之间不存在多重共线性问题。

分别对农村留守学生和非留守学生的心理资本进行中介效应检验，以农村留守学生和非留守学生的压力性生活事件为预测变量，心理资本为中介变量，生活满意度为结果变量，性别、年龄和学段为控制变量，构建中介效应模型图（见图 9-11）。使用 SPSS 宏程序 Process 中的模型 4 和 Bootstrap 法重复抽样 5 000 次，对中介效应 95%置信区间进行估计，结果如表 9-11 所示。农村留守学生和非留守学生心理资本中介效应的 95%置信区间不包含 0，说明农村留守学生和非留守学生的心理资本在压力性生活事件对生活满意度的作用中均有显著的部分中介效应，中介效应值分别为-0.15 和 -0.19，占总效应值的 29.40%和 38.80%。

农村留守学生和非留守学生的压力性生活事件对生活满意度的直接作用显著，心理资本的间接作用也显著，说明农村留守学生和非留守学生的压力性生活事件可以直接影响生活满意度，也可以通过心理资本的中介作用间接影响生活满意度。农村学生在学习、生活与个人成长的过程中往往会面临较多的压力性生活事件，如家庭经济条件较差、家庭结构不完整、亲子分离、父母关心关爱缺乏、父母粗暴的教养方式、学习压力、环境适

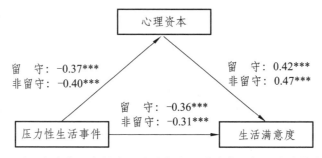

图 9-11　心理资本在压力性生活事件与生活满意度之间的中介效应模型图

表 9-11　心理资本在压力性生活事件与生活满意度之间的中介效应检验

| 是否留守 | 路径 | 效应值 | Boot 标准误 | 95%置信区间 | | 相对效应值 |
|---|---|---|---|---|---|---|
| | | | | 下限 | 上限 | |
| 农村留守学生（N=1 794） | 压力性生活事件→生活满意度直接效应 | -0.36 | 0.04 | -0.44 | -0.28 | 70.60% |
| | 压力性生活事件→心理资本→生活满意度中介效应 | -0.15 | 0.02 | -0.19 | -0.12 | 29.40% |
| | 压力性生活事件→生活满意度总效应 | -0.51 | 0.04 | -0.59 | -0.43 | |
| 农村非留守学生（N=1 987） | 压力性生活事件→生活满意度直接效应 | -0.31 | 0.04 | -0.38 | -0.23 | 61.20% |
| | 压力性生活事件→心理资本→生活满意度中介效应 | -0.19 | 0.02 | -0.23 | -0.15 | 38.80% |
| | 压力性生活事件→生活满意度总效应 | -0.49 | 0.04 | -0.57 | -0.42 | |

应、人际冲突等，容易出现焦虑、抑郁等消极情绪（涂阳军，郭永玉，2011；郝瑞宁，莫娟婵，刘羽，等，2019），并直接影响农村学生的生活满意度（王极盛，丁新华，2003；付鹏，凌宇，2017）。自我损耗理论指出，个体的积极心理资本是有限的，较多且长期的压力性生活事件会严重消耗个体的积极心理资本，并导致心理资本水平下降（熊俊梅，海曼，黄飞，等，2020），当再次面临不利处境而又缺乏积极的心理资本去应对不利处境时，个体会感受到失望、无助、焦虑等消极情绪，从而对个体的生活满意度产生不利影响。反之，当农村学生面临较少的压力性生活事件时，他们较少体验到

无助、焦虑、抑郁、担忧等消极情绪，从而有效维护自身的生活满意度（马元广，贾文艺，2017）。同时，较少的压力性生活事件会让学生拥有较多的积极心理资本，并对生活与学习充满信心、满怀期待（杨新国，徐明津，陆佩岩，等，2014），从而提高生活满意度（韩黎，廖传景，张继华，2016），并有效维护学生的身心健康（杨会芹，刘晖，王改侠，2013）。因此，生活事件不仅会影响生活满意度，也会通过影响积极心理资本间接影响生活满意度。对于农村留守学生而言，父母疏离、亲子关系受损、缺乏父母关心关爱、新冠肺炎疫情等生活事件，不仅会直接降低农村留守学生的生活满意度，而且也容易使农村留守学生出现自卑、迷茫、心理弹性差等心理特点，从而降低自己的生活满意度。

## 二、心理资本在社会支持与生活满意度之间的中介效应检验

由于各变量之间存在显著的相关关系，可能存在多重共线性问题影响中介效应检验的结果（颜军，钱凯娟，陶宝乐，等，2022），参考以往研究，如果 VIF≥5 或 VIF≥10，则表示自变量之间存在严重的共线性问题（杨梅，肖静，蔡辉，2012；董及美，周晨，侯亚楠，等，2020）。以农村留守学生和非留守学生的社会支持、心理资本为自变量，以生活满意度为因变量，对数据进行共线性诊断。诊断结果显示，Tolerance 容差值（0.71，0.71）均大于 0.1，VIF 值（1.40，1.40）均小于 5，因此，自变量之间不存在多重共线性问题。

分别对农村留守学生和非留守学生的心理资本进行中介效应检验，以农村留守学生和非留守学生的社会支持为预测变量，心理资本为中介变量，生活满意度为结果变量，性别、年龄和学段为控制变量，构建中介效应模型图（见图 9-12）。使用 SPSS 宏程序 Process 中的模型 4 和 Bootstrap 法重复抽样 5 000 次，对中介效应 95%置信区间进行估计，结果如表 9-12 所示。农村留守学生和非留守学生心理资本中介效应的 95%置信区间不包含 0，说明农村留守学生和非留守学生的心理资本在社会支持对生活满意度的作用中均有显著的部分中介效应，中介效应值分别为 0.09 和 0.12，占总效应值的 19.10%和 24.50%。

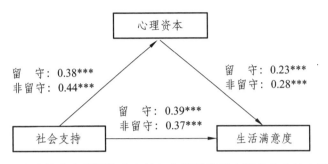

图 9-12　心理资本在领悟社会支持与生活满意度之间的中介效应模型图

表 9-12　心理资本在社会支持与生活满意度之间的中介效应检验

| 是否留守 | 路径 | 效应值 | Boot标准误 | 95%置信区间 | | 相对效应值 |
|---|---|---|---|---|---|---|
| | | | | 下限 | 上限 | |
| 农村留守学生（N=1 794） | 社会支持→生活满意度直接效应 | 0.38 | 0.02 | 0.33 | 0.42 | 80.90% |
| | 社会支持→心理资本→生活满意度中介效应 | 0.09 | 0.02 | 0.06 | 0.12 | 19.10% |
| | 社会支持→生活满意度总效应 | 0.47 | 0.02 | 0.43 | 0.51 | |
| 农村非留守学生（N=1 987） | 社会支持→生活满意度直接效应 | 0.37 | 0.02 | 0.32 | 0.41 | 75.50% |
| | 社会支持→心理资本→生活满意度中介效应 | 0.12 | 0.01 | 0.09 | 0.15 | 24.50% |
| | 社会支持→生活满意度总效应 | 0.49 | 0.02 | 0.45 | 0.53 | |

农村留守学生和非留守学生的社会支持对生活满意度的直接作用显著，心理资本的间接作用也显著，说明农村留守学生和非留守学生的社会支持可以直接影响生活满意度，也可以通过心理资本的中介作用间接影响生活满意度。以往研究发现，社会支持不仅与生活满意度显著正相关，而且对生活满意度还有显著的正向预测作用，说明个体的社会支持水平越高，其生活满意度水平也越高（李欣，刘冯铂，2018）。因此，农村学生的社会支持性资源直接对生活满意度产生影响，社会支持性资源越多，其生活满意度水平也就越高。较高的社会支持性资源往往说明个体拥有较好的人际关系，当遭遇压力或挫折时能够获得较多的帮助和支持，这不仅有利于个体采取积极的应对方式去应对压力或挫折（代维祝，张卫，李董平，等，2010），还能够帮助个体提高应对压力或挫折的信心与勇气，从而有效维护

心理资本水平（王建坤，陈剑，郝秀娟，等，2018），并保持较高的生活满意度。反之，当农村学生面对较多的压力或挫折时，如果缺乏社会支持性资源，他们就会感到压力与无助，生活满意度水平也会受到影响（李艳春，2011）。并且较少的社会支持性资源也不利于培养农村学生自信、乐观、希望、坚强等积极的心理品质，当再次遭遇压力或挫折时，较少的积极心理资本不利于农村学生应对或缓冲压力性事件对自己造成的消极影响，从而降低了生活满意度水平。

# 第十章

## 农村留守学生心理资本的培养

通过前面几个章节的系统、全面分析，笔者对农村留守学生心理资本的现状及特点有了清晰的认识，对影响农村留守学生心理资本的个体、家庭、学校和社会等内外关键性因素，以及心理资本对农村留守学生心理健康的作用机制有了深入了解，并且也清晰把握了农村留守学生心理资本对其生活满意度、感恩、学业成就和人生意义的影响。在全面分析和系统把握这些信息的基础上，本章节主要从心理资本的效能感、希望、乐观、韧性4个维度，以及个体、家庭、学校和社会4个层面提出农村留守学生心理资本的培养措施，以促进农村留守学生的身心健康和全面发展（见图10-1）。在农村留守学生心理资本的培养措施中，本研究始终坚持以人为本、合理可行、全面发展等原则，以培养农村留守学生的自信、乐观、希望、韧性、感恩等积极心理品质。

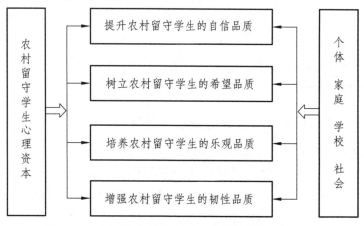

图 10-1  农村留守学生心理资本培养措施的思路图

# 第一节　提升农村留守学生的自信品质

## 一、个体方面

### （一）农村留守学生应该努力提升自我意识水平

自我意识是指个体对自己身心状态的认识与体验，以及对自己与周围环境关系的态度与看法（陈家麟，张忠，2007；聂衍刚，丁莉，2009）。研究发现，自我意识不仅对个体的身心健康有较好的预测作用（何思奇，2017；李子华，2019），还有助于提升个体的自我效能感（所静，肖凤翔，2014；周倩，刘晓芹，李炜达，等，2021），说明良好的自我意识不仅可以有效维护个体的身心健康，还有助于提高个体的自信水平，从而促进个体的全面发展。因此，农村留守学生在学习、生活和个人成长过程中，应该积极主动地进行自我探索，并从生理（如身高、长相、健康状况等）、社会（如人际关系、社会适应、社会角色等）和心理（如认知、个性、情绪情感、意志等）3个层面，通过自我评价和他人评价（如家人、朋友、老师、同学等）的方式来全面了解自己和认识自己，不断挖掘与发挥自身突出的优势，从而增强自己的自信品质。同时，农村留守学生在学校学习与生活期间，也可以积极主动参加学校举办的心理健康活动、心理健康课程、成长性团体心理辅导以及个体发展性心理咨询，学习和掌握维护心理健康、提升自我认识水平的方法与途径，并积极与他人交流、分享和沟通，达到全面认识自我、了解自我、发展自我的目的，从而提高自我意识水平、维护身心健康、增强自信品质和促进自身全面发展。

### （二）农村留守学生应该积极发挥自身突出优势

积极心理学作为当前心理学研究最具影响力的研究趋势之一，强调心理学研究应该关注与研究人的积极心理品质。自积极心理学兴起之后，便打破了以往心理学过分关注个体消极心理现象以及消极心理品质的局面，使心理学的研究取向由消极转向积极。以往的心理学研究主要关注与研究人的创伤、抑郁、焦虑、恐惧、精神疾病等负面心理特质，而较少关注人的乐观、幸福、感恩、自信、希望、勇气、韧性等积极品质。积极心理学主张心理学研究应该从乐观且积极的视角来解读人的各种心理问题，从而帮助人们挖掘自身潜能并获得幸福美满的生活（孟晓梅，张海钟，2011）。"优势视角"理论也指出，要积极关注个体内在的力量和优势资源，强调个体在不利处境中要发挥自身优势与潜能，从而提高个体应对不利处境的能力，进而有效解决所面临的问题。因此，农村留守学生应该积极主动转变视角，在学习、生活与个人成长过程中多学会关注与挖掘自身的突出优势，不断发掘与展现自己的闪光点，努力补齐自己的短板，从而不断增强自己的自信品质。

### （三）农村留守学生应该积极树立短期奋斗目标

"目标设定理论"指出，目标能够对个体的行动动机与外在行为起到较好的激励与促进作用（李存健，2011；李建花，2014；毛娉，2020）。一般而言，个体的目标能够将其内在需要有效转化为内在动机，促使个体树立奋斗目标，并朝着设定的目标不断努力，即使在实现目标的过程中会遭遇困难或挫折，个体也能够根据自身实际及时调整或修正自己的外在行为，并持之以恒地朝着自己设定的目标而不懈奋斗。同时，在设定目标的过程中，设定的目标既要有一定难度，又要明确而具体，还要做好明确的目标达成计划，并且在实施的过程中全力以赴、坚持不懈、迎难而上。如果目标达成，应该及时给予自己适当的奖励以强化自己的成就感和获得感；如果目标未达成，也要勇于面对失败，并学会合理归因、深刻剖析原因、寻找目标达成的有效途径与方法。因此，农村留守学生应该结合自身特点及优势，树立短期且容易实施和达成的奋斗目标，合理设计目标实施计划及实施步骤，并通过自己的不懈努力，克服重重困难，逐步实现既定目标，让自己经常体验到成就感与自豪感，从而有效提高自己的自信品质。

### （四）农村留守学生应该经常进行积极的自我暗示

自我暗示主要是以感觉为载体，通过主观想象的方式来对自我进行刺激并改变个体的行为和主观经验（刘新，2015）。研究发现，积极的自我暗示能够挖掘个体内在的积极心理品质，并产生积极的心态，以帮助个体有

267

效应对各种困难或挫折（杜葵英，2018），从而维护个体的身心健康（韩元平，2012），并有效提高自信品质（童英，陆丽青，2015）。以往研究表明，积极的自我暗示对提高学生的学业成就及学业自我效能感有重要作用（陈婷，孟斌，2015）。比如：对大学生进行研究后发现，积极的自我暗示能在一定程度上提高英语口语的自我效能感（陈婷，孟斌，2015）；对高中学生进行研究后也发现，通过积极的自我暗示，高中学生的自我效能感水平显著提高（徐惠，2007；明文，张振新，2011；陈婷，2012；李静，2012）。因此，农村留守学生在学生、生活和个人成长过程中应该经常进行积极的自我暗示，如在设定短期目标并开始实施后，经常通过语言暗示（如我是努力的、我是自信的、我是优秀的，只要我努力，我一定能够实现自己的目标）、环境暗示（如选择学习氛围较好的环境）、榜样暗示（如寻找身边的优秀榜样并向榜样学习）等方式不断进行积极的自我暗示，从而促使自己产生积极的心态，并提高自信品质，实现自己设定的目标任务。

### （五）农村留守学生应强化对榜样的认同与学习

榜样是指对学生的人生发展具有启发意义的人，是学生头脑中值得学习的人物形象，并且榜样的形象是正面且积极向上的（宋敏，2017）。榜样对学生的学习动机与学习行为能够起到示范、激励、引导、调整和矫正等作用（袁文斌，2009），并使学生表现出在认知上的认同和情感上的依恋。榜样作为学生行为思想的引领者和指导者，其精神感召力、行为带动力和心理共鸣力可引发学生产生尊崇心理，进而效仿和学习（马启艳，2014），这对学生良好行为的发展有重要作用。榜样的力量是无穷的，它能给学生以正确的方向和巨大的力量，从而维护学生的身心健康发展（康克南，2011）。研究发现，向榜样学习不仅能够直接影响个体的心理健康水平，也可以通过自我同一性的中介作用间接影响个体的心理健康（王楠，2008）。可以看出，榜样学习对维护学生的身心健康以及全面发展有重要的引导作用。因此，农村留守学生应该立足当下社会发展新趋势，结合时代特点、自身特点及优势，理性选择学习榜样，通过模仿、认同、暗示、服从等心理机制，强化行为动机，提高心理素质和自信水平。

## 二、家庭方面

### （一）农村留守学生的父母应该积极恢复家庭功能

家庭功能反映了家庭成员之间的情感联系，以及相互之间的沟通交流状况（程俊辉，2018），包括家庭亲密性、家庭适应性、家庭沟通与交流、家庭情感联系和家庭情感支持等（叶苑，邹泓，蒋索，等，2005；王玉龙，袁燕，张家鑫，2017；肖健菁，2020）。家庭功能会影响个体的心理健康水平（刘芹，2003），如果学生成长在缺乏情感关怀与有效沟通的家庭环境中，他们一般不容易与他人建立亲密关系，而是在人际交往过程中会保持警惕（池丽萍，辛自强，2001）；反之，家庭功能发挥得越好，他们的自我效能感水平就越高（屈妍，2012），在人际交往过程中容易与他人建立和维持良好的人际关系，从而获得丰富的社会支持性资源。研究发现，留守儿童的家庭功能发挥较差，并且家庭功能受到父母外出情况、寄养方式、与父母联系方式和联系频率等因素影响（梁静，赵玉芳，谭力，2007）。因此，农村留守学生的父母应该积极恢复家庭功能，一方面，采用增加与子女的沟通频率和提升沟通质量、给子女更多的关心和关爱，以及用平等、尊重、理解、支持等教育方式对待子女，从而提高亲子之间的亲密度和情感联系，进而恢复家庭功能；另一方，农村留守学生的父母应该积极响应国家政策并返乡创业就业，增加父母与子女面对面沟通和相处的机会，从而恢复农村留守学生的家庭功能和提高自我效能感水平。

### （二）农村留守学生的父母应该优化家庭教养方式

家庭教养方式反映了父母养育或教导子女的观念、行为和方法（牛燕洁，2014）。父母作为家庭系统中的重要人物，他们的教育观念及教育方式会影响子女的未来发展及身心健康（蒋敏慧，万燕，程灶火，2017）。一般来说，民主、平等、尊重、理解和包容的家庭教养方式能够使子女逐渐养成自信、乐观、合作、包容、理解的积极心理品质。研究发现，家庭中父母对子女的教育方式与子女的自我效能感有密切关系，并且父母给予子女的关怀和情感联系能够预测子女今后的自我效能感水平（高峰，董好叶，张琳琳，2015）。这说明父母与女子平等、尊重、理解、支持、安慰和温暖的关系，能够增强子女面对困难的勇气和信心。此外，对留守儿童的研究发现，父亲在情感温暖、理解、惩罚、严厉上更突出，母亲在过分干涉、保护上更明显（余永芳，2015），说明父母在教育子女上所采用的方式存在差异。因此，农村留守学生的父母在对子女的教育方式上应该保持一致，同时积极改善和优化家庭教养方式，用尊重、温暖、理解、平等、支持与鼓励的教育方式去对待子女，让子女感受到父母的关爱、家庭的温暖，从而提高子女的自我效能感水平和促进身心健康发展。

### （三）农村留守学生的父母应降低自己对子女的心理及行为控制

父母控制反映了父母对子女行为及心理的约束，主要包括对子女行为和心理控制 2 个方面。父母对子女行为的控制主要是指父母通过各种规章制度对子女的行为进行约束或干预，而父母对子女心理的控制主要是指父母通过权力独断、内疚感引发等方式来影响子女的内心世界，从而达到破坏子女的自主性，并让子女按照自己的想法或规划来进行生活与学习的方式（尼格拉·阿合买提江，夏冰，闫昱文，等，2015）。研究发现，父母控制和子女的心理健康水平密切相关，主要表现为父母对子女的行为及心理控制，可以显著预测子女今后的抑郁状况（Ahmad，Soenens，2010）。说明父母对子女的行为及心理的控制会引发子女的抑郁症状，从而不利于子女的身心健康发展。研究也发现，父母的心理控制与子女社会退缩也有密切关系，主要表现为父母的心理控制越多，子女的社会退缩行为越强烈，并且父母对子女的心理控制既可以直接影响子女的社会退缩，也可以通过影响子女的自我效能感间接影响其社会退缩（成丹丹，王斯麒，宋璐，等，2019）。此外，也有研究证实了父母控制对子女自我效能感的制约作用（李静纳，2016）。这进一步说明父母控制会增加子女产生心理及行为问题的风险，而父母对子女的心理及行为控制的控制程度较高，子女的心理健康水平越容易受到影响，其自我效能感水平越令人担忧。因此，农村留守学生的父母应该充分尊重子女的独立性、自主性和选择权，降低对子女的心理控制和行为控制，尽可能给子女创造更多自主成长的个人空间，让子女感受到父母的尊重、理解、支持和信任，从而提高子女的自我效能感。

270

### （四）农村留守学生的父母应该积极改善亲子关系

亲子关系作为家庭环境中的关键因素，是学生积极发展和健康成长的重要基础（张兴旭，郭海英，林丹华，2019）。良好的亲子关系可以增加个体的安全感和归属感，从而降低焦虑、抑郁、孤独等消极情绪（赵景欣，刘霞，张文新，2013），以维护个体的健康成长。与父母建立良好、安全的关系是个体发展过程中的重要任务，并且良好的亲子关系是提高个体社会适应能力及维护个体身心健康发展的重要因素（吴旻，刘争光，梁丽婵，2016）。一项追踪研究发现，亲子关系与成年后的心理功能显著相关，如果亲子关系的质量较差，成年后出现抑郁、焦虑、自杀行为、药物滥用和犯罪等不良适应问题的可能性更大（吴旻，刘争光，梁丽婵，2016）。也有研究发现，亲子冲突的频率与强度会制约个体的自我效能感，这说明良好的亲子关系能够培养个体的自我效能感（黄时华，蔡枫霞，刘佩玲，等，2015）。如果农村留守学生处于一个温馨、和谐和融洽的家庭环境中，他们与父母相互关注、信赖、支持和理解，并能够及时回应对方，这能够提高农村留守学生的积极心理资本水平，从而有效应对、处理个人内心情感世界和外界环境中的挫折或困难。反之，如果农村留守学生与父母的关系不融洽，无法得到父母的关心与爱护，并且经常发生亲子冲突，这会严重制约农村留守学生的身心发展及自我效能感的提高。因此，农村留守学生的父母应该多关心、支持和尊重子女，即使在外务工，也要经常回家看望子女或者经常通过电话联系子女，提高亲子之间的沟通频率和沟通质量，表达对子女的关心关爱，从而改善亲子关系，让子女感受到父母的情感和温暖，从而有效提高子女的自我效能感。

### （五）农村留守学生的父母应该提高对子女的教育卷入程度

父母教育卷入反映了父母对其子女受教育及未来发展的重视程度（罗良，2011），对学生学业自我效能感的提高有一定增益作用（刘春雷，霍珍珍，梁鑫，2018）。研究发现，父母的教育卷入与学生的学业成就显著正相关，对学生的学业成就有较好的预测作用（韩秀华，郑丽娜，刘瑞菊，2015），并且感知父母教育卷入与学业自我效能感均能预测学习投入，同时父母教育卷入还可以通过学业自我效能感间接影响学习投入（刘春雷，霍珍珍，梁鑫，2018）。研究也发现，父母教育卷入水平越高，个体越能够获得父母、他人更多的肯定和赞许，从而使自己拥有更多的社会支持和自主性机会，进而满足个体的能力、关系和自主需求，这能增强子女的自我价值感和自信心（鲍学峰，张卫，喻承甫，等，2016）。因此，农村留守学生的父母应适当提高对子女的教育卷入程度。第一，父母要充分认识到子女的学业发展对其健康成长和未来发展的重要作用；第二，父母要提高与教师的有效沟通，了解子女在学校期间的学习及生活情况；第三，父母要积极引导子女树立人生奋斗目标，通过努力学习提高学业成绩来实现目标；第四，父母要学会倾听子女的想法，充分尊重子女的合理选择或决定，并给予合理的支持与鼓励。

### 三、学校方面

#### （一）学校应该加强对学生的榜样教育

榜样教育是教育者通过榜样这一价值载体的人格形象，激励和引导学生自我内化榜样的精神品质，生成自我价值观念、道德人格和创新行为方式的一种教育活动（袁义斌，2009）。通俗地讲，榜样教育就是以先进的典型人物为楷模，宣传他们的先进思想和行为，使学生从他们的事迹中受到启迪和鼓舞的一种教育方法（桂镣榜，2007）。有研究者认为，榜样教育对社会和个体的发展都有重要作用，一方面，榜样教育有利于培养社会主义核心价值观、营造良好社会风尚和促进教育的发展；另一方面，榜样教育有利于唤醒学生的德育动机、激励学生确立人生目标、促进学生思想成长和帮助学生树立正确的三观（宋敏，2017）。学生与榜样之间的相似程度（如生活经历、学习经历等）也会影响榜样对学生效能感和信念的作用。如果学生与榜样的相似程度越高，榜样成功与失败的事例对学生就越具有说服力，并且对学生的效能感及信念的影响也越大（朱龙凤，张献英，2016）。因此，学校应多层面、多角度选择适合学生效仿的榜样，如时代楷模、优秀校友、专业领域的杰出人士，通过宣传榜样故事、学习榜样精神、邀请榜样人物开展讲座等形式（李凯，2016），并通过模仿、认同、暗示、服从等心理机制，让学生把对榜样的敬慕之情、仿效之心转化为健康的行为和习惯（董晓星，陈家麟，2005）。学校应该有针对性地将榜样教育运用于平时的教学内容之中，并且在选择榜样时，注意榜样与学生的相似程度，将榜样的力量与积极品质潜移默化地传递给学生，从而维护学生的心理健康水平和提高学生的自我效能感。

## （二）学校应该积极提高学生的学校归属感和认同感

学校归属感是指学生感受到被自己所在学校的重要他人或物所接纳和尊重的主观感受（Demanet，Van，2012）。较高的学校归属感能够提升学生的自我评价水平，并赋予学生积极的生活意义和增强学生的生命效能感（谢玉兰，阳泽，2012）。同时，学生的学校归属感越高，他们对学校的信赖程度也越高，师生关系和同伴关系也越和谐，当学生遇到困难或挫折时，能够获得较多的支持、帮助和鼓励，从而使学生能够正确评价自己，提高自我效能感水平（赵素芬，2012）。因此，学校应该通过完善校园基础设施、美化校园环境，以及举办科学活动、体育活动和艺术活动等方式努力构建温馨和谐的校园环境，不断丰富学生的校园文化生活，让农村留守学生有更多培养自我、展现自我和发展自我的机会，从而拓宽农村留守学生的人际交往范围、积累农村留守学生的人际交往经验，提高农村留守学生对学校的认同感、安全感和归属感。班主任老师应该通过谈心谈话等方式多了解农村留守学生的学习及生活情况，并用尊重、平等、理解、支持等方式对待农村留守学生，从而不断改善师生关系。科任教师在教育教学过程中应该立足学生实际，采取有效的教育教学方法提高农村留守学生的学业成绩，培养农村留守学生的学业自我效能感。同伴或朋友应该给予农村留守学生更多的理解、关爱和支持，增强农村留守学生对学校的归属感和认同感，进而提高农村留守学生的自我效能感。

273

## （三）学校应该加强对学生的心理健康筛查力度

学生心理健康筛查是一项能及时了解学生心理动态、掌握学生心理特点的重要方法，也是有效维护学生身心健康发展的重要工作。对农村留守学生心理健康问题的事前预防远比事后治疗要重要得多，通过心理健康筛查，及时对存在心理问题的学生进行个别访谈、个别咨询或团体辅导，可以避免很多悲剧的发生。因此，学校应该以学生为中心，高度重视农村留守学生的心理健康筛查工作，并且定期对农村留守学生的心理健康进行测查，根据测查结果，有针对性地对心理健康状况存疑的农村留守学生进行心理访谈，必要时进行心理咨询和心理治疗，协助农村留守学生有效解决所面临的心理及行为问题。同时，对农村留守学生的心理健康筛查结果进行统计和整理。经过多次筛查和心理访谈后，纵向比较和了解农村留守学生心理健康状况的变化情况，有效把握心理访谈或心理咨询对农村留守学生心理健康的影响，并能够及时调整或选择有效方式协助农村留守学生解决问题，从而提高农村留守学生自我效能感。学生的心理健康是学生展望未来的基石，是学校育人工作的基础，因此，学校应该高度重视学生心理健康筛查工作，加强心理咨询中心建设，推动心理咨询、心理健康和团体辅导等工作落地落实，从而培养学生健康的心灵，让学生对未来充满希望、充满阳光与充满自信。

### （四）学校应该持续加强"心理健康教育"课程建设

心理健康教育是学生快乐学习、健康成长和幸福生活的重要基础。开展心理健康教育，有助于学生正确认识自我、培养坚强意志、形成健全人格、建立良好人际关系和促进社会适应能力的发展（俞国良，李天然，王勋，2015）。"心理健康教育"课程的教育教学不仅能够有效降低学生的心理困扰程度，而且还能有效提升学生的积极心理品质（杨宪华，2017）。研究发现，"心理健康教育"课程教学中的课堂互动与学生的自我效能感显著正相关，并且课堂互动对学生自我效能感的提升有较强的预测作用（曹仕燕，2011）。说明"心理健康教育"课程不仅对学生的心理健康水平有促进作用，同时在教学过程中，教师根据教学内容，适当安排互动环节，对学生掌握心理健康知识、提高心理健康水平和自我效能感有重要作用。因此，学校应该高度重视"心理健康教育"课程的建设，并结合学校实际和学生心理发展特点，打造适合学生心理发展的、有特色的"心理健康教育"课程，让学生在掌握心理健康知识的同时，能够获得应对压力与挫折的有效方法或途径。教师在"心理健康教育"课程的教学过程中，应该以学生为中心，并结合学生身心发展的规律及特点，有效通过安排课堂互动、课堂讨论、课堂游戏等方式来提高学生的自我效能感。班主任应该关注与了解学生心理动态，对有心理健康问题的学生及时给予干预，帮助学生渡过难关，从而维护学生的自我效能感水平。

### （五）学校应该积极对学生开展团体心理辅导

团体心理辅导是能促进个体健康成长与良好发展的一种有效的心理咨询形式，主要是指在多人共同参与的情境下，通过团体成员之间相互沟通、交流等方式，以达到促进个体身心健康发展的目的（樊富珉，2005）。研究发现，团体心理辅导对改善与提高个体的自我效能感和维护身心健康有较好的增益效果，在团体的情境下，团体成员之间良好的互动、沟通、支持等因素对个体的心境状态、人际交往等方面都有显著的提升作用（朱金凤，2014）。研究也发现，团体心理辅导能有效增强个体的自我效能感。这说明有效开展适宜的团体心理辅导，对提高个体的自我效能感有重要作用（李丽英，2016）。因此，学校可以依托心理咨询中心，对农村留守学生或心理压力较大的学生，有针对性地打造一系列团体心理辅导专题课程和自我效能感提升干预训练，如认识自我、情绪管理、情商训练、释放压力、自信心训练、冥想训练等心理健康专题，让农村留守学生在团体互动过程中，通过自我表露、自我分享、自我探索等方式，达到了解自我、发掘自身潜能、挖掘自身优势、学会欣赏自己和提高自信心的目的。

## 四、社会方面

### （一）政府应该积极搭建"家庭—学校—社会"协同的沟通交流平台

《国家中长期教育改革和发展规划纲要（2010—2020年）》指出，要"更新人才培养观念"，推进"学校、家庭、社会密切配合"，"形成体系开放、机制灵活、渠道互通、选择多样的人才培养体制"。《中华人民共和国国民经济和社会发展第十四个五年规划和2035年远景目标纲要》也指出，要"构建覆盖城乡的家庭教育指导服务体系，健全学校家庭社会协同育人机制"，这进一步说明家校社协同育人机制对学生健康成长与未来发展的重要性。家庭、学校和社区是学生学习、生活与健康成长的重要场所（陈晓红，2017），家校社的协同能够凝聚资源与力量，为学生的健康发展提供更丰富的教育资源和更有力的社会支持性力量。有研究发现，在遭遇压力或挫折时，个体的社会支持性资源越多，其自我效能感就越强（黎志华，尹霞云，2015）。这说明良好的社会支持（如父母关心、老师表扬、同学支持、朋友关爱等）能帮助学生更好地应对压力与挫折，同时缓冲压力或挫折对自己造成的伤害。因此，政府应该积极采取有效措施，努力搭建"家庭—学校—社会"三方的协同沟通交流平台，促使家庭、学校和社会各方加强联系，共同营造良好的教育环境，为学生的健康成长与未来发展提供坚实的保障。

### （二）政府应加强对农村留守学生或困境儿童的精准帮扶力度

困境儿童是一类极为特殊的社会群体，其心理健康水平一直都受到国家与社会各界的关注与重视。《关于加强困境儿童保障工作的意见》（国发〔2016〕36 号）指出，困境儿童的范围主要包括以下 3 类儿童：第一类为因家庭经济条件较差而导致儿童的生活、学习等方面都比较困难；第二类为因儿童自身残疾的原因而导致其在康复、照料和社会化等方面比较困难；第三类为因父母等监护人或监护人离世而导致儿童的人身安全受到各种威胁或侵害。研究发现，困境儿童的家庭功能、心理弹性显著低于非困境儿童，并且困境儿童体验到较高的疏离感和表现出较多的情绪行为问题（石怡，2017）。本研究发现，困境儿童的家庭结构不完整、家庭功能严重缺失，如母亲离家出走多年、父亲因犯罪坐牢或去世等，导致这部分儿童出现敏感、退缩、自尊水平较低、对未来感到迷茫等问题。因此，国家、社会、学校、村委会等各方，应该通过物质支持和心理帮扶等方式，加强对农村留守学生和困境儿童的精准识别与精准帮扶力度，给予农村留守学生和困境儿童在生活、学习、个人成长、心理健康等方面提供支持与帮助，不断提高农村留守学生和困境儿童的心理弹性及心理健康水平，从而提高自我效能感水平。

## 第二节　树立农村留守学生的希望品质

### 一、个体方面

#### （一）农村留守学生应该积极提高核心自我评价能力

核心自我评价反映了个体对自身能力与价值的态度、看法或评价（周扬，陈健芷，张辉，等，2017），并且对个体的希望水平有重要作用（Snyder，Shorey，Cheavens，et al.，2002）。核心自我评价水平较高的个体，其希望感也较高。研究发现，个体的核心自我评价水平与希望感显著正相关，并且核心自我评价可以通过希望感的中介作用影响个体的生活满意度（蔡瑶瑶，占丹玲，2020）。这说明核心自我评价的高低能够影响希望水平的发展，并间接影响个体的生活满意度。此外，核心自我评价水平较高的个体，在遇到困难或挫折时能正确评价自己的能力与价值，对未来充满希望，并在应对困难或挫折时保持乐观、自信和勇气；而核心自我评价水平较低的个体，在遇到困难或挫折时不能正确评价自己的能力与价值，对自己失去信心并且对未来感到迷茫、悲观和失望（柏苗苗，2018）。对于农村留守学生而言，留守生活会让他们表现出自卑、敏感、退缩、焦虑、抑郁、自我评价过低等特点。农村留守学生应该学会正确看待自己的留守生活，发掘自身优势，积极评价自己的能力与价值，进而培养自己的希望品质，从而为自己的身心健康及未来发展提供有效保障。

#### （二）农村留守学生在遭遇不利处境时应该进行合理归因

归因反映了个体对事件原因的解释方式，一般而言，具有积极且乐观解释风格的个体，能够用积极且乐观的心态去应对各种困难或挫折（毛晋平，张素娴，2009）。有研究指出，改善消极的认知方式和改善环境都有助于个体的身心健康，说明积极的归因方式能够促使个体重获希望，并表现出更多的积极情感（周丽华，陈健，卢大力，等，2014）。研究发现，学生的归因方式和希望显著相关，能显著预测希望，并且学生越倾向内归因，其希望水平越高。说明学生把自己成功的结果归因于自身的努力而非环境

277

或运气，并认为努力是会有收获的，进而更加肯定和认可自己，对未来发展充满希望或期待（吴一凡，2018）。因此，农村留守学生应该学会正确认识自己，并合理看待自己与环境的关系，当遭遇挫折或失败时，应该改变自己的归因方式，合理进行归因，并采用积极的归因方式应对自己面临的身心发展不平衡、留守状况、学业压力、环境适应、人际关系不良等压力性生活事件，从而培养与提高自己的希望水平。

### （三）农村留守学生应该学会提高自我超越水平

自我超越反映了个体突破自身能力上限的程度。自我超越水平较高的个体，在学习、生活与个人成长过程中会懂得发掘自身的能力与价值，并且使用社会支持性资源来促进自身发展（赵燕如，2018）。自我超越与个体的希望感有密切关系，在身患疾病的群体中，自我超越与患者的希望感显著正相关，说明提高患者的自我超越水平对患者的希望感有增益作用，并且能帮助患者乐观地面对疾病和促进患者康复（刘梅梅，林小兰，刘玲玲，2019）。有研究者认为，充分挖掘患者内在的自我调节力量，使患者较为积极、主观地应对疾病，并且充分调动患者的外在社会支持资源，有利于控制患者的负面情感，使其不断以超越自我的意识面对疾病，进而重塑及强化希望水平（杨支兰，孙建萍，宋丹，等，2016）。在学生群体中，自我超越与希望感显著正相关，对希望感有预测作用，说明自我超越能提高学生的希望感水平，并帮助学生树立自信和挖掘自身潜力，从而实现自我价值和人生目标（赵燕如，2018）。因此，农村留守学生应该积极调整个人看法以及对未来的期望和行为，在面临不利处境时积极寻求社会支持性资源，这不仅能够实现自我超越，还能够在不断超越的过程中累积信心和提高希望水平。

### （四）农村留守学生应该学会树立长期的奋斗目标

个体的目标定向对个体发展影响较大，目标定向能促使个体完成既定目标并实现自我价值（滕川，2013）。研究发现，在青少年学生网球运动员技术的培养与训练过程中，目标设置有利于青少年学生网球运动员明确练习目标、调动积极性、提高练习质量、缩短练习时间和更快完成训练目标

（叶欣，2011）。研究也发现，目标定向与希望水平显著相关，并且一个值
得个体追逐的目标，能够让个体寻求各种切实有效的方法来实现目标。每
一次获得微小的成功都能巩固个体对实现目标的信心，从而增强个体坚持
目标的自信、勇气和希望（滕川，2013）。研究还发现，长期目标和短期目
标对提高个体的意志品质均有较好的增益作用（张丹丹，2019）。因此，设
置长期目标，有利于个体明确人生奋斗目标，提高奋斗的积极性和增强意
志品质，从而有利于维护个体身心健康发展。因此，农村留守学生应该结
合自身实际树立长期奋斗目标，一方面能够让农村留守学生对未来充满期
待和希望，不再对生活、学习和个人成长感到迷茫；另一方面能够让农村
留守学生通过自己的不懈努力和奋勇拼搏来实现既定目标，从而提高希望
水平。

## 二、家庭方面

### （一）农村留守学生的父母应该提高教育期望水平

父母教育期望对子女的学习动力和学习意愿有较强的激励作用，会促
使子女提升认知能力，进而努力奋斗，提高学业成绩，从而对未来充满信
心、充满期待和希望（Seginer，1983）。有研究指出，较高的教育期望会使
父母投入更多的时间和精力，关注与重视子女的学习及未来发展方向，这
会进一步提高子女的认知能力，从而正确认识自我（陈诗林，2019）。研究
发现，父母教育期望和职业期望对子女的认知能力具有显著积极的影响（张
奇林，李鹏，2017），说明较高的父母教育期望和职业期望有助于提高子女
对受教育和未来职业规划的认识。研究也发现，父母的教育期望与学生的
学业成就和对未来的期望息息相关，并且父母教育期望水平是早期青少年
学生未来教育规划的重要保护性因素（王瑜，2017），说明父母对子女的教
育期望会影响子女的未来发展。本研究发现，父母期望子女读完硕士及其
以上学历的情况下，农村留守学生和非留守学生的自我效能感、韧性、乐
观、希望和积极心理资本的得分相对较高。这说明父母对子女的教育期望
越高，农村留守学生的希望水平越高。因此，农村留守学生的父母应该对
子女的身心发展、学业发展、未来期望和职业规划给予更多的关注与重视，

并根据家庭实际情况增加对子女的教育投入。这不仅能培养和提高子女的认知能力，还能让子女感受到父母对自己未来发展的关心和重视，从而让自己对未来充满期待，并不断激励自己、勇往直前。

### （二）农村留守学生的父母应该增加自己对子女的情感温暖

父母的情感温暖表现为协调、支持和默许子女的要求，及时对子女的需要进行积极反馈，并且有意识地培养子女的个性和自我调节能力（刘广增，张大均，朱政光，等，2020）。对于农村留守学生而言，父母外出务工，致使父母无法对子女的需要及时给予积极关注和反馈，也无法给予子女较多的关心和支持，导致父母情感温暖相对匮乏。研究发现，父母情感温暖和希望显著相关，说明父母情感温暖程度越高，子女的希望感就越强（彭小凡，杜昆筑，尹桂玲，等，2020）。因此，即使父母迫于生计不得不继续在外务工，也可以通过以下方式来增加自己对子女的情感温暖：第一，父母应该增加每年回家看望子女的频率，积极创造更多与子女面对面沟通、交流的机会，从而培养良好的亲子关系。第二，父母平时应该多使用电话、微信、QQ等网络平台与子女取得联系，消除父母与子女之间的隔阂，增加父母的情感温暖，从而改善亲子关系。第三，父母应该主动与子女谈心谈话，了解子女的身心发展需求，及时给予子女关心关爱并提供帮助与支持。第四，父母应该尽可能让其中一方在家陪伴子女，从而恢复实施功能，维护子女的身心健康发展。

### （三）农村留守学生的父母应该积极改善夫妻关系

生态系统理论指出，家庭作为个体成长的微观系统，对个体认知和社会性的发展有最直接的影响（俞国良，李建良，王勍，2018）。家庭作为子女成长与生活的重要场所，父母作为子女人生中的重要他人，父母之间的夫妻关系会影响整个家庭的氛围是否温暖、和谐、融洽，也会影响子女的身心健康发展。根据社会学习理论的观点，子女的行为模式和情感调节倾向是从原生家庭中观察学习的结果。平等、温暖、和谐、尊重和理解的夫妻关系不仅有助于给子女树立良好的榜样，而且有助于子女从良好的夫妻关系中习得与他人相处的人际模式。这种人际模式对子女处理同伴关系、

280

朋友关系、师生关系，甚至是今后的同事关系、夫妻关系等方面都有较好的促进作用。有研究指出，父母的婚姻关系会影响青少年学生的友谊质量，主要表现为：父母冲突的频率越高，子女的友谊质量越差，父母和谐的频率越高，子女的友谊质量越好（生文棣，2019）。这说明父母的婚姻关系会影响子女的人际交往行为。在对农村留守学生的走访调研中也发现，部分学业成绩较差、对未来感到迷茫的农村留守学生，其父母关系不和谐、冲突频率高，甚至表现出暴力行为，最后导致离婚。因此，父母应该努力建立良好和谐的夫妻关系，让子女感受到家庭的温暖、和谐，以及父母的关心关爱，这对农村留守学生的健康成长以及未来发展都有较好的促进作用。

### 三、学校方面

#### （一）学校应该定期对学生开展"希望教育"专题讲座

希望感反映了个体对未来发展的期望和憧憬，希望感水平越高的个体，他们越能够坚定自己的理想信念，并持之以恒、努力拼搏实现既定目标（于悦，2017）。希望感作为个体的一种积极乐观向上的情感，它不仅能够推动个体不断成长，而且还会促使个体不断树立人生奋斗目标（高军，2011）。希望教育观是指教师在教育教学的过程中，主动寻找和发现希望并把学生培养成为合格人才的教育观念（侯鹏，2003）。有研究指出，希望教育能培养与提高学生的希望感，并激励学生积极进取和促进其全面发展（黄万甫，1999）。因此，学校应该定期开展"希望教育"专题讲座，如开展以"展望未来""希望之光""走在希望的田野上""筑梦新希望""希望的力量"为主题的讲座，或将"希望教育"融入课题教学之中，通过潜移默化的方式对学生进行"希望教育"来提高学生的希望感，将希望的种子根植于学生的心中，引领生命不断成长，走向美好未来。同时，学校也应通过"希望教育"的方式积极引导学生根据自身实际树立人生奋斗目标，并通过不断努力实践，在实现目标的过程中体验成功，在成功中不断进行自我激励。

#### （二）学校应该多开展以"希望"为主题的团体心理辅导

团体心理健康辅导广泛应用于学生心理干预的过程中，并且干预效果较好。研究发现，经过 8 次团体辅导干预、班会干预的实验组和对照组，其心理资本的前后测有显著性差异,并且实验组的心理资本水平显著较好,但没有接受过任何团体辅导干预和班会干预的控制组前后测差异均不显著,这说明团体辅导干预对学生积极心理资本及希望品质的提升均有积极的促进效果(朱沙沙,2014)。对 4～6 年级小学生进行研究发现,以"希望"为主题并持续为期 5 周、每周 40 分钟的团体辅导干预能显著提升学生的希望水平和学业成就(王静,2018),可以看出,团体辅导干预对提高学生的希望水平及学业成就均有较好的促进作用。因此,学校应关注与重视团体心理辅导干预对学生身心健康发展的重要作用,并且多开展以"希望"为主题的团体心理辅导,如以"我的梦想人生"为主题,并设计"我的梦想""梦想拍卖"等环节,通过学生参与游戏、主动分享,达到引导学生反思自我、制订计划、克服困难、实现目标的目的,从而有效提升学生的希望水平。

### 四、社会方面

#### (一)政府应该持续发挥希望工程对学生健康成长的重要作用

"希望工程"是由团中央、中国青少年发展基金会于 1989 年发起的以救助帮扶地区失学少年儿童为目的的一项公益事业,它作为我国社会成员参与最广泛、最富影响力的公益事业之一,对边远山区学生的未来发展及健康成长有重要作用。近年来,国家、社会和学校都积极关注与重视农村留守学生的身心发展、学业进步等问题,并通过"爱心助学行动""援建希望小学""希望工程图书室"等项目,为帮扶地区教育事业的发展给予了有力帮助。这种强有力的社会支持性力量不仅能够让农村留守学生感受到被关心、被关爱和被支持,同时也能够提高农村留守学生的自我效能感,并对未来满怀期待。因此,政府应积极鼓励、推动和支持助学公益事业的良好发展,发挥希望工程对学生未来发展及健康成长的重要作用,并让希望工程持续弘扬助人为乐的优良传统,促进帮扶地区基础教育事业的发展,推动社会主义精神文明建设。

#### (二)社会各界应该持续加强心理援助力度

本研究通过问卷调查、走访调研、查阅文献资料等方式对农村留守学生的心理特点进行研究。结果发现,农村留守学生的心理健康水平与以往相比，虽然有较大改善，但仍然存在自卑、退缩、迷茫、希望感不强、学业成绩较差等问题。因此，社会各界应持续关注与重视农村留守学生的健康发展，通过整合各方心理援助力量，加强对农村留守学生的心理援助力度，有效维护农村留守学生的心理健康水平。从政府层面来看，政府应该结合农村留守学生的实际情况并出台相应措施，为加强心理援助力度、有效解决农村留守学生的心理健康问题提供制度保障。从社会层面来看，社会各界应积极关注农村留守学生的心理援助，努力争取当地政府部门的支持，建立家庭、学校和社会协作机制，形成立体、全方位协作格局，有效解决农村留守学生的心理健康问题。从学校层面来看，学校应该积极动员广大教职员工尤其是退休职工成立农村留守学生心理健康活动中心，并通过定期对农村留守学生监护人的心理援助能力进行培训、开设农村留守学生心理成长热线等方式，共同维护农村留守学生的身心健康发展（徐宏丽，2009）。从家庭层面来看，父母应该重视子女身心健康发展，把子女身心健康发展与未来生活密切联系，采用一方外出、一方在家照顾子女的策略，从而达到恢复家庭功能、改善亲子关系，促进子女健康成长的目的。

283

## 第三节　培养农村留守学生的乐观品质

### 一、个体方面

#### （一）农村留守学生应该培养积极的归因风格

对积极事件与消极事件解释的角度或方式反映了个体的归因风格。而不同的归因风格对个体健康成长有不同作用。总的来说，积极的归因风格能够有效维护个体的健康成长（刘孟超，黄希庭，2013）。研究发现，归因风格与乐观关系密切，积极的归因风格不仅能提高个体的主观幸福感，还能通过培养个体的乐观心态，间接提高个体的主观幸福感（冯曦，元国豪，田雨，等，2014）。此外，归因方式能够影响个体对未来事件的期望和信心。一般来说，拥有乐观心态的个体容易将挫折与失败进行积极归因，并认为失败只是暂时的，那么个体就容易体验到较多的积极情绪并勇于接纳失败，对自己未来的发展仍然抱有更多积极的期望（袁莉敏，张日昇，2007）。因此，农村留守学生应该在学习、生活与成长的过程中，注重转变思维方式，当遭遇失败或应对困难与挫折时，从乐观且积极向上的角度出发，采用积极的归因策略去有效解决问题或应对困难，逐渐培养自己乐观的品质。

### （二）农村留守学生应该积极培养自己高水平的成就动机

成就动机反映了个体不断追求成功的内在动力与心理倾向，成就动机对个体树立目标并实现目标有重要的推动作用（吴洁清，董勇燕，熊俊梅，等，2016）。研究发现，个体的成就动机水平越高，其乐观水平也越高（庞娟，2016），说明成就动机可以有效提高个体的乐观水平并促使个体实现既定目标。研究也发现，追求成功的动机与乐观显著正相关，对乐观有显著的预测作用（陈荣荣，2017）。此外，气质性乐观与学习动机、内在动机、外在动机显著正相关（赵新，2017），这就进一步说明成就动机与个体乐观品质的密切关系。因此，农村留守学生在学习与生活中，应树立明确的奋斗目标，提高自己追求目标的成就动机，并通过不懈努力来实现奋斗目标，从而在体验成功的过程中不断培养自己的自信心和乐观精神。

### （三）农村留守学生应该学会合理采用情绪调节策略

情绪调节策略反映了个体管理或控制自己情绪及行为的方式或策略（王道阳，陆祥，殷欣，2017）。情绪调节策略主要包括认知重评和表达抑制。认知重评侧重于从乐观积极的视角去解释引起情绪变化的事件，而表达抑制侧重于压抑自己的消极情绪并对情绪行为进行抑制（王振宏，郭德俊，2003）。研究发现，采用表达抑制的情绪调节策略会明显增加个体的负性情绪体验，从而让个体体验到较多的焦虑情绪（邢怡伦，王建平，尉玮，等，2016），从而损害个体的身心健康。研究也发现，情绪调节策略与乐观显著正相关（陈卉，傅丽萍，2013），说明良好的情绪调节策略有助于个体应对不利处境并培养积极的心理品质。因此，农村留守学生应该通过学习心理健康课程、参加团体心理辅导和个体心理咨询等方式，学习与掌握有效的情绪调节策略，当自己身处不利处境时，能够采用积极的情绪调节策略来应对不利处境或解决遇到的问题，从而培养和保护自己的积极心理资本。

### （四）农村留守学生应该积极建立良好的人际关系

对于农村留守学生而言，学校是除家庭之外的重要生活与学习场所，学校中的同学关系、朋友关系、师生关系等各种人际关系都会影响农村留守学生的心理健康水平。研究发现，初中学生的师生关系、同伴关系与其乐观倾向显著正相关，并且师生关系和同伴关系能显著正向预测初中学生的乐观倾向（张野，韩雪，李俊雅，等，2019），说明初中生的学校人际关系越好，其乐观倾向水平也越高。有研究指出，当个体拥有良好的人际关系时，他不仅能够感受到较多的理解与支持，而且在这种理解与支持下容易形成积极的自我认同，进而表现出更多的积极行为和高乐观倾向（张亚利，陆桂芝，刘艳丽，等，2017）。因此，农村留守学生应该努力提高自我意识水平，用平等、包容、尊重、理解等方式对待他人，从而与他人建立良好的人际关系。当自己遭遇不利处境时，能获得较多的社会支持性资源，从而维护自己的积极心理资本和促进身心健康发展。

285

### （五）农村留守学生应该积极训练自己的乐观思维

世界观、人生观和价值观对个体的健康成长及未来发展都有至关重要的作用，并且正确的世界观、人生观和价值观有助于个体形成正确的自我认知、积极的心理品质和乐观的生活态度（方鸿志，2015）。因此，农村留守学生可以从以下几个方面树立正确的世界观、人生观和价值观。第一，农村留守学生应该树立终身学习的理念，通过不断努力学习来拓展自己的认知范围，丰富自己的认知经验。第二，农村留守学生应该结合自身实际，确立与自身能力相符合的人生目标与奋斗方向，积极投身各类社会实践，在社会实践过程中不断提高心理素质与意志品质，从而保持乐观心态。第三，农村留守学生应该加强体育锻炼，保持良好的身体素质，这不仅可以减少焦虑、抑郁等不良负面情绪，增加主观幸福感水平，进而形成乐观心态，还可以增强体魄、锻炼意志，培养自身的意志品质与心理承受力。第四，农村留守学生应该行稳致远，以饱满的精神状态和昂扬的斗志积极投身于建设社会主义现代化强国的伟大事业之中，从而实现自己的人生价值并培养自己较高的乐观品质。

## 二、家庭方面

### （一）农村留守学生的父亲应该重视子女教育

父亲在位反映了子女对父亲可触及和可亲近的内在心理状态，而父亲缺失是指母亲在缺乏父亲规律的帮助下，独自承担起了抚养和教育子女的主要责任（曾艳，2018）。以往研究发现，父亲在位对子女乐观及积极心态、悦纳现实、积极期望、豁达心胸、积极面对等因子都有显著的正向预测作用，并且乐观在父亲在位和生活满意度之间起部分中介作用。这揭示了父亲在位与乐观品质之间的作用机制，进一步说明高品质的父亲在位有利于子女乐观心理特质的形成与发展（黄峥，2015）。有研究指出，家庭作为子女生活与学习的重要场所，能够为子女提供物质和精神支持，而家庭功能不良、父亲缺失等风险因素对子女的人格、社会性和乐观的发展有重要影响。因此，农村留守学生的父亲应该主动承担起教育子女的主要责任，对子女的身心发展、学业成就、生活困扰等方面给予积极关注与重视，并且协助子女应对困难、解决问题，进一步提高父亲的在位品质，避免父亲教育缺失。

### （二）农村留守学生的父母应该营造和谐温暖的家庭氛围

家庭环境、家庭功能、家庭教养方式、亲子关系、父亲在位等因素对学生的身心健康成长有至关重要的作用。在家庭中，父母教养方式对子女人格的发展影响极大，尤其是对于农村留守学生而言，亲子关系疏远、父母关心关爱缺失等因素都会严重制约子女积极心理品质的发展。因此，父母可以通过营造和谐温暖的家庭氛围来培养女子的乐观品质：

第一，父母在子女成长的过程中扮演着十分重要的角色，父母营造的家庭环境以及在日常生活中的言谈举止对于子女的身心发展有潜移默化的影响。因此，父母要转变教育观念，树立角色意识，深化教育重任，做到以身作则，努力建构或培养子女的积极心理品质。

第二，父母作为子女的第一任老师，在教育子女方面承担着重要的责任。因此，父母应该树立正确的教育观念，重视子女的全面发展，合理选择教育子女的方式和沟通方式，多采用积极的心理暗示或鼓励，让子女正确看待问题与挫折，从而培养其乐观、阳光的心态。

第三，榜样示范教育在子女乐观心态的培养中发挥着重要作用。因此，父母在教育子女的过程中，要做到以身作则，给予子女树立典范，在遇到困难与挫折时应积极乐观应对，从而发挥好榜样示范作用。

## 三、学校方面

### （一）学校应该营造温暖和谐的学校教育环境

学校作为农村留守学生学习与生活的重要场所，学校的教育环境对学生身心发展的影响极为关键。因此，学校应该从以下几个方面营造温暖和谐的育人环境，培养学生积极乐观的个性品质。

第一，积极创新心理咨询模式，通过学生心理健康普查方式，筛查需要进一步咨询和干预的对象，主动解决学生面临的问题或困惑；同时，搭建辅导员或班主任与心理咨询中心沟通交流的平台，对学生进行实时观察、及时疏导、逐步渗透，有效做好学生的心理健康教育工作。

第二，加强教师乐观心态建设，以身作则培养学生乐观心态。教师在平时教育教学、与学生接触的过程中应严格规范自己的言行，做到以身作则，遇到困难时应积极应对，永葆乐观向上的心态；同时，教师应该树立终身学习的理念，努力提高专业水平，拓展知识面，通过增加课外实践活动等方式不断丰富教学内容，从而吸引学生主动参与。

第三，学校要充分发挥大数据时代的网络优势，通过微信公众号、微博、校园网等网络平台传播正能量，以积极阳光的方式营造和谐温暖的校园氛围；同时，学校应该重视学生的网络教育，如开设心理健康网站，让学生能够及时有效地通过网络咨询等方式解决自身的心理困惑，从而培养自己的乐观心态。

### （二）学校应该适当减轻学生的学业压力

研究发现，学生的学业压力与乐观倾向显著负相关（刘银中，2022），并且乐观可以调节学生学业压力对学业倦怠的影响，并且学生的学业压力越大，其积极态度和积极情绪越容易受影响，也就越容易出现学业倦怠，而学生的乐观倾向会削弱学业压力对学生学业倦怠的影响，这不仅有利于提高学生的学业成就，还有利于培养学生的乐观品质（白柯，谢倩，2018）。研究也发现，中学生的学业压力与心理资本及自我效能感、韧性、乐观、希望等维度均显著负相关，说明中学生较大的学业压力会降低其心理资本水平，进而影响乐观品质（程静，2018）。这也进一步说明学生的学业压力对乐观有较大的制约作用（翟云飞，2017）。在本研究中，农村留守学生与非留守学生的学业压力水平能够显著预测心理资本水平，说明较大的学业压力会制约农村学生的心理资本。因此，学校应该适当减轻农村留守学生的学业压力，避免出现学业倦怠，从而让农村留守学生获得更多的积极心理资本。

### （三）学校应该完善管理制度，避免校园欺凌

研究发现，校园欺凌（言语欺凌、关系欺凌）与学生的乐观品质（积极心态、积极面对、悦纳现实、积极期望、豁达心胸）显著负相关，并且校园欺凌能显著负向预测学生的乐观品质（郭梦诗，2019），说明校园欺凌对乐观品质的培养有较大的制约作用。研究也发现，校园欺凌（言语欺凌、身体欺凌、社会关系欺凌）与心理资本（乐观、自我效能感、希望、韧性）显著负相关，说明校园欺凌水平越高，学生的心理资本水平越低（朱思施，2019）。因此，学校应该完善管理制度，积极营造温暖、和谐、友好、安全、文明的校园环境与校园氛围，避免出现校园欺凌现象，从而维护农村留守学生身心健康发展，进一步培养农村留守学生的乐观品质。

### （四）学校应该加强学生的体育训练

体育锻炼是增强学生身体素质、培养学生积极心态和维护学生身心健康最积极、最有效的手段之一。研究发现，学生体育锻炼的频率、时间长短与乐观人格密切相关，并且适当的体育锻炼有助于提高学生的乐观水平（王扶禾，2015；王翠萍，2022；高红宇，马艳红，段纯宇，等，2022）。另外，体育锻炼的强度、时间、次数均与学生的乐观品质显著正相关，这说明体育锻炼能够培养学生的乐观心态（姚安全，2011）。因此，学校应该

重视学生的体育锻炼，完善体育锻炼基础设施，加强体育课程建设，合理安排学生的体育活动，并根据学生实际情况，适当增加学生体育锻炼的频率、时间和强度，进一步增强学生的身体素质，提高学生的判断力、反应速度和改善睡眠质量，从而使学生保持积极、乐观向上的心态，促进学生的身心健康发展。

## 第四节　增强农村留守学生的韧性品质

### 一、个体方面

以往研究表明，积极的认知观念对心理韧性的发展有较大的促进作用（李雅琼，2021；刘松，2022）。有研究指出，农村留守学生对自己的认识存在不客观、不完善、不全面等特点，而通过改变不合理的认知、学会正确认识与管理自己的不良情绪等方式，可以促使农村留守学生在面对困难或挫折时能够持续保持积极乐观的心态，这对提高农村留守学生的心理韧性水平有重要作用（兰歆，周婵，2016）。因此，农村留守学生要学会客观全面地认识自我，挖掘并强化自己的优势，提高自我评价能力和评价水平。同时，可以通过参加心理健康教育专题讲座、团体心理辅导等方式，主动学习心理健康知识，学会客观、全面地认识自己与评价自己。此外，农村留守学生应该持续改进自我，扬长避短，学会心理调适或掌握情绪调节策略，积极控制或消除自卑感，学会在困境中看到希望，从而培养自己的乐观心态，进一步提高自己应对压力的心理反弹能力。有研究者也指出，积极的心理防护机制能够降低个体的精神压力，并激发个体顽强的毅力以对抗挫折，从而提高心理韧性水平（王迎春，2011）。因此，农村留守学生可以通过采用升华、补偿等积极的心理防御机制来提高自己应对困难或挫折时的心理反弹能力。

### 二、家庭方面

父母的关心、爱护与支持是农村留守学生心理韧性的保护性因素，而父母的疏离、漠不关心、亲子关系不良等是农村留守学生心理韧性的危险性因素。农村留守学生的心理韧性是其应对困难与挫折、培养坚强意志、促进自身健康成长的基石。因此，父母应该采取措施积极培养与提高农村留守学生的心理韧性水平。

第一，父母应该努力构建完整、温暖、和谐、融洽、平等、尊重、支持的家庭氛围，让子女在温馨和谐的家庭中感受到被关爱、被尊重、被理解和被支持，当面临不利处境时，父母及时给予子女提供必要的物质和精神支持，让子女学会应对困难，从而不断增强韧性品质。

第二，父母在子女出生后，应该给子女创造挑战自我并超越自我的机会，而不是帮子女提前解决问题或扫除障碍，在子女遇到困难或挫折时，应该伴其左右，并给予子女鼓励与支持，让子女独自解决问题，培养坚强的意志品质和提高心理韧性水平。

第三，父母应该优化家庭教养方式，提高父母教育参与水平，鼓励与支持子女树立难度适中并通过不懈努力、克服困难便容易实现的目标，让子女在克服困难的过程中感受成长，在实现目标的过程中体验成功，从而逐渐提高自我效能感和增强韧性品质。

总之，家庭因素对个体心理韧性的影响较大。良好的家庭环境及父母的支持能够促使个体正确认知自己，并学会处理或应对生活与学习过程中的压力性生活事件，从而提高自己的心理韧性水平（韦慧，2010）。

### 三、学校方面

经验学习在心理韧性的培养中有着非常重要的作用，引导学生"从失败中学习"是培养其心理韧性，提高抗压能力中的重要一环。

第一，将失败的案例引入学生的平时教育中，以加强失败学习课程建设来不断完善教育课程体系。创建失败案例资源库，深化失败课程内容的开发，介绍和剖析有代表性、经典型和启发性的失败案例来丰富课程教学，更好地启发学生思考和反思，以完善学生自身的认知模式。

第二，开发心理修复课程，通过失败模拟情景等心理活动的方式，帮助学生更好地调节应对失败的负面情绪，化解不良情绪带来的不适，从而增强自我调适能力（刘琰，2019）。此外，在平时的教育教学过程中也要有心理健康教育的相关内容作为有力支持。心理韧性的培养离不开优秀的心理指导专家，所以在平时的教育教学过程中不仅要有班主任的指导，也要有优秀的心理专家开展心理活动作为辅助。学校可将心理韧性的具体理论穿插到心理健康教育课程和平时教育课程中，一方面通过团体辅导和个体辅导相结合的方式，用问卷调查、放松策略、角色扮演、理性情绪疗法、心理咨询、技巧训练、沟通分析等心理训练的方法增强学生的心理韧性（方鸿志，谭启霖，2017）；另一方面可以尝试开展多种实践训练活动，增加心理资本训练活动环节，实现理论和实践教学的有机统一，从而增强训练效果，提高韧性水平。

## 四、社会方面

社会各界应该构建社会支持体系，积极发挥社会支持对农村留守学生健康成长的重要作用。社会各界在给予农村留守学生物质帮助的同时，也应该重视心理支持对农村留守学生健康成长的重要作用，并通过心理支持的方式培养农村留守学生自立自强、敢于面对困难或挫折的精神（许新赞，高桂贤，2013）。此外，父母、教师、朋友等社会支持性资源是农村留守学生身心健康发展的重要保护性因素，因此要积极发挥社会支持性资源的保护性优势，采取有效措施，使家庭、学校及社会各界紧密联系，团结合作，从而构建完善、立体的社会支持体系，为农村留守学生的身心健康发展保驾护航（韦慧，2010）。农村留守学生的心理资本水平及其自我效能感、乐观、希望、韧性等心理品质的培养和提高，只靠单方面或者个人的力量难以解决，只有个人、家庭、学校和社会共同努力，牵手协作，才能有效提高农村留守学生的心理健康水平，培养积极心理资本。

291

# 第十一章

## 研究结论和不足

### 第一节　研究结论

第一，农村留守学生在自我效能感、韧性、乐观和希望 4 个方面的积极心理资本明显少于农村非留守学生，说明农村留守学生的积极心理资本相对比较匮乏。

第二，农村留守学生与非留守学生的心理资本可以分为 3 个潜在类别，即"低心理资本型""中等心理资本型""高心理资本型"，但"低心理资本型"农村留守学生的数量明显高于非留守学生，"中等心理资本型""高心理资本型"农村留守学生的数量明显低于非留守学生，说明在农村留守学生群体中，积极心理资本较低的人数偏多，中等积极心理资本和高积极心理资本的人数偏少。

第三，农村留守学生的心理资本受个体（性别、健康状况、学段、自尊、正负性情绪、应对方式）、家庭（父母教育期望、父母关爱缺乏、粗暴养育）、学校（学校联结、师生关系、同伴关系、学业负担）和社会（生活事件、社会支持）等因素的影响，并且与农村非留守学生相比，农村留守学生受到个体、家庭、学校和社会等因素的影响较大。

第四，农村留守学生的心理资本显著正向影响其生活满意度、感恩、学业成就和人生意义，说明心理资本作为农村留守学生的积极心理资本，较多的积极心理资本不仅可以提高农村留守学生的生活满意度、感恩倾向和学业成就，对农村留守学生今后的奋斗方向、人生意义、人生价值和身心健康也有较好的促进作用。

第五，农村留守学生的个体、家庭、学校和社会等因素不仅能直接影响其心理健康水平，而且也能通过心理资本的中介作用间接影响心理健康水平。这揭示了心理资本对维护农村留守学生心理健康的重要作用，也进一步说明通过构建或培养积极心理资本，可以有效提升农村留守学生的心理健康水平。

## 第二节　研究不足

本研究采用问卷调查、走访调研、个别访谈和查阅文献资料等方法，从积极心理资本的视角对农村留守学生和非留守学生的心理特点进行研究与分析，并获得了一些研究成果，但本研究仍然存在不足，主要表现在以下几个方面：

第一，本研究采用横向研究方法，虽然横向研究具有能够在短时间之内获取大量研究数据并节省人力物力等优点，但横向研究本身也存在较多的缺点，如难以获得农村留守学生和非留守学生心理发展的连续变化过程、无法研究农村留守学生和非留守学生心理发展的因果关系等。因此，本研究无法了解农村留守学生与非留守学生的心理资本在时间变量上的连续变化过程，以及个体、家庭、学校和社会等因素影响农村留守学生与非留守学生心理资本的持续变化过程。

第二，本研究的研究对象为初中、高中、中职、大专的农村留守学生和非留守学生，其认知发展水平存在一定差异，并且本研究主要采用自我报告的方式且匿名填写调查问卷，其主观性较强。同时，农村留守学生与非留守学生在填写调查问卷时，会因为一些难以避免的问题而影响研究结果，如对问卷中的问题是否完全理解并做出客观、真实的回答。因此，本研究结果的真实性及准确性容易受到农村留守学生与非留守学生是否认真、客观、真实地对问卷进行作答等因素的影响。

第三，因受新冠肺炎疫情的影响，在调研期间，为配合各地学校做好疫情防控工作，故采用方便取样的方法。方便取样虽然具备简单、容易实施、调查成本较低等优点，但也存在取样的随意性、样本是否具备代表性、调研结果是否能推广到总体等问题。因此，本研究在新冠肺炎疫情期间对农村留守学生与非留守学生的心理特点进行调研，会存在取样是否合理、是否具有代表性等方面的不足。

第四，本研究在设计之初，拟采用问卷调查和走访调研的方式，对毕节、六盘水、遵义、安顺、铜仁、黔东南、黔南、黔西南、贵阳等贵州省9个地级行政区划单位的农村留守学生与非留守学生进行调查研究，并力争做到各地调研数量均衡。但采用方便取样的方法后，无法对各地调研对象的数量做到均衡。本研究重点对毕节、六盘水、遵义、安顺、铜仁、贵阳等地进行了调研。

# 附 录

同学，您好，感谢您参与本次问卷调查，本次问卷调查主要了解您在学习、生活中的体会和感受，调查结果只用于科学研究。文中的选项没有对错之分，请您根据自己的真实情况作答。每个问题只选择一个答案，请对每一题作答。研究结果的有效程度完全取决于您的客观、真实、认真作答。

本次调查需要花费 18～25 分钟时间，非常感谢您的耐心与付出。

## 第一部分（基本信息）

一、请根据您的真实情况，在相应选项下面打"√"。

1. 您的性别：（1）男　　　　　（2）女

2. 您的父母外出务工情况：

（1）父母都在家　　　　　（2）父母都外出务工

（3）只有母亲外出务工　　　（4）只有父亲外出务工

3. 您的家庭居住地：

（1）农村　　　　　　　　（2）乡镇

（3）县城　　　　　　　　（4）市、州级及以上城市

4. 您现在所在的年级：

（1）初一　　　　　（2）初二　　　　　（3）初三

（4）高一　　　　　（5）高二　　　　　（6）高三

（7）中专一年级　　（8）中专二年级　　（9）中专三年级

（10）大专一年级　（11）大专二年级　　（12）大专三年级

5. 您是否是独生子女：（1）是　　　　　（2）否

6. 您的家庭是否享受最低生活保障补助（低保）：（1）是　　（2）否

7. 您是否享受教育帮扶政策：（1）是　　　　　（2）否

8. 您的家庭结构：（1）单亲家庭　　　　（2）非单亲家庭

9. 您的家庭年收入：

（1）0.5 万元以下　　（2）0.5 万～1.5 万元　　（3）1.5 万～3 万元

（4）3 万～6 万元　　（5）6 万～10 万元　　　（6）10 万元以上

10. 您父亲的文化程度：

（1）未读过书　（2）小学　（3）初中　（4）中专/技校

（5）高中　　　（6）大专　（7）本科及以上

11. 您母亲的文化程度：

（1）未读过书　（2）小学　（3）初中　（4）中专/技校

（5）高中　　　（6）大专　（7）本科及以上

12. 您的父母期望您将来读书能读到什么程度：

（1）现在就不念了　　　　（2）初中毕业

（3）中专/技校毕业　　　　（4）高中毕业

（5）大专毕业　　　　　　（6）大学毕业

（7）研究生或博士毕业

13. 您觉得您现在的学业负担情况如何：

（1）非常轻　　　　（2）比较轻　　　　（3）一般

（4）比较重　　　　（5）非常重

14. 您觉得您目前的身体健康状况如何：

（1）非常不健康　　（2）比较不健康　　　（3）一般

（4）比较健康　　　（5）非常健康

## 第二部分（积极心理资本问卷）

| 二、以下问题是关于您在日常生活、学习中的体验与感受，请选择最符合您真实情况的选项，并在右边相对应的数字选项下面画"〇"，如"12 ③ 4 5 6 7"。 | 完全不符合 | 不符合 | 有点不符合 | 说不清 | 有点符合 | 比较符合 | 完全符合 |
|---|---|---|---|---|---|---|---|
| 1.很多人欣赏我的才干或能力 | 1 | 2 | 3 | 4 | 5 | 6 | 7 |
| 2.我不爱生气 | 1 | 2 | 3 | 4 | 5 | 6 | 7 |
| 3.我的见解和能力超过一般人 | 1 | 2 | 3 | 4 | 5 | 6 | 7 |

| 二、以下问题是关于您在日常生活、学习中的体验与感受，请选择最符合您真实情况的选项，并在右边相对应的数字选项下面画"○"，如"12 ③ 4 5 6 7"。 | 完全不符合 | 不符合 | 有点不符合 | 说不清 | 有点符合 | 比较符合 | 完全符合 |
|---|---|---|---|---|---|---|---|
| 4.遇到挫折时，我能很快恢复过来 | 1 | 2 | 3 | 4 | 5 | 6 | 7 |
| 5.我对自己的能力很有信心 | 1 | 2 | 3 | 4 | 5 | 6 | 7 |
| 6.生活中的不愉快，我不会在意 | 1 | 2 | 3 | 4 | 5 | 6 | 7 |
| 7.我总是能出色地完成任务 | 1 | 2 | 3 | 4 | 5 | 6 | 7 |
| 8.受到批评或者考试没考好，我会伤心很久 | 1 | 2 | 3 | 4 | 5 | 6 | 7 |
| 9.面对困难时,我会很积极地寻求解决的方法 | 1 | 2 | 3 | 4 | 5 | 6 | 7 |
| 10.我觉得自己活得很累 | 1 | 2 | 3 | 4 | 5 | 6 | 7 |
| 11.我乐于承担困难和有挑战性的工作 | 1 | 2 | 3 | 4 | 5 | 6 | 7 |
| 12.不顺心的时候，我容易垂头丧气 | 1 | 2 | 3 | 4 | 5 | 6 | 7 |
| 13.遇到麻烦，我总会想办法解决 | 1 | 2 | 3 | 4 | 5 | 6 | 7 |
| 14.遇到困难时，我会吃不好、睡不香 | 1 | 2 | 3 | 4 | 5 | 6 | 7 |
| 15.我努力学习，是为了实现自己的理想 | 1 | 2 | 3 | 4 | 5 | 6 | 7 |
| 16.情况不确定时，我总是预期会有好的结果 | 1 | 2 | 3 | 4 | 5 | 6 | 7 |
| 17.我正在为实现自己的目标而努力 | 1 | 2 | 3 | 4 | 5 | 6 | 7 |
| 18.我总是看到事物好的一面 | 1 | 2 | 3 | 4 | 5 | 6 | 7 |
| 19.我充满信心地追求自己的目标 | 1 | 2 | 3 | 4 | 5 | 6 | 7 |
| 20.我觉得社会上好人比坏人多 | 1 | 2 | 3 | 4 | 5 | 6 | 7 |
| 21.对自己的学习和生活，我有一定的计划 | 1 | 2 | 3 | 4 | 5 | 6 | 7 |
| 22.大多数的时候，我都很有活力 | 1 | 2 | 3 | 4 | 5 | 6 | 7 |
| 23.我很清楚自己想要什么样的生活 | 1 | 2 | 3 | 4 | 5 | 6 | 7 |
| 24.我觉得生活是美好的 | 1 | 2 | 3 | 4 | 5 | 6 | 7 |
| 25我有明确的目标和理想 | 1 | 2 | 3 | 4 | 5 | 6 | 7 |
| 26.我觉得前途充满希望 | 1 | 2 | 3 | 4 | 5 | 6 | 7 |

## 第三部分（感恩量表）

| 三、以下问题是关于您在日常生活、学习中的体验与感受，请选择最符您真实情况的选项，并在右边相对应的数字选项下面画"○"，如"1 2 ③ 4 5 6 7"。 | 非常不同意 | 相当不同意 | 有些不同意 | 不确定 | 有些同意 | 相当同意 | 非常同意 |
|---|---|---|---|---|---|---|---|
| 1.生命中有太多我觉得要感谢的 | 1 | 2 | 3 | 4 | 5 | 6 | 7 |
| 2.如果要列出我觉得要感谢的,那将会是很长的一串 | 1 | 2 | 3 | 4 | 5 | 6 | 7 |
| 3.当我环顾这个世界时,我看不出多少要感谢的 | 1 | 2 | 3 | 4 | 5 | 6 | 7 |
| 4.我要感谢各种各样的人 | 1 | 2 | 3 | 4 | 5 | 6 | 7 |
| 5.要我说出要感谢什么人或什么事,要花很多时间才想得出来 | 1 | 2 | 3 | 4 | 5 | 6 | 7 |
| 6.随着年龄的增长,我发现自己学会了感谢在我个人成长历程中对我有所影响的人和事物 | 1 | 2 | 3 | 4 | 5 | 6 | 7 |

## 第四部分（学校联结量表）

| 四、以下问题是关于您在日常生活、学习中的体验与感受,请选择最符您真实情况的选项,并在右边相对应的数字选项下面画"○",如"1 2 ③ 4 5 6"。 | 完全不符合 | 基本不符合 | 有点不符合 | 有点符合 | 基本符合 | 完全符合 |
|---|---|---|---|---|---|---|
| 1.在这个学校中,我觉得与他人的关系较近 | 1 | 2 | 3 | 4 | 5 | 6 |
| 2.在这个学校中,我感到快乐 | 1 | 2 | 3 | 4 | 5 | 6 |
| 3.我觉得我是这个学校的一部分 | 1 | 2 | 3 | 4 | 5 | 6 |
| 4.这个学校的老师公平地对待学生 | 1 | 2 | 3 | 4 | 5 | 6 |
| 5.在这个学校中,我感到安全 | 1 | 2 | 3 | 4 | 5 | 6 |

## 第五部分（正性负性情绪量表）

| 五、以下问题是一个由 20 个描述不同情绪、情感的词汇组成的量表，请阅读每一个词语，并根据你最近 1～2 个星期的真实情况在右边相对应的数字选项下面画"○"，如"1 2 ③ 4 5"。 | 几乎没有 | 比较少 | 中等程度 | 比较多 | 非常多 |
|---|---|---|---|---|---|
| 1.感兴趣的 | 1 | 2 | 3 | 4 | 5 |
| 2.心烦的 | 1 | 2 | 3 | 4 | 5 |
| 3.精神活力高的 | 1 | 2 | 3 | 4 | 5 |
| 4.心神不宁的 | 1 | 2 | 3 | 4 | 5 |
| 5.劲头足的 | 1 | 2 | 3 | 4 | 5 |
| 6.内疚的 | 1 | 2 | 3 | 4 | 5 |
| 7.恐惧的 | 1 | 2 | 3 | 4 | 5 |
| 8.敌意的 | 1 | 2 | 3 | 4 | 5 |
| 9.热情的 | 1 | 2 | 3 | 4 | 5 |
| 10.自豪的 | 1 | 2 | 3 | 4 | 5 |
| 11.易怒的 | 1 | 2 | 3 | 4 | 5 |
| 12.警觉性高的 | 1 | 2 | 3 | 4 | 5 |
| 13.害羞的 | 1 | 2 | 3 | 4 | 5 |
| 14.备受鼓舞的 | 1 | 2 | 3 | 4 | 5 |
| 15.紧张的 | 1 | 2 | 3 | 4 | 5 |
| 16.意志坚定的 | 1 | 2 | 3 | 4 | 5 |
| 17.注意力集中的 | 1 | 2 | 3 | 4 | 5 |
| 18.坐立不安的 | 1 | 2 | 3 | 4 | 5 |
| 19.有活力的 | 1 | 2 | 3 | 4 | 5 |
| 20.害怕的 | 1 | 2 | 3 | 4 | 5 |

## 第六部分（师生关系量表）

| 六、以下问题是关于您在日常生活、学习中的体验与感受，请选择最符您真实情况的选项，并在右边相对应的数字选项下面画"〇"，如"12 ③ 4 5"。 | 完全同意 | 部分同意 | 不确定 | 部分不同意 | 完全不同意 |
|---|---|---|---|---|---|
| 1.你经常不能明白老师的讲解 | 1 | 2 | 3 | 4 | 5 |
| 2.某位老师对你感到讨厌或你讨厌某位老师 | 1 | 2 | 3 | 4 | 5 |
| 3.老师常以纪律压制你 | 1 | 2 | 3 | 4 | 5 |
| 4.老师上课不能吸引你 | 1 | 2 | 3 | 4 | 5 |
| 5.老师不了解你的忧虑与不安 | 1 | 2 | 3 | 4 | 5 |
| 6.你的意见常常被老师不加考虑地否定 | 1 | 2 | 3 | 4 | 5 |
| 7.老师把考试成绩的高低作为衡量学生的优劣与奖惩学生的尺度 | 1 | 2 | 3 | 4 | 5 |
| 8.你找不到一位能倾诉内心隐秘的老师 | 1 | 2 | 3 | 4 | 5 |
| 9.老师常讽刺或嘲笑你 | 1 | 2 | 3 | 4 | 5 |
| 10.老师常给你增加学习负担 | 1 | 2 | 3 | 4 | 5 |
| 11.老师对你有点冷漠 | 1 | 2 | 3 | 4 | 5 |
| 12.你的思想常被老师误解 | 1 | 2 | 3 | 4 | 5 |
| 13.你在学习上的创造性见解常得不到老师的肯定 | 1 | 2 | 3 | 4 | 5 |
| 14.老师常让你感到紧张与不安 | 1 | 2 | 3 | 4 | 5 |
| 15.老师常误解你的行为而批评你 | 1 | 2 | 3 | 4 | 5 |
| 16.老师无法帮助你改进学习方法 | 1 | 2 | 3 | 4 | 5 |
| 17.老师很少与你倾心相谈 | 1 | 2 | 3 | 4 | 5 |
| 18.你常屈服于老师的命令与权威 | 1 | 2 | 3 | 4 | 5 |

## 第七部分（学业成就问卷）

| 七、以下问题是关于您目前的学习成绩情况，请选择最符您目前学习成绩真实情况的选项，并在右边相对应的数字选项下面画"〇"，如"12③45"。 | 很不好 | 中等偏下 | 中等 | 中等偏上 | 很好 |
|---|---|---|---|---|---|
| 1.您当前的语文成绩 | 1 | 2 | 3 | 4 | 5 |
| 2.您当前的数学成绩 | 1 | 2 | 3 | 4 | 5 |
| 3.您当前的英语成绩 | 1 | 2 | 3 | 4 | 5 |

## 第八部分（父母关爱缺乏量表）

| 八、以下问题是关于您在日常生活的体验与感受，请选择最符您真实情况的选项，并在右边相对应的数字选项下面画"〇"，如"12③45"。 | 非常多 | 比较多 | 一般 | 比较少 | 非常少 |
|---|---|---|---|---|---|
| 1.父母给予我的关心 | 1 | 2 | 3 | 4 | 5 |
| 2.在我不开心时，父母给予我的情感支持 | 1 | 2 | 3 | 4 | 5 |
| 3.遇到困难时，我得到的父母的帮助 | 1 | 2 | 3 | 4 | 5 |
| 4.自信心不足时，我得到的父母的鼓励 | 1 | 2 | 3 | 4 | 5 |
| 5.我和父母分享彼此的快乐 | 1 | 2 | 3 | 4 | 5 |
| 6.我得到的父母的指导 | 1 | 2 | 3 | 4 | 5 |
| 7.父母给予我的陪伴 | 1 | 2 | 3 | 4 | 5 |
| 8.我做对了事情时，父母给予我的肯定 | 1 | 2 | 3 | 4 | 5 |

## 第九部分（自尊量表）

| 九、以下问题是关于您在日常生活、学习中的体验与感受，请选择最符您真实情况的选项，并在右边相对应的数字选项下面画"〇"，如"1 2 ③ 4"。 | 非常不符合 | 不符合 | 符合 | 非常符合 |
|---|---|---|---|---|
| 1.我感到我是一个有价值的人，至少与其他人在同一水平上 | 1 | 2 | 3 | 4 |
| 2.我感到我有许多好的品质 | 1 | 2 | 3 | 4 |
| 3.归根结底，我倾向觉得自己是一个失败者 | 1 | 2 | 3 | 4 |
| 4.我能像大多数人一样把事情做好 | 1 | 2 | 3 | 4 |
| 5.我感到自己值得自豪的地方不多 | 1 | 2 | 3 | 4 |
| 6.我对自己持肯定态度 | 1 | 2 | 3 | 4 |
| 7.总的来说，我对自己是满意的 | 1 | 2 | 3 | 4 |
| 8.我要是能看得起自己就好了 | 1 | 2 | 3 | 4 |
| 9.我确实时常感到自己毫无用处 | 1 | 2 | 3 | 4 |
| 10.我时常认为自己一无是处 | 1 | 2 | 3 | 4 |

## 第十部分（压力性生活事件量表）

| 十、过去12个月内，您和您的家庭是否发生过下列事件？请仔细阅读下列每一个题项，如果发生过，根据事件对您造成的苦恼程度,选择最符您真实情况的选项，并在右边相对应的数字选项下面画"〇"，如"1 2 ③ 4 5 6"。 | 从未发生 | 发生过但没有影响 | 发生过但影响不大 | 发生过但影响中度 | 发生过且影响重度 | 发生过但影响极重 |
|---|---|---|---|---|---|---|
| 1.与朋友/同学发生冲突、打架 | 1 | 2 | 3 | 4 | 5 | 6 |
| 2.被他人误解/责备 | 1 | 2 | 3 | 4 | 5 | 6 |
| 3.在学习上成绩落后 | 1 | 2 | 3 | 4 | 5 | 6 |
| 4.学习负担很重 | 1 | 2 | 3 | 4 | 5 | 6 |
| 5.家庭经济存在问题 | 1 | 2 | 3 | 4 | 5 | 6 |
| 6.严重的家庭矛盾 | 1 | 2 | 3 | 4 | 5 | 6 |
| 7.家庭主要成员有重大的疾病/伤害 | 1 | 2 | 3 | 4 | 5 | 6 |

续表

| 十、过去 12 个月内，您和您的家庭是否发生过下列事件？请仔细阅读下列每一个题项，如果发生过，根据事件对您造成的苦恼程度，选择最符您真实情况的选项，并在右边相对应的数字选项下面画"〇"，如"1 2 ③ 4 5 6"。 | 从未发生 | 发生过但没有影响 | 发生过但影响不大 | 发生过但影响中度 | 发生过且影响重度 | 发生过且影响极重 |
|---|---|---|---|---|---|---|
| 8.亲戚有严重的或慢性疾病/损伤 | 1 | 2 | 3 | 4 | 5 | 6 |
| 9.父母一方去世 | 1 | 2 | 3 | 4 | 5 | 6 |
| 10.亲密的家庭成员或者亲戚去世 | 1 | 2 | 3 | 4 | 5 | 6 |
| 11.父母离婚 | 1 | 2 | 3 | 4 | 5 | 6 |
| 12.父亲或母亲外出打工 | 1 | 2 | 3 | 4 | 5 | 6 |
| 13.父母感情不和或者长期分居 | 1 | 2 | 3 | 4 | 5 | 6 |
| 14.在学校里受到处罚 | 1 | 2 | 3 | 4 | 5 | 6 |
| 15.转学或者被学校开除 | 1 | 2 | 3 | 4 | 5 | 6 |
| 16.经历了严重的自然灾害 | 1 | 2 | 3 | 4 | 5 | 6 |

## 第十一部分（粗暴养育量表）

| 十一、以下问题是关于您在日常生活的体验与感受，请选择最符您真实情况的选项，并在右边相对应的数字选项下面画"〇"，如"1 2 ③ 4 5"。 | 从不这样 | 很少这样 | 有时这样 | 经常这样 | 总是这样 |
|---|---|---|---|---|---|
| 1.当我做错事时，我的爸爸对我发脾气，甚至对我吼叫 | 1 | 2 | 3 | 4 | 5 |
| 2.当我做错事时，我的爸爸用手打我或用脚踢我 | 1 | 2 | 3 | 4 | 5 |
| 3.当我被惩罚时，我的爸爸曾用皮带、尺板或其他工具打我 | 1 | 2 | 3 | 4 | 5 |
| 4.当我做错事时，我的爸爸会叫我滚出去，甚至把我锁在屋外 | 1 | 2 | 3 | 4 | 5 |
| 5.当我做错事时，我的妈妈对我发脾气，甚至对我吼叫 | 1 | 2 | 3 | 4 | 5 |
| 6.当我做错事时，我的妈妈用手打我或用脚踢我 | 1 | 2 | 3 | 4 | 5 |
| 7.当我被惩罚时，我的妈妈曾用皮带、尺板或其他工具打我 | 1 | 2 | 3 | 4 | 5 |
| 8.当我做错事时，我的妈妈会叫我滚出去，甚至把我锁在屋外 | 1 | 2 | 3 | 4 | 5 |

## 第十二部分（领悟社会支持量表）

| 十二、以下问题是关于您在日常生活、学习中的体验与感受，请选择最符您真实情况的选项，并在右边相对应的数字选项下面画"〇"，如"12③4567"。 | 非常不同意 | 相当不同意 | 有些不同意 | 不确定 | 有些同意 | 相当同意 | 非常同意 |
|---|---|---|---|---|---|---|---|
| 1.在我遇到问题时，老师、同学、朋友或亲戚会出现在我身旁 | 1 | 2 | 3 | 4 | 5 | 6 | 7 |
| 2.我能够和老师、同学、朋友或亲戚共享快乐与忧伤 | 1 | 2 | 3 | 4 | 5 | 6 | 7 |
| 3.我的家庭能够切实具体地给我帮助 | 1 | 2 | 3 | 4 | 5 | 6 | 7 |
| 4.在需要时我能够从家庭获得感情上的帮助和支持 | 1 | 2 | 3 | 4 | 5 | 6 | 7 |
| 5.当我有困难时，老师、同学、朋友或亲戚是安慰我的真正源泉 | 1 | 2 | 3 | 4 | 5 | 6 | 7 |
| 6.我的老师、同学、朋友或亲戚们能真正帮助我 | 1 | 2 | 3 | 4 | 5 | 6 | 7 |
| 7.在发生困难时，我可以依靠我的老师、同学、朋友或亲戚们 | 1 | 2 | 3 | 4 | 5 | 6 | 7 |
| 8.我能与自己的家庭谈论我的难题 | 1 | 2 | 3 | 4 | 5 | 6 | 7 |
| 9.我的同学或朋友们能与我分享快乐与忧伤 | 1 | 2 | 3 | 4 | 5 | 6 | 7 |
| 10.在我的生活中有老师、同学、朋友或亲戚关心着我的感情 | 1 | 2 | 3 | 4 | 5 | 6 | 7 |
| 11.我的家庭能心甘情愿协助我做出各种决定 | 1 | 2 | 3 | 4 | 5 | 6 | 7 |
| 12.我能与老师、同学、朋友或亲戚们讨论自己的难题 | 1 | 2 | 3 | 4 | 5 | 6 | 7 |

## 第十三部分（人生意义量表）

| 十三、以下问题是关于您在日常生活、学习中的体验与感受，请选择最符您真实情况的选项，并在右边相对应的数字选项下面画"○"，如"1 2③4567"。 | 非常不同意 | 基本不同意 | 有点不同意 | 不确定 | 有点同意 | 基本同意 | 非常同意 |
|---|---|---|---|---|---|---|---|
| 1.我很了解自己的人生意义 | 1 | 2 | 3 | 4 | 5 | 6 | 7 |
| 2.我正在寻找某种使我的生活有意义的东西 | 1 | 2 | 3 | 4 | 5 | 6 | 7 |
| 3.我总是在寻找自己人生的目标 | 1 | 2 | 3 | 4 | 5 | 6 | 7 |
| 4.我的生活有很明确的目标感 | 1 | 2 | 3 | 4 | 5 | 6 | 7 |
| 5.我很清楚是什么使我的人生变得有意义 | 1 | 2 | 3 | 4 | 5 | 6 | 7 |
| 6.我已经发现了一个令人满意的人生目标 | 1 | 2 | 3 | 4 | 5 | 6 | 7 |
| 7.我一直在寻找某样能使我的生活感觉起来是重要的东西 | 1 | 2 | 3 | 4 | 5 | 6 | 7 |
| 8.我正在寻找自己人生的目标和使命 | 1 | 2 | 3 | 4 | 5 | 6 | 7 |
| 9.我的生活没有很明确的目标 | 1 | 2 | 3 | 4 | 5 | 6 | 7 |
| 10.我正在寻找自己人生的意义 | 1 | 2 | 3 | 4 | 5 | 6 | 7 |

## 第十四部分（生活满意度量表）

| 十四、以下问题是关于您在日常生活中的体验与感受，请选择最符您真实情况的选项，并在右边相对应的数字选项下面画"○"，如"12③4567"。 | 非常不同意 | 不同意 | 有些不同意 | 不同意也不反对 | 有些同意 | 同意 | 非常同意 |
|---|---|---|---|---|---|---|---|
| 1.我的生活在大多数方面接近我的理想 | 1 | 2 | 3 | 4 | 5 | 6 | 7 |
| 2.我的生活条件很好 | 1 | 2 | 3 | 4 | 5 | 6 | 7 |
| 3.我对我的生活感到满意 | 1 | 2 | 3 | 4 | 5 | 6 | 7 |
| 4.到目前为止，我已经获得了生活中我想要的重要的东西 | 1 | 2 | 3 | 4 | 5 | 6 | 7 |
| 5.如果我再活一回，我将几乎不会对现有的生活做任何改变 | 1 | 2 | 3 | 4 | 5 | 6 | 7 |

## 第十五部分（同伴关系量表）

| 十五、以下问题是关于您在日常生活、学习中的体验与感受，请选择最符您真实情况的选项，并在右边相对应的数字选项下面画"〇"，如"12③4567"。 | 完全不符合 | 比较不符合 | 不确定 | 比较符合 | 完全符合 |
|---|---|---|---|---|---|
| 1.我与同性别的人交朋友是困难的 | 1 | 2 | 3 | 4 | 5 |
| 2.我喜欢的那些异性却不喜欢我 | 1 | 2 | 3 | 4 | 5 |
| 3.我很容易和男孩子交朋友 | 1 | 2 | 3 | 4 | 5 |
| 4.我很容易和女孩子交朋友 | 1 | 2 | 3 | 4 | 5 |
| 5.同性别的人中喜欢我的并不多 | 1 | 2 | 3 | 4 | 5 |
| 6.喜欢与我交往的异性并不多 | 1 | 2 | 3 | 4 | 5 |
| 7.男孩子们都喜欢我 | 1 | 2 | 3 | 4 | 5 |
| 8.女孩子们都喜欢我 | 1 | 2 | 3 | 4 | 5 |
| 9.我不能很好地与男孩子相处 | 1 | 2 | 3 | 4 | 5 |
| 10.我不能很好地与女孩子相处 | 1 | 2 | 3 | 4 | 5 |
| 11.我有一些同性别的好朋友 | 1 | 2 | 3 | 4 | 5 |
| 12.我有许多异性朋友 | 1 | 2 | 3 | 4 | 5 |
| 13.绝大多数男孩子都躲开我 | 1 | 2 | 3 | 4 | 5 |
| 14.绝大多数女孩子都躲开我 | 1 | 2 | 3 | 4 | 5 |
| 15.我很容易和同性别的人交朋友 | 1 | 2 | 3 | 4 | 5 |
| 16.我很受异性的注意 | 1 | 2 | 3 | 4 | 5 |
| 17.我没有几个同性别的朋友 | 1 | 2 | 3 | 4 | 5 |
| 18.我很乐意与同性别的朋友在一起 | 1 | 2 | 3 | 4 | 5 |

## 第十六部分（简易应对方式问卷）

| 十六、以下问题是当您在生活中经受到挫折、打击或遇到困难时可能采取的态度和做法，请选择最符您真实情况的选项，并在右边相对应的数字选项下面画"〇"，如"0 1 2 ③"。 | 不采取 | 偶尔采取 | 有时采取 | 经常采取 |
|---|---|---|---|---|
| 1.通过工作、学习或一些其他活动解脱 | 0 | 1 | 2 | 3 |
| 2.与人交谈，倾诉内心烦恼 | 0 | 1 | 2 | 3 |
| 3.尽量看到事物好的一面 | 0 | 1 | 2 | 3 |
| 4.改变自己的想法，重新发现生活中什么是重要的 | 0 | 1 | 2 | 3 |
| 5.不把问题看得太严重 | 0 | 1 | 2 | 3 |
| 6.坚持自己的立场，为自己想得到的努力 | 0 | 1 | 2 | 3 |
| 7.找出几种不同的解决问题的方法 | 0 | 1 | 2 | 3 |
| 8.向亲戚朋友或同学寻求帮助 | 0 | 1 | 2 | 3 |
| 9.改变原来的一些做法或自己的一些问题 | 0 | 1 | 2 | 3 |
| 10.借鉴他人处理类似困难情景的办法 | 0 | 1 | 2 | 3 |
| 11.寻求业余爱好，积极参加文体活动 | 0 | 1 | 2 | 3 |
| 12.尽量克制自己的失望、悔恨、悲伤和愤怒 | 0 | 1 | 2 | 3 |
| 13.试图休息或休假，暂时把问题（烦恼）抛开 | 0 | 1 | 2 | 3 |
| 14.通过吸烟、喝酒、服药和吃东西来解除烦恼 | 0 | 1 | 2 | 3 |
| 15.认为时间会改变现状，唯一要做的便是等待 | 0 | 1 | 2 | 3 |
| 16.试图忘记整个事情 | 0 | 1 | 2 | 3 |
| 17.依靠别人解决问题 | 0 | 1 | 2 | 3 |
| 18.接受现实，因为没有其他办法 | 0 | 1 | 2 | 3 |
| 19.幻想可能会发生某种奇迹改变现状 | 0 | 1 | 2 | 3 |
| 20.自己安慰自己 | 0 | 1 | 2 | 3 |

# 参考文献

[ 1 ] 蔡亦红，陈鹤. 留守经历对大学生心理健康的影响研究——以安徽省某医学类高校为例[J]. 合肥学院学报（综合版），2020，37（4）.

[ 2 ] 曾直，李可，康健，等. 湘西地区高职院校留守与非留守学生遭受校园欺凌现状及影响因素分析[J]. 中国学校卫生，2020，41（3）.

[ 3 ] 陈锋菊，罗旭芳. 家庭功能对农村留守儿童问题行为的影响——兼论自尊的中介效应[J]. 湖南农业大学学报（社会科学版），2016，17（1）.

[ 4 ] 陈京. 农村留守儿童生活满意度现状研究——基于 L 镇两所小学的调查[J]. 长春教育学院学报，2013，29（11）.

[ 5 ] 陈晶晶. 父母教养方式对留守儿童未来取向的影响：心理控制源的中介作用[J]. 中国健康心理学杂志，2020，28（9）.

[ 6 ] 陈景，程华林. 高职高专学生积极心理资本与就业焦虑心理的关系[J]. 安徽卫生职业技术学院学报，2018，17（5）.

[ 7 ] 陈亮，张丽锦,沈杰. 亲子关系对农村留守儿童主观幸福感的影响[J]. 中国特殊教育，2009（3）.

[ 8 ] 陈宁，张亚坤，施建农. 12—18 岁留守儿童亲社会行为倾向及其与主观健康水平的关系[J]. 中国全科医学，2016，19（12）.

[ 9 ] 陈世海，黄春梅，张义烈. 西部农村留守儿童的社会支持研究及启示[J]. 青年探索，2016（5）.

[10] 陈晓霞. 团体心理辅导对留守中学生心理资本提升研究——以秦巴山区平昌县×中学为例[J]. 成都师范学院学报，2018，34（12）.

[11] 陈秀珠，赖伟平，麻海芳，等. 亲子关系与青少年心理资本的关系：友谊质量的中介效应与学校联结的调节效应[J]. 心理发展与教育，2017，33（5）.

[12] 陈秀珠，李怀玉，陈俊，等. 初中生心理资本与学业成就的关系：自我控制的中介效应与感恩的调节效应[J]. 心理发展与教育，2019，35（1）.

[13] 陈子循，王晖，冯映雪，等. 同伴侵害对留守青少年主观幸福感的影响：自尊和社会支持的作用[J]. 心理发展与教育，2020，36（5）.

[14] 成丹丹，王斯麒，宋璐，等. 父母心理控制与儿童社会退缩的关系：自我效能感的中介作用[J]. 精神医学杂志，2019，32（5）.

[15] 程方烁，周晓琴，项瑞，等. 社会支持在留守儿童依恋模式和自尊水平的中介效应[J]. 中国健康心理学杂志，2020，28（5）.

[16] 程刚，张文，肖兴学，等. 小学生心理素质在父母教育卷入与问题行为间的中介作用——家庭社会经济地位的调节效应[J]. 中国特殊教育，2019（10）.

[17] 程黎，王寅梅，刘玉娟. 亲子分离对农村留守儿童自尊的影响[J]. 内蒙古师范大学学报（教育科学版），2012（2）.

[18] 程利娜，黄存良，郑林科. 生活应激源对大学生抑郁的影响：心理资本和应对方式的链式中介[J]. 中国卫生事业管理，2019，36（4）.

[19] 程培霞，达朝锦，曹枫林，等. 农村留守与非留守儿童心理虐待与忽视及情绪和行为问题对比研究[J]. 中国临床心理学杂志，2010，18（2）.

[20] 池瑾，胡心怡，申继亮. 不同留守类型农村儿童的情绪特征比较[J]. 教育科学研究，2008（8）.

[21] 储文革，赵宜生，刘翔宇，等. 农村留守儿童心理健康、应对方式及一般自我效能感的关系研究[J]. 四川精神卫生，2012，25（3）.

[22] 楚艳平，王广海，卢宁. 留守儿童生活事件与心理弹性的关系：一般自我效能感的中介效应[J]. 预防医学情报杂志，2013，29（4）.

[23] 崔超男. 父母教育期望对农村留守儿童辍学意向的影响：学业成绩的中介作用[J]. 华北水利水电大学学报（社会科学版），2018，34（3）.

[24] 崔文香，顾颜，史沙沙，等. 朝鲜族留守初中生生活事件心理韧性与前瞻适应的关系[J]. 中国学校卫生，2014，35（1）.

[25] 邓绍宏. 留守高中生生命意义感及其与学校归属感、自我价值感的关系[D]. 桂林：广西师范大学，2018.

309

[26] 董泽松，祁慧，叶海英. 心理韧性对广西少数民族地区留守儿童孤独感影响的追踪研究[J]. 文化创新比较研究，2020，4（25）.

[27] 董泽松，祁慧. 民族地区高校有留守经历学生坚韧人格与生命意义感的关系[J]. 中国学校卫生，2014，35（8）.

[28] 董泽松，魏昌武，兰兴妞，等. 桂东民族地区留守儿童心理韧性在感恩与学习投入间中介作用[J]. 中国学校卫生，2017，38（4）.

[29] 董泽松. 桂东地区瑶族留守儿童亲子沟通，感恩与心理韧性的关系[J]. 教育科学论坛，2020（7）.

[30] 段成荣，赖妙华，秦敏. 21世纪以来我国农村留守儿童变动趋势研究[J]. 中国青年研究，2017（6）.

[31] 段成荣，吴丽丽. 我国农村留守儿童最新状况与分析[J]. 重庆工商大学学报（社会科学版），2009（1）.

[32] 范方. 亲子教育缺失与"留守儿童"人格，学绩及行为问题[J]. 心理科学，2005，28.

[33] 范兴华，范志宇. 亲子关系与农村留守儿童幸福感：心理资本的中介与零花钱的调节[J]. 中国临床心理学杂志，2020，28（3）.

[34] 范兴华，方晓义，陈锋菊，等. 农村留守儿童心理资本问卷的编制[J]. 中国临床心理学杂志，2015，23（1）.

[35] 范兴华，方晓义，陈锋菊. 留守儿童家庭处境不利问卷的编制[J]. 中国临床心理学杂志，2011，19（6）.

[36] 范兴华，方晓义，黄月胜，等. 父母关爱对农村留守儿童抑郁的影响机制：追踪研究[J]. 心理学报，2018，50（9）.

[37] 范兴华，方晓义，林丹华，等. 家庭气氛冷清与留守儿童心理适应的关系：社会支持的中介[J]. 湖南社会科学，2013（5）.

[38] 范兴华，方晓义，张尚晏，等. 家庭气氛对农村留守儿童孤独感的影响：外向性与自尊的中介[J]. 中国临床心理学杂志，2014，22（4）.

[39] 范兴华，何苗，陈锋菊. 父母关爱与留守儿童孤独感：希望的作用[J]. 中国临床心理学杂志，2016，24（4）.

[40] 范兴华，简晶萍，陈锋菊，等. 家庭处境不利与留守儿童心理适应：心理资本的中介[J]. 中国临床心理学杂志，2018，26（2）.

[41] 范兴华，卢璇，陈锋菊. 农村留守儿童心理资本的结构与影响：质性研究[J]. 湖南社会科学，2016（4）.

[42] 范兴华，欧阳志，彭佳. 农村留守儿童心理资本的团体辅导干预[J]. 湖南第一师范学院学报，2018，18（3）.

[43] 范兴华，余思，彭佳，等. 留守儿童生活压力与孤独感，幸福感的关系：心理资本的中介与调节作用[J]. 心理科学，2017，40（2）.

[44] 范兴华，周楠，贺倩，等. 农村留守儿童心理资本与学业成绩：有调节的中介效应[J]. 中国临床心理学杂志，2018，26（3）.

[45] 范志光，袁群明，门瑞雪. 小学留守儿童心理韧性与攻击性的关系研究[J]. 黑龙江科学，2017，8（13）.

[46] 范志宇，吴岩. 亲子关系与农村留守儿童孤独感、抑郁：感恩的中介与调节作用[J]. 心理发展与教育，2020，36（6）.

[47] 方佳燕. 外来工子女与留守儿童生活事件、心理弹性与应对方式的关系研究[D]. 广州：广州大学，2011.

[48] 方燕红，尹观海，廖玲萍. 留守儿童对亲子关系的领悟及其与主观幸福感的关系研究[J]. 井冈山大学学报（社会科学版），2018，39（6）.

[49] 冯志远，徐明津，黄霞妮，等. 留守初中生学校气氛、心理资本与学业成就的关系研究[J]. 中国儿童保健杂志，2015，23（12）.

[50] 付鹏，凌宇. 生活事件与社会资源对留守儿童生活满意度的影响[J]. 中国健康心理学杂志，2017，25（6）.

[51] 傅俏俏，叶宝娟，温忠麟. 压力性生活事件对青少年学生主观幸福感的影响机制[J]. 心理发展与教育，2012（5）.

[52] 傅王倩，张磊，王达. 初中留守儿童歧视知觉及其与问题行为的关系：社会支持的中介作用[J]. 中国特殊教育，2016（1）.

[53] 高峰，董好叶，张琳琳. 初中生家庭教养方式与自我效能感相关研究[J]. 牡丹江师范学院学报（哲学社会科学版），2015.

[54] 高健. 农村留守儿童自我意识状况及影响因素分析[J]. 中国健康心理学杂志，2010，18（1）.

[55] 高茜茜，王雨潇，施健，等. 心理资本在职业紧张与自杀意念中的中介效应分析[J]. 中华预防医学杂志，2020，54（11）.

311

[56] 高腾. 农村留守儿童学习动机激发专题学习资源库的建设研究[D]. 曲阜：曲阜师范大学，2017.

[57] 高晓彩，和青森，汪晓琪，等. 初中生领悟社会支持影响积极心理资本的多重中介效应[J]. 现代预防医学，2019，46（15）.

[58] 高智敏. 高中生与职高生心理资本对学业拖延影响机制及基于 PCI 理论的干预研究[D]. 西安：陕西师范大学，2016.

[59] 葛海艳，刘爱书. 累积家庭风险指数与青少年自伤行为分析[J]. 中国学校卫生，2018，39（5）.

[60] 谷传华. 农村留守中学生心理韧性与孤独感的关系：人际信任和应对方式的中介作用[J]. 首都师范大学学报（社会科学版），2015（2）.

[61] 关汝珊，赖雪芬. 梅州市青少年学生心理资本亲子依恋与外化问题行为的关系[J]. 中国学校卫生，2019，40（11）.

[62] 郭建花，阎香娟，翟俊霞，刘斯文. 河北农村≤5 岁留守儿童生长发育状况分析[J]. 中国公共卫生，2017，33（3）.

[63] 郭磊. 父母教养方式对高中生学业成绩的影响：心理资本的中介作用[J]. 潍坊工程职业学院学报，2017，30（1）.

[64] 郭明伟，刘儒德，甄瑞，等. 中学生亲子依恋对主观幸福感的影响：师生关系及自尊的链式中介作用[J]. 心理与行为研究，2017，15（3）.

[65] 郭伟. 积极心理取向的团体辅导对留守儿童自卑心理的干预研究[D]. 兰州：西北师范大学，2016.

[66] 韩黎，龙艳. 歧视知觉与留守儿童情绪和行为问题的关系：一个有调节的中介模型[J]. 中国特殊教育，2020（6）.

[67] 韩黎，袁纪玮，赵琴琴. 农村留守儿童生活事件对心理健康的影响：同伴依恋，心理韧性的中介作用及安全感的调节作用[J]. 中国特殊教育，2019（7）.

[68] 杭琪. 阿德勒理论视角下对农村留守儿童自卑心理的研究与分析[J]. 中国集体经济，2020，623（3）.

[69] 郝鹏飞，秦利利，徐浩，等. 河南省留守儿童预防接种现状及影响因素[J]. 江苏预防医学，2020，31（3）.

312

[70] 何安明，王晨淇，惠秋平. 大学生孤独感与手机依赖的关系：消极应对方式的中介和调节作用[J]. 中国临床心理学杂志，2018，26（6）.

[71] 何敏肖. 留守儿童膳食营养和卫生保健与家庭环境关系的合理性[J]. 医学食疗与健康，2020（23）.

[72] 侯金芹，陈祉妍. 青少年抑郁情绪的发展轨迹：界定亚群组及其影响因素[J]. 心理学报，2016（8）.

[73] 胡格. 生命历程视角下留守儿童成长经历与抗逆力生成研究——以成都市 H 社区留守儿童为例[D]. 成都：西华大学，2020.

[74] 胡义秋，曾子豪，刘双金，等. PH-2 基因 rs17110747 多态性与生活事件对大学生抑郁的影响[J]. 中国临床心理学杂志，2019，27（1）.

[75] 胡银花，刘海明. 大学生压力感与学业投入的关联性研究：心理资本的中介效应和调节效应[J]. 南昌工程学院学报，2020，39（5）.

[76] 花慧，宋国萍，李力. 大学生心理资本在心理压力与学业绩效关系中的中介作用[J]. 中国心理卫生杂志，2016，30（4）.

[77] 黄成毅，廖传景，徐华炳，等. 华侨留守儿童生活事件与心理健康：安全感的作用[J]. 中国卫生统计，2016，33（1）.

[78] 黄冠，陈小琴. 培养健康生活素养提升留守儿童的学校归属感[J]. 科学咨询，2020（15）.

[79] 黄欢欢. 小学高年级农村留守儿童生命意义感的现状与影响因素[D]. 漳州：闽南师范大学，2018.

[80] 黄任之. 学前留守儿童的心理资本和亲子关系的现状——基于家庭动力画测量[J]. 湖南第一师范学院学报，2018，18（3）.

[81] 黄时华，蔡枫霞，刘佩玲，等. 初中生亲子关系和学校适应：情绪调节自我效能感的中介作用[J]. 中国临床心理学杂志，2015，23（1）.

[82] 黄艳苹，李玲. 家庭教养方式对留守儿童心理健康的影响[J]. 保健医学研究与实践，2012，9（2）.

[83] 黄莹，汤萌，李学美，等. 云南某贫困县农村留守儿童意外烧烫伤现状分析[J]. 卫生软科学，2016，30（10）.

[84] 黄紫薇，李雅超，常扩，等. 大学生心理健康与父母教养方式的关系：心理资本的中介效应[J]. 中国健康心理学杂志，2020，28（5）.

313

[85] 贾炜荣. 童年留守高职生歧视感知、心理韧性与主观幸福感的现状及关系研究[D]. 福州：福建师范大学，2018.

[86] 贾月辉，葛杰，姚业祥，韩云峰，白丽. 达斡尔族留守学生生活满意度与心理健康的关系[J]. 中华疾病控制杂志，2021，25（1）.

[87] 江荣华. 农村留守儿童心理问题现状及对策[J]. 成都行政学院学报，2006（2）.

[88] 姜金伟，杨琪，姜彩虹. 经历留守初中生学校联结与学习倦怠的关系[J]. 信阳师范学院学报（哲学社会科学版），2015，35（4）.

[89] 蒋静. 留守儿童的留守时间、亲子沟通质量与其学校适应性的关系[D]. 长沙：湖南师范大学，2018.

[90] 蒋敏慧，万燕，程灶火. 家庭教养方式对网络成瘾的影响及人格的中介效应[J]. 中国临床心理学杂志，2017，25（5）.

[91] 蒋苏蓉. 留守儿童与非留守儿童非智力因素特点的比较研究[D]. 西宁：青海师范大学，2018.

[92] 金灿灿，刘艳，陈丽. 社会负性环境对流动和留守儿童问题行为的影响：亲子和同伴关系的调节作用[J]. 心理科学，2012，35（5）.

[93] 景颢. 天门留守中学生亲子沟通状况调查及亲子沟通团体干预研究[D]. 武汉：华中师范大学，2018.

[94] 柯江林，孙健敏，李永瑞. 心理资本：本土量表的开发及中西比较[J]. 心理学报，2009（9）.

[95] 赖林，何昭红，邓明智. 中学生考试焦虑与心理资本的关系[J]. 西部素质教育，2018，4（10）.

[96] 赖运成，李瑞芳. 农村留守儿童心理韧性、手机依赖与学业拖延的关系[J]. 华北水利水电大学学报（社会科学版），2019，35（1）.

[97] 赖运成. 中国留守经历大学生心理健康影响因素和教育建议[J]. 中国学校卫生，2021，42（10）.

[98] 李翠英. 亲子沟通对农村留守儿童安全感的影响研究[J]. 中国集体经济，2017（3）.

[99] 李德勇. 农村留守儿童自卑心理的成因及表现[J]. 文教资料，2013（20）.

314

[100] 李凡繁. 有留守经历大学生抑郁和社交焦虑[D]. 武汉：湖北大学，2012.

[101] 李璠. 医学生生活事件、心理资本与问题行为现状及其关系研究[J]. 教育教学论坛，2017（14）.

[102] 李福轮，乔凌，贺婧，等. 国内留守儿童《心理健康诊断测验》近十年调查结果的 Meta 分析[J]. 中国儿童保健杂志，2017，25（5）.

[103] 李光友，罗太敏，陶芳标. 初中留守儿童生活事件调查研究[J]. 中国校医，2013（1）.

[104] 李桂，刘燕群，扈菊英. 农村留守青少年的性心理现状及其影响因素分析[J]. 中国性科学，2017，26（8）.

[105] 李红霞. 农村留守中学生的自我效能感调查研究[D]. 成都：四川师范大学，2017.

[106] 李俊玲，李铿. 甘肃省农村留守儿童自我意识影响因素分析[J]. 中国初级卫生保健，2017，31（10）.

[107] 李乐. 四川省农村留守儿童亲社会行为的现状及教育对策[D]. 绵阳：西南科技大学，2015.

[108] 李丽英. 团体辅导对初中寄宿生自我效能感和心理韧性的干预研究[D]. 石家庄：河北师范大学，2016.

[109] 李玲淋. 留守初中生友谊质量与主观幸福感的关系：心理资本和应对方式的链式中介作用[D]. 成都：四川师范大学，2020.

[110] 李梦龙，任玉嘉，孙华. 农村留守儿童社交焦虑领悟社会支持与希望的关系[J]. 中国学校卫生，2020，41（6）.

[111] 李梦龙，任玉嘉，杨姣，雷先阳. 体育活动对农村留守儿童社交焦虑的影响：心理资本的中介作用[J]. 中国临床心理学杂志，2020，28（6）.

[112] 李梦龙，任玉嘉. 农村留守儿童体育活动状况及其与心理资本的关系[J]. 中国学校卫生，2019，40（8）.

[113] 李霓，王丽，黎军，等. 留守儿童心理韧性与心理适应性相关研究[J]. 教育教学论坛，2019，411（17）.

315

[114] 李倩玉. 隔代亲合与农村留守儿童积极/消极情绪的关系：友谊质量的调节作用[D]. 济南：山东师范大学，2019.

[115] 李庆海，孙瑞博，李锐. 农村劳动力外出务工模式与留守儿童学习成绩——基于广义倾向得分匹配法的分析[J]. 中国农村经济，2014（10）.

[116] 李秋丽，王晓娟，杨玉岩，等. 留守与非留守儿童生活事件与应对方式比较[J]. 实用儿科临床杂志，2011，26（23）.

[117] 李蓉. 学校联结、积极情绪、亲子沟通与中学生学业成绩的关系：留守与非留守的比较[D]. 长沙：湖南师范大学，2019.

[118] 李世玲，甘世伟，曾毅文，等. 重庆市永川区小学留守与非留守儿童心理健康状况的对照研究[J]. 重庆医学，2016，45（10）.

[119] 李霞. 学校气氛对留守儿童学业成就的影响：学习品质的中介作用[D]. 漳州：闽南师范大学，2018.

[120] 李霞. 留守儿童感恩品质现状及教育对策[D]. 石家庄：河北师范大学，2012.

[121] 李晓巍，刘艳. 父教缺失下农村留守儿童的亲子依恋、师生关系与主观幸福感[J]. 中国临床心理学杂志，2013（3）.

[122] 李昕蔚. 民族地区留守初中生自我效能感、应对方式及学业倦怠调查[D]. 昆明：云南师范大学，2018.

[123] 李新征，张晓丽，胡乃宝，等. 农村留守儿童生活事件及其影响因素调查研究[J]. 中国卫生事业管理，2017，34（11）.

[124] 李旭，李志鸿，李霞，等. 留守儿童的心理弹性与父母情感温暖的关系——基于潜在剖面分析的研究[J]. 中国心理卫生杂志，2016，30（5）.

[125] 李艳兰. 儿童期亲子分离对大学生自杀意念、攻击性影响[J]. 中国临床心理学杂志，2015，23（4）.

[126] 李燕. 留守儿童的孤独感、睡眠质量和学习倦怠的关系研究[D]. 武汉：湖北师范大学，2018.

[127] 李燕平，杜曦. 农村留守儿童抗逆力的保护性因素研究——以曾留守大学生的生命史为视角[J]. 中国青年社会科学，2016，35（4）.

[128] 李瑶，余苗，张妩，等. 高孤独感儿童的社会认知偏差[J]. 中国临床心理学杂志，2013（1）.

[129] 李玉亭，刘洪琦，李媛媛，等. 心理资本，学习投入及学习拖延行为的关系研究——以大学生群体为例[J]. 商场现代化，2012（26）.

[130] 李远华，何祥海，陈辉. 广西部分贫困地区壮族留守中小学生体育锻炼与心理资本的关联[J]. 现代预防医学，2020，47（21）.

[131] 李子华. 留守初中生同伴关系对孤独感的影响：自我意识的调节作用[J]. 中国特殊教育，2019，224（2）.

[132] 梁慧. 农村留守儿童心理弹性与一般自我效能感、归因方式的关系研究[D]. 曲阜：曲阜师范大学，2011.

[133] 梁洁霜，张珊珊，吴真. 有留守经历农村大学生社交焦虑与情感虐待和心理韧性的关系[J]. 中国心理卫生杂志，2019，33（1）.

[134] 梁静，赵玉芳，谭力. 农村留守儿童家庭功能状况及其影响因素研究[J]. 中国学校卫生，2007，28（7）.

[135] 梁丽，柳军. 团体心理辅导提升留守经历大学生心理资本研究——以西南石油大学为例[J]. 西南石油大学学报（社会科学版），2017，19（4）.

[136] 梁文艳. "留守"对西部农村儿童学业发展的影响——基于倾向分数配对模型的估计[J]. 教育科学，2010，26（5）.

[137] 廖传景，刘鹏志，张进辅. 内地新疆班高中生生活事件与焦虑、抑郁：学校适应的作用[J]. 西南师范大学学报：自然科学版，2013，38（6）.

[138] 廖传景，吴继霞，张进辅. 留守儿童心理健康及影响因素研究：安全感的视角[J]. 华东师范大学学报（教育科学版），2015（3）.

[139] 林谷洋，丘文福，魏灵真，杨邦林. 大学生心理资本对抑郁和焦虑的影响[J]. 锦州医科大学学报（社会科学版），2017，15（3）.

[140] 林丽华，曾芳华，江琴，廖美玲，张瑜敏，郑金娣. 福建省中学生心理弹性家庭亲密度与非自杀性自伤行为的关系[J]. 中国学校卫生，2020，41（11）.

[141] 林琳，刘俊岐，杨洋，等. 负性生活事件对大学生自杀意念的影响——反刍思维的中介作用和气质性乐观的调节作用[J]. 心理与行为研

究，2019，17（4）.

[142] 林如娇，冯荣钻，农善文，谭毅. 我国农村留守儿童的营养状况及其干预措施的研究进展[J]. 中国临床新医学，2015，8（11）.

[143] 林锐鑫. 五华县初中阶段留守儿童感恩品质现状研究[D]. 广州：华南农业大学，2017.

[144] 林艺群. 足球课对农村高年级留守儿童心理韧性的影响研究[D]. 福州：福建师范大学，2019.

[145] 林铮铮，卢永兰. 农村留守儿童学习倦怠比较研究[J]. 牡丹江师范学院学报（社会科学版），2019（4）.

[146] 林忠永，杨新国. 农村留守初中生心理韧性与问题行为：生活满意度和情感平衡的链式中介[J]. 现代预防医学，2018，45（15）.

[147] 凌宁，胡惠南，陆娟芝，等. 家庭支持对留守儿童生活满意度的影响：希望感与感恩的链式中介作用[J]. 中国临床心理学杂志，2020，28（5）.

[148] 凌宇，游燏吉，张欣. 生活事件对留守青少年希望感的预测——自尊的调节作用[J]. 怀化学院学报，2020，39（6）.

[149] 凌宇. 中国农村留守儿童群体的类别特征研究——基于希望感视角及湖南省2013份问卷数据[J]. 湖南农业大学学报：社会科学版，2015，16（3）.

[150] 刘爱楼. 精准扶贫视角下高校贫困大学生积极心理资本影响因素与提升策略[J]. 湖北师范大学学报（哲学社会科学版），2019，39（4）.

[151] 刘春雷，霍珍珍，梁鑫. 父母教育卷入对小学生学习投入的影响：感知母亲教育卷入和学业自我效能感的链式中介作用[J]. 心理研究，2018，11（5）.

[152] 刘海燕. 农村寄宿制中学留守儿童学习自我效能感及其影响因素[D]. 杭州：浙江大学，2010.

[153] 刘航，刘秀丽，郭莹莹. 家庭环境对儿童情绪调节的影响：因素、机制与启示[J]. 东北师大学报（哲学社会科学版），2019（3）.

[154] 刘红艳，常芳，岳爱，等. 父母外出务工对农村留守儿童心理健康的影响：基于面板数据的研究[J]. 北京大学教育评论，2017，15（2）.

[155] 刘鸿芹，杨希，张锐，等．正性情绪和心理资本与肿瘤医院护理人员职业倦怠的关系研究[J]．医院管理论坛，2019，36（2）．

[156] 刘佳．城市留守青少年心理韧性在社会疏离感和歧视知觉之间的关系[J]．现代预防医学，2019，46（3）．

[157] 刘佳超，郭晶莹．留守初中生亲社会行为在心理韧性和生活满意度的中介作用[J]．现代中小学教育，2019，35（4）．

[158] 刘家琼，龙女，黄佳佳，等．中学生父母教育卷入与抑郁情绪的关系——心理素质的中介作用[J]．内江师范学院学报，2019，34（4）．

[159] 刘金华，吴茜，秦陈荣．亲子亲合对农村留守儿童孤独感的影响研究[J]．人口与发展，2020，26（2）．

[160] 刘锦涛，周爱保．心理资本对农村幼儿教师工作投入的影响：情绪调节自我效能感的中介作用[J]．中国临床心理学杂志，2016，24（6）．

[161] 刘爽．留守初中生生活事件、领悟社会支持与内化问题的关系研究[D]．哈尔滨：哈尔滨师范大学，2019．

[162] 刘文，张妮，于增艳，等．情绪调节与儿童青少年心理健康关系的元分析[J]．中国临床心理学杂志，2020，28（5）．

[163] 刘霞，范兴华，申继亮．初中留守儿童社会支持与问题行为的关系[J]．心理发展与教育，2007，23（3）．

[164] 刘衍华，周丽华，尹洁，等．认知情绪调节在父母教养方式与留守儿童健康危险行为间的中介作用[J]．中华行为医学与脑科学杂志，2019，28（2）．

[165] 刘相英．父母教养方式与小学儿童心理资本、焦虑和幸福感的关系[D]．合肥：安徽师范大学，2016．

[166] 刘晓慧，李秋丽，王晓娟，等．留守与非留守儿童生活事件与应对方式比较[J]．实用儿科临床杂志，2011，26（23）．

[167] 刘晓慧，杨玲玲，梁娜娜．生态移民地区留守儿童心理韧性与逆境商的相关性分析[J]．卫生职业教育，2020，38（12）．

[168] 刘筱，周春燕，黄海，等．不同类型留守儿童生活满意度及主观幸福感的差异比较[J]．中国健康心理学杂志，2017，25（12）．

[169] 刘馨蔚，冯志远，谭贤政. 留守初中生的自制力与社会适应——自尊和自我效能感的多重中介作用[J]. 内江师范学院学报，2018，33（4）.

[170] 刘旭，白学军，刘志军，等. 农村中小学教师情绪调节策略对生活满意度的影响：心理资本的中介作用[J]. 心理学探析，2016，36（3）.

[171] 刘旭，刘志军，岳鹏飞. 情绪调节策略对农村中小学教师压力困扰的影响：心理资本的中介作用[J]. 心理研究，2016，9（6）.

[172] 刘轩，瞿晓理. 江苏青少年心理资本与幸福感的关系：生命意义感的中介效应分析[J]. 现代预防医学，2017，44（19）.

[173] 刘雪贞，刘华民，张倩倩，纪龙，李栋. 高校新生正性情绪与生活满意度的影响因素分析[J]. 中国卫生统计，2019，36（1）.

[174] 刘艳艳. 留守中学生的同伴关系与自我接纳的关系及其干预研究[D]. 石家庄：河北师范大学，2020.

[175] 刘耀烛，植凤英，于岚茜，等. 流动儿童学校适应心理资本量表的编制[J]. 科教导刊（上旬刊），2015（11）.

[176] 刘在花. 父母教育期望对中学生学习投入影响机制的研究[J]. 中国特殊教育，2015（9）.

[177] 刘志侃，程利娜. 家庭经济地位、领悟社会支持对主观幸福感的影响[J]. 统计与决策，2019（17）.

[178] 刘子潇，陈斌斌. 不同类型留守儿童及非留守儿童教养方式比较[J]. 青少年研究与实践，2018，33.

[179] 娄燕伟. 护理学硕士研究生抑郁、压力知觉与心理资本的相关性研究[D]. 锦州：锦州医科大学，2018.

[180] 卢春丽. 农村留守儿童家庭功能和同伴欺负的关系研究——基于亲子关系的中介作用[J]. 龙岩学院学报，2019，37（6）.

[181] 卢春丽. 农村留守儿童希望感与学习倦怠的关系研究——基于手机依赖的中介作用[J]. 龙岩学院学报，2017，35（5）.

[182] 卢芳芳，邹佳佳，张进辅. 福清市流动儿童、留守儿童及一般儿童自尊感比较研究[J]. 保健医学研究与实践，2011（4）.

[183] 卢国良，肖雄，姚慧. 湖南民族地区留守儿童学业成就现状研究[J]. 当

代教育论坛，2013（6）.

[184] 卢茜，佘丽珍，李科生. 留守儿童情绪性问题行为与亲子依恋的相关研究[J]. 当代教育理论与实践，2015，7（2）.

[185] 陆芳. 农村留守儿童同伴关系与心理安全感关系及教育应对[J]. 当代青年研究，2019（6）.

[186] 陆娟芝，凌宇，黄磊，赵娜. 生活应激事件与希望感对农村留守儿童抑郁的影响[J]. 中国健康心理学杂志，2017，25（2）.

[187] 陆润豪，彭晓雪，吴茜，等. 江苏省农村留守儿童自杀风险调查[J]. 中国公共卫生，2017，33（9）.

[188] 陆运花. 农村留守学生学习动机分析[J]. 当代教育理论与实践，2013，5（2）.

[189] 逯小龙，王坤. 课外体能锻炼对大学生心理资本心理健康及社会适应能力的影响[J]. 中国学校卫生，2019，40（3）.

[190] 罗涤，李颖. 高校留守大学生积极心理品质研究[J]. 中国青年研究，2012（8）.

[191] 罗伏生，王小凤，张珊明，等. 青少年情绪调节认知策略的特征研究[J]. 中国临床心理学杂志，2010，18（1）.

[192] 罗杰，周瑗，陈维，等. 教师职业认同与情感承诺的关系：工作满意度的中介作用[J]. 心理发展与教育，2014，30（3）.

[193] 罗静，王薇，高文斌. 中国留守儿童研究述评[J]. 心理科学进展，2009，17（5）.

[194] 罗兰兰，侯莉敏，吴慧源. 民族地区农村留守幼儿抗逆力的发展：师幼关系、同伴关系的影响[J]. 陕西学前师范学院学报，2020，36（6）.

[195] 罗婷，林芸竹，杨春松，等. 我国部分地区留守儿童体质健康现状的系统评价[J]. 中华妇幼临床医学杂志，2020，16（1）.

[196] 罗小漫，何浩. 无聊倾向对中学生生命意义感的影响：心理资本的调节作用[J]. 教学与管理，2016（5）.

[197] 罗晓路，李天然. 家庭社会经济地位对留守儿童同伴关系的影响[J]. 中国特殊教育，2015（2）.

[198] 骆德云. 留守高职生亲子关系及其影响因素研究[J]. 宝鸡文理学院学报（社会科学版），2017，37（1）.

[199] 骆秀. 留守儿童学习倦怠团体辅导干预实施及效果研究——以雅安小学三年级留守班级为例[D]. 成都：西南财经大学，2014.

[200] 马宏丽. 留守、流动和常态儿童亲子疏离感及其与父母教养方式的关系[D]. 沈阳：沈阳师范大学，2013.

[201] 马利军，廖贤灼. 留守学生自尊水平与应对方式分析[J]. 医学与社会，2010，23（1）.

[202] 马如仙. 留守初中生自我接纳与人际关系相关及其干预研究[D]. 昆明：云南师范大学，2017.

[203] 马文燕，陆超祥，余洋，等. 农村留守中学生心理韧性在一般疏离感与主观幸福感间的作用[J]. 中国学校卫生，2018，39（4）.

[204] 马文燕，余洋. 农村留守中学生社会支持与心理韧性的关系：自尊的中介效应[J]. 贵州师范学院学报，2016，32（9）.

[205] 毛平，何薇，曹海梅，等. 湖南省某贫困县学龄前留守儿童意外伤害分析研究[J]. 中国现代医学杂志，2015，25（9）.

[206] 梅洋，徐明津，杨新国. 留守初中生中学校气氛对学业倦怠的心理资本的中介效应[J]. 中国儿童保健杂志，2015，23（12）.

[207] 苗甜，王娟娟，宋广文. 粗暴养育与青少年学生抑郁的关系：一个有调节的中介模型[J]. 中国特殊教育，2018（6）.

[208] 牟晓红，刘儒德，庄鸿娟，等. 中学生外倾性对生活满意度的影响：自尊、积极应对的链式中介作用[J]. 中国临床心理学杂志，2016，24（2）.

[209] 缪华灵，郭成，王亭月，等. 新冠肺炎疫情下留守儿童社会适应水平及其与家庭亲密度的关系：心理素质的中介作用[J]. 西南大学学报（自然科学版），2021，43（1）.

[210] 缪丽珺，徐小芳，盛世明. 留守儿童个体歧视知觉与应付方式关系[J]. 中国公共卫生，2015，31（3）.

[211] 倪凤琨. 农村留守儿童学校疏离感研究[J]. 教育理论与实践，2016，36（14）.

[212] 牛更枫，李占星，王辰宵，等. 网络亲子沟通对留守初中生社会适应的影响：一个有调节的中介模型[J]. 心理发展与教育，2019，35（6）.

[213] 牛祥宇. 留守初中生亲子亲合、情绪调节自我效能感与主观幸福感的关系研究[D]. 哈尔滨：哈尔滨师范大学，2020.

[214] 欧阳智，范兴华. 家庭社会经济地位、心理资本对农村留守儿童自尊的影响[J]. 中国临床心理学杂志，2018，26（6）.

[215] 潘池梅，陈心容. 农村留守儿童生长发育及营养状况分析[J]. 中国公共卫生，2014，30（6）.

[216] 彭俭，石义杰，高长丰. 学前留守儿童身体健康状况及干预策略——基于与非留守儿童的比较研究[J]. 教育评论，2014（8）.

[217] 彭美，戴斌荣. 农村留守儿童社会适应性及其影响因素[J]. 中国健康心理学杂志，2020，28（4）.

[218] 彭美. 农村留守儿童同伴友谊质量与社会适应性的关系[J]. 中国健康心理学杂志，2019，28（2）.

[219] 彭文波，余月. 农村留守儿童的同伴关系及引导策略[J]. 青少年学生研究——山东省团校学报，2018（6）.

[220] 彭溪. 留守高中生师生关系对情绪适应的影响[D]. 长沙：湖南科技大学，2015.

[221] 彭小凡，杜昆筑，尹桂玲，等. 父母情感温暖与儿童正负情绪：心理素质和希望感的连续中介及差异[J]. 西南大学学报（自然科学版），2020，42（2）.

[222] 彭阳，廖智慧，盘海云. 留守儿童心理韧性、情绪对心理健康的影响[J]. 中华行为医学与脑科学杂志，2014，23（1）.

[223] 彭咏梅，凌瑞. 团体心理辅导对有留守经历大学生心理资本的干预研究——以湖南中医药高等专科学校为例[J]. 卫生职业教育，2019，37（16）.

[224] 朴国花. 朝鲜族留守初中生积极心理品质与学习倦怠的关系研究——以社会支持为中介变量[D]. 延吉：延边大学，2019.

[225] 邱丹萍，戴抒豪，刘欣. 留守儿童负性生活事件及社会支持情况调

查[J]. 江苏预防医学，2015，26（1）.

[226] 邱剑，安芹. 初中流动儿童疏离感在社会支持与问题行为关系中的中介效应[J]. 中国健康心理学杂志，2012，20（1）.

[227] 邱梨红. 留守儿童友谊质量、家庭亲密度与适应性对自杀意念的影响[D]. 南京：南京师范大学，2017.

[228] 邱丽煌. 单亲家庭教养方式对中职生心理健康的影响：认知重评的中介作用[J]. 长春教育学院学报，2020，36（4）.

[229] 沙晶莹，张向葵. 青少年的同伴选择与同伴影响：基于学业投入与学业成就的纵向社会网络分析[J]. 心理与行为研究，2020，18（5）.

[230] 邵福泉，苏虹. 某农村地区留守儿童自杀意念及其影响因素研究[J]. 安徽预防医学杂志，2011，17（4）.

[231] 邵红红，张璐，冯喜珍. 滑县卢氏县留守初中生生活满意度及其影响因素分析[J]. 中国学校卫生，2016，37（4）.

[232] 石变梅，陈劲. 主动性人格对大学生创造性思维的影响——心理资本的中介作用[J]. 人类工效学，2015，22（4）.

[233] 石雷山，施加平. 家庭社会资本对小学留守儿童学校适应的影响[J]. 丽水学院学报，2016，38（5）.

[234] 史灵，刘金兰. 基于心理资本和MBTI人格影响机制的高校学生成长研究[J]. 河北科技大学学报（社会科学版），2013，13（4）.

[235] 史沙沙，崔文香. 留守儿童健康问题研究现状[J]. 中国学校卫生，2012，33（6）.

[236] 宋静静，佐斌，谭潇，戴月娥. 留守儿童的自尊在亲子亲合和同伴接纳与孤独感的中介效应[J]. 中国心理卫生杂志，2017，31（5）.

[237] 宋恋. 留守中学生心理资本、心理安全感及主观幸福感的关系研究——以贵州省中学为例[J]. 贵阳：贵州师范大学，2016.

[238] 宋淑娟，廖运生. 初中留守儿童一般生活满意度及其与家庭因素的关系[J]. 中国特殊教育，2008（8）.

[239] 宋英杰. 心理资本对贫困大学生家庭教养方式和自杀意念的中介作用[J]. 职业与健康，2020，36（12）.

[240] 宋颖. 挫折情境对不同心理韧性留守初中生攻击性的影响[D]. 石家

庄：河北师范大学，2018.

[241] 宋之杰，田知博. 消防官兵心理资本、应对方式及心理健康的关系[J]. 中国卫生事业管理，2013，30（8）.

[242] 苏珊珊. 高校图书馆员心理资本、职业倦怠及离职意愿的关系研究[J]. 新世纪图书馆，2019，271（3）.

[243] 苏雅. 农村留守初中生时间管理倾向、学业自我效能感和学习投入的关系及教育对策[D]. 开封：河南大学，2019.

[244] 苏志强，张大均，邵景进. 社会经济地位与留守儿童社会适应的关系：歧视知觉的中介作用[J]. 心理发展与教育，2015，31（2）.

[245] 孙东宇. 农村留守儿童初中学校适应问题研究——以 XB 县初一新生为例[D]. 大连：辽宁师范大学，2018.

[246] 孙凌，黎玉兰，马雪香，等. 父母心理控制对青少年抑郁的影响：一个多重中介模型[J]. 中国特殊教育，2019（3）.

[247] 孙淑晶，赵富才，张兵. 高校贫困生自我接纳与应对方式的关系研究[J]. 中国青年政治学院学报，2008（1）.

[248] 孙婷，唐启寿，张武丽，等. 农村在校留守与非留守儿童心理健康服务获取现状及需求比较[J]. 中国公共卫生，2018，34（12）.

[249] 孙晓军，周宗奎，汪颖，等. 农村留守儿童的同伴关系和孤独感研究[J]. 心理科学，2010，33（2）.

[250] 孙笑笑，任辉，师培霞，等. 农村留守儿童亲子疏离现状及在生活事件与抑郁间的中介作用研究[J]. 重庆医学，2020，49（20）.

[251] 孙笑笑，师培霞，沈思彤，等. 重庆市农村留守儿童亲子疏离状况及影响因素[J]. 中国健康心理学杂志，2020，28（4）.

[252] 孙阳，张向葵. 幼儿教师情绪劳动策略与情绪耗竭的关系：心理资本的调节作用[J]. 中国临床心理学杂志，2013，21（2）.

[253] 谈甜，杨柳，刘莉，李杰，等. 农村留守与非留守儿童生长状况及营养与食品安全 KAP 比较研究[J]. 实用预防医，2017，24（8）.

[254] 唐蕾，应斌. 新冠肺炎疫情时期中学生心理健康状况及影响因素调查分析[J]. 中小学心理健康教育，2020（10）.

[255] 唐婉. 留守初中生亲社会行为与领悟社会支持的关系研究[D]. 福州：

福建师范大学，2011.

[256] 田录梅，陈光辉，王姝琼，等. 父母支持、友谊支持对早中期青少年学生孤独感和抑郁的影响[J]. 心理学报，2012，44.

[257] 田守花. 福建明溪海外留守儿童知识学习观、学习动机与学习策略的状况及关系研究[D]. 福州：福建师范大学，2007.

[258] 田艳辉，魏婷，刘斐，等. 情绪调节效能感在留守儿童自我价值感和生活满意度间的中介作用[J]. 校园心理，2020，18（4）.

[259] 涂阳军，郭永玉. 生活事件对负性情绪的影响：社会支持的调节效应与应对方式的中介效应[J]. 中国临床心理学杂志，2011（5）.

[260] 万江红，李安冬. 从微观到宏观：农村留守儿童抗逆力保护因素分析——基于留守儿童的个案研究[J]. 华东理工大学学报（社会科学版），2016，31（5）.

[261] 万娟. 认知行为理论视角下留守儿童学习动机的社会工作介入[D]. 金华：浙江师范大学，2015.

[262] 万鹏宇，林忠永，冯志远，等. 情感平衡对初中留守儿童问题行为的影响：心理韧性的中介作用和性别的调节作用[J]. 中国特殊教育，2017（12）.

[263] 汪品淳，励骅，姚琼. 有留守经历大学生心理资本与主观幸福感的关系——自我价值的调节作用[J]. 池州学院学报，2016，30（3）.

[264] 王道阳，陆祥，殷欣. 流动儿童消极学业情绪对学习自我效能感的影响：情绪调节策略的调节作用[J]. 心理发展与教育，2017，33（1）.

[265] 王东宇，王丽芬. 影响中学留守孩心理健康的家庭因素研究[J]. 心理科学，2005（2）.

[266] 王恩娜. 大学生生命意义感和心理资本的关系及干预研究[D]. 兰州：兰州大学，2017.

[267] 王凡，赵守盈，陈维. 农村留守初中生亲子亲和与孤独感的关系：情绪调节自我效能感的中介作用[J]. 中国特殊教育，2017（10）.

[268] 王芳，张辉. 高校图书馆员心理资本：概念、测量及其有效性研究[J]. 中国图书馆学报，2015（3）.

[269] 王晖，戚务念. 父母教育期望与农村留守儿童学业成就——基于同祖

两孙之家的案例比较研究[J]. 教育学术月刊，2014（12）.

[270] 王辉，刘涛. 应对方式对陕北地区留守儿童生活事件与心理健康的中介效应[J]. 中国健康心理学杂志，2018，26（3）.

[271] 王建平，喻承甫，曾毅茵，叶婷，张卫. 青少年学生感恩的影响因素及其机制[J]. 心理发展与育，2011，27（3）.

[272] 王丽双. 留守儿童心理健康状况研究综述[J]. 黑龙江教育学院学报，2009，28（11）.

[273] 王莉，李薇，姚尚满，等. 238例农村儿童意外伤害情况分析[J]. 中国疾病控制杂志，2008，12（4）.

[274] 王练，尚晓爽. 6—12岁农村留守儿童依恋状况的调查研究——以河北省某市F村为例[J]. 中华女子学院学报，2019，31（4）.

[275] 王明忠，杜秀秀，周宗奎. 粗暴养育的内涵、影响因素及作用机制[J]. 心理科学进展，2016，24（3）.

[276] 王明忠，王静，王保英，等. 粗暴养育与青少年学生学业成绩：有调节的中介分析[J]. 心理发展与教育，2020，36（1）.

[277] 王楠，韩娟，丁慧思，等. 农村在校留守儿童心理健康及影响因素[J]. 中国公共卫生，2017，33（9）.

[278] 王琼，肖桃，刘慧瀛，等. 父母拒绝与留守儿童网络成瘾的关系：一个有调节的中介模型[J]. 心理发展与教育，2019，35（6）.

[279] 王秋香，李传熹. 农村"留守儿童"研究综述[J]. 湖南人文科技学院学报，2007（5）.

[280] 王秋香，欧阳晨. 论父母监护缺位与农村留守儿童权益保障问题[J]. 学术论坛，2006（10）.

[281] 王世嫘，赵洁. 留守中学生学习归因与学习自我效能感的关系[J]. 中国学校卫生，2011，32（12）.

[282] 王仕龙. 心理资本视阈下理工科大学生孤独感的现状及对策探析[J]. 开封教育学院学报，2016，36（3）.

[283] 王素勤. 留守儿童心理安全感、家庭复原力和生命意义感的关系[D]. 成都：四川师范大学，2017.

[284] 王文超，伍新春. 共情对灾后青少年学生亲社会行为的影响：感恩，

社会支持和创伤后成长的中介作用[J]. 心理学报，2020，52（3）.

[285] 王晓丽，胡心怡，申继亮. 农村留守儿童友谊质量与孤独感、抑郁的关系研究[J]. 中国临床心理学杂志，2011，19（2）.

[286] 王晓英. 留守儿童自我意识现状调查及影响因素分析[J]. 吉林医药学院学报. 2015（1）.

[287] 王新柳，叶青青，叶子健，等. 农村留守初中生情绪行为特点与生活满意度的关系[J]. 中国学校卫生，2012，33（6）.

[288] 王鑫，郭强. 贵州省农村留守儿童负性生活事件发生频率及其影响因素分析[J]. 中国社会医学杂志，2010，27（6）.

[289] 王秀娜，辛涛. 中小学班主任抑郁状况的潜类别及相关因素[J]. 中国心理卫生杂志，2021（7）.

[290] 王旭.安徽省某农村地区留守中学生攻击性行为现状及其影响因素分析[D]. 合肥：安徽医科大学，2015.

[291] 王瑶. 甘肃省农村学前留守儿童亲子关系研究[D]. 兰州：西北师范大学，2018.

[292] 王一迪. 初中生父母教养方式与学习倦怠的关系：心理弹性与师生关系的中介作用[D]. 沈阳：沈阳师范大学，2018.

[293] 王翊君. 师生关系对未留守与留守高中生情绪适应影响的对比研究：自尊的中介与社会比较倾向的调节作用[D]. 信阳：信阳师范学院，2020.

[294] 王云玲. 具有留守经历中职生的攻击性及其关系调查[D]. 石家庄：河北师范大学，2018.

[295] 卫利珍. 亲子沟通对留守儿童心理健康的影响[J]. 今日南国，2009，145（1）.

[296] 魏昶，靳子阳，刘莎，等. 学校氛围在留守儿童感恩与网络游戏成瘾间的中介作用[J]. 中国学校卫生，2015，36（8）.

[297] 魏昶，罗清华. 压力性生活事件与留守儿童网络游戏成瘾：自尊的调节作用[J]. 教育测量与评价，2017（6）.

[298] 魏昶，吴慧婷，孔祥娜，等.感恩问卷 GQ-6 的修订及信效度检验[J]. 中国学校卫生，2011，32（10）.

[299] 魏昶，喻承甫，洪小祝，等. 留守儿童感恩、焦虑抑郁与生活满意度的关系研究[J]. 中国儿童保健杂志，2015，23（3）.

[300] 魏华，朱丽月，何灿. 粗暴养育对网络成瘾的影响：非适应性认知的中介作用与孝道信念的调节作用[J]. 中国特殊教育，2020（4）.

[301] 魏军锋. 留守儿童的社会支持与生活满意度——希望与应对方式的多重中介效应[J]. 中国心理卫生杂志，2015（5）.

[302] 魏军锋. 农村留守儿童心理资本的实证研究[J]. 安徽农业科学，2015，43（23）.

[303] 魏灵真，刘衍玲. 中学生生命意义感的发展特点及其与心理健康的关系[J]. 中小学心理健康教育，2020（36）.

[304] 魏锁，程进，王颖初，等. 2015 年池州市学龄前农村留守儿童焦虑状况及影响因素分析[J]. 实用预防医学，2016，23（11）.

[305] 魏义承，徐夫真. 留守初中生学业适应与教师/父母期望知觉，学校疏离感的关系[J]. 中国健康心理学杂志，2019，27（10）.

[306] 温磊，七十三，张玉柱. 心理资本问卷的初步修订[J]. 中国临床心理学杂志，2009，17（2）.

[307] 文超，张卫，李董平，等. 初中生感恩与学业成就的关系：学习投入的中介作用[J]. 心理发展与教育，2010，26（6）.

[308] 邬志辉，李静美. 农村留守儿童生存现状调查报告[J]. 中国农业大学学报（社会科学版），2015，32（1）.

[309] 吴迪. 农村留守儿童学业拖延与学习动机的关系研究[J]. 开封教育学院学报，2019，39（10）.

[310] 吴剑明，王薇，石真玉. 留守儿童身体健康影响因素研究[J]. 南京体育学院学报（自然科学版），2015，14（1）.

[311] 吴洁清，董勇燕，熊俊梅，等. 大学生主动性人格与生涯适应力的关系：成就动机的中介作用及其性别差异[J]. 心理发展与教育，2016（5）.

[312] 吴旻，刘争光，梁丽婵. 亲子关系对儿童青少年心理发展的影响[J]. 北京师范大学学报（社会科学版），2016（5）.

[313] 吴旻，谢世艳，郭斯萍. 大学生积极心理资本问卷的编制及思考[J]. 江

329

西师范大学学报（哲学社会科学版），2015，48（6）.

[314] 吴霓. 农村留守儿童问题调研报告[J]. 教育研究，2004（10）.

[315] 吴俏燕，汪欣，周腾，等. 不同类型留守儿童与一般儿童自我接纳的比较[J]. 陕西学前师范学院学报，2019，35（1）.

[316] 吴清津，王秀芝，李璇. 服务团队心理资本的培养和作用机制研究[J]. 贵州财经学院学报，2012（6）.

[317] 吴伟华. 留守儿童的亲子依恋与自伤行为的关系：社会自我效能感与情绪调节能力的作用[D]. 长沙：湖南师范大学，2016.

[318] 吴一凡. 青少年归因方式对希望感的影响：个人成长主动性的中介作用[D]. 石家庄：河北师范大学，2019.

[319] 武成莉，姚茹. 高校专职心理咨询教师工作满意感对职业倦怠的影响——心理资本的调节作用[J]. 中国特殊教育，2018，219（9）.

[320] 武海婵. 有留守经历的高中生人格特质与心理弹性关系研究[D]. 石家庄：河北师范大学，2014.

[321] 武丽丽，张大均，程刚，等. 家庭社会经济地位对小学生学业成绩的影响：心理素质全局因子的中介作用[J]. 西南大学学报（自然科学版），2018，40（6）.

[322] 武艺. 亲子沟通方式在留守经历大学生的家庭教养方式和情绪调节间的中介效应研究[D]. 天津：天津大学，2016.

[323] 袭开国. 农村留守儿童焦虑现状及其个体差异[J]. 中国健康心理学杂志，2008，16（4）.

[324] 夏慧铃，马智群. 留守儿童负性生活事件对抑郁的影响：生命意义和自尊的中介作用[J]. 现代预防医学，2018，45（4）.

[325] 夏柳，王佳馨，陶云. 师范类本科生积极心理资本在学习动机与学习倦怠间的中介作用[J]. 普洱学院学报，2020，36（2）.

[326] 向光璨，陈红，王艳丽，等. 青少年自我概念清晰性与主观幸福感的关系：基于潜在剖面分析[J]. 西南大学学报（社会科学版），2021，47（2）.

[327] 向伟，肖汉仕，王玉龙. 父母关爱缺乏与留守青少年学生自伤：消极情绪的中介和学校联结的调节[J]. 中国特殊教育，中国特殊教育，

2019（7）.

[328] 向伟，肖汉仕. 家庭功能对农村留守儿童情绪健康的影响效应[J]. 湖南农业大学学报：社会科学版，2018，19（6）.

[329] 谢玲平，王洪礼，邹维兴，等. 留守初中生自我效能感与社会适应的关系：心理韧性的中介作用[J]. 中国特殊教育，2014（7）.

[330] 谢玲平，张翔，赵燕. 留守初中生自我效能感对应对方式的影响[J]. 兴义民族师范学院学报，2014（1）.

[331] 谢玲平，邹维兴，张翔. 留守初中生应对方式在自我效能感与社会适应间的中介作用[J]. 中国学校卫生，2014，35（10）.

[332] 谢玲平，邹维兴. 留守初中生心理韧性与社会适应的关系：应对方式的中介作用[J]. 重庆医学，2015，44（33）.

[333] 谢玲平，邹维兴. 农村留守初中生自我效能感与应对方式的关系：心理韧性的中介作用[J]. 中国卫生统计，2015，32（6）.

[334] 谢履羽，连榕. 留守儿童受欺负与心理健康的关系：应对方式的中介和调节作用[J]. 中小学心理健康教育，2020（3）.

[335] 谢其利. 师生关系与留守初中生孤独感和心理健康：亲子依恋的调节作用[J]. 贵州师范学院学报，2019，35（9）.

[336] 谢倩，陈谢平，张进辅，等. 大学生犬儒态度与生活满意度的关系：社会支持的调节作用[J]. 心理发展与教育，2011（2）.

[337] 谢威士，张雯，范元辰. 青少年学生核心自我评价对心理资本的影响：谦虚人格特质的中介作用[J]. 合肥学院学报（综合版），2018（4）.

[338] 邢怡伦，王建平，尉玮，等. 社会支持对青少年学生焦虑的影响：情绪调节策略的中介作用[J]. 中国临床心理学杂志，2016（6）.

[339] 熊红星，刘凯文，张璟. 师生关系对留守儿童学校适应的影响：心理健康和学习投入的链式中介作用[J]. 心理技术与应用，2020，8（1）.

[340] 熊俊梅，海曼，黄飞，等. 家庭累积风险与青少年学生心理健康的关系——心理资本的补偿效应和调节效应[J]. 心理发展与教育，2020，36（1）.

[341] 熊猛，叶一舵. 中国青少年心理资本量表的编制与效度验证[J]. 教育研究与实验，2020（5）.

[342] 熊猛，张艳红，叶一舵，等. 心理资本对青少年学生成就动机和主观幸福感的影响[J]. 现代预防医学，2017，44（10）.

[343] 熊翔宇. 高校"留守大学生"心理问题及预防对策[J]. 中共成都市委党校学报，2014（1）.

[344] 徐超凡. "留守儿童"问题行为与心理资本实证研究与启示[J]. 心理技术与应用，2016，4（3）.

[345] 徐宏丽. 谈农村学校对留守儿童的心理援助[J]. 河南商业高等专科学校学报，2009（2）.

[346] 徐礼平，邝宏达. 初中随迁儿童自尊与社会适应的关系：心理资本的中介作用[J]. 锦州医科大学学报：社会科学版，2017，15（1）.

[347] 徐礼平，田宗远，邝宏达. 留守儿童心理安全感与心理韧性现状及其关系分析[J]. 中国儿童保健杂志，2013，21（9）.

[348] 徐礼平，田宗远，邝宏达. 农村留守儿童社会适应状况及其与心理韧性相关性[J]. 中国儿童保健杂志，2013，21（7）.

[349] 徐礼平. 我国农村留守儿童社会适应性研究现状[J]. 中国儿童保健杂志，2013，21（6）.

[350] 徐璐璐，贺雯. 临床医学专业本科生压力知觉与抑郁情绪的关系：心理资本和领悟社会支持的作用[J]. 教育生物学杂志，2020，8（4）.

[351] 徐明津，万鹏宇，杨新国. 留守儿童压力性生活事件与自杀意念的关系及负性认知情绪调节的中介作用研究[J]. 中国全科医学，2017，20（4）.

[352] 徐明津，万鹏宇，杨新国. 留守中学生积极认知情绪调节心理韧性与自杀意念的相关性分析[J]. 现代预防医学，2016，43（22）.

[353] 徐明津，杨新国，冯志远，等. 留守初中生心理资本：在生活事件与主观幸福感间的中介效应[J]. 教育测量与评价：理论版，2015（11）.

[354] 徐明津，杨新国，冯志远，等. 基于研究型心理咨询模式的留守中学生心理韧性团体辅导[J]. 校园心理，2015，13（5）.

[355] 徐明津，杨新国，冯志远，黄霞妮. 留守初中生心理资本：在生活事件与主观幸福感间的中介效应[J]. 教育测量与评价（理论版），2015（11）.

[356] 徐明津，杨新国. 大五人格对中学生自杀意念的影响：心理韧性的中介效应与调节效应[J]. 教育测量与评价，2019（3）.

[357] 徐明津，杨新国. 农村留守青少年家庭经济困难与社会适应：心理韧性的中介效应[J]. 青少年研究与实践，2020，35（1）.

[358] 徐明津，杨新国. 学校气氛影响农村初中生学业成就的多重中介效应分析[J]. 现代中小学教育，2016，32（1）.

[359] 徐贤明，钱胜. 心理韧性对留守儿童品行问题倾向的保护作用机制[J]. 中国特殊教育，2012（3）.

[360] 徐欣颖. 大学生学业倦怠及相关影响因素研究[J]. 思想理论教育，2010（17）.

[361] 徐莹莹. 小学留守儿童学习动机的干预研究[D]. 济南：山东师范大学，2016.

[362] 徐长江，陈实，邢婷. 初中生自我效能感与攻击性行为：感恩与性别的影响[J]. 心理研究，2018，11（3）.

[363] 徐志坚，慈志敏，姜岩涛，等. 留守儿童抑郁症状的检出率——2000—2015 年发表论文的 meta 分析[J]. 中国心理卫生杂志，2016，30（12）.

[364] 徐祖年. 父母情感温暖对留守儿童手机依赖的影响机制[D]. 南昌：南昌大学，2020.

[365] 许海文. 留守、非留守初中生的家庭因素与心理适应研究[D]. 长沙：湖南科技大学，2008.

[366] 许华山，沐林林，谢杏利. 留守儿童心理健康与应对方式、人格和自我效能感的关系[J]. 卫生研究，2015，44（4）.

[367] 薛静，徐继承，王锋，黄少华，沈玲玉，张晓丽，曹俐娜. 徐州市农村地区留守儿童与非留守儿童心理健康状况的比较研究[J]. 中国妇幼保健，2016，31（2）.

[368] 薛艳，邱梨红，季家丝. 留守儿童的自杀意念及相关因素调查[J]. 临床精神医学杂志，2019，29（4）.

[369] 闫艳霞. 农村留守儿童人格特质与心理健康关系研究[D]. 石家庄：河北师范大学，2014.

[370] 杨会芹，刘晖，王改侠. 农村籍大学毕业生心理资本对生活压力与心理健康关系的调节效应[J]. 中国临床心理学杂志，2013，21（2）.

[371] 杨慧，丁汝金，李山山. 湖北农村留守儿童膳食营养现状及改进对策[J]. 现代食品，2019.

[372] 杨静，宋爽，项紫霓，等. 流动和留守儿童生活事件和人际关系与利他亲社会行为的关系[J]. 中国心理卫生杂志，2015，29（11）.

[373] 杨明. 初中流动儿童家庭亲密度、适应性与社会文化适应的关系——积极心理资本的中介作用[J]. 中国健康教育，2018，34（10）.

[374] 杨强，叶宝娟. 感恩对青少年学生生活满意度的影响：领悟社会支持的中介作用及压力性生活事件的调节作用[J]. 心理科学，2014，37（3）.

[375] 杨青，易礼兰，宋薇. 农村留守儿童孤独感与家庭亲密度，学校归属感的关系[J]. 中国心理卫生杂志，2016，30（3）.

[376] 杨青松，周玲，胡义秋，等. 亲子沟通对农村留守儿童的行为问题的影响：希望感的调节作用[J]. 中国临床心理学杂志，2014，22（6）.

[377] 杨宪华. 心理健康课程教学改善大学生心理健康水平的效果[J]. 中国健康心理学杂志，2017，25（8）.

[378] 杨小江. 高中生积极心理资本、情绪智力与学习动机的关系研究[D]. 保定：河北大学，2017.

[379] 杨新国，徐明津，陆佩岩等. 心理资本在留守初中生生活事件与主观幸福感关系中的调节作用[J]. 中国特殊教育，2014（4）.

[380] 杨新华，朱翠英，杨青松，等. 农村留守儿童希望感特点及其与心理行为问题的关系[J]. 中国临床心理学杂志，2013，21（3）.

[381] 杨秀. 高考复读生压力知觉与成就动机、心理资本的关系研究[D]. 合肥：安徽师范大学，2017.

[382] 杨学文，梁蓉，于海娇，等. 湖南农村留守儿童意外伤害发生现状与疾病负担研究[J]. 中国初级卫生保健，2013，27（11）.

[383] 杨娅娟，徐洪吕，王颖，等. 医学生健康危害行为的潜在类别及其与抑郁症状的关联[J]. 中国学校卫生，2021，42（4）.

[384] 杨影，蒋祥龙. 曾留守高职生心理健康状况调查分析[J]. 安徽职业

技术学院学报，2019，18（1）.

[385] 杨游芳. 农村留守初中生疏离感与社会支持的关系研究[D]. 昆明：云南师范大学，2014.

[386] 杨支兰，孙建萍，宋丹，等. 社区老年人自我超越水平与抑郁的相关性研究[J]. 全科护理，2016，14（1）.

[387] 姚恩菊，陈旭. 农村留守初中生亲子同伴师生关系与社会自我的相关性[J]. 中国学校卫生，2012（5）.

[388] 叶宝娟，胡笑羽，杨强，等. 领悟社会支持、应对效能和压力性生活事件对青少年学业成就的影响机制[J]. 心理科学，2014，37（2）.

[389] 叶宝娟，朱黎君，方小婷，等. 压力知觉对大学生抑郁的影响：有调节的中介模型[J]. 心理发展与教育，2018，34（4）.

[390] 叶俊杰. 领悟社会支持、实际社会支持与大学生抑郁[J]. 心理科学，2006，29（5）.

[391] 叶欣. 目标设置对青少年学生网球课教学效果影响的实验研究[J]. 湖南科技学院学报，2011，32（4）.

[392] 叶一舵，方必基. 青少年学生心理资本问卷的编制[J]. 福建师范大学学报（哲学社会科学版），2015（2）.

[393] 叶一舵，沈成平，丘文福. 留守儿童社会支持状况元分析[J]. 教育评论，2017（8）.

[394] 叶苑秀，喻承甫，张卫. 早期青少年感恩与学业成绩、网络成瘾的关系：学校联结的中介作用[J]. 教育导刊（上半月），2017，605（3）.

[395] 殷颖文，贾林祥，孙配贞. 学校联结在青少年感恩与社会适应间的作用[J]. 中国学校卫生，2019，40（1）.

[396] 殷颖文，贾林祥. 学校联结的研究现状与发展趋势[J]. 心理科学，2014，37（5）.

[397] 殷华敏，牛小倩，董黛，牛更枫，孙丽君. 家庭社会经济地位对青少年抑郁的影响：自尊的中介作用和心理韧性的调节作用[J]. 心理研究，2018，11（5）.

[398] 银小兰，黄诚. 农村留守儿童心理资本与情绪行为问题关系研究——基于湖南省的调查[J]. 开发研究，2019（6）.

[399] 尹彩云. 青春期留守儿童性虐待风险感知研究[D]. 贵阳：贵州师范大学，2019.

[400] 于海强. 辽宁省农村留守儿童健康的体育干预研究[D]. 大连：辽宁师范大学，2010.

[401] 于杰，阳德华. 农村留守儿童青春期性心理发展及教育策略研究[J]. 内蒙古师范大学学报：教育科学版，2006，19（2）.

[402] 于璐，向滨洋，李雄. 留守儿童社会支持，心理弹性与一般自我效能感的关系[J]. 武汉工程职业技术学院学报，2019，31（4）.

[403] 于长玉. 潍坊市留守儿童健康状况的实证研究[D]. 泰安：山东农业大学，2014.

[404] 余璐，罗世兰. 家庭资本对处境不利儿童学习品质的影响：家庭心理韧性的中介[J]. 学前教育研究，2020（9）.

[405] 余欣欣，邓丽梅. 农村留守初中生社会支持与生命意义感的关系：乐观的中介作用[J]. 现代预防医学，2019（15）.

[406] 余永芳. 农村留守儿童父母教养方式研究[D]. 南昌：江西农业大学，2015.

[407] 余志萍. 留守儿童问题行为调查[J]. 科教导刊（电子版），2018（10）.

[408] 俞国良，董妍. 学业情绪研究及其对学生发展的意义[J]. 教育研究，2005，309（10）.

[409] 俞国良，李天然，王勍. 中部地区学校心理健康教育状况调查[J]. 中国特殊教育，2015（4）.

[410] 宇翔，胡洋，廖珠根. 中国农村地区留守儿童社会支持状况的 Meta 分析[J]. 现代预防医学，2017，44（1）.

[411] 玉嘉，李梦龙，孙华. 中国农村留守儿童孤独感的 meta 分析[J]. 中国心理卫生杂志，2020，34（10）.

[412] 袁莉敏，张日昇. 大学生归因方式、气质性乐观与心理幸福感的关系[J]. 心理发展与教育，2007，23（2）.

[413] 袁宋云，陈锋菊，谢礼，等. 农村留守儿童家庭功能与心理适应的关系[J]. 中国健康心理学杂志，2016，24（2）.

[414] 袁文萍，马磊. 学前教育专业女生负性情绪与生活满意度的关系：自

我效能感和自尊的链式中介作用[J]. 教育生物学杂志，2020，8（1）.

[415] 袁文萍. 中职女生生活事件对负性情绪的影响：心理弹性的中介作用[J]. 南方论刊，2018，（12）.

[416] 臧宏运，郑德伟，郎芳，等. 山东省有自杀意念大学生的自我接纳在自我效能感与心理韧性间的中介作用[J]. 医学与社会，2019，32（8）.

[417] 臧爽，刘富强，李妍，林燕. 少数民族医学生心理资本与情绪弹性和核心自我评价的中介关系研究[J]. 中国全科医学，2015，18（2）.

[418] 詹丽玉，练勤，王芳. 留守经历大学新生自我效能感社会支持及心理健康的相关性[J]. 中国学校卫生，2016，37（4）.

[419] 张阿敏. 中职生生活事件与问题行为的关系：心理资本的调节效应及检验[D]. 天津：天津职业技术师范大学，2013.

[420] 张皑频，杨德兰，舒能洪，等. 铜梁某小学留守与非留守儿童个性特征对比研究[J]. 重庆医科大学学报，2008，33（1）.

[421] 张潮，靳星星，陈泓逸，等. 生命意义感与心理健康关系的元分析[J]. 中国健康心理学杂志，2021，29（6）.

[422] 张春妹，丁一鸣，陈雪，等. 同伴接纳与流动儿童外化问题行为的关系：自尊和物质主义的链式中介作用[J]. 中国特殊教育，2020，27（1）.

[423] 张丹丹. 不同目标设置对青少年学生羽毛球运动员竞技能力的影响[D]. 上海：上海体育学院，2019.

[424] 张方屹，宫火良. 国内留守儿童的学校适应研究综述[J]. 保定学院学报，2018，31（4）.

[425] 张更立. 农村留守儿童孤独感与社会适应的关系：感恩的中介作用[J]. 教育研究与实验，2017（3）.

[426] 张建峰，冯德艮. 农村留守儿童的师生关系和孤独感研究[J]. 新闻天地，2011.

[427] 张静，田录梅，张文新. 同伴拒绝与早期青少年学业成绩的关系：同伴接纳、友谊支持的调节作用[J]. 心理发展与教育，2013（4）.

[428] 张娟，梁英豪，苏志强，等. 中学生心理素质与正性情绪的关系：情绪弹性的中介作用[J]. 中国特殊教育，2015（9）.

[429] 张俊涛，陈毅文. 学习自主性、学习倦怠与自测健康的关系模型. 中国临床心理学杂志，2010，18（3）.

[430] 张阔，张赛，董颖红. 积极心理资本：测量及其与心理健康的关系[J]. 心理与行为研究，2010，8（1）.

[431] 张磊，傅王倩，王达，等. 初中留守儿童的歧视知觉及其对问题行为的影响——一项质性研究分析[J]. 中国特殊教育，2015（7）.

[432] 张磊，张慧颖. 曲靖市留守儿童家庭亲子关系现状调查[J]. 法制与社会，2017（11）.

[433] 张丽芳. 留守儿童自尊的特点及其家庭影响因素[D]. 南昌：江西师范大学，2007.

[434] 张丽华. 农村留守儿童意外伤害原因分析与对策[J]. 当代医学，2008，14（20）.

[435] 张丽娜，宫涛，张学敏，等. 医学院校三本学生心理资本与自尊，心理健康的相关研究——以包头医学院为例[J]. 中国卫生产业，2016，13（2）.

[436] 张莉，罗学荣，孟软何. 山西省长治市农村留守儿童情绪问题现状调查[J]. 中国健康教育，2010，26（2）.

[437] 张璐. 留守儿童生活事件、心理弹性及主观幸福感的现状及其关系研究[D]. 临汾：山西师范大学，2014.

[438] 张娜，胡永松，王伟. 有留守经历高职学生主观幸福感的调查研究[J]. 中国健康心理学杂志，2019，27（7）.

[439] 张娜. 积极心理学视角下留守经历与高职学生心理健康的研究[J]. 河南农业，2016（4）.

[440] 张娜. 有留守经历高职学生的社会支持、心理资本与主观幸福感的关系研究[J]. 教育评论，2016（4）.

[441] 张期惠. 大学生元情绪、心理资本、身心健康的关系研究[J]. 潍坊工程职业学院学报，2018，31（3）.

[442] 张奇林，李鹏. 家庭背景、父母期望与子女认知能力——来自中国教育追踪调查的经验证据[J]. 武汉理工大学学报（社会科学版），2017，30（3）.

[443] 张庆华，杨航，刘方琛，等. 父母教育期望与留守儿童的学习投入：父母教育卷入和自我教育期望的中介作用[J]. 中国特殊教育，2020（3）.

[444] 张庆华，张蕾，李姗泽，等. 亲子亲合对农村留守儿童孤独感与抑郁的影响：一项追踪研究[J]. 中国特殊教育，2019，225（3）.

[445] 张荣伟，李丹. 如何过上有意义的生活？——基于生命意义理论模型的整合[J]. 心理科学进展，2018，26（4）.

[446] 张睿，冯正直，陈蓉，等. 留守学生的负性生活事件[J]. 中国心理卫生杂志，2015，29（1）.

[447] 张胜，黄丹丹，刘兴利，等. 四川某县农村留守儿童的亲子关系调查[J]. 现代医药卫生，2012，28（6）.

[448] 张婷，张大均. 中学新生心理素质与社交焦虑的关系：自尊和领悟社会支持的中介作用[J]. 西南大学学报（自然科学版），2019，41（2）.

[449] 张薇薇，张玉柱. 领悟社会支持与大学生抑郁：生命意义感和自我控制的作用[J]. 内蒙古师范大学学报（自然科学版），2021，50（1）.

[450] 张显宏. 农村留守儿童教育状况的实证分析——基于学习成绩的视角[J]. 中国青年研究，2009（9）.

[451] 张翔，郑雪，杜建政，等. 流动儿童心理韧性及其影响因素：核心自我评价的中介效应[J]. 中国特殊教育，2014（4）.

[452] 张晓丽，李新征，胡乃宝，等. 农村留守儿童生活满意度调查及影响因素分析[J]. 中国卫生事业管理，2019，36（3）.

[453] 张孝义，王瑞乐，杨琪，等. 家庭环境对留守儿童问题行为的影响：交流恐惧的中介作用[J]. 中国特殊教育，2018（4）.

[454] 张效芳，杜秀芳. 父母教养行为对初中生学校适应的影响：心理资本的中介作用[J]. 中国特殊教育，2014（1）.

[455] 张兴旭，郭海英，林丹华. 亲子、同伴、师生关系与青少年学生主观幸福感关系的研究[J]. 心理发展与教育，2019，35（4）.

[456] 张轩辉. 大学生心理资本结构及现状调查研究[J]. 兰州教育学院学报，2014，30（9）.

[457] 张亚利，陆桂芝，刘艳丽，等. 大学生自我认同感在人际适应性与手

机成瘾倾向间的中介作用[J]. 中国心理卫生杂志，2017，31（7）.

[458] 张艳，何成森. 留守儿童亲子沟通的心理干预[J]. 中国健康心理学
杂志，2013（1）.

[459] 张艳. 留守儿童亲子沟通，同伴关系与应对方式的关系及干预研究[D].
合肥：安徽医科大学，2013.

[460] 张燕燕，兰燕灵，覃业宁，等. 农村留守儿童与非留守儿童个性特征
和抑郁状况的调查[J]. 护理学杂志，2009，24（9）.

[461] 张野，韩雪，李俊雅，等. 学校人际关系对初中生乐观倾向的影响：
多重中介效应分析[J]. 心理与行为研究，2019，17（5）.

[462] 张野，苑波，王凯，等. 冲动性特质对高中生自杀意念的影响：校园
排斥与生命意义感的作用[J]. 心理与行为研究，2021，19（1）.

[463] 张樱樱，王艳虹，金蕾红. 台州农村留守中学生心理健康现状及其与
心理资本的关系[J]. 台州学院学报，2019，41（5）.

[464] 张仲妍. 农村留守儿童高中教育期望的影响因素分析——基于家庭背
景的视角[J]. 现代中小学教育，2019，35（12）.

[465] 赵华颖. 初中生心理虐待、心理资本和安全感的关系研究[D]. 哈尔
滨：哈尔滨师范大学，2016.

[466] 赵洁，林艳艳，曹光海. 农村留守儿童心理健康与家庭亲密度及适应
性的相关性[J]. 山东大学学报（医学版），2008，46（10）.

[467] 赵洁，王世嫘. 留守中学生的生活事件、学习自我效能感与学习倦怠
关系的研究[J]. 中华行为医学与脑科学杂志，2015，24（1）.

[468] 赵景欣，刘霞，张文新. 同伴拒绝，同伴接纳与农村留守儿童的心理
适应：亲子亲合与逆境信念的作用[J]. 心理学报，2013，45（7）.

[469] 赵景欣，刘霞，申继亮. 留守青少年的社会支持网络与其抑郁、孤独
之间的关系——基于变量中心和个体中心的视角[J]. 心理发展与教
育，2008（1）.

[470] 赵景欣，刘霞，张文新. 同伴拒绝，同伴接纳与农村留守儿童的心理
适应：亲子亲合与逆境信念的作用[J]. 心理学报，2013，45（7）.

[471] 赵景欣，刘霞. 农村留守儿童的抑郁和反社会行为：日常积极事件的
保护作用[J]. 心理发展与教育，2010（6）.

[472] 赵景欣，栾斐斐，孙萍，等. 亲子亲合、逆境信念与农村留守儿童积极/消极情绪的关系[J]. 心理发展与教育，2017，33（4）.

[473] 赵景欣，王焕红，王世风. 压力性生活事件与农村留守儿童的抑郁、反社会行为的关系[J]. 青少年学生学刊，2010（2）.

[474] 赵景欣，杨萍，马金玲，等. 歧视知觉与农村留守儿童积极/消极情绪的关系：亲子亲合的保护作用[J]. 心理发展与教育，2016，32（3）.

[475] 赵景欣. 养育者行为监控与农村留守儿童的孤独、反社会行为[J]. 中国临床心理学杂志，2013，21（3）.

[476] 赵娟. 高职生心理资本与社会支持对人际关系的影响[J]. 淮南职业技术学院学报，2016，16（4）.

[477] 赵磊磊，柳欣源，李凯. 社区支持对留守儿童学校适应的影响——基于县域视角的调查研究[J]. 教育科学，2019，35（6）.

[478] 赵磊磊，王依杉. 农村留守儿童学校适应的问题分析及治理对策[J]. 当代教育科学，2018（1）.

[479] 赵蕾，李先宾，温玉杰，等. 留守对儿童行为问题影响的 Meta 分析[J]. 四川精神卫生，2017，30（3）.

[480] 赵丽丽. 留守儿童的应对方式、人格特征及自我效能感与心理健康关系研究[D]. 蚌埠：蚌埠医学院，2012.

[481] 赵丽萍，何奎莲，齐飞. 运动干预对农村留守儿童心理资本的作用研究[J]. 内江科技，2019，40（4）.

[482] 赵苗苗. 贫困农村地区留守儿竜与非留守儿竜健康差异及影响因素研究——基于宁夏固原市的实证研究[D]. 济南：山东大学，2012.

[483] 赵娜，凌宇，陈乔丹，滕雄程. 社会支持对农村留守儿童问题行为的影响：希望感的中介作用[J]. 中国健康心理学杂志，2017，25（8）.

[484] 赵文力，谭新春. 神经质人格对农村留守儿童焦虑抑郁情绪的影响：希望的中介效应[J]. 湖南社会科学，2016（6）.

[485] 赵旭旭. 感恩团体辅导对留守初中生亲子关系的促进作用研究[D]. 昆明：云南师范大学，2019.

[486] 赵燕. 留守儿童社会支持与情绪行为问题：心理资本的中介作用[J]. 教育导刊，2017（4）.

341

[487] 赵一奇，陈利，谢梦迪，等. 皖北农村留守儿童就医现状分析及对策探讨[J]. 蚌埠医学院学报，2015，40（4）.

[488] 赵永婧，范红霞，刘丽. 亲子依恋与初中留守儿童心理韧性的关系[J]. 中国特殊教育，2014（7）.

[489] 赵振国，刘文博. 家庭嘈杂度对4～6岁留守和流动儿童情绪调节策略的影响[J]. 2020（10）.

[490] 郑会芳. 农村留守儿童亲子沟通、家庭亲密度与其社会适应性关系研究[D]. 上海：华东师范大学，2009.

[491] 周碧薇，钱志刚. 有留守经历大学生正念与社交焦虑的关系：情绪调节自我效能感的中介作用[J]. 锦州医科大学学报（社会科学版），2019，17（1）.

[492] 周碧薇. 小学留守儿童学校归属感特点研究[J]. 绥化学院学报，2015，35（10）.

[493] 周春燕，黄海，刘陈陵，等. 留守经历对大学生主观幸福感的影响：父母情感温暖的作用[J]. 中国临床心理学杂志，2014，22（5）.

[494] 周金艳，罗学荣，韦臻，等. 长沙地区农村留守儿童行为和情绪问题的特征[J]. 实用儿科临床杂志，2009，24（24）.

[495] 周丽萍. 留守初中生同伴关系与生活满意度的关系及干预研究[D]. 石家庄：河北师范大学，2019.

[496] 周曼蕊，朱国武，亚娟，等. 留守儿童网络成瘾问题的成因与应对策略[J]. 辽宁教育，2019（11）.

[497] 周永红，李慧玲，吕催芳. 农村留守儿童自我意识及其保护性因素的研究[J]. 教育学术月刊，2013（12）.

[498] 周玉明，戚艳杰，张之霞，等. 4—6岁农村留守儿童心理行为问题检出率及影响因素分析[J]. 临床精神医学杂志，2019，29（3）.

[499] 周玉明，戚艳杰，张之霞，等. 农村2—3岁留守儿童的行为问题及人格发展[J]. 中国心理卫生杂志，2019，33（9）.

[500] 周志昊. 留守儿童学业自我效能感现状及其与学业延迟满足和父母教养方式的关系研究[D]. 长沙：湖南师范大学，2014.

[501] 周舟，丁丽霞. 农村留守儿童父母——同伴依恋对心理弹性的影响[J].

南京晓庄学院学报，2019，35（5）.

[502] 周宗奎，孙晓军，赵冬梅，等. 童年中期同伴关系与孤独感的中介变量检验[J]. 心理学报，2005（6）.

[503] 周宗奎，孙晓军. 农村留守儿童心理发展与教育问题[J]. 北京师范大学学报（社会科学版），2005（1）.

[504] 周遵琴，李森，刘海燕. 留守儿童身体健康状况及影响因素分析——以贵州省为例[J]. 贵州民族研究，2015（6）.

[505] 朱贝珍. 留守儿童家庭功能、亲子依恋与独孤感的关系[D]. 长沙：湖南师范大学，2017.

[506] 朱丹. 初中阶段留守儿童安全感的特点及弹性发展研究[J]. 中国特殊教育，2009（2）.

[507] 朱建雷，刘金同，王旸，等. 枣庄农村留守儿童主观生活质量与领悟社会支持的关系[J]. 中国学校卫生，2017，38（3）.

[508] 朱婷婷，刘东玲，张璟，等. 留守儿童问题行为的研究进展[J]. 中华护理教育，2019，16（3）.

[509] 朱焱，胡瑾，余应筠，等. 农村留守儿童心理健康与应对方式[J]. 中国学校卫生，2014（11）.

[510] 朱政光，张大均，吴佳禾. 心理素质与学业倦怠的关系：自尊的中介作用[J]. 西南大学学报（自然科学版），2018，40（10）.

[511] 祝路，代鸣，姚宝骏. 留守生活对儿童应对方式影响的 Meta 分析[J]. 内蒙古师范大学学报（教育科学版），2019，32（6）.

[512] AHMAD I, SOENENS B. Perceived maternal parenting as a mediator of the intergenerational similarity of dependency and self-criticism: a study with Arab Jordanian adolescents and their mothers[J]. Journal of Family Psychology, 2010, 24.

[513] AMARENDRA GANDHI, KOEN LUYCKX, LUC GOOSSENS, SHUBHADA MAITRA, LAURENCE CLAES. Association between non-suicidal self-injury, parents and peers related loneliness, and attitude towards aloneness in flemish adolescents: an empirical note[J]. Psychologica Belgica, 2018, 58(1).

[514] AVEY J B, LUTHANS F, SMITH R M, PALMER N F. Impact of positive psychological capital on employee well-being overtime[J]. Journal of Occupational Health Psychology, 2010, 15(1).

[515] BERLANGA-SILVENTE V, GUÀRDIA-OLMOS J, FIGUERA GAZO P. Salary scholarships as a factor associated with improved academic performance[J]. Advances & Applications in Statistics, 2017, 50(4), 329-348.

[516] CAN JIAO, TING WANG, JIANXIN LIU, et al. Using exponential random graph models to analyze the character of peer relationship networks and their effects on the subjective well-being of adolescents[J]. Frontiers in Psychology, 2017, 8(583).

[517] CASTELLÁ SARRIERA J, BEDIN L, CALZA T, et al. Relationship between social support, life satisfaction and subjective well-being in Brazilian adolescents[J]. Univ. Psychol, 2015, 14.

[518] CHANG E C, MUYAN M, HIRSCH J K. Loneliness, positive life events, and psychological maladjustment: when good things happen, even lonely people feel better[J]. Personality and Individual Differences, 2015, 86.

[519] CHI CHIAO, YU-HUA CHEN, CHIN-CHUN YI. Loneliness in young adulthood: Its intersecting forms and its association with psychological well-being and family characteristics in Northern Taiwan[J]. PLOS ONE, 2019, 14(5):1-13.

[520] CHUNYU, YANG, MENGFAN, et al. Social support and resilience as mediators between stress and life satisfaction among people with substance use disorder in china[J]. Frontiers in psychiatry, 2018, 9.

[521] COLL M G, NAVARRO-MATEU D, MARÍA DEL CARMEN GIMÉNEZ-ESPERT, et al. Emotional intelligence, empathy, self-esteem, and life satisfaction in Spanish adolescents: regression vs.QCA models[J]. Frontiers in Psychology, 2020, 11.

[522] COPPENS CM, DE BOER SF, KOOLHAAS JM. Coping styles and behavioural flexibility: towards underlying mechanisms[J]. Philos Trans

R Soc Lond B Biol Sci, 2010, 365(1560).

[523] CULBERTSON S S, FULLAGAR C J, MILLS M J. Feeling good and doing great: the relationship between psychological capital and well-being[J]. Journal of Occupational Health Psychology, 2010, 15(4).

[524] DEMANET J, VAN HOUTTE M. School belonging and school misconduct: the differing role of teacher and peer attachment[J]. Journal of Youth and Adolescence, 2012, 41(4).

[525] FAKHARI A, FARAHBAKHSH M, AZIZI H, et al. Early marriage and negative life events affect on depression in young adults and adolescents [J]. Archives of Iranian Medicine, 2020, 23(2).

[526] FUMERO A, MARRERO R J, VOLTES D, PEATE W. Personal and social factors involved in internet addiction among adolescents: a meta-analysis[J]. Computers in Human Behavior, 2018(86).

[527] GÜVENLI BAĞLANMA VE MENTAL İYI OLUŞ, et al. Secure attachment and mental well-being: gratitude, hope and ego-resiliency as mediators[J]. Demirtaş, 2019, 9(54).

[528] HANG Y N, FOLEY S, MING S J, et al. Lingking gender role orientation to subjective career sucess: the mediating role of psychological capital[J]. Journal of Career Asessment, 2014(2).

[529] HAZEL N A, OPPENHEIMER C W, TECHNOW J R, et al. Parent relationship quality buffers against the effect of peer stressors on depressive symptoms from middle childhood to adolescence [J]. Developmental Psychology, 2014, 50(8).

[530] HEALY K L, SANDERS M R. Mechanisms through which supportive relationships with parents and peers mitigate victimization, depression and internalizing problems in children bullied by peers[J]. Child Psychiatry & Human Development, 2018,49(5).

[531] HEGBE R G N J,TONE E B. Physical activity and stress resilience: considering those at-risk for developing mental health problems[J]. Ment Health Phys Act, 2015, 8.

345

[532] HOWARD, MATT C. The empirical distinction of core self-evaluations and psychological capital and the identification of negative core self-evaluations and negative psychological capital[J]. Personality & Individual Differences, 2017, 114.

[533] KHALEQUE A. Perceived parental warmth,and children's psychological adjustment, and personality dispositions: a meta-analysis[J]. Journal of Child and Family Studies, 2013, 22(2).

[534] KIM H, MOON H, YOO J P, et al. How do time use and social relationships affect the life satisfaction trajectory of korean adolescents [J]. International Journal of Environmental Research and Public Health, 2020, 17(5).

[535] LARSON K, HALFON N. Parental divorce and adult longevity[J]. International Journal of Public Health, 2013, 58(1).

[536] LEVENT C. The relationship between perceived parental control and Internet addiction: a cross-sectional study among adolescents[J]. Contemporary Educational Technology, 2019, 10(1).

[537] LEWIS B A,WILLIAMS D M,F R AYEH A, et al. Self-efficacy versus perceived enjoyment as predictors of physical activity behaviour[J]. Psychol Health, 2016, 31(4).

[538] LI Q, ZHONG Y, CHEN K, et al. Identifying risk factors for child neglect in rural areas of western china child: care, health and development, 2015, 41(6).

[539] LOURDES REY, CIRENIA QUINTANA-ORTS, SERGIO MÉRIDA-LÓPEZ, NATALIO EXTREMERA. Being bullied at school:gratitude as potential protective factor for suicide risk in adolescents[J]. Frontiers in Psychology, 2019, 10.

[540] LUTHANS F, AVOLLO B, AVEY J B, et al. Positive psychological capital:Measurement and relationship with performance and satisfaction [J]. Personnel Psychology, 2007, 60(3).

[541] LUTHANS F, LUTHANS K W, LUTHANS B C. Positive psychological

capitial:beyond hunman and social capital[J]. Business Horizons, 2004, 47(1).

[542] LUTHANS F, YOUSSEF C M. Human, social and now positive psychological capital management: Investing in people for competitive advantage[J]. Organizational Dynamics, 2004, 33(2).

[543] MASARIK A S, CONGER R D. Stress and child development: a review of the family stress model[J]. Current Opinion in Psychology, 2017, 13.

[544] MCKENNY A F, SHORT J C, PAYNE G T. Using computeraided text analysis to elevate constructs: an illustration using psychological capital [J]. Organizational Research Methods, 2013, 16(1).

[545] NEFF K D. The role of self-compassion in development: a healthier way to relate to oneself[J]. Human Development, 2009, 52(4).

[546] NOCK M K, BORGES G, BROMET EJ, et al. Suicide and suicidal behavior[J]. Epidemiologic Reviews, 2008, 30.

[547] NOCK M K, GREEN J G, HWANG I, et al. Prevalence, correlates, and treatment of lifetime suicidal behavior among adolescents: results from the national comorbidity survey replication adolescent supplement[J]. JAMA Psychiatry, 2013, 70.

[548] REGO A, MARQUES C,LEAL S, et al. Psychological capital and performance of portuguese civil servants: exploring neutralizers in the context of an appraisal system[J].The International Journal of Human Resource Management, 2010, 21(9).

[549] RICARDA S, LINDA, LAURA M, MARGARET M B. Development of subjective well-being in adolescence[J]. International Journal of Environmental Research and Public Health, 2019, 16.

[550] SARRIERA J C, BEDIN L M, ABS D, et al. Relationship between social support, life satisfaction and subjective well-being in Brazilian adolescents[J]. Univ Psychol, 2015, 14.

[551] SIMSEK O F. Structural relations of personal and collective self-esteem to subjective well-being: attachment as moderator[J]. Social Indicators

347

Research, 2013, 110(1).

[552] WANG M, WANG J. Negative parental attribution and emotional dysregulation in Chinese early adolescents: harsh fathering and harsh mothering as potential mediators[J]. Child Abuse & Neglect, 2018, 81.

[553] WANG S, JING H, CHEN L, et al. The influence of negative life events on suicidal ideation in college students:the role of rumination[J]. International Journal of Environmental Research and Public Health, 2020, 17(8).

[554] YILDIRIM M, ALANAZI Z S. Gratitude and life satisfaction: mediating role of perceived stress[J]. International Journal of Psychological Studies, 2018, 10(3).

[555] YUELIN YU, XUE YANG, SUPING WANG, et al. Suicidal ideation by insomnia and depression in adolescents in Shanghai, China[J]. BMC Psychiatry, 2020, 20.

[556] ZHAN Q S, YANG X R. Mediating role of rumination and social problem solving in the relationship between life events and suicidal ideation in college students[J]. Chin.Ment.Health J, 2018, 32.

[557] ZHAO J J, KONG F, WANG Y H. The role of socialsupport and self-esteem in the relationship between shynessand loneliness[J]. Personality and Individual Differences, 2013, 54(5).